Understanding
National Territory and Environment

국토와 환경의 이해

국토와 환경의 이해

초판 발행_ 2006년 9월 18일
초판 2쇄_ 2008년 2월 25일

지은이_ 이성근
펴낸곳_ 영남대학교출판부
출판등록_ 1975년 9월 5일 경산 제16-1호

주소_ 경북 경산시 대동 214-1
전화_ 053)810-1801~3
FAX_ 053)810-4722
홈페이지_ book.yu.ac.kr

ISBN 89-7581-310-X 93350

• 값은 표지 뒷면에 있습니다.
• 잘못 만들어진 책은 바꾸어 드립니다.

국토와 환경의 이해

이성근 지음

영남대학교출판부

서문

인간생활에 필요불가결한 요소가 공간이고, 불가피한 현상이 환경문제이다. 그간 인간과 공간, 환경의 관계에 관한 견해는 공간귀결적 입장과 공간형성적 입장, 환경결정주의와 환경가능주의로 구분되어 왔다. 또한 미래의 경제성장과 지구환경에 대한 입장 또한 성장가능론, 성장한계론, 그리고 성장불가능론으로 다양한 입장을 보이고 있다.

그러나 최근 들어 인간과 공간, 그리고 환경에 대한 조화적 입장으로 지속가능한 발전(Environmentally Sound and Sustainable Development) 개념이 대두되었고, 이는 현세대의 필요와 미래세대에게도 수요를 함께 충족시키려는 통합적 · 균형적 · 생태적 발전 개념이다.

국토와 환경의 이해가 대학교양과목으로 채택된 것은 이와 같은 시대조류에 부응하여 대학에서도 이 분야와 관련이 깊은 사회과학과 자연과학의 전공학생은 물론이고, 일반학생들도 이 분야에 대한 종합적 · 체계적 이해가 필요하다고 판단했기 때문이다. 그러나 그간 "국토와 환경의 이해"의 교과운영을 위한 마땅한 교재가 없어 강의를 수강하는 학생들은 물론이고, 강의를 담당하는 강사들에게도 상당한 부담이 된게 사실이다. 이런 동기로 국토와 환경의 이해라는 교양서를 집필하게 되었다.

이 책은 크게 4부로 구분하였는데, 제1부는 미래사회의 국토와 환경, 제2부는 국토의 이용과 관리, 제3부는 자원의 이용과 관리, 제4부는 환경문제와 관리로 구성하였다.

먼저 미래사회의 국토와 환경편에서는 탐구대상으로서 국토와 환경의 대한 내용을 중심으로 국토환경의 이념과 본질, 분석과 전망, 학문적 성격과 취업전망을 소개하였다. 이어서 미래사회의 국토와 환경의 이해를 위해 정보화사회, 지식기반사회, 글로벌사회, 지방자치시대, 통일시대로 크게 구분하고 시대변화의 특성과 국토 · 환경에 미칠 영향과 대응전략을 제시하였다.

다음으로 국토의 이용과 관리편에서는 먼저 OECD에 가입한 국가들과 비교하여 한국의 국토와 환경의 위상을 파악하였다. 다음으로 국토의 개발과 관리, 도시의 성장과 관리, 지속가능한 농촌지역의 관리, 그리고 특수문제지역의 관리를 중심으로 설명하였다.

이어서 자원의 이용과 관리편에서는 자원의 의의와 유형별 특성을 파악한 후, 자연환경자원의 보전과 관리, 토지자원의 이용과 관리, 수자원의 개발과 관리, 해양자원의 개발과 관리, 그리고 역사문화자원의 보존과 관리를 중심으로 논의하였다.

마지막으로 환경문제와 관리편에서는 먼저 지속가능한 발전과 환경에 대해서 논의하고, 이어서 대기, 수질, 폐기물, 소음 · 진동 등 생활환경문제와 관리를 설명하였다. 지역환경문제와 관리에 대해서는 토양오염, 지하수오염, 해양오염을 중심으로 논의하였다. 또한 지구환경문제와 관리에 대해서는 지구온난화, 생물다양성, 오존층파괴, 산성비, 사막화에 대하여 설명하였으며, 마지막으로 환경가치의 추정과 평가에 대하여 논의하였다.

저자가 환경분야에 관심을 갖게 된 것은 1970년 중반에 서울대학교 환경대학원에 입학하고 부터이다. 이후 영남대학교 지역개발학과에서 강의를 시작하면서 개발과 환경의 조화와 균형적 발전분야에 관심을 지속적으로 가져왔다.

이 책은 대학교양을 위해 쓰여졌으나, 국토 · 환경분야에 관심을 가진 공무원, 일반인들도 쉽게 이해할 수 있도록 우리나라 국토와 환경 전반에 대해 소개를 하였다.

저자는 이 책을 집필하면서 국토와 환경분야의 국내외를 비롯한 많은 학자들의 연구업적과 우리나라 국토 · 환경분야의 정책보고서 및 자료집에 크게 의존하였다. 이들 국내외 학자들과 정책당국에 지면을 빌어 감사를 드린다.

또한 저자는 이 책의 집필과정에서 여러분의 도움을 크게 입었다. 먼저 일본 동경공업대학에서 국제경제학을 전공한 노광욱 박사, 일본 교토대학에서 환경경제학을 전공한 경북전략산업기획단의 윤칠석 박사, 영남대학교에서 지역개발학을 전공한 충남발전연구원의 책임연구원 이관률 박사, 나라감정평가법인의 서경규 박사, 경북전략산업기획단의 김상곤 박사, 영남대학교 행정학과에서 행정학을 전공한 고수정 박사가 집필과 보완과정에서 많은 도움을 주었다. 또한 영남대학교 지역개발학과에서 박사과정에 재학중인 (재)경북테크노파크의 안성조씨가 교정과정에서 도움을 주었다.

아울러 출판의 기회를 주신 영남대학교 우동기 총장님과 이희욱 출판부장님, 그리고 출판을 위해 편집과 교정에 애써주신 이종백 선생님에게도 감사를 드린다. 이와 같이 많은 분들의 도움에도 불구하고 이 책에는 부족함과 오류가 있으리라 생각한다. 앞으로 독자 여러분들의 좋은 의견과 비판을 받아서 더욱 알차게 꾸며 나갈 것을 약속한다.

2008년 2월

저자 이성근

목차

제1부
미래사회와 국토 · 환경

제1장 국토 · 환경의 탐구활동
제1절 탐구대상의 국토 · 환경_ 016
제2절 국토 · 환경의 이념과 본질_ 028
제3절 국토 · 환경의 인식과 전망_ 032
제4절 국토 · 환경분야의 학문적 성격과 전망_ 035

제2장 미래사회와 국토 · 환경
제1절 정보화사회의 국토와 환경_ 046
제2절 지식기반사회의 국토와 환경_ 052
제3절 글로벌사회의 국토와 환경_ 057
제4절 지방자치시대의 국토와 환경_ 062
제5절 통일시대의 국토와 환경_ 066

제2부
국토의 이용과 관리

제1장 한국의 국토와 환경
제1절 국토와 환경_ 078
제2절 산업경제_ 082
제3절 집중과 균형발전_ 088
제4절 국가경쟁력_ 090

제2장 국토의 개발과 관리
제1절 국토의 의의_ 095
제2절 국토의 이용실태_ 097
제3절 국토의 효율적 관리_ 101
제4절 국토의 전망과 과제_ 107

제3장 도시의 성장과 관리
제1절 도시와 도시화_ 117
제2절 도시의 성장과 실태_ 124
제3절 도시의 계획적 관리_ 130
제4절 도시의 전망과 과제_ 143

제4장 지속가능한 농촌지역의 관리
제1절 농촌지역의 의의_ 149
제2절 농촌지역의 실태_ 152
제3절 농촌지역의 효율적 관리_ 158
제4절 농촌지역의 전망과 과제_ 166

제5장 특수문제지역의 관리
제1절 특수문제지역의 의의_ 176
제2절 자원개발형 문제지역관리_ 178
제3절 특수지역형 문제지역관리_ 181
제4절 경제낙후형 문제지역관리_ 186

제3부
자원의 이용과 관리

제1장 자원의 체계적 이해
제1절 자원의 의의_ 194
제2절 자원의 분류_ 197
제3절 자원의 유형별 특성_ 198

제2장 자연환경자원의 보전과 관리
제1절 자연환경자원의 의의_ 203
제2절 자연환경자원의 보전과 관리_ 207
제3절 자연환경자원의 전망과 과제_ 228

제3장 토지자원의 이용과 관리
제1절 토지자원의 의의와 현황_ 235
제2절 토지자원의 효율적 이용과 관리_ 248
제3절 토지자원의 전망과 과제_ 261

제4장 수자원의 개발과 관리
제1절 수자원의 의의_ 272
제2절 수자원의 개발과 관리_ 281
제3절 외국의 수자원정책_ 286
제4절 수자원의 전망과 과제_ 293

제5장 해양자원의 개발과 관리
제1절 해양자원의 의의와 현황_ 304
제2절 해양자원의 개발과 관리_ 309
제3절 해양자원의 전망과 과제_ 319

제6장 역사문화자원의 보존과 관리
제1절 역사문화자원의 의의_ 326
제2절 역사문화자원의 보존과 관리_ 328
제3절 역사문화자원의 전망과 과제_ 339

제4부 환경문제와 관리

제1장 지속가능한 발전과 환경
제1절 지속가능발전의 개념_ 354
제2절 지속가능발전의 실천_ 356
제3절 지속가능한 발전의 원칙_ 361

제2장 생활환경문제와 관리
제1절 대기오염_ 367
제2절 수질오염_ 377
제3절 폐기물오염_ 381
제4절 소음 · 진동의 영향과 피해_ 388

제3장 지역환경문제와 관리
제1절 토양오염_ 396
제2절 지하수오염_ 398
제3절 해양오염_ 400

제4장 지구환경문제와 관리
제1절 지구온난화 현상과 영향_ 413
제2절 생물다양성의 파괴_ 422
제3절 오존층 파괴_ 429
제4절 산성비의 원인과 피해_ 432
제5절 사막화의 원인과 피해_ 437

제5장 환경가치의 추정과 평가
제1절 환경가치의 의의_ 445
제2절 환경가치의 유형_ 448
제3절 환경가치의 추정_ 450
제4절 환경영향평가제도_ 455

찾아보기_ 468

표목차

〈표 2. 1〉 주요국의 국토 및 인구현황_ 080
〈표 2. 2〉 주요국의 자원과 환경현황_ 081
〈표 2. 3〉 주요국의 산업 · 경제 현황_ 083
〈표 2. 4〉 우리 나라의 연구개발 현황(2002)_ 086
〈표 2. 5〉 주요국의 정보통신 현황(2003)_ 087
〈표 2. 6〉 우리 나라 수도권 집중현황_ 089
〈표 2. 7〉 주요국 수도권 현황_ 090
〈표 2. 8〉 주요 국가별 국가경쟁력_ 092
〈표 2. 9〉 우리 나라 주요 사회 · 경제 지표_ 099
〈표 2.10〉 국토기반시설 현황(2003)_ 100
〈표 2.11〉 지목별 토지이용 구성비_ 100
〈표 2.12〉 국토종합계획의 현황_ 102
〈표 2.13〉 수도권정비계획법의 권역별 내용_ 104
〈표 2.14〉 도시 현황_ 125
〈표 2.15〉 외국의 행정수도 건설 및 공공기관 이전 사례_ 137
〈표 2.16〉 농가 및 농가인구 현황_ 153
〈표 2.17〉 경지 현황_ 153
〈표 2.18〉 용도지역 지정 현황(2004)_ 154
〈표 2.19〉 농가소득 현황_ 155
〈표 2.20〉 농촌관광 수요 및 시장규모 예측_ 156
〈표 2.21〉 국가예산과 농림예산의 비교_ 157
〈표 2.22〉 6학급 미만의 소규모 학교 현황_ 157
〈표 2.23〉 지역별 · 학년별 교육성취도 평가결과 비교_ 158
〈표 2.24〉 접경지역 면적 및 인구 현황_ 184
〈표 2.25〉 오지개발사업 대상지구 현황_ 188
〈표 3. 1〉 용도지역 지정 현황_ 238
〈표 3. 2〉 농지면적 감소 추이_ 239
〈표 3. 3〉 연도별 농지증감 현황_ 239
〈표 3. 4〉 간척농지 조성실적_ 240

〈표 3. 5〉 연도별 산림면적 추이_ 241
〈표 3. 6〉 토지문제에 대한 국민의 인식_ 243
〈표 3. 7〉 사유지의 소유 현황_ 244
〈표 3. 8〉 토지공개념 관련 3법의 내용_ 247
〈표 3. 9〉 토지개발사업의 분류_ 252
〈표 3.10〉 지목별 현황_ 255
〈표 3.11〉 표준지공시지가와 개별공시지가의 비교_ 257
〈표 3.12〉 개발이익환수제도의 유형_ 259
〈표 3.13〉 세계 주요국의 연평균 강수량 분포_ 275
〈표 3.14〉 다목적댐 현황_ 284
〈표 3.15〉 상수도 보급추이_ 285
〈표 3.16〉 우리 나라 관할해역의 주요특징_ 308
〈표 3.17〉 어획량 현황_ 311
〈표 3.18〉 해양에너지 발전량 전망_ 311
〈표 3.19〉 해양관광 수요 전망_ 312
〈표 3.20〉 동북아 주변국가의 해양관할권 선포 현황_ 313
〈표 3.21〉 문화재 지정 현황_ 329
〈표 4. 1〉 대기환경기준_ 370
〈표 4. 2〉 총량제 적용대상 사업장의 오염물질 배출량_ 373
〈표 4. 3〉 폐기물의 분류 체계_ 382
〈표 4. 4〉 소음이 인체에 미치는 영향_ 389
〈표 4. 5〉 진동이 인체에 미치는 영향_ 390
〈표 4. 6〉 연도별 연안오염도(COD 기준)_ 402
〈표 4. 7〉 인간활동에 의한 온실가스의 증가_ 415
〈표 4. 8〉 지구온난화에 의한 각종 현상과 피해_ 417
〈표 4. 9〉 기후변화협약의 의무사항 요약_ 419
〈표 4.10〉 주요 국가별 염화불화탄소 및 할론 소비량_ 431
〈표 4.11〉 세계 각국의 사막화 피해 상황_ 438
〈표 4.12〉 환경재의 가치유형_ 449

그림목차

[그림 2. 1] 우리 나라 국토의 현황_ 098
[그림 2. 2] 도시화 추세_ 127
[그림 2. 3] 농업 · 농촌 종합대책의 기본틀_ 164
[그림 2. 4] 농업 · 농촌종합대책과 삶의 질 향상 기본계획의 관계_ 165
[그림 2. 5] 접경지역의 공간적 위치_ 183
[그림 3. 1] 환경부의 자연환경보전 업무추진체계_ 211
[그림 3. 2] 21세기 자연환경보전 정책목표 및 과제_ 232
[그림 3. 3] 수자원의 부존량 및 이용현황_ 277
[그림 4. 1] 환경영향평가의 과정_ 464

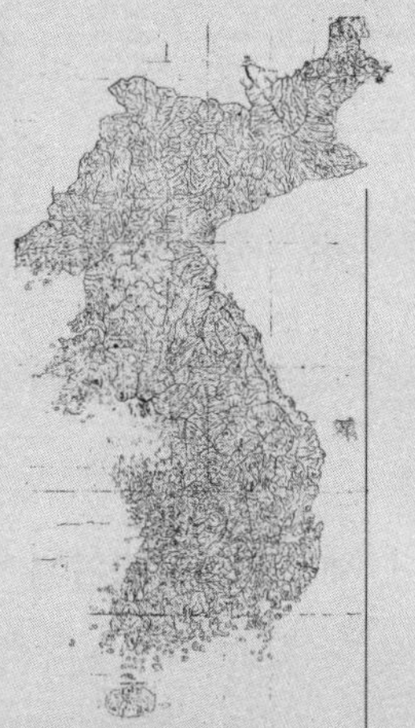

제1부

미래사회와 국토 · 환경

제1장 국토 · 환경의 탐구활동

제2장 미래사회와 국토 · 환경

제1장

국토 · 환경의 탐구활동

제1절 탐구대상의 국토 · 환경

1. 현상탐구의 개념과 활동

1) 현상탐구의 개념과 속성

현상(phenomenon)이란 사람이 지각할 수 있는 사물의 모양이나 상태를 의미한다. 철학적 측면에서 현상이란 본질이나 객체의 외면에 나타나는 사실을 의미한다. 한편 탐구(investigation)란 학문이나 원리를 파고들어 깊이 연구하는 것을 의미한다. 따라서 현상탐구라는 것은 어떤 객관적인 대상을 상대로 한 과학적인 사고과정이라고 할 수 있다.

이러한 현상탐구는 현상과 현상간의 연결관계를 경험적 일반론이나 법칙으로 설명하는 것이다. 따라서 현상탐구는 현상이 가지고 있는 규칙성, 계기성, 그리고 관계성을 규명하는 데 초점을 두고 있다. 우선 우리가 현상탐구를 함에 있어서 흔히 관심의 대상이 되는 것은 현상이 가지고 있는 특정한 규칙을 규명하는 데 있다. 예컨대 인구와 자원의 분포가 어떠한 규칙을 가지고 있는가에 대한 규명을 하는 것이다. 그 다음으로 현상탐구는 어떤 현상이 왜 발생하는가에 대한 계기성을 파악하는 것이다. 즉 어떤 현상이 어떠한 환경요인에 의해서 야기되는가를 규명하는 것이다. 끝으로 현상탐구는 두 개 이상의 현상이 가지고 있는 관계성을 규명하는 데 초점을 둔다. 예컨대 도시규모와 인구밀도라는 두 가지 현상이 어떠한 관계를 가지고 있는가를 살펴보는 것이다.

최근 들어 컴퓨터를 이용한 통계기법과 시뮬레이션 기법이 발달됨에 따라 현상탐구는 과학적 기법에 크게 의존하고 있다. 특히 국토 · 환경분야의 경우 현상탐구를 수행하는 데 있어서 공간과 시간에 따른 제현상을 지리정보시스템(geographic information system : GIS)을 이용하여 그 규칙성과 계기성, 그리고 관계성을 탐구하고 있다.

이러한 현상탐구의 활동은 과학(science)의 활동이다. E. R. Babbie(1973)는 과학의 속성을 논리성(logical), 결정성(deterministic), 일반성(general), 간결성(parsimonious), 특수성(specific), 경험적 검증가능성(empirically verifiable), 간주관성(inter-subjective), 그리고 수정가능성(open to modification)의 여덟 가지로 규정짓고 있다. 한편 M. Weber는 객관성(objective)을 과학의 가장 중요한 특성으로 간주하고 있다. 따라서 과학의 아홉 가지 특성은 '이미 밝혀진 기술이나 지식을 활용하는' 예술(art)과 다른 특징이라고 할 수 있다.

한편 현상탐구의 유형은 탐구대상에 따라 자연과학(natural science)과 사회과학(social science), 그리고 종합과학(comprehensive science)으로 구분할 수 있고, 탐구성격에 따라 순수과학(pure science)과 응용과학(applied science)으로 구분할 수 있다. 우선 대상적 측면에서 볼 때, 자연과학은 자연적 사실, 사회과학은 사회적 사실, 그리고 종합과학은 자연적 사실과 사회적 사실 모두를 다루고 있다. 한편 과학의 성격적 측면에서 볼 때, 현상 자체에 관심을 갖는 순수과학과 현상에서 밝혀진 이론을 다른 분야에 적용하려는 응용과학으로 구분이 된다.

2) 현상탐구의 활동

현상탐구의 활동은 발견의 논리(logic of discovery)와 정당화의 논리(logic of justification)로 구분이 된다. 즉 현상탐구가 과학적 가치를 지니기 위해서는 발견과 실증의 과정을 거친 이후 그것이 '진실' 혹은 '참' 임이 정당화되어야 한다. 우선 발견의 논리에서는 연역적 접근방법과 귀납적 접근방법으로 구분할 수 있다. 연역적 접근방법은 보편적인 사실에서 특수한 원리를 도출하는 것으로, 이는 논리전개에서 두괄식(頭括式) 형태를 나타낸다. 반면 귀납적 접근방법은 개개의 구체적인 사실에서 일반적인 명제 혹은 법칙을 유도해 내는 것으로, 이는 논리전개에서 미괄식(尾括式)의 형태를 나타낸다.

연역적 혹은 귀납적 접근방법에 의해서 현상에 대한 탐구와 발견이 이루어지면, 그 다음단계로 정당화의 논리로 이행된다. 현대의 주류 과학에서는 자연과학과 사회과학의 연구방법이 논리실증주의로 일원화되고 있다. 따라서 정당화의 논리에서는 가설과 검증에 대해서 현상탐구에 대한 정당화가 검증받게 된다. 예컨대 100원 동전을 던졌을 경우, 앞면과 뒷면이 나올 기대값은 각각 1/2이다. 그런데 A라는 100원 동전을 10번 던졌을 때, 앞면이 8번 나왔다고 하자. 이 경우 A 동전은 앞면이 많이 나오는 동전이라고 주장할 수 있을까? 이런 경우 정당화의 논리에서는 귀무가설과 대립가설을 설정하고, 통계적 기법을 통해 검증을 하게 되는 것이다. 이러한 절차가 바로 정당화의 논리이다.

현상탐구의 활동을 통해 도출된 결과는 현상에 대한 규칙성, 법칙성, 명제 등으로 구체화된다. 이러한 현상탐구의 결과에 대한 인식은 진리관에 따라 두 가지 상반된 입장을 지닌다. 즉 진리는 영구불변하다는 절대적 진리관과 진리는 부정되지 않을 때까지만 진리라는 상대적 진리관으로 구분된다.[1]

3) 현상탐구의 결과와 주요 개념

현상탐구의 결과는 개념과 정의, 이론과 모형, 설명과 예측의 형태로 제시된다. 이러한 현상탐구의 결과는 결과 그 자체로서 의미를 지니는 동시에 새로운 현상탐구를 위해 활용되기도 한다. 이러한 현상탐구 결과의 주요 개념을 구체적으로 살펴보면 다음과 같다.

(1) 개념과 정의

현상에 대한 지각을 통해 문제에 대한 어떤 생각이나 관념을 갖게 되는데(강신택, 1999 : 42), 이를 개념(concept)[2]이라고 한다. 예컨대 국토계획의 수립 시 공간문제에 대한 어떤 생각이나 관념을 언어 · 기호 · 그림 · 문자 등을 통하여 추상적으로 표현한 것이 바로 공간문제의 개념이 되는 것이다. 그러나 개념은 매우 추상적이기 때문에 현실적으로 검증하고 측정하기가 어렵다.

따라서 추상적인 개념을 구체화하는 개념화의 과정(강신택, 1999 : 44),

---

1 K. Popper는 진리는 영구가변하다는 측면에서 허위검증가능주의(falsificationism)를 주장하였다.

2 개념의 사전적 의미는 한 무리의 개개의 것에서 공통적인 특성을 빼내어 새로 만든 관념이다(두산세계백과사전, 2001. 5. 16). 한편 Selltiz에 의하면 개념은 일정하게 관찰된 사실에 대한 추상적 표현이라고 정의하고 있고, Kerlinger는 특정한 현상들을 일반화함으로써 나타나게 된 추상적 용어로 정의하고 있다(남궁근, 1998 : 279).

즉 개념에 의미를 부여하게 되는데, 이를 정의(definition)[3]라고 한다. 이러한 정의는 여러 가지로 구분할 수 있지만,[4] 사회과학에서는 주로 개념적 정의(conceptual definition)와 조작적 정의(operational definition)로 구분한다. 여기서 개념적 정의는 측정대상이 갖는 속성에 대한 개념적 · 추상적 표현이고, 조작적 정의는 그 속성에 대한 경험적 · 구체적 표현이다. 예컨대 우리 나라 국토공간문제를 '수도권과 지방의 불균형' 이라는 구체적이고 간단한 용어로 정의하는 것이 개념적 정의이다.[5] 그리고 공간문제를 측정가능한 것으로 정의하는 것, 이를테면 협의적이지만 수도권과 지방간의 격차(인구 · 소득 등)라 정의하는 것이 조작적 정의이다.[6]

이처럼 개념적 정의에 의해 추상적인 개념이 구체화 · 명확화되고, 다시 조작적 정의를 통하여 현실 세계에서 측정가능할 수 있게 되는 것이다. 따라서 국토 · 환경에 있어서 개념과 정의, 특히 국토 · 환경 문제의 개념과 정의는 국토 · 환경의 기본방향을 어떻게 설정하느냐와 밀접한 관계가 있는바, 국토 · 환경에 있어서 매우 중요하다.

---

3 정의의 사전적 의미는 말(言)이나 사물, 사상을 다른 말, 사물, 사상으로 규정하여 설명하는 것이다(두산세계백과사전, 2001. 5. 16). 즉 ~는 ~이라고, 그 의미를 구체화하는 것이 정의이다.

4 예컨대 정의의 방법에 따라 기존의 용어를 사용하는 실질적 정의(real definition)와 일정한 용어에 특별한 의미를 부여하는 규범적 정의(nominal definition)로 구분하기도 한다(강신택, 1999 ; 박용치, 1997). 또한 표현형식에 따라 직시정의, 내포적 정의, 인과발생적 정의, 문맥정의 등이 있다. 이러한 정의는 순환을 피하고 모순이 없도록 구성되어야 한다(두산세계대백과, 2001. 5. 16).

5 즉 개념적 정의란 개념에 속해 있는 특성을 기준으로 하여 더욱 이해하기 쉽고 간단한 다른 용어로 그 개념을 정의하는 것이다.

6 이러한 조작적 정의를 통하여 구성개념 혹은 변수를 측정하기 위한 측정도구나 측정지표가 마련된다. 즉 공간문제를 인구와 소득격차라고 할 때, 공간문제는 바로 인구와 소득의 격차로 측정이 가능하게 된다.

(2) 이론과 모형

이론(theory)이란 현상을 설명하고 예측하기 위해 개념(변수)들 간의 관계를 구체화함으로써, 현상에 대한 체계적 견해를 나타내는 일련의 상호관련된 구성, 정의 및 명제이다(박용치, 1997 : 116).[7] 즉 개념들 간의 관계에 대하여 규칙성이나 법칙성을 갖고 있으며, 논리적 연관에 의하여 하나의 체계로 이루어진 진술이 이론이다. 이러한 이론은 현상을 경험적으로 이해하고 설명하며 또한 예측을 가능케 할 뿐 아니라, 분석틀(framework)이 도출되는 근거가 된다.

한편 모형(model)이란 어떤 현상을 연구하는 데 있어서 원용하는 이론적 구조이다(강신택, 1999 : 86). 즉 이론을 만들기 전에 개념과 개념의 관계를 그림이나 표 등의 단순한 형태로 표현하여 이해를 돕기 위한 것이 모형인데[8] 이는 어떤 증명을 위해서 사용되는 것이 아니라 발견(이론구조의 발견)을 위해서 사용된다.[9] 이러한 모형은 문제를 명료하고 검증가능한 진술로 바꾸는 데 필수적인 역할을 할 뿐 아니라, 문제에 포함된 개념이나 변수들 간의 관계를 구체화시켜 주는 이론적 원리까지 포함

---

7 강신택은 어떤 현상을 연구함에 있어서 그 사실과 사실 간의 연결관계를 경험적 일반론이나 법칙으로 표현할 수 있을 만큼 일정한 규칙성이 있는 경우를 이론이라 규정하고 있다. 따라서 이론은 어떤 원리나 법칙으로부터 연역적으로 추출된 가설들을 경험적으로 검증하여 어느 정도 객관화 · 일반화된 상태의 명제를 의미한다(강신택, 1999 : 78).

8 이런 측면에서 모형은 크게 물리적 모형(physical model)과 추상적 모형(abstract model)으로 구분된다. 여기서 물리적 모형이란 한마디로 축소된 모조품을 의미하는 것이고, 추상적 모형이란 부호나 기호에 표현되는 것(계량적 모형이 대표적이다)인데, 계획에서는 주로 추상적 모형이 많이 이용된다(C. Lee, 1973 : 7~8).

9 흔히 모형은 이론에 비해서 수 많은 정리를 명확히 하는바, 검증할 수 있는 가능성이 높다. 따라서 과학활동의 주된 관심사는 이론에 비하여 접근하기 쉽고, 구체성이 있는 모형을 주로 사용하게 된다(박용치, 1997 : 129).

하고 있다.

그러나 모형과 이론의 관계가 분명히 구분되는 것은 아니다.[10] 예컨대 문장으로 표현되어 있으면 이론이고, 반면에 그림이나 수식으로 표현되어 있으면 모형이라고 정의하는 것은 올바르지 않다. 왜냐하면 이론과 모형의 구분은 연구대상의 본질이 무엇인가에 의존하기 때문이다.[11] 환원하면 연구의 관심이 되는 분야는 이론이고, 그렇지 않은 것은 모형이다(강신택, 1999 : 89).[12]

(3) 설명과 예측

이론은 현상을 이해하고, 설명하며, 예측하기 위한 논리체계이고, 모형 또한 동일한 역할을 수행한다. 따라서 현상탐구의 결과는 특정 사실에 대한 설명과 예측을 수행할 수 있어야 한다. 우선 설명(explanation)이란 어떤 것에 대한 궁금증을 풀어주는 것으로서, 왜(why)라는 물음에 대답하는 것을 의미한다(강신택, 1999 : 101). 따라서 과학적 연구에서 설명이란 어떤 사건이나 사실에 관한 진술을 받아들일 수 있는 객관적이고 논리적으로 타당한 근거를 제시하는 것이다(강신택, 1999 : 103). 이를테면 공간문제가 되는 사건이나 현상에 대하여 단순히 기술하는 차원을 넘어서, 그 사건이나 현상의 인과적 분석이나 근거를 밝히는 것이 설명이다.[13]

10 이를테면 학자별로 이론과 모형을 규정하는 것이 상이하고, 또한 경우에 따라서는 이론과 모형을 혼용해 사용하기도 한다.

11 따라서 이론과 모형은 경우에 따라서는 반대로 모형과 이론이 될 수도 있다.

12 이론과 모형의 관계는 다음과 같이 표현할 수 있다. 즉 새로운 분야의 이론적 법칙을 연구하기 위해서 이미 잘 알려진 분야의 법칙을 원용하는 경우, 이미 알려진 분야의 이론은 새로운 분야의 이론에 대한 모형이다. 예컨대 파이프 속을 흐르는 물의 흐름에 관한 이론은 전선을 흐르는 전류이론에 대한 모형으로 사용될 수 있다.

그리고 예측(prediction)이란 미래에 일어날 어떤 사건이나 현상에 대한 진술로 정의된다. 즉 예측은 개념적으로 정적인 체제 속에서 이미 알려진 사실로부터 미지의 사건이나 현상을 연역하거나 사건이나 현상의 발생순서에 기반을 두고 미래의 결과를 예상하는 것이다. 이러한 예측은 사건이나 현상의 발생원인에 관한 충분한 설명 없이 단순히 미래의 일정 시점에 그것이 발생할 것이라는 것을 추론하는 것이라 할 수 있다. 예컨대 최근 10여년 동안 수도권과 지방 간 격차의 변화추이를 바탕으로 향후 5년 후 공간격차의 수준을 추정하는 것이 바로 예측인데, 이러한 예측은 국토 · 환경에서 매우 중요하다. 왜냐하면 미래의 공간격차의 심각성이 향후 국토 · 환경을 어떻게 개발 · 관리할 것인가를 결정하는 중요한 기준이 되기 때문이다.

한편 설명과 예측을 정의함에 있어서, 이들 양자를 동일한 것으로 바라보는 견해와 상이한 것으로 바라보는 견해로 구분된다. 먼저 Hempel은 설명과 예측의 논리적 구조가 같기 때문에 양자를 유사하게 파악한다(강신택, 1999 : 116). 즉 Hempel은 설명에 있어서 일반법칙, 조건, 그리고 결론이 연결되는 것과 마찬가지로 예측에서도 이 세가지 구성부분이 논리적으로 연결되어 있다고 보고 있다. 따라서 설명과 예측 간의 차이는 이론적 구조에 있는 것이 아니라, 실용적 측면에 기인하는 것이라 주장한다. 즉 설명은 결론에서 묘사하고 있는 사건이 이미 일어났다는 것을 알고, 그것이 발생한 원인을 밝히기 위한 합당한 일반법칙과 특정한 조건으로서 사실을 찾아내는 것인 반면에, 예측은 일반법칙

13 이러한 설명을 Nagel(1961)은 연역적 설명, 확률적 설명, 기능적 설명, 기원적 설명으로 구분하기도 한다(박용치, 1997 : 93~95).

과 특정사실에 관한 진술들이 먼저 있고, 특정한 사건이 발생하기 앞서서 그 사건을 두 진술, 즉 일반법칙과 조건으로부터 끌어내는 것이라는 것이다. 이를 Hempel은 설명과 예측의 구조적 동일성의 명제라 한다. 반면에 설명과 예측의 구조적 동일성의 명제에 비판을 제기하는 견해도 있다. 이들에 의하면 예측 중에는 설명논증의 형식을 따르지 않으면서도 어떤 사건에 대하여 예측할 수 있다는 주장을 하고 있다(강신택, 1999 : 122). 이는 앞서 설명한 "예측은 사건이나 현상의 발생원인에 관한 충분한 설명 없이 단순히 미래의 일정 시점에 그것이 발생할 것이라는 것을 추론하는 것"이란 형태로 표현된다.

2. 탐구대상의 국토와 환경

1) 국토 · 환경의 개념

국토란 한 국가의 주권이 미치는 배타적 · 공간적 범위로서, 이는 영토, 영해, 그리고 영공으로 구분된다. 이러한 국토는 생산활동의 기반인 동시에 국민의 생활과 삶의 터전이다. 국토의 구성요소는 지형 · 기후 · 생물 등과 같은 자연적 요소와 역사 · 문화 · 산업 등과 같은 사회 · 경제적 요소로 구분할 수 있다. 한 국가가 성립하기 위해서는 주권, 국민, 영토가 존재해야 한다. 이런 측면에서 볼 때, 국토는 주권을 가진 국민이 정주하는 삶의 터전으로 이해할 수 있다. P. Geddes는 공간의 구성요소로 정주(place), 일(work), 여가(folk), 그리고 이를 연결해 주는 네트워크(network)를 들고 있는데, 이런 맥락에서 보면, 국토공간은 정주공간, 일자리 공간, 여가공간 그리고 네트워크 공간으로 설명된다.

흔히 환경은 자연환경을 의미하지만, 광의로는 독자적인 생물, 즉 어떤 유기체와 그를 둘러싸고 있는 외부조건을 환경으로 정의할 수 있다. 자연환경적 측면에서 환경을 볼 때, 환경은 투입요소적 측면에서 자원과 산출요소의 측면에서 환경오염으로 구분해 볼 수 있다. 한편 보다 광의적으로 볼 때, 환경은 자연환경, 인공환경, 사회문화환경, 그리고 제도환경 등으로 구분이 가능하다. 국토차원에서 볼 때, 환경은 자원의 이용과 오염의 관리가 보다 큰 의의를 가진다고 할 수 있다.

그러므로 탐구대상으로서 국토와 환경은 국가의 주권이 미치는 공간범위에서 사람, 시설, 자본 등이 어떠한 규칙성과 관계성을 가지고 있는가를 규명하고, 국토공간 내에서 이루어지는 활동을 위해서 자원활용과 환경오염이 어떻게 발생하는가에 주요 관심을 두고 있다고 하겠다.

2) 국토 · 환경의 주요 영향요인

국토 · 환경은 시간에 따라 매우 상이하게 변화된다. 즉 국토 · 환경에서 나타나는 현상은 인간생활의 패턴, 경제활동의 유형, 그리고 기술진보의 수준 등에 의해서 영향을 받는다. 예컨대 특정 시대를 살아가는 사람들의 생활패턴에 따라 국토 · 환경이 상이하게 된다. 즉 문화생활을 하는 경우와 그렇지 않은 경우를 비교할 때, 국토 · 환경의 규칙성과 관계성은 다르게 나타날 것이다. 또한 국토 · 환경이 어떠한 경제구조를 가지고 있는가에 따라 산업과 인간, 그리고 자본의 입지 및 움직임이 상이하게 나타날 것이다. 끝으로 기술진보와 같은 외부요인에 의해서도 국토 · 환경은 영향을 받게 된다. 예컨대 교통통신수단과 같은 기술문명이 발달하지 않았을 경우 오늘날의 세계화 · 개방화와 같은 국토 · 환경변화는 발생하지 않았을 것이다.

따라서 국토 · 환경이 경쟁력을 갖추고, 그 지역에 살고 있는 사람들의 삶의 질을 제고하기 위해서는 국토 · 환경에 미치는 영향요인을 국토 · 환경이 적극적으로 수용해야 하며, 환경변화에 적합한 형태로 국토 · 환경이 재구조화되어야 한다. 그리고 이러한 재구조화의 과정은 한 시점에 일시적으로 이루어지는 것이 아니라, 지속적으로 꾸준히 이루어져야 하는 것이다.

3) 탐구대상의 국토 · 환경

국토 · 환경의 탐구분야는 매우 다양하다. 우선 국토의 탐구분야는 공간, 경제활동, 이용 및 관리, 토지자원, 그리고 사회 · 문화의 다섯 가지 분야로 구분해 볼 수 있다. 공간을 탐구함에 있어서는 지리학적 접근이 유용하다. 첫째, 공간으로서 국토를 탐구할 경우 입지패턴과 공간체계가 주요 대상이 된다. 둘째, 경제활동을 탐구함에 있어서는 경제학적 접근이 유용하다. 이 경우 국토공간상 경제활동의 흐름, 즉 생산, 소비, 분배가 어떻게 이루어지는가와 지역의 성장요인이 주요 관심분야가 된다. 셋째, 국토의 이용 및 관리를 탐구함에 있어서는 지역개발학과 도시공학적 접근이 적합하다. 국토의 이용 및 관리를 탐구할 경우 자원의 배분과 동원, 국토공간상의 문제와 해결방안 제시가 주요 대상이 된다. 넷째, 토지자원으로서 국토를 탐구할 경우 부동산학적 접근방법을 사용하게 된다. 이 경우 토지 및 주택의 실태, 문제 해결방안 등이 주요 관심대상이 된다. 다섯째, 사회 · 문화로서 국토를 탐구할 경우 사회학과 문화인류학적 접근방법이 사용된다. 이 경우 특정 지역에 어떠한 문화와 사회패턴이 형성되고 있는가, 그리고 그 이유가 무엇인가가 주요 관심대상이 된다.

한편 환경의 탐구분야는 자원의 이용 및 관리, 환경오염, 환경규제 및 관리, 그리고 글로벌 환경이 주요 관심대상이 된다. 첫째, 환경분야에서 자원의 이용 및 관리를 탐구대상으로 할 경우 경제학적 접근방법을 접목하게 된다. 이 경우 자원이용과 관리의 효율성에 주요 관심을 두는 바, 자원의 가치평가가 중요하다. 둘째, 환경오염을 탐구대상으로 할 경우 환경공학적 접근방법이 유용하다. 이 경우 환경오염의 발생원인과 실태, 그리고 환경오염의 저감방안이 주요 관심대상이 된다. 셋째, 환경규제 및 관리가 탐구대상이 될 경우 행정학과 법학적 접근방법이 보다 적합하다. 이 경우에는 환경오염을 방지할 수 있는 제도적 장치를 마련하는 데 그 초점을 두고 있다. 끝으로 글로벌 환경이 탐구대상이 될 경우 국제통상에 있어서 환경규제를 어떻게 적용할 것인가가 주요 관심이 된다. 따라서 이런 경우에는 국제통상학과 경영학적 접근이 보다 바람직하다.

3. 국토 · 환경의 탐구방법

국토 · 환경을 탐구함에 있어서 적용할 수 있는 연구방법은 기술적 방법, 실증적 방법, 예측적 방법, 그리고 규범적 · 처방적 방법의 네가지 형태로 구분할 수 있다. 우선 기술적 방법은 국토 · 환경 현상의 규칙성과 관계성을 기술하는데 목적을 두는 접근방법이고, 실증적 방법은 특정한 이론체계를 바탕으로 국토 · 환경 현상에 대해 어떠한 규칙성과 관계성을 설명하려는 접근방법이다. 그리고 예측적 방법은 국토 · 환경의 현상을 미래시점으로 연장하여 향후 현실화 될 국토 · 환경의 현상에 대해서 탐구하는 접근방법이고, 규범적 · 처방적 접근방법은 당위적인 차원에서 주로 현실문제에 대한 진단과 처방에 관심을 갖는 접근방법을 의미한다.

제2절 국토 · 환경의 이념과 본질

1. 국토 · 환경의 기본이념

국토 · 환경을 탐구함에 있어서 전제되어야 할 이념은 접근방법에 따라 다소 상이할 수 있지만, 보편적으로 효율성, 형평성, 삶의 질, 적정성, 지속가능성, 거버넌스의 여섯 가지를 꼽을 수 있다.

우선 효율성(efficiency)은 투입 대 산출의 비율을 의미한다. 따라서 국토 · 환경에 있어서 중요한 이념은 국토 · 환경이 얼마만큼 경제성을 확보하고 있는가 혹은 총량경제의 성장에 초점을 둔다.

둘째, 형평성(eguity)[14]은 지역 간, 계층 간의 격차해소를 통해 최저요구수준(minimum)의 균등을 확보하고자 하는 것이다. 한편 수직적 형평성과 수평적 형평성 중 어떠한 가치를 더 중요하게 평가할 것인가는 시대와 사안에 따라 다소 차이가 있다.

셋째, 삶의 질(guality of life : QOL)은 개별 국민의 삶의 수준을 의미한다. 과거에는 의식주를 중심으로 한 물리적인 기본 수요(basic needs) 충족에 국한되었지만, 오늘날 삶의 질은 얼마나 행복하게 살 수 있는가, 문화생활을 얼마나 향유할 수 있는가, 얼마나 쾌적하고 건강하게 살 수 있는가 등 다양한 기준으로 제시할 수 있다.

넷째, 적정성(optimality)은 일정한 자원의 집합(set)과 이에 대응하는 이익 결합(mix)의 바람직한 상태를 의미한다. 아울러 적정성은 개발과 환

14 형평성은 수직적 형평성과 수평적 형평성으로 구분된다. 수직적 형평성은 각각의 조건에 따라 다르게 대우하는 것이고, 수평적 형평성은 모든 것을 균등하게 대우하는 것이다.

경보전 등과 같이 다수의 목표 간의 적정화를 의미하기도 한다.

다섯째, 지속가능성은 환경친화적이고 건전한 개발(environmentally sound and sustainable development : ESSD)을 의미한다. 이러한 지속가능성은 현 세대에서의 공평한 배분은 물론 미래 세대와 현 세대와의 형평성을 보장하는 기본이념이다.

여섯째, 거버넌스(governance)는 주민을 비롯한 다양한 사회구성원들의 참여를 가능케 하는 제도적 장치를 의미한다. 거버넌스는 협치(協治)적 성격을 띠고 있는데, 이는 과거 공공부문의 공권력에 의한 일방적인 결정과 집행이 아닌 모든 사회구성원들이 참여하고 역할을 분담하여 결정하며 추진하는 것을 의미하는 것이다. 이러한 거버넌스는 국토·환경에서도 새롭게 강조되고 있는 이념이다.

2. 국토 · 환경의 특성과 문제

1) 국토 · 환경의 특성

국토와 환경은 각각 독특한 특성을 가지고 있다. 국토는 비이동성, 불균등분포성, 부증성, 다양성의 속성을 띠고 있고, 환경은 유한성, 순환성, 외부성, 월경성, 그리고 국지성이라는 속성을 띠고 있다.

우선 국토의 특성을 구체적으로 살펴보면 다음과 같다. 국토는 다른 재화와는 달리 이동할 수 없고(비이동성), 모든 공간에 균등하게 분포되어 있지 않다(불균등분포성). 그리고 원칙적으로 국토는 그 공간이 증대되지 않고(부증성), 모든 국토가 각각의 조건에 따라 다른 특성(다양성)을 나타내고 있다.

그리고 환경의 특성을 구체적으로 살펴보면 다음과 같다. 환경은 효용을 증대하기 위해서 사용하게 되면 언젠가는 소멸되는 한정된 것이고(유한성), 환경은 자기완결적인 체제에 의해서 투입-전환-산출-환류의 지속적 과정을 가지고 있다(순환성). 그리고 환경은 어떤 특정 목적의 행위로 인해 다른 사람이 피해 혹은 이익을 받게 되는바, 자원의 과잉공급 혹은 과소공급이 유발된다(외부성). 또한 환경은 특정 지역뿐 아니라, 국토 및 지역 밖으로 영향을 미치게 된다(월경성). 그 대표적인 예로서 매년 봄철 중국에서 발생하는 황사피해를 들 수 있다. 끝으로 환경은 특정지역에만 국한되는 성격을 가지고 있다(국지성).

2) 국토 · 환경의 문제

우리 나라 국토의 가장 큰 문제점은 수도권과 지방 간의 격차문제이다. 우리 나라의 경우 서울, 인천, 경기의 수도권에 전체 인구의 47.9%가 집중되었을 뿐 아니라, 각종 공공기관 및 사업체 수의 절대다수가 수도권에 집중되어 있다. 이러한 수도권과 지방 간의 격차는 산업화 이후 지속적으로 증대되고 있다. 우리 나라의 국토공간개발은 비계획적으로 추진됨에 따라 난개발이 우려되고 있다. 또한 국토공간은 도시 중심의 편중된 개발양상을 띠고 있다. 그 결과 지역 간 · 계층 간의 입지적 차별성이 발생하게 되고, 아울러 디지털 격차가 발생하고 있다. 즉 경쟁력 있는 수도권과 대도시의 경우는 지속적인 발전을 하는 반면, 지방과 농촌의 경우 오히려 쇠퇴하고 있다.

한편 환경분야에 있어서 가장 큰 문제는 환경오염과 사회적 비용의 부담이다. 즉 개발과정에서 야기되는 각종 환경오염을 어떻게 절감할 것인가와 발생한 환경오염을 처리하기 위한 비용을 어떻게 부담시킬 것인가라는 문제이다. 그러나 환경은 외부성이 존재하는바, 무임승차

하려는 경향이 있기 때문에 환경오염 처리비용을 산출하고 부담하는 것에 현실적 한계가 있다. 이와 더불어 환경분야의 문제는 자연파괴와 재해의 관리, 그리고 생태계 교란과 회복의 장기화 등이 주요 문제점으로 지적된다.

3) 국토개발과 환경의 관계

국토공간은 제반 인간활동의 효용을 증진시킬 수 있을 때 그 가치가 있다. 따라서 국토공간은 인간의 필요에 따라 개발되고 관리된다. 그러나 개발과 관리행위는 필연적으로 환경파괴라는 문제를 야기한다. 즉 정도의 문제는 있으나 언제나 환경은 파괴되는 것이다. 경우에 따라서는 국토공간의 개발로 인해 특정한 환경자원이 소멸되기도 한다. 예컨대 간척사업으로 인해 우리는 새로운 국토공간을 획득하게 되지만, 반대로 우리는 갯벌이라는 환경자원과 갯벌에서 살아가고 있는 생태자원을 영원히 잃어버릴 수 있는 것이다.

따라서 국토공간을 효율적으로 개발 · 이용하고, 이로 인해 야기되는 환경파괴의 문제를 최소화하는 전략이 요구된다. 왜냐하면 국토개발과 환경파괴는 서로 양립할 수 없는 대립적 관계를 설정하고 있기 때문이다. 이러한 경우 우리는 최대-최소 전략(maxi-min strategy)을 선택해야 한다. 즉 인간의 삶의 질을 제고하기 위한 개발의 성과는 극대화하는 동시에 의도하지 않는 부정적 결과, 즉 환경파괴는 최소화하는 전략을 선택해야 한다. 그러므로 국토 · 환경의 탐구에 있어서 효율성이 항상 받아들여질 수는 없는 것이다. 오히려 개발과 환경을 조화시키고 최적화시킬 수 있는 방안이 더 바람직하다고 볼 수 있다.

제3절 국토 · 환경의 인식과 전망

1. 국토 · 환경의 인식

국토 · 환경을 바라 보는 인식은 크게 환경결정주의(environmental determinism) , 환경가능주의(environmental possibilism), 그리고 절충적 환경주의로 구분해 볼 수 있다.

우선 환경결정주의는 인간생활이 자연환경에 의해서 결정된다고 보는 시각으로서, 대표적인 학자로는 F. Ratzel이 있다. 환경결정주의의 공간관은 공간귀결적이고, 인간관은 환경에 종속적이다. 환경결정주의 관점에서 보면, 제주도는 바람이 많기 때문에 바람에 이길 수 있는 돌담집이 많이 분포하고 있다고 본다.

둘째, 환경가능주의는 자연은 인간에게 가능성만을 제시하고, 구체적인 선택은 인간에 의해 결정된다고 보는 시각으로서, 대표적인 학자로는 P. Blache가 있다. 환경가능주의의 공간관은 공간형성적이고, 인간관은 환경에 우월적이다. 따라서 자연환경이 개발 · 이용되는 것은 인간의 능력이나 가치관, 전통, 개발의지 등에 따라 좌우된다고 보고 있다.

셋째, 절충적 환경주의는 인간과 자연환경은 서로 영향을 주고 받는 상호관계에 있다고 보는 시각으로서, 대표적인 학자는 J. H. Steward가 있다. 절충적 환경주의는 인간과 자연환경의 공생주의를 강조하고 있는바, 공간관은 상호의존적이고, 인간관은 공생적이라고 할 수 있다. 따라서 국토 · 환경은 주변의 조건과 인간의 의지에 따라 좌우된다고 보는 것이다.

2. 미래 국토 · 환경의 전망

미래 국토 · 환경을 전망하는 시각은 크게 낙관론, 비관론, 그리고 절충론으로 구분할 수 있다. 우선 낙관론에서는 국토 · 환경의 성장이 가능하다(성장가능론)고 보는 반면, 비관론은 국토 · 환경의 성장이 불가능하다(성장불능론)고 본다. 그리고 양자의 절충론에서는 국토 · 환경의 성장에 어느 정도의 한계가 있다(성장한계론)고 본다(이정전, 2000 : 60-73).

성장가능론에 의하면 경제성장은 얼마든지 가능할 뿐 아니라 필요요소로 간주된다. 우리가 갖고 있는 국토 · 환경은 발전잠재력을 무한히 가지고 있고, 성장과 환경파괴는 상관관계를 가지고 있지 않다고 보고 있다. 예컨대 과거 인구증가가 여러 가지 사회문제를 야기하였지만, 선진국은 오히려 인구감소를 걱정해야 하는 상황에 직면해 있고, 풍요로운 인간생활을 위해서는 지속적인 경제성장이 반드시 필요하다는 입장을 보이고 있다. 또한 높은 경제성장을 한다고 반드시 많은 환경오염을 야기하지는 않는다는 견해를 나타낸다.

반면 성장불능론에 의하면 경제성장은 사회적 이익보다 사회적 손실을 더 많이 초래하기 때문에 경제성장에 집착하지 말아야 한다는 입장을 가지고 있다. 자원은 한정되어 있는데 인간의 욕망은 무한하기 때문에 자원고갈과 환경파괴가 이루어진다는 것이다. 특히 엔트로피이론에 의하면, 폐쇄된 체제에서 이용가능한 에너지는 끊임없이 이용불능 에너지로 불가역적으로 변화하기 때문에 성장이 높으면 높을수록 인류는 더 빨리 멸망하게 된다고 보고 있다.

마지막으로, 절충론에 의하면 경제성장은 일정한 시점까지는 성장이 가능하지만, 최대점을 지나게 되면 성장에 따른 사회적 비용이 더욱 증가하게 되어서 결국 성장한계에 직면하게 된다고 본다. 따라서 성장과 환경의 적절한 조화를 강조한다.

3. 국토와 환경의 구성체계

국토 · 환경의 범주는 국토공간의 이용과 관리, 자원의 이용과 관리, 그리고 환경문제와 관리로 구분해 볼 수 있다.

우선 국토의 이용과 관리를 위해서는 우리 나라 국토에 대한 체계적인 이해가 요구된다. 이를 위해서 우리 나라의 국토와 환경을 세계 각국과 비교하여 국토 · 환경의 실태와 특성에 대한 이해가 필요하다. 그리고 국토의 개발과 관리에서는 국토의 이용실태와 효율적 관리를 위한 제도적 기반에 대한 논의가 이루어져야 한다. 이와 더불어 국토공간을 도시, 농촌, 그리고 특수문제지역 등으로 구분하여 공간별 실태와 관리, 그리고 주요과제 등에 대한 이해가 요구된다.

둘째, 국토 · 환경의 한 분야는 자원의 이용과 관리이다. 우선 자원의 체계적 이해를 위해서 자원의 분류와 유형별 특성에 대한 논의가 요구된다. 자원의 유형을 자연환경자원, 토지자원, 수자원, 해양자원, 그리고 역사문화자원으로 구분할 수 있다. 이러한 자원의 유형에 따라 해당 자원의 이해, 보존과 관리, 그리고 전망과 과제에 대한 논의가 필요하다.

셋째, 국토 · 환경에서 중요한 한 분야로 지속가능한 발전을 위한 환경문제와 관리를 꼽을 수 있다. 우선 지속가능한 발전과 환경에 대한 이해가 필요하다. 그리고 환경의 수준을 생활환경, 지역환경, 지구환경으로 유형화하여 각 환경문제에 대한 실태와 관리방안에 대한 이해가 필요하다. 아울러 최근 그 중요성이 증대되고 있는 환경가치의 추정과 평가에 대한 이해도 요구된다.

제4절 국토 · 환경분야의 학문적 성격과 전망

1. 국토 · 환경분야의 학문적 전통과 성격

1) 학문적 전통

국토 · 환경분야의 형성은 크게 도시 및 지역계획, 그리고 지역과학의 두 가지 측면에서 그 뿌리를 찾을 수 있다. 우선 외국의 경우 국토 · 환경의 성립배경은 먼저 사회적 수요에 대한 실천적 필요에 의해서 자극되고, 다음으로 관련 학문분야에서 관심을 가짐으로써 독자적인 학문으로 발전되었다고 볼 수 있을 것이다. 학부에서 국토 · 환경분야를 최초로 강의한 것은 1920년 일리노이 대학교(Univ. of Illinois at Urbana Champaign)에 도시 및 지역계획학과(Dept. of Urban & Regional Planning)가 처음으로 개설되면서부터였고, 대학원 과정에서는 영국의 리버풀대학(Univ. of Liverpool)에서 1910년 도시설계(Civil Design)에 관한 강의가 처음으로 실시되었으며, 1923년 하버드대학교(Harvard Univ.)에 계획관련 석사과정이 설치된 것이 그 효시였다. 그 설립목적은 계획분야에서의 전문교육의 필요성과 도시 및 지역계획분야의 전문가 양성이었다(고병호외, 1997).

한편 지역과학의 대두는 1940년대 하버드대학교에서 입지이론(location theory)의 강의 및 연구로 등장하였고, 1954년에 지역학회(Regional Science Association)의 설립으로 발전되었다. 도시 및 지역문제와 관련된 학문분야로는 도시계획, 토목공학, 지리학, 경제학 등이 있다. 60개 이상의 나라에서 지역학의 관련 분야가 생겨났으나 최근 쇠퇴하고 있는 실정이다. 전문학회지로는 J. of Regional Science, Int. Regional Science Review, Papers RSA, Regional Science, Urban Eco.,

Environment & Planning A 등이 있다. 지역학의 교육프로그램(Regional Science Programs)으로는 Univ. of Pennsylvania B. A., M. S., Ph. D., Cornell Univ. M. S., Ph. D. 등이 있고, Separation in Regional Science로는 Univ. of Ill., Ohio State Univ., USC, Indiana Univ., Univ. of Arizona, Liverpool(UK) 등이 있으나, 최근 대학사정에 따라 관련학과가 통폐합되었거나 없어진 경우도 있다. 지역학의 분야(field of Regional Science)로는 입지이론(location theory), 지역성장 · 개발이론(regional growth & development theory), 도시 및 지역분석방법론(methods of urban & regional analysis), 교통(transportation), 정책(policy - energy, environment, evaluation of regioanl development policy-growth centres, conflict management/multi-objective programming, impact analysis 등) 등이다(이성근, 1995).

지금까지 우리 나라의 경우 국토 · 환경에 대한 학문적 뿌리가 상이한 근원을 바탕으로 하고 있기 때문에 하나의 독립된 학문영역으로서의 정체성 확보가 무엇보다 중요한 과제로 인식되어 왔으나, 앞으로는 정체성 확보 보다 그간의 성과를 바탕으로 국토 · 환경분야의 성격을 재규정하는 중요한 인식의 전환이 필요하다(이성근, 1998).

2) 학문적 성격

국토 · 환경의 학문적 성격은 종합과학 및 학제적 학문, 규범적이고 실천적 학문, 그리고 공간 · 환경문제에 기반한 정책적 학문이라는 세 가지 특성을 가지고 있다. 이에 대해서 구체적으로 살펴보면 다음과 같다.

첫째, 국토 · 환경은 종합과학 내지 학제적 학문이다. 국토 · 환경은 종합과학(comprenensive science) 또는 학제적(interdisciplinary)인 학문으로서 지역개발학, 도시계획학, 경제학, 지리학, 사회학, 행정학, 정치학, 토목학, 건축학을 비롯한 여러 학문영역을 포함하는 종합과학의 성격을 지닌다. 따라서 단순히 다른 학문영역의 개념이나 방법론을 선택적으로 취합하는 것이 아니라, 종합과학으로서 새로운 패러다임과 분석적 틀을 지닌 학문이다(최상철, 1998). 종합적이고 학제적이란 의미는 국토·환경분야가 인접 학문과의 상호교류를 통해서 연구발전되어 왔으며, 필요한 관련이론과 방법론을 자기 것으로 소화해 냄으로써 학문적 정체성을 새로이 확립하고 있음을 뜻한다.

둘째, 국토·환경은 규범적이고 실천적 학문이다. 국토·환경 분야가 다른 학문과 다른 점은 바로 규범적이고 실천적인 학문(최상철, 1998)이라는 점이다. 공간문제에 대한 진단을 하고 처방을 내려야 하는 실증적이고 임상적인 학문으로서 사회적 수요에 부응하기 위한 것이다. 따라서 공간문제의 해결과제와 개발목표를 설정하고, 이를 달성하기 위한 합리적인 행동체계를 찾아내는 규범적이며 정책적 학문이다.

셋째, 공간·환경문제를 바탕으로 한 정책적 학문이다. 국토·환경은 공간문제를 항상 바탕에 둔 학문분야로, 총량적인 것이 아니라 공간적 배분과 형평성에 학문적 패러다임을 두고 있다(최상철, 1998). 즉 국토·환경은 일정한 공간을 대상으로 한 개발에 초점을 두어 국토의 균형발전을 지향함과 동시에 성장을 통한 재분배, 기본수요의 충족 등 계층간 형평성도 함께 추구하는 학문이다. 최근에는 환경문제의 대두에 따라 개발과 보존의 조화라는 친환경성 내지 지속성의 개념이 중요하게 인식되고 있다.

이상에서와 같이, 국토·환경은 종합성, 실천성, 공간성을 학문적 구성요소로 형성되어 왔다. 그러나 공간성, 실천성 측면에서는 학문적 아이덴티티가 어느 정도 확보되었으나 종합성 측면에서는 종합성의 딜

레마와 함께 학문적 아이덴티티 확보 측면에서 여전히 도전의 대상이 되고 있다.

2. 국토 · 환경분야의 교육과 연구

1) 교육기반

우리 나라에서 국토 · 환경과 관련된 학문을 가르치는 전공영역은 인문사회계열과 자연계열에 폭넓게 구성되어 있다. 우선 국토와 공간분야에 있어서는 사회계열의 지역개발학과, 도시 및 지역계획학과, 부동산학과가 개설되어 있고, 환경분야에 있어서는 자연계열의 환경공학과, 환경관리학과, 환경계획학과 등이 개설되어 있다. 그리고 국토 · 환경의 관리분야에 있어서는 도시행정학과와 지방자치학과 등이 개설되어 있다. 그러나 개별 학문분야 간의 학제적 교과과정의 개발 및 운영이 미흡한 실정이다. 이러한 경향은 대학원 교육과정에서 유사한 형태를 띠고 있다.

미국과 영국을 중심으로 한 외국의 경우 국토 · 환경분야의 교육기반은 대체로 대학원 중심의 전문교육으로 이루어져 있고, 학부에서는 전공 및 부전공 형태로 교육과정 프로그램을 개설해 놓고 있는 것이 일반적인 경향이다. 특히 학과의 소속대학을 살펴보면, 미국과 영국의 일부 대학에서는 전문대학이라고 할 수 있는 School 체제에 속해 있으나, 대부분의 미국 대학에서는 College안의 개별학과로 설치되어 있는 경우가 많다.

2) 연구기반

우리 나라의 국토 · 환경과 관련된 연구기반은 국책연구소, 지방연구원, 대학의 연구소, 그리고 민간부문 연구소 등으로 구분해 볼 수 있다. 우선 국책연구기관으로는 국토연구원, 한국지방행정연구원, 한국농촌경제연구원, 한국교통연구원, 환경정책연구원, 에너지경제연구원, 주택산업연구원 등이 있다. 이들 연구기관에서 국토 · 환경에 관련된 전문인력이 활발한 연구활동을 수행하고 있을 뿐 아니라, 그 영역을 점차 확대되고 있다.

그리고 광역자치단체에서 출자하여 설립한 시 · 도의 지방연구원이 있는데, 2006년 현재 총 14개의 지방연구원이 설립되어 있다. 지방연구원으로는 서울의 서울시정개발연구원, 대구 · 경북의 대구경북연구원 등이 있다. 이러한 지방연구원의 기능은 지역문제의 해결과 지역발전을 선도할 수 있는 최선의 정책대안을 개발(정책개발기능)하고, 이러한 과정을 통해 축적된 자료와 정보를 확산(정보확산기능)하는 데 있다. 아울러 지역주체 간, 지역 간 혹은 지방과 중앙 간에 발생하는 갈등과 경쟁구조를 합리적 · 객관적 입장에서 조정 · 중재할 수 있는 방안(조정중재기능)을 제시하는 데 있다. 특히 지방분권이 진전되고 지방자치가 성숙됨에 따라 지방연구원의 기능과 역할은 향후 더욱 증대될 것으로 전망된다.

한편 각 대학에서는 지역개발연구소 및 지역혁신연구소 등이 설립되어 있는데, 이들 연구소에서도 활발한 연구활동을 수행하고 있다. 특히 최근 들어 한국학술진흥재단에서 대학연구소를 육성함에 따라 전담인력이 상주함으로써 연구역량이 크게 신장되고 있다.

3) 학문적 공동체

국토 · 환경과 관련된 학문적 공동체는 공간분야, 환경분야, 그리고 관리분야로 구분하여 살펴볼 수 있다. 우선 공간분야의 경우 한국지역개발학회, 대한국토 · 도시계획학회, 한국지역학회, 한국지역사회개발학회, 한국부동산분석학회 등이 주류를 이루고 있다. 특히 한국지역개발학회 및 대한국토 · 도시계획학회에서 발간하는 '한국지역개발학회지' 및 '국토계획'은 한국학술진흥재단의 등재지로서 국토 · 환경과 관련된 학회활동을 대외적으로 인정받고 있다. 그리고 환경분야에서는 한국환경정책학회, 관리분야에서는 한국지방자치학회와 한국정부학회, 한국도시행정학회 등이 있다. 최근에는 이들 관련 학회들이 상호교류를 증대함으로써 국토 · 환경분야에 대한 학제적 접근을 도모하고 있다.

3. 국토 · 환경분야의 취업기반

1) 취업기회

산업혁명 이후 국토 · 환경은 경제성장을 위한 효율적인 공간창조에 두고 난개발이 가속화되었다. 이러한 국토공간의 난개발 및 환경오염의 심화로 인해 더 이상 국토 · 환경이 무한한 자원이 아님을 인식하게 되었다. 따라서 향후 국가 및 지역경쟁력을 강화하기 위해서는 해당 지역의 국토 · 환경을 어떻게 관리하느냐가 매우 중요하다. 특히 환경변화에 따른 국토 · 환경의 재구조화를 어떻게 추진하느냐는 지속가능한 발전을 유지하느냐 못하느냐를 결정짓는 중요한 요인이 된다.

한편 현대 사회는 다변화되고 고도의 유기적 시스템으로 작동하고 있는바, 한 국면의 국토·환경의 이용은 매우 다양한 문제를 야기할 수 있다. 즉 국토·환경의 이용·개발에 의해 의도하지 않은 결과가 발생할 수 있는 불확실성이 높아지고 있다. 따라서 이러한 국토·환경문제를 해결하고, 계획적 관리를 위해서는 대학에서 체계적으로 교육을 받은 전문인력이 필요한바, 향후 국토·환경분야의 취업기반은 매우 확대될 것으로 전망된다.

우선 국토·환경분야의 취업영역은 공공부문과 민간부문으로 구분해 볼 수 있다. 공공부문은 국가 및 지방공무원, 공사, 연구원 등으로 구분되고, 민간부문은 엔지니어링회사와 부동산디벨로퍼 등으로 구분해 볼 수 있다.

우선 국토·환경분야는 공직사회로의 진출이 확대될 것으로 기대된다. 현재 공무원은 국토·환경분야에 대한 전문능력이 미흡하다. 그러나 공무원이 수행하는 대부분의 행정은 국토·환경을 벗어나서는 이루어질 수 없는 행정이다. 따라서 보다 체계적인 국토·환경의 관리를 위해서는 이들 분야의 전문소양을 갖춘 전문인력의 채용이 확대될 것으로 전망된다.

그리고 공공부문의 민영화로 인해 한국토지공사, 대한주택공사, 한국농촌공사 등과 같은 공사를 비롯하여 지방공기업에서도 국토·환경분야에 대한 수요가 증대될 것으로 기대된다. 이와 더불어 국토연구원, 한국지방행정연구원 등과 같은 국책연구원과 16개 시·도의 지방연구원에서도 각종 개발계획을 수립하기 위한 국토·환경분야 인력에 대한 수요가 증대하고 있다.

이 외에도 국토·환경분야의 취업기반은 전통적인 도시 및 지역계획 분야에서 벗어나 향후 경제, 사회, 문화, 산업, 행정 등의 분야로 확대될 것으로 전망된다. 특히 민간부문의 주택건설회사, 국토·도시엔

지니어링회사, 농촌분야컨설턴트, 부동산분야, 관광레저분야로 그 영역이 확대될 것으로 기대된다.

아울러 국토 · 환경분야의 경우 해외부문의 진출가능성도 크게 증대될 것이다. 현재 우리 나라는 개발도상국을 대상으로 각종 지원사업을 확대하고 있다. 따라서 개발도상국 및 저개발국의 컨설턴트로서 진출이 확대될 것으로 전망된다. 특히 최근 중국, 베트남, 캄보디아, 아프리카 등에서 우리 나라의 새마을운동에 대한 관심이 높고, 우리 나라에서는 새마을운동의 세계화를 위한 정책을 추진함에 따라 이 분야의 해외전문인력수요가 확대될 것으로 전망된다. 아울러 UNCRD, UNESCAP 등과 같은 UN산하기구의 취업기반도 확대될 것이다.

2) 관련자격증

국토 · 환경분야의 관련 자격증은 크게 국토공간분야와 환경분야로 구분된다. 우선 국토공간분야의 경우 감정평가사와 공인중개사, 주택관리사, 환지사, 도시계획기사 등이 있다. 그리고 환경분야의 경우 수질환경기사, 대기환경기사, 폐기물환경기사, 그리고 소음진동환경기사 등이 있다.

탐구학습

1. 요약

1.1 주요개념과 요약

- 국토와 환경은 국가의 주권이 미치는 공간범위에서 사람, 시설, 자본 등이 어떠한 규칙성과 관계성을 가지고 있는지를 규명하고, 국토공간 내에서 이루어지는 활동을 위해서 자원활용과 환경오염이 어떻게 발생하는지에 주요 관심을 두고 있다.
- 국토 · 환경의 탐구방법은 기술적 방법, 실증적 방법, 예측적 방법, 규범적 · 처방적 방법으로 구분된다.
- 국토 · 환경의 기본이념은 효율성, 형평성, 삶의 질, 적정성, 지속가능성, 거버넌스이다.
- 국토의 특성은 불이동성, 불균등분포성, 부증성, 다양성이고, 환경의 특성은 유한성, 순환성, 외부성, 월경성, 국지성이다.
- 국토개발과 환경파괴는 서로 양립할 수 없는 대립적 관계를 설정하고 있다. 이러한 경우 우리는 최대-최소 전략(maxi-min strategy)을 선택해야 한다. 즉 인간의 삶의 질을 제고하기 위한 개발의 성과는 극대화하는 동시에 의도하지 않는 부정적 결과, 즉 환경파괴는 최소화하는 전략을 선택해야 한다.

1.2 주요학자

- Friedrich Ratzel(독일, 1844 ~ 1904)

  라첼은 지리학과 민족지학의 현대적 발전에 크게 이바지했다. 그는 생활공간(1981)이라는 개념을 창안했는데, 이것은 인간과 인간의 생활공간을 관련시키는 것이다. 그는 국가가 그 합리적 능력에 따라 영토를 확장시키거나 축소시키려는 경향을 가지고 있다. 라첼의 주요 관심사는 인간의 이주 · 문화의 차용, 인간과 인간을 둘러싼 물리적 환경의 여러 요소들간의 관계에 있었다. 다윈과 독일 동물학자 에른스트 하인리히 헤겔의 진화론에 영향을 받았지만, 그들의 기계적인 사고방식에 대해서는 비평을 했다. 후기에는 생물학보다 철학에 몰두했다. 주요저서는 인문지리학(Anthropogeographie, 1882), 비교지리학(Die Erde und das Leben : Eine vergleichende Erdkunde, 1901), 정치지리학(Politische Geographie, 1897) 등이 있다.
- P. Vidal de la Blache(프랑스, 1845 ~ 1918)

  Blache는 독일의 지리학자 F.라첼의 기계론적 방법론에 반대하고 실증을 중시하여 독자적인 분야를 개척하였다. 그 결과 오늘날의 생태학(ecology)의 방법에 접근하여 인문지리학을 사회과학에 중개해주는 역할을 하였다. 대표적인 저서로는 "프랑스의 지리표(1930)"와 "인문지리(1922)"가 있다.

■ Steward, Julian Haynes(미국, 1902 ~ 1972)

Steward는 신진화론을 주도하고 문화생태학 이론을 주창한 미국의 인류학자이다. 1946~1959년에 걸쳐 7권으로 출간된 방대한 민속지연구물인 "남아메리카인디언 핸드북 Handbook of South American Indians"과 "푸에르토리코의 사람들"(1956)을 편집하여 라틴아메리카 연구에 공헌하였다. 주요저서 "문화변동의 이론 : 다선적 진화의 방법론"(1955)을 통해 사회변동에 있어서 비교적 유사성이 있어도 각 사회의 성격은 다르게 나타난다는 '다선적 진화'를 이끌어내며 문화생태학을 주창하였다. 1955년 "수리경작 문명"을 저술하였다.

2. 토론 및 과제

2.1 심화자료

■ 피터 홀, 임창호 역(2000), ***내일의 도시***, 서울 : 한울.

■ 국토연구원 엮음(2002), ***세계의 도시***, 서울 : 한울.

■ web sources : 한국개발연구원(www.kdi.re.kr)
산업연구원(www.kiet.re.go.kr)
국토연구원(www.krihs.re.kr)

2.2 토론주제

■ 탐구대상으로서 국토와 환경은 왜 중요한가?

■ 국토 · 환경에 영향을 미치는 주요 요인은 무엇인가?

■ 국토 · 환경에 적용될 수 있는 새로운 접근방법은 무엇인가?

■ 국토 · 환경분야의 취업과 진로 전망은?

2.3 과제

■ 현대 사회환경변화를 고려할 때, 국토 · 환경의 기본이념은?

■ 우리 나라 국토 · 환경의 특성과 문제는?

■ 국토개발과 환경의 관계는?

참고문헌

강근복(1994), *정책분석론*, 서울 : 대영문화사.

강신택(1981), *사회과학연구의 이론*, 서울 : 박영사.

김　렬(1999), *사회과학조사방법론, 정책연구의 원리*, 서울 : 박영사.

김해동(1996), *조사방법론, 이론과 기술*, 서울 : 법문사.

김형국(1997), *한국공간구조론*, 서울대학교 출판부.

이성근(1998), "지역개발학 분야의 도전과 전망", *환경논총*, 제36권, 서울대학교 환경대학원.

이정전(2000), *환경경제학*, 서울 : 박영사.

채서일(1990), *사회과학조사방법론*, 서울 : 법문사.

Babbie, Earl R.(1973), *Survey Research Methods*, C.A. : Wadsworth Publishing Company Inc.

제2장

미래사회와 국토 · 환경

제1절 정보화사회의 국토와 환경

1. 정보화사회의 의의

정보화사회는 대량의 정보 처리 능력을 가진 컴퓨터에 의해 주도되는 사회로 정보혁명에 의해 형성된 사회이다. 즉 정보화사회란 산업사회가 탈산업사회로 이행하는 과정에서 정보통신기술의 발달로 출현된 사회로서, 정보의 풍부성과 속도성에 따라 급격한 사회 변화가 일어나고, 모든 사회구성원들이 적은 비용으로 정보에 쉽게 접근할 수 있는 사회를 의미한다(대한국토 · 도시계획학회편, 2000 : 41).

이러한 정보화 시대에는 생활수준과 교육수준의 향상으로 문화활동과 여가활동 등이 확대됨에 따라 생활형태가 달라진다. 문화적 가치의 향유를 요구하는 계층이 증대되고 새로운 정보기술의 사용으로 나타나는 경직성을 해소하기 위해 손으로 만들기, 인간적 접촉을 요구하는 문화활동이 증대된다. 정보화사회에서는 산업사회의 인간형인 단순, 고독한 군중으로부터 자아실현, 적극적 참여, 다양화를 지향하는 사회가 실현된다.

정보화사회의 실현으로 뉴미디어기기, 비디오원거리집회, 전자여론조사 등 정보기기의 실용화로 시민참여의 기회가 증대됨에 따라 참여민주주의가 실현된다. 또한 정보기기의 확산으로 정보에 접할 기회가 많고 그에 따른 반응을 즉각 표출할 수 있다. 정보사회에서는 정보를 소유하고 정보처리 능력이 뛰어난 기능관료체제가 구축되는 등 정보화사회의 출현에 따라 정치 · 행정의 변화도 예상된다(강형기, 2001 : 419).

정보화는 가정, 산업에서 자동화를 가져오고 정보기기산업이나 소프트웨어 산업에서, 노동생산성과 소득증대, 제품가격저하와 구매력증대, 제품의 다양화, 신제품개발, 수요확대 등으로 고용창출효과를 높인다. 정보화를 통해 사회 전반의 효율과 형평을 동시에 실현할 수 있다. 정보화사회에서는 일의 개념이 변화되어 육체적 능력보다는 정신적 능력이 더 요구되고 능률과 생산성 향상으로 풍요로운 사회를 보장할 것이지만 대량실업으로 인한 고용문제, 인간소외현상, 이른바 정보화 속의 스트레스가 높아지는 테크노스트레스 현상을 초래할 수도 있다.

고도정보화의 진전은 정보의 지역 간 격차의 축소를 통하여 인구의 지방정착과 국토의 균형 있는 발전에 기여할 가능성이 있는 반면에 고도정보시스템이 발달한 대도시권에 인구, 산업의 집중을 초래할 가능성도 동시에 갖고 있다. 국토균형발전의 차원에서 지방에서의 고도정보기반정비는 전국이 첨단화와 정보화에 대비하는 필수요건이 된다.

고도정보화가 진행되면서 국토구조, 지역구조의 변화가 예상되므로 정보의 지역간 격차를 좁히고 정보공급능력을 높여야 한다. 정보화사회 기반조성을 위한 지역별 광역연계체제를 구축하여 개성 있는 지역계획을 수립하여야 한다. 세계화에 동반하여 해외와의 정보교류도 활발해질 전망이므로 대내외 연계 교통망을 형성하고 세계정보거점의 정비를 도모하여야 한다.

2. 정보화사회와 국토 · 환경의 변화

1) 공간구조 및 도시체계

정보통신기술의 발달에 의한 공간구조의 변화에 대한 초기 논의들은 주로 기술결정론적 전망이 우세하였다. 전자적 매체에 의해 전 지구가 하나로 소통되고 새로운 미디어가 지구촌을 창조할 것으로 전망된다. 그리고 도시체계는 분산된 도시형태가 될 것이며, 이는 원격근무(telecommuting)에 의해 지탱될 것으로 예상하였다. 이와 유사하게 도시의 기능이 더 이상 지리적으로 집중될 필요가 없이 전자적으로 분산되어 연결될 것이며 가상도시(virtual cities)가 도래할 것이다. 즉 네트워크로 연결된 도시체계, 도시해체와 반도시의 출현이 예상된다.

반면에 도시에서 떨어져 있어도 도시적 생활을 누릴 수 있고, 궁극적으로 도시의 존재가 소멸할 것이라는 가설을 반박하고 있다. 이후 통신기술의 영향이 모든 지역에 동일하게 나타나지 않을 것이며 근본적으로 경제적 · 기술적 능력이 있는 곳에 집중될 것이므로, 도시체계가 해체되지 않을 것을 주장하는 많은 연구들이 발표되어 왔다.

Gottman(1983)에 의하면, 정보통신매체에 의해 오히려 집중이 발생한다. 즉 우선적으로 대도시, 다음으로 중소도시로의 집중이 가속화된다고 주장하였다. 기존 도시들에서 기능의 일부가 분리되더라도 도시계층적으로는 여전히 최상위도시를 중심으로 기능이 통제 · 재편되고 있다는 것이다(Gillespie, 1992).

최근 정보통신망의 발달은 지구적 차원에서 최상위 도시인 '세계도시(global city)' 간의 연계성을 더욱 증가시키고, 지구적 규모에서 도시체계의 재편을 유도하며, 기존 중심도시의 집중 · 통제를 강화하는 경향으로 나아간다는 것이다(이동만 옮김, 2002 : 112-113).

2) 대도시 및 도시내부구조 변화

흔히 정보통신기술은 분산을 촉진시키는 힘으로 작용한다는 것으로 받아들여지고 있다. 정보통신이 도시의 형태에 미치는 영향은 집적경제와 교통비용의 관계에 관한 것인데, 지난 몇 세기 동안 정보의 중심성 증가와 정보처리 · 교환 비용의 감소에 따라 집적경제가 감소하고, 이는 도시집중의 반전이나 도시에서의 분산을 유발시켰다(Kutay, 1998).

그러나 정보통신이 집적이익을 감소시키고, 공간적 분산을 야기하는 효과는 기술적, 제도적 장벽으로 인하여 제한된다는 주장도 제기된다. 현실적으로 사회적 장벽과 인프라 장벽에 의해 서비스업체의 도시 바깥으로의 분산은 많은 한계가 있다. 따라서 저비용지역으로 이전할 수 있는 기능은 소수에 불과하고, 고차기능은 여전히 도심에 집중할 것이라는 주장이 제기된다.

지역간 물리적 연결은 여전히 입지결정에서 중요하기 때문에 대도시의 성장패턴이 수정될 것이라는 주장에 대해 의문이 제기된다. 오히려 정보통신은 도시성장에 대한 제한을 극복할 수 있는 새로운 방법을 제공하여 도심의 고차기능은 여전히 집중할 것이라는 전망과 더불어 도시의 교외화가 광범위하게 확산되어 대도시의 성장은 지속될 것이라는 주장이 일반적이다. 이와 더불어 중심업무지구는 전문화되고 도심에 밀집한 서비스업무의 상당 부분은 도시외곽으로 분산하며, 도시외곽에 업무단지, 비즈니스 또는 테크노파크(technology park), 쇼핑몰 등의 발달을 유도한다.

도시내부구조 변화의 또 다른 양상은 기업들의 고도정보통신시스템에 대한 의존성 증대에 따라 이들 정보집약적 기업의 전문수요에 부응할 수 있는 오피스 빌딩에 대한 수요 증대이다. 이는 전통적인 도시중심업무지구 외곽에 복잡한 통신서비스를 갖춘 빌딩과 서로 인접해 입지할 수 있는 잠재력을 갖춘 도시공간에 대한 요구 또는 뉴욕, 런던, 로테르담, 암스테르담, 도쿄, 오사카 등에서처럼 정보시장 주위에 정보관련기업이 집적하는 텔레포트가 나타났다.

도시기능의 분산과 교외화에 관한 논의는 대도시 내부구조의 변화와 밀접한 관련을 가진다. 정보통신이 대도시 내부구조에 가지는 중요한 영향은 유사한 것들끼리의 특화된 활동 집적지(enclave) 또는 다거점(multiple foci)들이 대도시의 가장자리에 형성되고, 또한 유사한 거주공동체들이 뚜렷하게 형성되며, 중심도시는 소매, 위락, 4차 산업 등 특화된 부문만이 발달하게 된다는 것이다. 이렇게 다중심화되고 도심에서 분산된 경제활동의 유지 · 지원은 통신과 정보통신기술의 발달에 의해 가능하게 된다는 것이다(Hall, 1993). 즉 정보화시대에 도시는 기능에 따른 공간의 구조재편을 경험하며 대도시 내 다양한 활동이 다핵적 거점에 분산된다(Castells, 1989).

이와는 반대로 도시내 지역간 기능적 분화가 덜 중요해진다는 주장도 있다. 도시내의 사무, 쇼핑, 주거지구 등과 같은 기능적 분화가 허물어지고 도시기능의 혼재가 일어나며 주거지는 홈워킹, 홈쇼핑, 홈뱅킹, 홈레저의 거점으로 등장한다는 주장이 그것이다.

3) 정보화시대의 산업입지변화

입지이론에 의하면, 거리마찰효과를 극복하는 데 드는 경제적 · 시간적 비용이 토지비용을 초과할 때 합리적 의사결정가들은 토지비용은 많이 들지만 거리극복비용이 보다 싼 곳으로 입지하여 집적하는 경향이 있다. 발달된 교통 · 통신에 의해 거리극복비용이 더 이상 토지비용을 초과하지 않을 때 이들은 분산하는 경향을 보인다. 이러한 측면에서 볼 때 정보통신은 거리극복 비용이나 시간의 제약성에서 벗어날 수 있게 하기 때문에 입지적 유연성(locational flexibility)이 실현되어 입지선택의 자유가 확대되는 결과를 초래한다(Kutay, 1986 ; OECD, 1996). 특히 이러한 입지적 유연성은 대규모 다입지기업들이 정보통신네트워크를 활용하여 서비스의 생산과 분배에서 규모의 경제와 범위의 경제를 획득하는 데서 뚜렷하게 나타난다.

그러나 입지분산이 쉽게 발생하지 않으며, 새로운 산업입지 수요가 특정지역을 선호하게 됨으로써 지역 간 격차를 심화시킬 가능성도 제기된다. 분산을 방해하는 요인은 다양한 대면접촉의 지속적인 필요, 교통발달에 의한 노동자 이동 또는 제품수송 비용의 절감, 외부시장에 대한 정보접근 제약, 경영측면에서 분산 통제에 대한 거부감, 기존의 입지에 대한 관성 등이다. 따라서 공간적 연계성과 대면접촉을 중요시하는 활동은 오히려 특정지역에 더욱 집중될 가능성이 높다.

3. 정보화사회의 대응전략

정보화시대에 가장 중요한 접근성(connectivity)을 확보하기 위해 교통 · 통신시설과 서비스에 대한 확충이 필요하고 분산적 교통네트워크와 통신시스템의 현대화가 뒤따라야 한다. 또한 대도시의 집중과 혼잡의 방지를 위해 통신망에 대해 투자함으로써 가장 중요한 정보의 획득을 위한 집중을 방지하고, 기능이나 시설의 분산유도를 도모해야 한다.

정보화시대로 이행되어감에 따라 통신의 역할이 더욱 증대되고, 이에 따른 첨단통신망의 구축은 산업입지의 자유도를 더욱 크게 하고 있으며, 고속교류망은 지역간 교류를 더욱 확대시켜 지역간의 생산분담과 연계의 가능성을 더욱 높여주고 있다.

이러한 고도정보화의 진전은 정보의 지역 간 격차 축소를 통하여 인구의 지방정착과 국토의 균형 있는 발전에 기여할 가능성이 있는 반면에 고도정보시스템이 발달한 대도시권에 인구, 산업의 집중을 초래할 가능성도 동시에 갖고 있는바, 국토균형발전의 차원에서 지방에서의 고도정보기반정비는 전국이 첨단화와 정보화에 대비하는 필수요건이 된다.

이처럼 향후 국토 · 환경분야에 있어서 정보시스템의 효과적인 구축이 중요한 관건으로 작용하게 되는바, 장차 국토 · 환경분야에 있어서 정보화는 중요한 분야로 등장하게 될 것이다. 따라서 지역적 특성을 충분히 살릴 수 있는 뉴미디어 네트워크를 구축하는 방안 등 정보화사회에 적실한 개발정책을 정립하는 노력이 절실히 요구된다.

제2절 지식기반사회의 국토와 환경

1. 지식기반사회의 의의

20세기가 자본과 노동이 생산요소의 핵심을 이룬 산업사회였다면,

21세기는 지식이 가장 큰 생산요소로서 작용하는 경제체제가 될 것으로 많은 경제학자들이 전망하고 있다. 즉 국가나 지역의 경제체제에서 지식의 창출이 가장 중요한 원천으로 부상할 것인바, 바로 이러한 경제체제를 흔히 지식기반사회(knowledge based society) 또는 지식기반경제(knowledge based economy)라고 한다.

경제협력개발기구(OECD)는 지식기반사회를 '직접적으로 지식과 정보를 생산 및 배포하는 산업에 기반을 둔 사회경제체제' 로, 아시아태평양경제협력체(APEC)에서는 '산업 전반에 걸쳐 지식을 생산 · 분배 · 이용함으로써 경제를 발전시키고 부를 창출하며 고용을 확대하는 원동력이 되는 사회' 로 각각 정의하고 있다.

여기서 지식이란 단순히 무엇에 대한 '앎' 만을 뜻하는 것이 아니라, 앎을 바탕으로 무엇인가를 새롭게 창출하고 체계화함으로써 다시 새로운 것을 창출할 수 있는 기술과 정보까지도 포괄하는 개념으로, 흔히 형식적 지식과 암묵적 지식으로 나누어진다. 형식적 지식(codified knowledge)은 문자나 기호로 표현이 가능하여 전달이 용이한 지식을 의미하며, 암묵적 지식(tacit knowledge)은 사람이나 조직에 체화되어 있어 지식이 형성되는 데 오랜 시간이 필요하고 전달이 어려운 특징이 있다.

이러한 지식은 자본과 노동처럼 소모되는 것이 아니라 계속 축적되면서 작게는 기업이나 지역사회, 크게는 한 국가의 경쟁력을 좌우할 수 있는 지적 자산으로 작용한다. 이 때문에 1990년대 이후 세계 각국에서는 지식창출을 21세기의 가장 중요한 과제로 채택하여 활발한 연구를 수행해왔다. 즉 21세기에서는 지적 자본, 곧 지식의 생산 · 획득 · 전파 · 이용 · 축적 등 지식기반이 튼튼한 국가가 경제 강국이 될 것이라는 가정 아래, 지금도 경쟁적으로 지식기반을 축적하는 데 힘을 쏟고 있다. 즉 지역 및 국가의 경쟁력 확보에서 지식의 창출과 확산이 중요한 요인이므로 이것이 원활하게 작동해야 하는바, 이러한 시스템을 갖추기 위한 전략적 도구로서 지역혁신시스템 및 혁신클러스터 등이 원용된다.

2. 지식기반사회와 국토·환경의 변화

경영학자이며 미래학자인 피터 드러커(Peter Drucker)는 세계적인 변화의 물결을 "이제는 노동이나 자본으로는 더 이상 새로운 것을 만들지 못한다. 전문적인 지식만이 가능하다. 지식이 생산의 근원이고 경제활동의 근원이다."라고 표현하며 기술집약형, 지식형, 첨단산업으로의 구조개편을 촉구하였다.

최근 OECD 회원국 중심의 선진국에서는 새로운 성장주도산업으로서 지식기반산업의 부상, 지식기반제품과 서비스 비중의 증가, 고숙련 인력에 대한 수요 급증, 지식·기술확산의 증대, 무형자산에 대한 투자 증대, 협력 및 네트워크 중시 기업전략의 강화, 중소규모 기업의 역할 증대와 같은 현상이 공통적으로 나타나고 있다.

우리 나라에서도 이러한 현상에 대해 깊은 관심을 가지게 되었다. 특히 지역간 불균형성장에 따른 부작용이 심각한 우리 나라는 그 해결책을 지식기반에서 찾아야 하기 때문이다. 이제 우리는 경제의 급속한 성장을 주도해 왔던 성장위주의 경제논리에서 탈피하여 대다수 지역민의 창의력이 개발·배양될 수 있는 문화적 환경 내지 사회적 풍토조성과 첨단화를 문화로서 중시하는 가치체계를 형성하는 방향으로 지역개발정책의 패러다임이 전환되고 있다.

이를 위해서 기술인력, 연구개발, 대학, 벤처 캐피털(venture capital), 스핀 오프(spin-off), 집적경제(agglomeration economy), 혁신적 기업가 정신

(innovative entrepreneurship), 서비스 네트워크, 그리고 이들을 바탕으로 한 지역특화산업의 개발과 육성 등을 주요 개발정책으로 추진하고 있다.

3. 지식기반사회의 대응전략

지금까지 우리 나라의 경제성장을 주도했던 철강, 자동차, 화학, 섬유 등의 산업은 지식기반사회로 이행되는 과정에서 지식집약화를 통한 산업의 고부가가치화가 되어야 한다. 이와 함께 정보통신서비스, 소프트웨어, 디자인, 관광, 멀티미디어 콘텐츠산업 등의 지식서비스산업이 육성되어야 할 것이다. 미래유망 지식기반산업이 태동 · 발전하면 경쟁력 강화뿐만 아니라 신규고용이 창출됨으로써 실업문제를 근본적으로 해결할 수 있다. 지식기반산업의 발전을 통하여 성장과 고용창출이라는 두 가지 목표를 동시에 달성할 수 있을 것이다.

이러한 예는 미국 경제의 신경제화에서 알 수 있으며, 일본도 새로운 지식기반산업의 발전을 통하여 향후 7년간에 걸쳐 1,800만명의 신규고용 창출과 5%의 GDP 증가를 계획하고 있다. 그러나 선진국과는 달리 지식인프라가 부족한 우리 나라로서는 지식기반산업의 발전을 위해서 지식의 창출 · 확산 · 활용의 동시적 순환구조를 활성화시키기 위한 인프라의 조기 구축과 경제시스템의 개혁이 필요하다.

구체적으로 첫째, 개인의 창의력이 발현될 수 있는 다양한 교육체계와 전문인력의 양성 시스템 구축이다. 교육과 전문인력의 양성은 지식창출의 핵이다.

둘째, 제조업 관련 기업활동뿐만 아니라 교육, 노동, 문화, 관광, 정보, 유통, 금융과 공공서비스 부문에서 규제정비를 통한 경쟁시스템 구축이다. 경쟁체제는 지적재산권 보호제도와 함께 공정한 경쟁을 보장하는 핵심적인 과제이다.

셋째, 정보통신 인프라가 구축되어야 한다. 정보통신 하부구조의 구축은 지식의 창출 · 확산 · 공유의 기본과제로서 지식기반경제는 정보통신 하부구조의 구축 없이는 불가능하다.

넷째, 연구개발 확대와 개발된 기술의 상용화를 연계하기 위한 산 · 학 · 연 협동, 금융시스템, 벤처기업 사업화 시스템 구축이 필요하다. 지식의 창출과 함께 창출된 지식이 활용되도록 하기 위한 기업화 지원 시스템은 지식기반경제 발전에 매우 중요한 요소이다.

이와 같이 21세기형 지식기반산업 구조로의 이행을 위해서는 지식의 창출 · 확산 · 활용이라는 다면적인 차원에서의 정책이 필요한바, 이는 정보화를 축으로 지식의 창출 · 확산 · 활용이 서로 밀접히 연관되어 있고 동시에 일어나기 때문이다. 특히 지식기반서비스산업 중 엔지니어링, 디자인 등의 제조업지원 서비스분야는 제조업 생산성 향상에 중요한 역할을 수행한다. 기존 제조업 부문은 지식집약화를 통해 앞으로도 우리 나라 주력 수출산업의 역할을 담당할 것이며, 지식기반서비스산업과 함께 우리 경제를 이끌어 갈 양대 축이다.

따라서 직접적인 특정 산업 육성정책보다는 지식기반산업이 발전할 수 있는 정보인프라 구축, 인력개발, 연구개발 지원, 규제완화를 통한 경쟁촉진, 정보 집적 등 간접적인 정책지원에 중점을 두는 것이 필요하다.

한편 지식 · 정보 · 기술의 융합화에 따라 산업 간에 서로 겹쳐 경쟁하는 면(interface)이 증가하는 것처럼 정부 부처 간에도 업무가 중복될 가능성이 증대되고 있는바, 부처 간의 업무조정을 위한 제도적 조치가 필요하다.

제3절 글로벌사회의 국토와 환경

1. 글로벌사회의 의의

글로벌사회란 사람, 돈, 정보, 문화의 교류가 국가 간에 광범위하게 이루어지는 현상을 의미한다. 기업과 자본의 대규모 해외 진출, 외국인의 입국, 주거, 고용 등에서의 자유화 추세를 의미하며, 하나의 지구촌 문화 속에 다른 나라의 이질적인 문화를 받아들이고 인식과 행동양식 등에서 세계적 규범을 허용하는 추세를 의미한다. 현재 글로벌 바람이 몰려오고 있고 앞으로 더욱 가속화될 전망이다.

전면적 글로벌 추세는 경제교류, 문화 · 관광교류, 학술 · 기술교류, 각 지역 및 도시 간 교류 등의 형태로 나타난다. 교통 · 통신기술의 역사는 곧 교류의 역사라 할 수 있으며, 이 분야의 기술혁신은 국가 간의 교류에 큰 역할을 하여 왔다. 전화, 전자우편(e-mail), 인공위성, 항공기 등의 발명과 그 고속화, 저렴화에서 보듯 하루가 다르게 눈부시게 발전하고 있는 교통 · 통신기술의 발전은 시간과 공간의 개념을 근본적으로 변화시키면서 글로벌화를 촉진하고 있다.

경제적 측면에서의 글로벌화는 자본과 기술교류가 활성화되고 국제업무가 확대되며, 우리 시장을 외국에 개방함과 동시에 우리 경제가 해외시장에 적극적으로 진출하여 상호이익을 극대화하는 상호의존 심화 과정을 의미한다. 세계경제의 블록화 현상, WTO의 확대에 따른 세계적인 산업구조 재조정, 국제분업의 체계화가 정착되면서 세계경제의 상호의존성은 더욱 높아지고 있다.

문화 · 관광측면에서도 글로벌화가 크게 진전되고 있다. 유학, 세계여행, 회의, 관광 등 각종 목적으로 해외로 나가고 세계각국의 사람들이 들어오는 인적 교류는 더욱 보편화되고 있다. 빈번한 인적 교류와 무역에 의한 물적 교류로 우리 문화가 해외에 소개되고 세계 여러 나라의 문화가 우리사회에 더욱 가속도로 유입되고 있다.

지금까지 인적·물적교류, 정보 및 자금교류 등은 주로 수도인 서울을 중심으로 추진되어 왔다. 그러나 최근에는 전면적인 글로벌시대를 맞이하여 세계에 개방된 지역발전을 추진하는 속도가 더욱 빨라지고 도시와 지역의 글로벌화가 빠르게 전개되고 있다. 따라서 국토공간도 환경변화에 능동적으로 대처하고, 변화를 유도할 수 있는 능력이 요구된다.

무엇보다도 경제, 문화, 학술 등 각각의 영역에 걸쳐 국제적 거점역할을 할 수 있는 기능과 시설을 확충하여 가면서, 다른 나라와의 부단한 경제, 문화, 기술협력을 광범위하게 추진할 필요가 있다. 세계적 경쟁력을 갖춘 지역사회를 키워나가는 동시에 각 지역의 특성을 살려 국제회의장, 세계박람회장 등 국가 간의 물자, 인간교류를 활성화시킬 수 있는 국제교류시설을 확산시켜 나가야 할 것이다.

한편 국가 간 고급정보 교류의 폭과 빈도가 미래사회의 발전에 핵심적인 요소가 될 것이므로, 고도의 세계적인 교통·정보통신 네트워크를 형성하여야 한다. 국가 간 물적교류에 대비하여 화물의 대형화, 신속화 등에 맞는 고도의 물적수송체계를 정비하여야 한다.

아울러 세계적으로 경쟁력이 우월한 산업을 선정하여 육성책을 강구하여야 하며, 세계적으로 활동기반을 넓힐 수 있는 전문적인 인재를 경제, 학술, 문화 등의 분야에서 장기적으로 육성할 필요가 있다.

이제부터 다방면에 걸친 세계교류의 진전으로 세계가 공통의 보편적 문명을 가지게 된 반면, 각국의 독특한 국민성에 의한 다양한 문화 즉 보편성 속에 특수성을 지닌 문화의 지방성을 강조하고 개성적인 문화를 보전, 육성, 창조하여 세계에 내놓는 노력이 필요하다. 즉 지방특유의 고유함을 잃지 않는 범위 속에서 보편적인 글로벌화를 추구하는 노력이 요구된다고 할 수 있다.

2. 글로벌사회와 국토 · 환경의 변화

정보 · 통신의 발달 및 교통수단의 발달 등으로 국가 간 · 지역 간의 상호의존관계가 심화되면서 사람과 물자, 돈, 정보가 국경을 넘어 자유롭게 내왕하고 경제를 비롯한 문화 · 학술 · 교육면 등에서 다양한 교류가 세계적 차원에서 이루어지는 글로벌화가 진전되고 있다. 이러한 글로벌화는 바로 기술정책, 노동문제, 환경문제, 경쟁정책문제, 그리고 투자정책문제와 밀접한 관계가 있는바, 이러한 사회 · 경제적 변화는 모든 부문의 구조합리화를 요구하고 있다.

한편 문화교류 측면에서는 전 지구가 글로벌화됨에 따라 중앙정부적 차원에서부터 개인차원에 이르기까지 다양한 형태의 국제적인 교류가 한층 더 활발하게 전개되고 있다. 이러한 세계화 · 개방화는 사회 · 경제적 분야 전반에 커다란 변화를 요구하지만, 특히 산업경제 부문에 있어서 그 영향은 지금 우리가 직면하고 있는 경제구조조정과 무관하지 않다. 즉 각각의 지방자치단체가 글로벌화에 따른 지역산업구조 변화에 얼마나 효율적으로 대응할 수 있는가, 기술경쟁시대에 지역기업의 기술향상에 얼마나 능동적으로 대처할 수 있는가, 그리고 지속가능한 개발과 그린라운드(Green Round) 추세에 기업과 주민을 어떻게 조직화하고 동원시킬 수 있는가 라는 과제 등이 바로 글로벌화에 따라 대두되는 주요 논제이다. 그러므로 글로벌화에 따른 뉴 메가트랜드(new megatrands)에 능동적이고 체계적인 대처가 국토공간에서 중요한 과제이다.

3. 글로벌사회의 대응전략

글로벌화는 사회경제체계 전반에서의 본질적인 변화를 초래하는 돌이킬 수도 피할 수도 없는 추세이고, 특히 자생력이 취약한 지방자치단체에 미치는 영향은 매우 크다. 지구적인 차원의 경제체제의 출현에 따른 복합적인 사회 경제체제의 변화라는 측면에서 보면, 이에 대응하는 정책은 특정부문이나 지역에서의 향상보다는 다양한 측면에서 도시 및 지역개발의 질적인 향상 등 전반적인 개선이 이루어지지 않으면 안된다. 그러나 글로벌화를 지역경제 성장의 구체적인 전략으로 채택하는 경우, 지역특성에 따라 의미를 구체화하고 현실적인 전략을 채택하는 노력이 필요하다.

글로벌화 시대에 있어서 국토 · 환경분야의 효율적인 대응전략을 제시하면 다음과 같다. 첫째, 글로벌화를 추구하는 국토 · 환경분야 목적과 목표 설정은 세계적 · 지역적인 차원에서 대상 지역의 상대적인 비교우위성에 있어서 객관적인 평가에 근거하여야 한다. 우리 나라 주변에는 도쿄, 홍콩, 싱가포르와 같은 주도적인 세계도시와 상하이 등 잠재적인 국제업무도시들이 위치해 있다. 따라서 국제업무중심지 개발계획을 수립할 때에는 계획하고 있는 국제중심지가 인근 국가의 국제중심지와 유사한 기능을 수행하는지 여부를 결정하는 것이 필수적이다. 국제중심지를 목표로 하는 각 지역은 기능면에서 인근 국가의 국제중심지와 잠재력을 비교해야 한다. 이는 글로벌화 정책 및 계획이 실효성을 거두기 위해서 정책결정자와 전문가들이 개별 지역이 통합된 세계체계의 하위단위로 간주될 수 있어야 한다는 것을 의미한다.

둘째, 글로벌화를 위한 국토 · 환경정책에서는 외국투자 및 기업유치에 있어서 대규모 기반시설의 구축보다 기술, 정보지향적 산업, 금융, 전문적 활동을 포함한 산업이나 경제활동을 촉진할 수 있는 제도, 관행 및 지역사회 협력네트워크 등 사회경제적 환경의 조성에 보다 큰 관심을 가져야 한다. 이러한 유형의 산업은 텔레커뮤니케이션, 정보네트워크, 교통체계와 같은 첨단기반시설 뿐만아니라 전문서비스와 고도로 숙련된 인력기반을 지닌 다양한 경제집적, 협동적 생산네트워크, 혁신적인 기업환경과 같은 사회경제적인 여건을 요구한다.

셋째, 글로벌화에 대응한 개발정책에서는 해외자본유치 등 국제 경제와의 통합성 증진도 필요하나 내생적 성장기반의 확대가 상대적으로 더욱 중시되고 있다. 그동안 많은 지역에 있어서 산업의 성장은 대부분 공업지역 내 제조업체의 신설이나 확장에 의존하여 왔으나, 글로벌화의 진전으로 기존 산업지역에 있는 생산시설이나 투자수요가 점차 여타 개발도상국으로 이동하는 경향을 보이고 있어 외부의존적 성장잠재력이 감소되고 있다. 지방자치단체는 자족적인 경제기반을 창출하기 위해서 창업을 활성화시키는 것이 필요하다.

넷째, 글로벌화에 대응한 국토 · 환경정책의 집행은 매우 전략적인 차원에서 지방자치단체의 선도와 참여에 의하여 이루어지도록 하여야 한다. 이를 위하여 지방자치단체의 자율권 확대와 지방의 경제 · 산업단체, 사회, 문화조직, 기업, 대학 등 지역사회조직과 주민의 참여 및 협력체계의 구축이 필요하다. 그러나 국토 · 환경정책에서 가장 중요한 것은 글로벌화 추세와 이에 따른 변화를 유연하게 다루기 위한 지방자치 제도와 능력의 확립이다. 지방자치단체는 그들의 욕구를 스스로 결정하고 재원을 사용하는 데 주도권을 가져야 한다.

제4절 지방자치시대의 국토와 환경

1. 지방자치시대의 의의

2006년 7월 민선자치 4기가 시작되었다. 1995년 6월에 실시된 4대 지방선거를 기점으로 지방자치시대가 본격화된 지 11년이 되었다. 지방자치시대의 도래는 자치단체들과 지역사회에 무한한 가능성을 던져주고 있다. 자치단체들이 자신의 정치·경제·사회·문화적 자치역량을 어떻게 발휘하느냐에 따라 그 지역사회의 발전과 쇠퇴가 결정되며, 그 발전의 방향과 속도는 자치단체 전체의 주민에게 달린 문제이다.

지방자치란 일정한 지역을 기초로 하는 단체가 그 지역 내의 사무를 자주재원을 가지고 당해 주민의 의사와 책임하에 독자적으로 처리하는 과정이다. 지방자치가 강조되는 것은 무엇보다도 이것이 주민의 직접적인 의사표출에 의한 "밑으로부터의 민주주의" 또는 "풀뿌리 민주주의"를 실현할 수 있다는 점이다. 이와 아울러 지방의 특수성과 실정에 맞는 행정을 할 수 있고, 지방정치와 행정에 대한 주민의 통제를 강화하고, 주민의 정치참여를 촉진시켜 준다는 점 등 많은 이점이 있다.

공공재로서의 국토와 환경문제가 발생하는 원인과 특성은 지방자치와 관련하여 다양한 함축성을 가지고 있다. 우선 환경재의 특성, 즉 환경재가 지니는 양면성인 기초수요로서의 성격과 사치재로서의 성격은 지방자치와 관련하여서도 특별한 의미를 갖는다. 즉 국토와 환경문제를 기초수요로 파악한다면 모든 국민에게 생존을 위해 필요로 하는 일정 수준 이상의 국토 및 환경수준을 공급한다는 차원에서 중앙정부의 역할이 보다 강조되어야 한다. 이것은 형평성의 관점에서도 정당화되고 또 효율성의 측면에서도 지지를 받을 수 있을 것이다. 그런데 환경문제를 다소 우월재라는 측면에서 바라본다면 주민의 선택의 폭을 넓혀준다는 점에서 지방자치단체의 역할이 강조되어야 한다. 즉 지방자치단체에 의해 주민의 국토 및 환경재에 대한 선호도가 적절히 반영된 환경재의 공급이 바람직할 것이다.

지방자치시대에는 지방화 또는 지방분권화와 맞물려 국토 및 환경문제는 정책상의 긍정적 요인과 부정적 요인이 병존하고 있고, 이를 어떻게 해결할 것인가가 지방차치단체의 과제이자 능력이다.

2. 지방자치시대와 국토 · 환경의 변화

지방자치제의 전면적 시행에 따라 정책의 입안과 정책과정에 주민의 참여기회가 확대되고, 아울러 주민자치에 의한 지역단위의 발전구상이 활발히 논의되며 또한 그 역할의 중요성이 강조되고 있다. 이러한 지방화는 국토와 환경이란 측면에서 다양한 모습으로 나타나고 있다. 이를 환경정책상의 긍정적 요인과 부정적 요인으로 나누어서 살펴보면 다음과 같다.

우선 환경정책상의 긍정적 요인으로는 첫째, 환경관련정보의 공개이다. 지방자치는 환경정보의 공개로 인한 환경문제 해결을 위한 연구개발의 촉진이라는 측면에서 환경보전에 이바지할 것이다. 지방자치는 중앙정부의 비밀행정주의의 폐해를 다소나마 줄여 줄 것으로 기대된다. 구소련을 비롯한 사회주의 국가의 베일에 싸였던 환경파괴문제는 이에 대한 방증이다. 둘째, 주민참여 증대와 환경행정능률의 증진이다. 환경관련정보의 공개와 이에 대한 활발한 연구 및 토론은 지역주민의 환경문제에 대한 관심 제고와 환경정책에의 참여도를 높인다. 이를 통하여 환경파괴에 대한 이해를 높여준다. 또한 정부 간 분업으로 환경행정의 효율을 증진시킬 수도 있다. 환경정책의 집행업무는 주민과 시·공간적으로 밀접하게 관련되어 있어 주민의사를 잘 반영할 수 있는 지방자치단체가 분담하고, 중앙정부는 이들의 업무수행을 지원하고 감시·감독함으로써 업무의 효율성을 높일 수 있다. 셋째, 정부의 책임성 증대이다. 지방정부가 중앙정부보다 환경파괴로 인한 피해 주민의 압력에 훨씬 민감하게 반응할 것이다. 미국이나 일본 등 환경 선진국의 예에서 보듯 중앙정부가 환경문제에 적절하게 대응하지 못하였을 때 지방자치단체가 주민의 압력으로 환경관련법령이나 조례를 제정하여 중앙정부에 앞서 환경문제에 대응하였음은 널리 알려진 사실이다.

다음은 지방자치 또는 분권화가 환경정책상에 야기할 수 있는 문제점이다. 첫째, 개발우선주의와 환경파괴문제를 들 수 있다. 대부분의 지방자치단체장들은 지역개발을 제1의 목표로 삼고 있다. '주식회사'를 자임하고 '개발의 질보다 양'에 치중하여 재임하는 기간 중 가시적 성과를 추구하는 경우가 많다. 이럴 경우 환경보전보다는 개발우선주의에 빠질 가능성이 높다. 둘째, 지역 간 갈등의 심화현상도 나타날 수 있다. 지방자치는 오염문제의 광역화에 따라 심화될 수 있는 지역 간 갈등의 조정을 어렵게 한다는 문제가 있다. 지방자치에 따른 분권화는 중앙정부의 직권에 의한 지방정부 간 갈등조정능력을 약화시키며 자치단체 간 협상능력이 현저하게 증가하지 않는 한 심각한 문제를 야기할 수 있다. 최근 님비(NIMBY)[15]에서 핌피로 변한 방폐장 유치에서도 여실

15 NIMBY(Not In My Back Yard)는 쓰레기소각장과 같은 공공 협오시설의 자기 지역내 설치를 반대하는 지역할거주의 현상이다.

히 나타나고 있다. 셋째, 환경정책상의 불평등 문제이다. 잘사는 지역은 교육수준과 주민소득이 높아 환경보전에 대한 높은 투자가 가능할 것이다. 반면, 그렇지 못한 지역에서는 환경보전에 대한 주민의 관심과 투자재원이 부족할 것이다. 따라서 상위정부의 적절한 조정이 없다면 환경정책상의 불평등은 지방자치로 인하여 더욱 심화될 수 있다.

3. 지방자치시대의 대응전략

지방자치 또는 분권화가 환경정책상에 야기할 수 있는 대표적 문제점으로 개발우선주의와 환경파괴문제, 지역 간 갈등의 심화현상, 환경정책상의 불평등문제 등이다. 이들 문제점들을 해결할 수 있는 대응전략을 제시하면 다음과 같다.

첫째, 중앙과 지방정부 간 환경행정의 기능 내지 역할분담을 명확히 할 필요가 있다. 배분의 합리적 기준에 대하여 학자들이 제시하는 바를 보면 다음과 같다. 효율성을 중시할 경우 지방의 환경행정기능은 지방자치단체보다는 중앙정부의 특별지방행정기구가 전담할 개연성이 높아진다. 이에 반하여 행정의 자율성을 기준으로 할 경우에는 지방자치단체 스스로가 환경행정을 담당하게 할 수 있다.

둘째, 환경협상과 대안적 분쟁해소기법의 필요성이다. 분쟁 중이거나 분쟁가능성이 있는 문제에 대하여 이해당사자들이 대면적으로 만나 상호 수용할 수 있는 해결책을 도출하는 대안적 분쟁해소(alternative dispute resolution : ADR)기법이 필요해 지고 있다. 이러한 방법에는 협상 내지 조정, 정책대화(policy dialogue), 공공자문(public consultation) 등이 있다. 이들 대안적 방법은 하나의 중요한 요소를 공유하고 있는데 그것은 대립적 과정이 아닌 합의형성, 공동문제해결 또는 협상의 형태로 자발적인 합의를 도출하고자 한다는 점이다(정회성, 2003 : 303).

셋째, 환경 리더십 및 인력양성의 필요성이다. 어느 분야를 막론하고 지도자 혹은 리더의 역할은 그 조직이나 사업의 성패에 매우 중요한 요소가 되고 있다. 정부를 비롯한 환경보호관련 단체의 경우도 예외는 아니다. 더구나 환경문제의 심각성이 더해가고 있는 현재의 실정에서는 환경리더십의 중요성이 커지고 있다. 환경리더십의 주요 자질로서 변화의 인지능력, 비전 제시와 도덕적 모범성, 겸허한 배움의 자세 등을 들 수 있다(김번웅외, 1999 : 233-236). 또한 환경산업 성장추이에 따른 환경기술인력 양성도 과제이다. 환경산업 및 제조업의 환경투자는 단기에 있어서 현재 수준이나 혹은 현재 수준보다 매년 평균적으로 10~20% 증가할 것으로 전망되며, 또한 환경기술인력 수요도 5~10% 정도로 증가될 것으로 보인다(김지수외, 1996 : 115). 따라서 향후 이들 수요를 충족시킬 수 있는 인력양성과 공급정책을 시행하는 것이 바람직할 것이다.

제5절 통일시대의 국토와 환경

1. 통일시대의 의의

우리 나라는 1945년 해방된 이후 정치적 혼란기과 한국전쟁이라는 민족적 비극을 거쳤다. 그 결과 한반도는 남과 북으로 갈라져서 지금에 이르고 있다. 그러나 그 동안 남북한의 화해와 교류의 진전으로 새로운 통일을 위한 모색이 지속적으로 이루어져 왔다. 이것은 우리 민족의 꿈이자 열망인 것이다. 또한 남북한 문제를 평화적으로 해결하려는 국제적 압력이 더욱 고조되는 것과 비례하여 평화적이고 점진적인 통일을 이룩하려는 남북한 지역 주민의 의지는 더욱 강해질 것으로 예상된다.

한편 남북한에서는 분단이전의 민족공동체를 경험한 세대나 상호 적대감을 체험한 전쟁 경험세대가 자연스럽게 퇴장하고, 냉전세대 또한 사회주역으로서의 위치를 상실하게 될 것이다. 탈이념적인 세대가 사회의 주도세력으로 부각됨에 따라, 남북한은 실리에 바탕을 둔 새로운 통일노력을 제고하고 있다. 이들은 통일을 감성적으로 취급하지 않고 실리적인 차원에서 접근하고 있고, 따라서 통일의 후유증을 최소화할 수 있는 방안을 모색하고 있다. 즉각적인 체제통합보다는 장기적인 차원에서 사회통합을 선행시키는 정책을 시도할 것이다. 이 과정에서는 평화를 유지하며, 점진적인 교류확대, 상호 보완적인 사회발전 정책을 추구할 가능성이 크다.

그리고 남한에서는 민주화와 탈산업사회화의 가속화로 말미암아 통일문제에 대한 다양한 의견들이 분출되고, 효율적 여론수렴 과정이 가시화될 것이다. 경제성장에 걸맞은 복지수준의 향상을 요구하는 주장이 활성화되면, 삶의 수준을 제고하는 데 걸림돌이 되는 과도한 국방비 지출은 논란의 대상이 될 것이다. 또한 심화되는 국가 간 혹은 블록 간 경쟁추세에서 통일이 불가피하다는 인식이 통일한국시대를 만들 것으로 기대된다. 아울러 남북한의 교류확대와 개방화 경향은 장기적으로 상호신뢰를 회복하는데 큰 도움을 줄 수 있을 것으로 판단된다.

2. 통일시대와 국토 · 환경의 변화

1) 국토의 친환경성 확보

남북 교류협력사업과 통일 이후 국토관리에 있어 가장 중요하게 고려해야 할 것은 한반도의 지속가능한 성장을 가능케 하기 위한 국토의 친환경성 확보이다. 그러므로 남북한 간의 각종 교류협력 사업이 친환경적으로 이루어질 수 있는 제도적 장치를 마련해야 한다. 또한 환경분야에서도 활발한 교류협력 사업을 통해 궁극적으로 한반도 환경공동체를 구축해야 할 것이다. 통일 이후에는 상대적으로 낙후된 북한지역에 대한 개발은 불가피할 것으로 전망된다. 이러한 북한지역 회복을 위한 각종 개발사업이 난개발의 형태로 진행되지 않도록 해야 한다. 또한 이미 오염된 북한지역의 환경을 복구 · 개선함과 동시에 낙후된 경제를 활성화시키는 방안 즉, 지속가능한 성장을 가능케 하는 방안을 구체적으로 마련하는 것이 필요하다.

2) 국토의 일체성 회복 및 균형발전 추구

한반도는 분단으로 인해 통합적 구조로 성장 · 관리되지 못하였고, 그 결과 효율적인 국토의 보전과 이용이 이루어지지 못하고 있다. 서로 다른 사회체제 속에서 상호 중복적으로 국토이용이 진행되면서 비효율적인 공간구조를 형성하였다. 따라서 남북교류협력은 국토의 동질성을 회복하는 방향으로 추진되어야 하고, 통일 이후에는 남북한 간의 지역격차를 해소하고 국토의 이질적 관리에 따른 비효율성을 극복하는 방향으로 개발되어야 한다.

이를 위해서 통일된 한반도를 내다보고 전체 국토의 틀을 회복하기 위한 노력을 해야 한다. 사람과 물자, 정보의 자유로운 이동을 가능하게 하기 위한 남북의 교통 · 통신망의 재건과 같은 분단극복사업이 추진되어야 한다. 이렇게 함으로써 남과 북의 각 지역이 실질적으로 하나의 구조 속에 재통합될 수 있을 것이다. 또한 남북교류협력 및 통일 이후의 국토관리는 국토의 균형발전에 기여하는 방향으로 추진되어야 한다. 여기서 중요한 것은 남북한 간의 균형발전 뿐만 아니라 북한지역 내에서의 균형발전도 중요하게 고려해야 한다는 것이다.

3. 통일시대의 대응전략

1) 국토의 친환경성 확보를 위한 방안

첫째, NGOs 중심의 교류협력이 추진되어야 한다. 민간중심의 교류협력사업이 보다 활성화되기 위해서 민간단체는 실현가능한 소규모 교류협력사업을 지속적으로 발굴하고, 정부는 이러한 사업들이 원활히 추진될 수 있도록 지원하는 역할 분담이 필요하다. 이러한 교류협력의 예로서 한반도 서식 고유종 및 멸종 위기 야생동물에 관한 정보교환, 비무장지대의 자연생태계 공동조사, 임진강 · 북한강 등 남북 관류하천의 수질조사, 산림녹화 사업 등을 추진할 수 있다. 특히, 현재 민간단체 차원에서 이루어지고 있는 '평화의 숲' 조성사업, '묘목보내기 운동' 등과 같은 산림부문 교류협력을 보다 적극적으로 활성화할 필요가 있다.

둘째, 다자적 교류협력이 촉진되어야 한다. 교류협력의 초기단계에서 정부차원의 교류협력을 추진할 경우 남북 당국간의 직접적인 협력보다는 국제기구를 통한 다자적 협력을 추진하는 것이 효과적이다. 즉 정부 차원에서 현재 진행 중이거나 추진 중인 국제협약이나 지역환경협력에서 환경문제에 대한 남북한의 공동대응을 추진하고 남북한이 쌍무적 차원에서 환경에 관한 공동의 관심사를 상호 교환하는 것이 필요하다. 여기에는 동북아 각국의 공업화에 따른 대기오염물질의 장거리 이동과 해양오염 등에 대한 남북한의 공동대처, 동북아의 환경피해와 환경오염상태에 대한 공동 감시체계 구축 등이 포함될 수 있다.

셋째, 교류협력을 위한 제도적 기반이 마련되어야 한다. 간접적인 교류협력이 본 궤도에 오를 경우 남북한은 기본합의서에 입각하여 '남북경제교류협력공동위원회' 를 통해 당국 차원에서 환경관리 및 기술분야에서 직접적으로 교류협력을 추진하는 것이 필요하다. 동서독 간의 환경부문 교류협력이 본격적으로 추진된 것이 환경협정이 체결된 이후이다. 따라서 우리가 정부 당국간의 본격적인 교류협력을 추진하기 위해서는 남북환경공동협약을 마련하고 공동협의기구를 설치하는 것이 필요하다. 이러한 제도적 장치의 마련은 교류협력을 지속적으로 추진하고 안정적인 기반을 마련한다는 측면에서 중요한 의미를 갖는다. 남북한 정부 당국간의 직접적인 교류협력으로 재활용품 처리 및 관리를 위한 공장 설립과 같은 환경산업 합작투자, 대규모 환경사고 발생시 신속한 대응을 위한 Hot-Line설치, 공동의 환경목표 및 환경기준 설정, 환경오염 공동측정, 환경기술 및 기자재의 공동이용 및 개발 등을 추진해야 할 것이다.

넷째, 교류협력사업의 환경성 확보방안이 마련되어야 한다. 남북한간의 교류협력사업이 진전되면, 협력사업들을 환경친화적으로 유도하는 것은 매우 중요한 문제이다. 이를 위해서는 첫째로, 남북한 경제협력에 있어 환경영향평가를 의무화하고 이의 이행상황을 철저히 모니터링할 수 있는 체제를 구축해야 한다. 둘째로, 현재 「남북교류협력에 관한 법률」에 의한 「남북경제협력사업처리에 관한 규정」의 제9조 '협력사업 승인신청서류의 기재방법 등'에서 제시되어 있는 환경관리계획에 포함되어야할 내용을 구체화함으로써 북한지역에서의 개발사업에 대한 환경성을 확보하도록 한다. 셋째, 북한으로 진출하는 남한 기업에 대해 남한 수준의 환경기준 준수의무를 부과하여 남한 기업에 의해 북한이 환경오염 도피처로 이용되는 것을 방지해야 한다. 넷째, 대북한 경협투자시 환경투자유인여건 조성을 위해 금융 · 세제 지원 및 환경산업 우선 승인과 같은 제도적 장치를 마련한다.

다섯째, 국토 · 환경기초조사가 실시되어야 한다. 과학적이고 체계적인 국토 · 환경 관리를 위해서는 국토 · 환경의 현황에 대한 정확한 자료의 구축이 필수적이다. 따라서 통일 이후에 통일국토, 특히 북한지역에서의 효과적인 환경복구계획의 수립을 위해서는 우선적으로 국토 · 환경에 대한 현황조사가 이루어져야 한다. 특히 대도시, 공업지역, 광산지역, 주요 하천 등 국지적 환경문제가 심각한 지역에서의 대기, 수질 및 토양오염, 폐기물관리, 산림 및 자연생태계파괴 등에 관한 자료가 신속하게 파악되어야 환경 문제를 최소화시킬 수 있을 것이다.

2) 국토 · 환경관리를 위한 정책통합방안

남북한 통일이 이루어질 경우 토지를 둘러싼 소유권의 문제뿐만 아니라 상이한 체제 속에서 발전되어온 토지정책의 통합이 필요하다. 북한 토지는 1945년 이래 지난 50여년 동안 사회주의 이념에 따라 국가 또는 협동단체에 소속되어 관리되어 왔다. 그러므로 북한 토지를 통일 후 새로운 시장경제 체제로 전환하는 일은 쉬운 과제가 아니므로 북한의 토지제도를 시장경제 체제로 통합시키기 위해서는 점진적인 접근이 필요하다.

남한이 1970년대 이후 겪어온 토지문제가 북한지역에서는 재연되지 않도록 하기 위해 토지투기와 토지의 소유 집중을 억제할 수 있는 방향으로 토지소유권 문제를 해결하고, 국토의 균형개발과 효율적 토지관리 및 지속가능한 개발을 보장하기 위한 토지정책의 통합방안을 모색해야 한다.

현재 북한의 취약한 환경정책을 고려할 때, 통일 이후 남북한의 환경정책 통합은 통독의 경우처럼 남한의 환경정책이 북한지역에 확대·적용될 가능성이 높다고 하겠다. 통일 한반도의 환경정책에 있어 가장 중요한 점은 환경정책이 고유한 영역을 가지고 실효성을 확보하는 것이다. 지금까지 남북한에서의 환경정책은 경제개발정책이나 국토개발정책보다 우선순위가 낮아 고유의 역할을 담당하지 못한 것이 사실이다. 하지만 지속가능한 성장을 달성하기 위해서는 환경정책이 다른 정책들과 동등한 지위를 확보함으로써 정책 고유의 실효성을 확보해야 한다.

통일시대 환경정책이 추구해야 할 기본목표는 이미 오염된 환경을 정화·개선하고 추가오염을 방지하면서 동시에 낙후된 경제를 활성화시키는 방안 즉, 지속가능한 성장성을 확보할 수 있는 방안을 구체적으로 강구하는 것이라 할 수 있다. 이에 대해서는 통일 이후 동독지역의 산업재구조화 과정에서 방출된 인력을 환경개선사업에 활용함으로써 지역의 환경개선과 함께 입지매력을 증가시킨 선행사례를 참고할 수 있을 것이다. 북한지역에서의 환경개선정책을 효율적으로 추진하기 위해서는 사업을 전담할 기구의 수립과 함께 북한지역 내 환경 행정체계의 정비가 병행되어야 한다.

탐구학습

1. 요약

1.1 주요개념과 요약

- 지식기반사회란 끊임없이 새로운 지식과 정보를 생산해내고 생산된 정보와 지식의 효율적인 공유 · 확산 · 활용을 통해 새로운 부가가치를 창출해내고 생산성에 기여하는 사회경제구조를 말한다.
- 지식기반사회에서 경쟁우위를 확보하기 위해 지식기반산업의 부상, 고숙련 인력의 양성, 지식과 기술의 확산, 무형자산에 대한 투자 증대, 협력 및 네트워크 중시, 중소규모 기업의 역할 증대 등에 대한 정책적 과제개발이 필요하다.
- 글로벌화의 진전에 따라 세계는 경제교류, 문화 · 관광교류, 학술 · 기술교류, 각 지역 및 도시간 교류가 활발하게 이루어지는 시대를 맞이하게 되었다.

1.2 주요학자 및 대표이론

- Peter F. Druker(1909~2005, **경영학자**)

1909년 11월 19일 오스트리아 빈에서 출생하여 빈대학교에서 학위를 받고, 1933년 런던에 이주하여 경영평론가가 되었다. 1937년 영국신문사의 재미통신원으로 미국으로 가서 학자 겸 경영고문으로 활약하였다. 뉴욕대학교 경영학부 대학원 교수가 되어, 현대를 대량생산원리에 입각한 고도산업사회로 보고, 그 속에서 기업의 본질과, 이를 바탕으로 한 경영관리의 방법을 전개하였다. 기업은 영리심의 존재와 관계없이 이해할 수 있는 것이며, 이윤은 손실회피 · 생산액증대를 위한 2대 지도원리로서 미래의 기업이 존속하기 위한 필요한 비용에 불과하다는 그의 이론은 이윤이나 비용에 대하여 새로운 견해를 보여 주었다. 제도파적 기업관(制度派的企業觀)에서 분권관리(分權管理)나 직장자치를 전개하는 등 미국에서는 크게 체계화된 경영관리론이라고 할 수 있다.

주요저서에 "경제인의 종말(The End of Economic Man)"(1939), "산업인의 미래(The Future of Industrial Man)"(1942), "새로운 사회(The New Society)"(1949), "경영의 실제(The Practice of Management)"(1954), "단절의 시대(The Age of Discontinuity)"(1969), "기술의 관리와 사회(Technology, Management and Society)"(1970), "다음 사회의 경영 Managing in the Next Society" 등 다수가 있다.

■ 지역혁신체제론(Regional Innovation System Theory)
■ 혁신클러스터이론(Innovative Cluster Theory)

2. 토론 및 과제

2.1 심화자료

■ Peter F. Druker(2002), 이재규 역, *Next Society*, 한국경제신문.

■ 지식기반산업 한국개발연구원(www.kdi.re.kr)
산업연구원(www.kiet.re.go.kr)

■ 지역혁신체제 국토연구원(www.krihs.re.kr)
과학기술정책연구원(www.stepi.re.kr)

2.2 토론주제

■ 정보화와 공간구조의 변화
■ 지식기반경제하에서의 제조업의 가치와 전망
■ 글로벌시대에 있어서 지방정부의 생존전략
■ 지방자치시대의 환경문제 해결을 위한 중앙정부와 지방정부간 합리적 역할분담

2.3 과제

■ 형식적 지식과 암묵적 지식의 주요한 사례 및 장 · 단점 조사
■ 우리 지역 지방자치단체의 글로벌화의 실태
■ 지방자치시대 도래에 따른 우리 지역의 환경정책상의 순기능과 역기능의 대표적 사례
■ 통일 이후 공간구조의 변화 전망

참고문헌

김번웅 · 오영석(1999), ***환경행정론***, 서울 : 대영문화사.

김용웅외(1998), ***지역개발정책의 이론과 전개***, 국토개발연구원.

김지수외(1996), ***지방자치와 환경기술인력의 수급에 관한 연구***, 한국환경기술개발원.

박양호외(1998), ***21세기의 국토비전과 전략***, 국토개발연구원.

이동만 옮김(2002), ***정보화사회의 사회적 구조***, 서울 : 한울.

정회성 · 변병설(2003), ***환경정책의 이해***, 서울 : 박영사.

황명찬(1993), ***지역개발론***, 서울 : 법문사.

宮本憲一(1996), ***環境と自治***, 岩波書店.

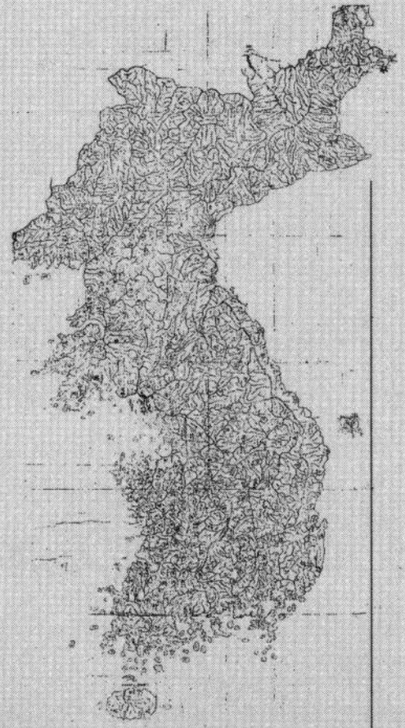

제2부

국토의 이용과 관리

제1장 한국의 국토와 환경

제2장 국토의 개발과 관리

제3장 도시의 성장과 관리

제4장 지속가능한 농촌지역의 관리

제5장 특수문제지역의 관리

제1장

한국의 국토와 환경

제1절 국토와 환경

21세기 현대 사회는 정보화에 힘입어 글로벌화가 급속하게 진전되고 있다. 이와 같은 글로벌화는 교류와 협력, 무한경쟁시대로 정의된다. 세계 각국은 국토 · 자원 · 환경의 비교우위에 따라 국가경쟁력 강화를 위해 다양한 전략을 구사하고 있고, 이의 결과로 세계는 강대국, 강소국, 약소국 등으로 불리기도 한다.

무엇보다도 최근 세계화 · 개방화의 진전으로 인해 국토 · 환경 또한 세계화 · 개방화가 확대되고 있다. 이로 인해 국토 · 환경의 교류범위는 더욱 확장되었고, 확장된 세계 공간 속에서 국토 · 환경이 상호 입지 경쟁을 하게 되었다.

우리의 국토 · 환경이 세계 속에서 어떠한 위상을 가지고 있는가, 비교우위와 문제점이 무엇인가에 대한 체계적인 이해가 요구된다. 따라서 국토와 환경의 이해를 위해서 우선 우리 나라의 국토와 환경에 대한 각종 지표를 중심으로 살펴보고자 한다.

1. 인구와 국토

우리 나라의 국토면적은 99천㎢로서 전 세계에서 109번째에 해당된다. 이는 OECD 가입국중 19번째에 해당되는 순위로 일본의 국토면적 378천㎢의 약 1/4에 해당한다. 한편 미국은 9,372천㎢로서 OECD 가입국가에서는 두 번째로 큰 국토를 가지고 있다.

인구규모는 2004년 현재 47,925천 명으로 OECD 가입국에서 아홉 번째로 크다. OECD 가입국 가운데 미국이 291,049천 명으로 가장 많고, 일본이 127,619천 명으로 두 번째이다. OECD 평균 인구규모가 38,462천 명으로 나타났는바, 우리 나라는 이에 비하여 약 1.2배 정도 높은 실정이다.

인구밀도의 경우 우리 나라가 482명/㎢으로 OECD 가입국 가운데서 가장 높다. OECD 가입국의 평균 인구밀도는 33명/㎢로서 우리 나라는 이에 비하여 약 15배 정도 높은 실정이다. 전체 인구 중 65세 이상 인구 비율은 8.3%로서 OECD 가입국 가운데 28번째이다. 일본의 경우 19.0%로서 가장 높아 심각한 문제로 지적되고 있다. 한편 OECD 가입국의 평균은 13.6%로 고령사회에 진입하고 있다.[16]

---

16 UN에서 정한 기준으로 볼때 노인이란 65세 이상을 말한다. UN의 기준에 따르면, 고령화사회(Ageing Society)는 65세 이상 인구가 총인구에서 차지하는 비율이 7% 이상, 고령사회(Aged Society)는 65세 이상 인구가 총인구에서 차지하는 비율이 14% 이상, 후기고령사회(post-aged society) 혹은 초고령사회는 65세 이상 인구가 총인구에서 차지하는 비율이 20% 이상을 말한다. 대부분의 서구 선진국들은 20세기 초를 전후해 고령화사회로 진입했고, 영국 독일 프랑스 등은 70년대에 고령사회가 됐다. 일본의 경우는 70년에 고령화사회로, 이어 94년에 고령사회로 진입했다. 우리 나라는 2000년에 노인인구가 전체 인구의 7%로 이미 '고령화 사회' 에 진입했으며, 2020년경에는 노인인구비율이 14.4%에 달해 고령사회로, 2026년경엔 20%를 넘어 초고령사회에 도달할 것으로 예측되고 있다.

〈표 2.1〉 주요국의 국토 및 인구현황

(단위 : 천㎢, 천명, 명/㎢, %)

구 분		동북아		영미권			G7	EU	OECD
		한국	일본	미국	영국	호주	평균	평균	평균
국토면적		99 (19)	378 (9)	9,372 (2)	245 (16)	7,687 (3)	3,025	216	1,160
인구	규모	47,925 (9)	127,619 (2)	291,049 (1)	60,483 (6)	19,881 (13)	101,504	25,481	38,462
	밀도	482 (1)	338 (4)	31 (23)	247 (5)	3 (28)	34	118	33
	65세이상 비율	8.3 (28)	19.0 (1)	12.3 (23)	15.6 (11)	12.8 (21)	15.4	17.0	13.6
	외국인비율	0.5 (26)	1.5 (24)	11.5 (6)	4.5 (15)	27.1 (2)	-	-	-

주 : (　)안은 OECD 가입 30개국 중 순위임.

자료 : OECD Observer(2004).

2. 자원과 환경

국토에서 산림이 차지하는 비율을 보면, 우리 나라가 64%, 일본이 69%로서 OECD 가입국가 가운데 각각 4번째와 3번째이다. 그만큼 산림자원의 비율이 높다는 것을 의미한다. 이는 OECD 평균 34%와 비교할 때 거의 두배에 해당하는 것으로 매우 높다.

한국과 일본은 많은 인구에 비해 좁은 경작지라는 부존조건의 영향으로 토지생산성을 높이는 정경세작형(精耕細作型) 농법을 채택하였다. 이 영향으로 경지면적당 비료사용량은 한국과 일본이 각각 36.9t/㎢와 25.9t/㎢이고, 살충제 사용량은 각각 1.43t/㎢과 1.25t/㎢으로 전세계를 통틀어 가장 높은 수준이다.

우리 나라의 석유소비량은 2,180천bbl/일로 전체의 2.79%를 차지하고 있다. 이는 세계 214개국 가운데 7번째에 해당하며, 미국과 일본은 각각 19,761천bbl/일, 5,301천bbl/일로 세계에서 각각 1위와 2위에 해당한다. 석유소비량의 국가별 순위는 미국, 일본, 중국, 독일, 러시아 등의 순으로 나타난다.

〈표 2.2〉 주요국의 자원과 환경현황

(단위 : 톤/㎢, %)

구 분		동북아		영미권			G7 평균	EU 평균	OECD 평균
		한국	일본	미국	영국	호주			
국토의 산림비율		64 (4)	69 (3)	33 (14)	12 (27)	21 (24)	39	38	34
농경지 질소비료사용량		36.9 (1)	25.8 (2)	4.8 (25)	11.4 (12)	0.5 (30)	6.1	11.3	3.9
농경지 살충제사용량		1.43 (1)	1.24 (2)	0.08 (19)	0.21 (9)	0.01 (29)	0.12	0.23	0.07
도시민 1인당 쓰레기 배출(kg)		380 (24)	410 (22)	730 (2)	580 (12)	690 (4)	620	560	550
1인당 대기오염 물질 배출량	유황 (kg/인)	20 (14)	7 (23)	50 (3)	19 (15)	97 (1)	30	16	28
	질소 (kg/인)	24 (19)	16 (27)	71 (4)	28 (16)	85 (2)	44	26	37
1인당 CO^{2} 배출	배출량 (백만톤)	9.48 (12)	9.47 (13)	19.66 (2)	8.94 (14)	17.36 (3)	13.53	8.41	10.96
	증감추이 (92-02)	64.9 (1)	14.6 (15)	15.6 (14)	-4.9 (23)	29.5 (7)	11.3	3.5	12.7
하수 처리율		70 (16)	64 (18)	71 (15)	95 (4)	-	74	78	64
GDP대비 공해처리비 비율		1.5 (9)	1.4 (12)	1.6 (5)	0.7 (23)	0.8 (18)	-	-	-

주 : (　)안은 OECD 가입 30개국 중 순위임.
자료 : OECD Observer(2004).

우리 나라의 전력생산은 2002년 현재 2,875.7억kwh로서 세계 212개국 가운데 11위에 해당되는 규모이다. 미국, 중국, 그리고 일본의 순으로 전력을 많이 생산하고 있으며 그 규모는 각각 38,385.5억kwh, 15,751.3억kwh, 10,440.4억kwh에 달한다. 우리 나라는 전체 발전량의

39.8%를 원자력으로 발전하고 있으며, 프랑스는 77.1%, 일본은 31.0%, 그리고 미국은 20.7%를 각각 원자력이 담당하고 있다. 세계의 평균은 약 17.2%로 우리 나라는 세계 평균의 약 2.3배에 달한다.[17]

또한 도시민 1인이 배출하는 쓰레기의 양은 우리 나라가 380㎏으로 OECD 가입국 가운데 24번째에 해당한다. 일본은 410㎏으로 22번째이고, 미국이 730㎏으로서 두 번째로 높다. OECD 평균은 약 550㎏으로 우리 나라는 평균치의 약 70% 수준이다.

제2절 산업경제

1. 산업경제

우리 나라의 산업별 구성비는 3차 산업이 53.4%로 가장 높다. 그리고 2차 산업이 42.5%이고 1차 산업이 4.1%로 가장 낮다. 특히, 2차 산업은 OECD 가입국 가운데 가장 높은 점유율을 나타내고 있다. 이를 OECD 가입 국가와 비교해 볼 때, 3차 산업의 비중이 상대적으로 낮고 1차와 2차 산업의 비중은 오히려 높은 것으로 나타났다. 즉, 대부분 OECD 가입국의 경우 3차 산업의 비중은 약 70%를 상회하고, 2차 산업의 비중은 30%를 밑돌고 있다. 이는 지식기반산업사회의 산업구조적 특성으로 우리 나라의 경우 지식기반서비스업을 강화하여 이의 비중을 높여야 할 것이다.

---

17 에너지 부문은 한국무역협회 무역연구소의 "207개 경제무역사회 지표로 본 대한민국(2004)"을 참고하였다.

〈표 2.3〉 주요국의 산업 · 경제 현황

(단위 : 십억 달러, 달러, %)

구 분		동북아		영미권			스칸디나비아		
		한국	일본	미국	영국	호주	스웨덴	노르웨이	덴마크
산업구성	1차	4.1 (6)	1.3 (26)	1.6 (24)	1.0 (28)	2.9 (15)	1.9 (22)	1.7 (23)	2.5 (19)
	2차	42.5 (1)	30.7 (10)	22.8 (28)	27.0 (20)	25.9 (23)	28.2 (18)	37.9 (4)	26.4 (22)
	3차	53.4 (29)	68.0 (14)	75.6 (2)	72.1 (4)	71.2 (7)	70.0 (9)	60.4 (25)	71.2 (8)
무역	수출(A)	193.8 (10)	471.8 (3)	724.8 (1)	304.2 (4)	71.5 (17)	101.2 (16)	67.5 (18)	65.3 (19)
	수입(B)	178.8 (12)	382.9 (4)	1,301.1 (1)	380.7 (3)	89.1 (16)	82.7 (17)	39.5 (21)	56.2 (18)
	(A+B) / GDP	61.3	19.9	18.4	38.1	31.6	61.0	48.5	57.2
경제	GDP	608 (8)	429.4 (2)	11,004 (1)	1,795.8 (4)	508.9 (11)	301.6 (16)	220.6 (22)	212.3 (23)
	1인당 GDP	12,690 (24)	33,892 (8)	37,007 (5)	30,292 (13)	26,272 (18)	33,889 (9)	48,881 (2)	39,598 (4)
	GDP성장률 (03-04)	2.7 (9)	2.7 (9)	2.9 (6)	2.2 (14)	2.4 (12)	1.6 (19)	0.3 (25)	0.4 (24)
	GDP성장률 (93-03)	5.2 (2)	1.3 (30)	3.2 (12)	2.9 (17)	3.5 (8)	2.9 (17)	3.2 (12)	2.5 (21)
	비정규직 비율	7.7 (25)	26.0 (3)	13.2 (17)	23.3 (5)	27.9 (2)	14.1 (14)	21.0 (7)	15.8 (13)
	실업률	3.4 (26)	5.3 (19)	6.0 (14)	4.9 (20)	5.7 (17)	5.8 (16)	4.5 (22)	5.6 (18)
	물가 상승률	3.5 (5)	-0.5 (30)	2.2 (17)	3.0 (7)	3.0 (7)	1.7 (23)	1.0 (27)	2.0 (22)

주 : (　)안은 OECD 가입 30개국 중 순위임.
자료 : OECD Observer(2004).

우리 나라의 무역현황을 보면, 수출이 190.7십억 달러로 OECD 가입국 가운데 10위이고, 수입은 183.9십억 달러로 12번째에 해당한다. 수출과 수입이 가장 많은 나라는 미국으로 각각 1,015.2십억 달러와 1,438.5십억 달러로 우리 나라의 수출입에 비하여 약 5~8배 가량 높다.

한편 GDP에서 차지하는 수출과 수입의 비중은 경제의 대외의존도를 나타내는바, 우리 나라의 대외의존도는 61.3%로 OECD 가입국 평균에 비해 매우 높다는 것을 알 수 있다.

한 국가의 생산력 정도를 나타내는 GDP는 미국이 10,933.5십억 달러로 가장 높고, 일본이 3,571.4십억 달러로 그 다음이다. 우리 나라는 974.6십억 달러로서 OECD 가입국 가운데에서는 8번째에 해당한다. 한편, OECD 가입국의 평균 GDP는 999.5십억 달러, G7 국가의 평균 GDP는 3,229.1십억 달러, 그리고 EU의 평균 GDP는 678.7십억 달러이다. 우리 나라의 경우 EU 평균보다는 상회하고 있으나 OECD 가입국 평균에는 다소 미치지 못하고 있는 실정이고, G7 평균의 약 30%에 그치고 있는 실정이다.

한편 1인당 GDP는 우리 나라가 12,690달러로 OECD 가입국 가운데 24번째에 해당한다.[18] 그리고 실업률은 3.4%로서 OECD나 G7의 평균 실업률인 6.9%와 6.6%에 비하여 매우 낮은 수치를 보여주고 있으나, 물가상승률은 3.5%로서 OECD 가입국 평균 2.1%에 비하여 다소 높은 실정이다.

그리고 특정분야에 대한 기술집적도를 나타내는 대표적 지표인 '세계 시장 점유율 1위 상품' 은 2002년 현재 77개로서 13위에 해당된다. 세계 시장 점유율 1위에 있는 부문으로는 선박수주량, 선박건조량, 선박수주잔량, D램 매출액, CDMA 단말기 판매량, TFT-LCD 출하량 등이 있다. 세계시장 점유율 1위 상품은 미국이 884개로서 가장 많고, 다음

---

18 2006년 이후 우리 나라 경제가 매년 잠재성장률 5.0%와 적정한 물가상승률을 감안할 때, 2008년도에는 2만 달러를 달성할 것으로 전망된다(산업자원부 보도자료, 2005).

은 독일 808개, 중국 787개 등의 순으로 나타났다. 그리고 세계 시장 점유율 1~10위 상품은 2002년도 기준으로 1,287개로서 12위에 해당한다.

2. 연구개발

2002년도 우리 나라의 연구개발투자비는 138억 달러로 이는 GDP 대비 2.5%에 달하는 규모이다. 연구개발투자비는 미국이 2,748억 달러로 가장 높으며, 다음으로 일본과 독일의 순으로 나타났다. 한편 GDP 대비 연구개발투자비의 규모가 가장 큰 국가로는 이스라엘로서 4.8%에 달한다. 우리 나라에 비하여 두 배정도 높은 규모이다. 그리고 연구개발인력은 우리 나라가 189.89천 명으로 통계가 있는 48개국 가운데 일곱 번째에 해당한다. 중국이 1,035.2천명으로 가장 많고 러시아가 986.9천명으로 다음이다. 한편 미국은 이 부문에 대한 통계가 작성되지 않고 있다.

그리고 과학기술분야에 대한 논문은 우리 나라가 18,635편이 발표되었고, 만명당 논문수로는 3.86편이다. 전체 논문수로는 미국, 일본, 영국, 그리고 독일 순으로 나타났고, 인구 만명당 논문수로는 스위스가 20.2편으로 가장 높게 나타났다. 다음으로 스웨덴이며, 미국과 일본은 각각 15위 및 22위에 올랐다. 인구 만명당 논문수에서 우리 나라는 29번째에 해당한다.

또한 연구개발의 중요한 성과인 특허 등록을 보면, 우리 나라의 경우 국내 특허는 29,363건, 국제 특허는 7,157건으로 나타났다. 국내특허의 경우 일본이 118,535건으로 가장 높았으며, 미국이 다음으로 나타났다. 우리 나라는 일본에 비하여 약 25%에 그치고 있는 실정이다. 그리고 국제특허는 미국, 일본, 독일, 그리고 프랑스의 순으로 많이 등록되고 있다.

〈표 2.4〉 우리 나라의 연구개발 현황(2002)

구분		단위	규모	세계순위	주요국가			
연구개발투자	투자비	억달러	138	7 / 51	미국(1) 독일(3)	2,748 498	일본(2) 프랑스(4)	1,279 313
	투자비/GDP	%	2.532	8 / 51	이스라엘(1) 핀란드(3) 일본(5)	4.789 3.416 3.073	스웨덴(2) 아이슬랜드(4)	4.272 3.096
	인력	천명	189.89	7 / 48	중국(1) 일본(3)	1,035.2 892.1	러시아(2) 독일(4)	986.9 480. 6
발표논문	과학기술논문	편	18,635	14	미국(1) 영국(3)	274,159 71,088	일본(2) 독일(4)	75,139 68,187
	논문/인구만명	편/만인	3.86	29	스위스(1) 일본(22)	20.2 5.9	스웨덴(2) 미국(15)	17.7 9.4
특허	국내	건	29,363	3 / 50	일본(1) 중국(8)	118,535 4,989	미국(2) 독일(5)	85,528 18,318
	국제	건	7,157	11 / 40	미국(1) 독일(3)	108,052 79,819	일본(2) 프랑스(4)	81,116 32,637

자료 : 한국무역협회 무역연구소(2004).

3. 정보통신

정보화사회에서 경쟁력을 확보하기 위하여 많은 국가에서는 정보통신 인프라 확충에 각별한 노력을 기울이고 있다. 이러한 노력의 결과 가운데 전자정부 지수를 살펴보면, 우리 나라는 2.30으로 나타났으며, 미국이 3.11로 가장 높다. 다음으로는 호주가 2.60이며 우리 나라는 전체 15위에 해당된다. 그리고 인구 백명당 PC 보급대수는 스웨덴이 71대로서 가장 높다. 미국이 66대로서 2위이며, 우리 나라는 55대로서 8위에 해당된다.

인구 백명당 초고속 인터넷 가입자수는 우리 나라가 21.3명으로 가장 높고, 홍콩이 14.6명으로 두 번째이다. 인구 천명당 인터넷 이용자수는 아이슬란드가 675명으로 가장 많고, 우리 나라는 603명으로 두 번째이다. 그러나 인구 천명당 인터넷호스트 수는 아이슬란드가 379개로 가장 많고, 우리 나라는 5개로 59위에 그치고 있는 실정이다. 이로써 우리 나라는 PC 보급, 인터넷 가입 및 사용자 등 인터넷 사용에 대한 기반은 매우 양호한 반면, 호스트 확보는 다소 소홀하였음을 알 수 있다.

〈표 2.5〉 주요국의 정보통신 현황(2003)

구 분	단 위	한 국	일 본	미 국	기타 주요국가	
전자정부지수	–	2.30 (15)	2.12 (26)	3.11 (1)	호주(2) 중국(93)	2.60 1.04
PC 보급대수	대/백명	55 (8)	38 (20)	66 (2)	스위스(1) 스웨덴(4)	71 62
초고속인터넷 가입자 수	명/백명	21.3 (1)	6.1 (13)	6.5 (11)	홍콩(2) 캐나다(3)	14.6 11.5
인터넷호스트 수	개/천명	5 (59)	102 (2)	–	아이슬란드(1) 핀란드(2)	379 244
인터넷이용자 수	명/천명	603 (2)	449 (16)	551 (4)	아이슬란드(1) 스웨덴(3)	675 573
이동전화 가입대 수	명/백명	69 (29)	68 (32)	54 (42)	대 만(1) 룩셈부르크(2)	111 106
정보화지수	–	89 (6)	76 (16)	95 (3)	스웨덴 · 덴마크(1) 중 국(40)	96 15

자료 : 한국무역협회 무역연구소(2004).

한편 PC 보급, 인터넷 호스트, 인터넷 이용자, 이동전화 및 전화회선 사용자 등 정보통신 관련사항을 종합적으로 나타내는 정보화지수는 스웨덴과 덴마크가 96점으로 가장 높고, 우리 나라는 89점으로 6위에 올라 있다.

제3절 집중과 균형발전

많은 국가에서 수도권의 발전 및 과밀에 대하여 높은 관심을 가지고 있다. 그만큼 수도권의 개발이나 과밀현상은 국가경쟁력을 좌우하는 주요한 과제이기 때문이다. 우리 나라의 경우도 수도권 집중은 이미 오래전부터 문제점으로 지적되어 왔다. 지난날 경제성장과정에서 경부(서울-부산)축에 인구와 산업이 집중하여 교통혼잡, 과밀, 환경오염 등 사회적 비용이 국가발전에 막대한 부담으로 작용하였다.[19]

한편 수도권 이외의 지역은 경제적 낙후와 투자부진으로 인구유출이 지속되고, 특히 수도권에의 인구와 산업의 집중으로 지가 상승 및 주택부족, 교통, 환경 등 과밀로 인한 문제가 발생하고 있으며 국가안보적 측면의 취약성도 가중되고 있다.

우리 나라의 수도권 집중도를 보면, 먼저 인구는 45.5%로 매우 높고, 특히 서울에 대한 집중도는 22.1%에 달한다. 제조업은 수도권에 55.1%가 집중되어 있고, 공공기관은 69.4%, 정부투자기관은 무려 83.3%가 수도권에 집중되어 있다. 현재의 추세가 계속된다면 인구의 수도권 집중 현상은 앞으로 더욱 심화될 전망이며,[20] 수도권에 대한 과도한 인구집중과 지방의 인구 감소로 국토이용의 비효율이 증대될 우려가 크다.

---

19 경부축의 인구비중은 1960년 43.8%에서 1995년 73.3%로 증가되었으며, 경부축의 제조업체 수 비중은 같은 시기에 56%에서 80%로 증가되었다(대한민국정부, 1999).

20 2004년 현재 47.9%인 수도권 인구집중도는 2020년에 52.3%까지 상승될 것으로 전망된다. 그리고 비수도권에서는 충청권은 10.1%에서 10.2%로 소폭 상승하고 강원권, 전북권, 광주권, 대구권, 부산권에서는 모두 절대인구가 감소할 전망이다(대한민국정부, 2005).

한편 주요국 수도권을 비교해 보면, 면적의 경우 일본이 36,350㎢로 가장 넓다. 다음으로 파리권, 서울권, 멕시코시티권의 순으로 나타난다. 그리고 인구규모는 광역도쿄권의 경우 41,066천명, 도쿄권은 33,129천명, 우리 나라 서울권은 21,347천명으로 나타났다. 수도권의 인구밀도는 런던권이 4,554명/㎢으로 가장 높아 많은 문제를 안고 있으며, 도쿄권 2,494명/㎢, 서울권 1,816명/㎢의 순으로 나타났다.

수도권의 집중현상을 보면 전국대비 수도권의 면적은 우리 나라가 11.8%, 그리고 일본의 광역도쿄권이 9.6%, 파리권은 2.2%로 나타났다. 인구집중은 46.3%, 지역내 총생산은 44.5%로써 여타 수도권과 비교해 볼 때 매우 높은 수준이다.

〈표 2.6〉 우리 나라 수도권 집중현황

구분		전국 (A)	수도권 (B)	서울 (C)	집중도(%)	
					B/A	C/A
국토면적(㎢)		99,408	11,745	606	11.8	0.6
인구(천인)		48,082	23,054	10,024	47.9	20.8
제조업	사업체(개)	113,310	64,124	19,264	56.6	17.0
	종업원(천인)	2,798,192	1,296,782	266,917	46.3	9.5
대학교	학교수(개)	173	68	38	39.3	22.0
	학생수(천인)	1,860	708	447	38.1	24.0
금융	예금(10억)	540,726	367,449	271,588	68.0	50.2
	대출(10억)	565,655	376,321	243,961	66.5	43.1
공공청사	중앙기관수(개)	36	25	15	69.4	41.7
	정부투자기관	18	15	10	83.3	55.6

자료 : 통계청(2005).

인구는 런던에 비하여 약 3.8배, 파리권 보다 약 2.5배나 높은 집중도를 보이고 있다. 우리 나라의 경우 서울권의 면적이나 인구, 그리고 인구밀도는 다른 나라의 수도권에 비해 그리 높지는 않다. 그러나 전국 대비 집중도에서는 면적과 인구 그리고 지역내 총생산 등에서 매우 높은 집중도를 보이고 있다. 이는 국토차원에서 심각한 불균형 현상이 나타나고 있음을 단적으로 보여주는 예이다.

세계 주요 대도시의 과밀정도를 비교해 보면, 일본 도쿄를 100으로 할 때, 서울은 인구밀도 124.8, 주거밀도 136.8, 차량밀도 140.6, 대기오염정도는 177.5로 나타나 집중정도가 매우 높은 것으로 나타났다. 뉴욕의 경우가 인구밀도 73.4, 주거밀도 81.9, 차량밀도 39.1, 대기오염정도 62.5인 것과 비교해 보면 서울의 집중정도가 심각함을 알 수 있다.

〈표 2.7〉 주요국 수도권 현황

(단위 : ㎢, 천인, 인/㎢, %)

구 분	현 황			전국대비비중		
	면적	인구	밀도	면적	인구	지역내총생산
서 울 권	11,754	21,347	1,816	11.8	46.3	44.5
광역도쿄권	36,350	41,066	1,130	9.6	32.4	36.7
도 쿄 권	13,282	33,129	2,494	3.5	26.2	30.7
파 리 권	12,072	10,952	907	2.2	18.2	28.7
런 던 권	1,578	7,187	4,554	0.3	12.1	17.2
멕시코시티권	7,411	17,258	2,329	0.4	18.9	33.4

주 : 도쿄권은 도쿄 · 사이타마현 · 지바현 · 가나가와현이며, 광역도쿄권은 도쿄권을 포함하여 이바라끼현 · 야마나시현 · 도지기현 · 군마현임.
자료 : 신행정수도후속대책위원회(2005).

제4절 국가경쟁력

국가경쟁력은 국민 개인의 경쟁력과 개인들이 소속되어 있는 조직의 경쟁력으로 구성된다. 개인의 경쟁력은 개인의 자기계발과 자기혁신을 통해 향상된다. 그런데 개인의 경쟁력도 상당 정도 개인의 자기계발과 자기혁신을 촉진하는 제도에 달려있다. 조직의 경쟁력은 조직속의 사람들 간의 관계, 조직의 행동규칙인 제도, 조직속의 사람들의 가치관, 사고방식과 행동방식에 달려있다. 즉, 국가경쟁력은 생산조직인 기업의 경쟁력, 지식창출조직인 대학의 경쟁력, 통치조직인 정부의 경쟁력, 그리고 사회시스템의 경쟁력에 달려있다. 지식기반경제에서는 경제활동에 참가하는 개인들의 창의성이 경쟁력을 결정하는 아주 중요한 요소가 된다(김형기, 2003).

그리고 세계경제포럼(WEF)이 1996년부터 국가경쟁력에 대해 매년 발표하는 보고서로 'The Global Competitiveness Report' 가 있다.[21] 세계경제포럼(WEF)은 하버드경영대학원의 도움으로 세계 각국의 경쟁력을 조사해 순위를 발표하는데, 국제통화기금(IMF), 국제결제은행(BIS) 등 국제기구의 통계와 업계지도자들에 대한 여론조사 등을 토대로 한다. 또한 국가경쟁력을 성장경쟁력(Growth Competitiveness Index : GCI)과 미시경제경쟁력(Microeconomic Competitiveness Index : MICI)의 2개 지수로 구분해 평가하고 있다. GCI는 기술수준 · 공공기관 · 거시경제환경의 3개 부문 8개 항목에 대해 평가가 이뤄지며, MICI는 기업 전략 및 운영 부문과 비즈니스 환경의 질적 수준 등 2개 부문을 평가대상으로 한다.[22]

이러한 측면에서 우리 나라의 국가경쟁력을 살펴보면, 2004년 현재 35위에 그치고 있다. 이는 2003년도의 37위에서 두 계단 상승한 것으

---

21 원래 세계경제포럼(WEF)은 지난 1979년부터 국제경영개발원(IMD)와 함께 해마다 세계경쟁력 보고서를 발표해 왔으나, 1995년 이후 제각기 다른 조사를 하고 있다.

로, 이 가운데 사회간접자본 및 사업환경부문은 각각 27위와 29위로 다소 양호한 반면, 거시경제부문이 49위로서 매우 저조한 실정이다. 2003년도와 비교해 볼 때, 사회간접자본과 사업환경부문은 각각 세 계단과 열여섯 계단을 상승하였으나, 거시경제부문은 오히려 아홉 계단이나 떨어져 상대적으로 경쟁력이 취약한 부문으로 나타났다.

한편 미국이 국가경쟁력이 2003년도에 이어 2004년도에도 1위로 나타났고, 호주가 2003년도 7위에서 2004년도는 4위로 상승하였다.

〈표 2.8〉 주요 국가별 국가경쟁력

구 분	아 시 아			영 미 권			스칸디나비아			
	한국	중국	일본	미국	영국	호주	스웨덴	핀란드	노르웨이	덴마크
총 계	35 (37)	24 (29)	23 (25)	1 (1)	22 (19)	4 (7)	11 (12)	8 (3)	17 (15)	7 (5)
거시경제부문	49 (40)	2 (3)	17 (28)	1 (1)	14 (9)	19 (23)	25 (18)	31 (30)	26 (16)	32 (13)
공공부문	36 (37)	21 (22)	37 (39)	10 (10)	29 (21)	2 (4)	19 (17)	4 (1)	17 (15)	5 (6)
사업환경부문	29 (45)	35 (46)	37 (41)	1 (1)	21 (21)	4 (7)	16 (14)	10 (2)	27 (20)	9 (12)
사회간접자본	27 (30)	41 (41)	2 (3)	1 (1)	24 (22)	13 (15)	4 (5)	7 (4)	11 (7)	5 (6)

주 : (　)안은 2003년도 순위임.
자료 : IMD(2005).

22 성장경쟁력(GCI)의 평가기준은 성장을 주도하는 8개 요소는 ① 국제무역과 국제금융에 대한 해당국의 개방성(openness of an economy to international trade and finance) ② 정부예산과 규제의 역할(role of the government budget and regulation) ③ 금융시장의 발전(development of financial markets) ④ 사회간접시설의 질(quality of infrastructure) ⑤ 기술의 질(quality of technology) ⑥ 기업 경영의 질(quality of business management) ⑦ 노동시장의 유연성(labor market flexibility) ⑧ 사법 및 정치 기구의 질(quality of judicial and political insituttions) 등이다.

탐구학습

1. 요약

- 우리 나라는 다인구, 소자원국가로 장기간에 걸친 고도성장의 여파로 환경부하가 매우 큰 국가라고 할 수 있다.
- 우리 나라의 산업경제구조의 특징은 개방화와 대외의존도의 심화를 들 수 있으며, 지속적인 연구개발과 집중적인 투자로 정보통신기술(IT)분야에서 세계적인 경쟁력을 가지고 있다.
- 인구, 산업, 정보 등의 과도한 수도권 집중으로 교통, 환경, 지가상승 등의 문제가 발생하고 있다.
- 세계경제포럼(WEF)에서는 경제성장력과 미시경제경쟁력을 바탕으로 매년 국가경쟁력지수를 발표하고 있다.

2. 토론 및 과제

2.1 심화자료

■ 고령화사회	저출산고령사회위원회(www.precap.go.kr)
■ 국가경쟁력지수	삼성경제연구소(www.seri.org)
	한국개발연구원(www.kdi.re.kr)
	IMD 세계경쟁력 연보(www.worldcompetitiveness.com)

2.2 토론주제

- 국가경쟁력 강화방안은?
- 출산율을 높일 수 있는 방안은?

2.3 과제

- 수도권 집중화를 완화하기 위해서 현재 시행 중인 정책에 대하여 조사하시오.

참고문헌

건설교통부(2005), *국토의 계획 및 이용에 관한 연차보고서.*

국가균형발전위원회(2004), *국가균형발전 관련 통계자료.*

_______________(2005), *동북아시대의 한반도 공간구상과 균형발전전략,* 서울 : 제이플러스애드.

국토연구원 · 건설교통부 역(2001), *OECD 한국지역정책보고서.*

김용웅외(2003), *지역발전론*, 서울 : 한울.

김형기(2003), "지방분권과 국가경쟁력", *동향과 전망*, 제59호, 한국사회과학연구소.

산업자원부(2005), *세계속의 한국경제 위상.*

대한민국정부(1999), *제4차 국토종합계획.*

__________(2005), *제4차 국토종합계획 수정계획.*

신행정수도후속대책위원회(2005), *2004년도 신행정수도 건설추진 백서.*

한국무역협회 무역연구소(2004, 2005), *207개 경제 · 무역 · 사회지표로 본 대한민국.*

유우익외(1998), *21세기 국토와 환경*, 서울 : 삶과 꿈.

IMD(2005), *The world competitiveness scoreboard 2004.*

OECD Observer(2004), *OECD in Figures.*

제2장 국토의 개발과 관리

제1절 국토의 의의

1. 국토의 개념

국토란 일반적으로 영토와 영해 및 영공을 말하고, 경제적 개념으로는 국민생산 활동의 기반을 말한다. 또한 국민의 생활공간과 삶의 터전으로 국가 구성의 기본 요소이다. 국토의 구성 요소는 자연적 요소와 인문적 요소로 나눌 수 있는데, 자연적 요소에는 지형 · 기후 · 생물 등이 있고, 인문적 요소에는 역사 · 문화 · 산업 등이 있다.

국토의 의미는 다음의 네가지로 설명이 가능하다. 첫째, 민족의 존립 기반으로, 조상으로부터 물려받아 후손에게 물려주는 귀중한 재산이다. 둘째, 민족의 문화공간으로 민족의 고유 문화와 역사, 생활양식을 형성 · 발전시켜 온 바탕이다. 셋째, 민족의 가치공간으로 민족의 얼과 뜻이 담긴 소중하고 의미있는 공간이다. 넷째, 열린 미래로의 산실로, 지방화의 산실이자 세계화의 수용 무대이며 나아가 통일 국가의 터전이다.

2. 국토의 중요성

국토는 더할 수도 뺄 수도 없는 한정된 국민의 생존기반이고, 생활공간이며, 민족의 유산이다. 수천 대의 조상의 삶의 모습이 담겨 있던 국토를 현 세대인 우리가 살고 있으며, 다음 세대에게 그대로 물려주어야 할 대상이다. 국토가 주는 잠재력을 개발하고 제약을 감수하면서 삶을 꾸려가고 있다. 그리고 의도적이건 무의식적이건 국토의 형질을 변화시키는 행위는 당대뿐만 아니라 다음 세대, 그리고 그 다음 세대와 그 이후에까지 후손의 삶의 모습과 질에 영향을 미친다. 국토라는 공간은 쉽게 바꿀 수도 없고 또 일단 바꾸면 되돌리는 것이 사실상 불가능하기 때문이다. 따라서 국토의 형질을 바꾸는 행위, 특히 국토계획과 같은 의도적인 행위는 장기적인 관점에서 신중히 결정되어야 한다. 멀리 내다보아 미래의 시대상황과 안팎의 여건을 예측해야 하고, 가능한 것과 불가능한 것을 구분하며, 바람직한 것과 불가피한 것을 선택하여야 한다.

우리가 국토의 개발이나 관리에 있어서 고려해야 할 두 가지의 명제가 있다. '국토는 삶의 기반이다' 라는 존재(sein)에 관한 것과 그러므로 '그에 합당하게 관리되어야 한다' 는 당위(sollen)에 관한 것이 그것이다. 국토관리의 중요성은 이 두 명제와 그로부터 유추되는 것으로 구성된다고 볼 수 있다(유우익외, 1998 : 47-51).

제2절 국토의 이용실태

1. 국토의 현황

1) 자연환경

우리나라는 아시아대륙 동북단에 위치한 반도로서 중국, 러시아, 일본과 접하는 동북아 교류의 요충지이자 환태평양 진출의 거점이다. 국토의 65.3%가 산지이며 백두대간이 남북으로 길게 뻗어 있어 도시적 용도로 이용할 수 있는 토지가 제한되어 있다. 자연조건은 고온다습한 여름에 강수가 집중되어 용수의 안정적인 확보가 어렵고 가뭄 및 풍수해 등의 자연재해에 취약하며, 천연자원은 매장량이 부족하여 대부분 외국으로부터의 수입에 의존하고 있다. 그리고 3면이 바다에 접하여 해양이용의 잠재력은 매우 높은 편이다.

2) 인구와 경제

좁은 국토에 많은 인구가 거주하여 고밀사회를 이루었으나 최근 출산율의 저하로 인구성장이 둔화되어 고령화 현상이 급속히 진전되고 있다. 2005년 말 현재 주민등록인구는 49,267,751명이며 인구밀도가 494.6인/㎢로 세계 최상위 수준의 고밀도국가이며, 출산율[23]은 1970년

23 한 여성이 가임기간 즉, 15~49세 동안 출산하는 평균 자녀수를 말한다.

4.53명에서 2003년 1.19명으로 감소하였으며, 인구증가율도 크게 감소하고 있다. 그리고 평균수명이 1971년 62.3세에서 2006년 77.0세로 지속적으로 증가하여 선진국 수준과 비슷한 실정이며, 2005년 65세 이상의 노령인구 비중은 9.4%를 차지하고 있다.

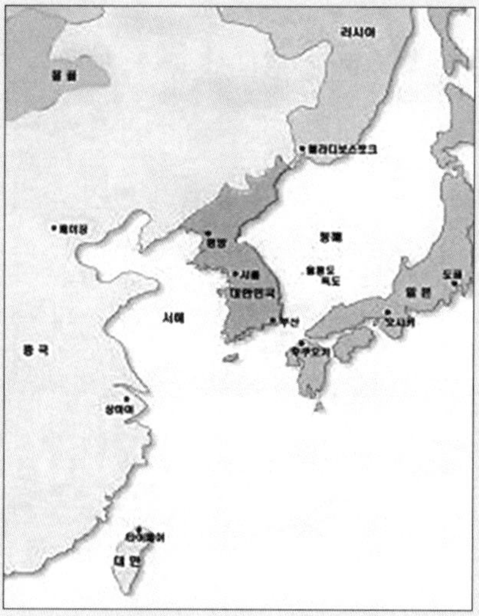

- ●한반도의 위치
  - 최북단 : 함경북도 온성군 유포진
  - 최남단 : 제주도 남제주군 마라도
  - 최서단 : 평안북도 용천군 마안도
  - 최동단 : 경상북도 울릉군 독도
- ●한반도 길이 : 약 1,000㎞
- ●한반도 면적 : 22.3만㎢
  - 남한 : 99,617㎢ (총면적의 44.7%)
  - 북한 : 123,390㎢ (총면적의 55.3%)
- ●관할해역 면적(남한) : 44.3만㎢
  - 3,200여개의 도서 (한반도 전체)
- ●연간강수량 : 500㎜~1,500㎜
  - 남한 : 평균 1,283㎜
  - 북한 : 평균 1,000㎜ 이하

※국민 1인당 연간강수량은 2,705㎥

[그림 2.1] 우리 나라 국토의 현황

2005년 현재 국내총생산은 7,875억달러, 1인당 국민총소득은 16,291달러, 수출총액은 2,844억 달러이다. 산업별 국내총생산 비율은 1차 산업 3.6%, 2차 산업 26.9%, 3차 산업 69.5%로 구성되어 서비스업 비중이 매우 크다. 경제활동인구는 2,292만 명이며, 취업인구 구조는 1차 산업 7.1%, 2차 산업 19.4%, 3차 산업 73.5%로 서비스업의 비중이 절대적으로 높다.

〈표 2.9〉 우리 나라 주요 사회 · 경제 지표

지 표	규 모
인 구(2005)	49,268천명
국민총생산(2005)	7,875억달러
1인당 국민소득(2005)	16,291달러
수 출(2005)	2,844억달러
세계 500대 기업(2004)	11개
서비스 교역(2003)	703억달러

자료 : 대한민국정부(2005).
kosis 통계정보시스템(kosis.nso.go.kr).

3) 국토기반시설

국토의 기반시설은 공항, 항만, 고속도로, 고속철도, 정보통신망 등을 들 수 있다. 이러한 사회간접자본에 대한 지속적인 투자가 경제발전 및 국민생활을 뒷받침하고 있다. 2004년 경부고속철도 제1단계가 개통되고, 전국을 잇는 고속도로망의 건설을 통해 전 국토가 반나절생활권으로 통합되어 국가경제 발전과 편리한 국민생활을 지원하고 있다. 그리고 정보통신망과 관련기술의 급속한 발전으로 종합적인 국가 정보화 수준비교에서는 세계 7위(2003년)를 기록하는 등 세계적인 정보통신기술(IT) 강국으로 부상하고 있다. 그리고 인천국제공항의 확장, 부산신항과 광양항 건설 등 국제공항 및 국제항만 인프라의 지속적 확충으로 동북아 물류중심국가 실현을 촉진하고 있다.

〈표 2.10〉 국토기반시설 현황(2003)

• 고속도로 연장 : 2,778㎞	• 인터넷 이용자 : 2,922만 명
• 철도 영업연장 : 3,140㎞	• 초고속인터넷 가입자 : 1,118만 명
• 고속철도 연장 : 224㎞	• 시내전화 가입자수 : 2,288만 명
• 상수도 보급률 : 89.4%	• 이동전화 가입자수 : 3,359만 명
• 하수도 보급률 : 78.8%	

주 : 고속철도 연장은 2004년 현재.
자료 : 대한민국정부(2005).

2. 국토이용

용도지역 지정 현황은 도시지역[24] 15.8%, 관리지역 24.6%, 농림지역 48.1%, 자연환경보전지역 11.5%로 구성되어 있고, 지목별 토지이용 현황은 임야가 전국토 면적의 65.2%, 농지는 21.5%, 대지, 공장용지 및 공공용지 등 도시적 용지는 5.9%(1인당 36.4평)를 차지하고 있다.[25]

〈표 2.11〉 지목별 토지이용 구성비

(단위 : ㎢, %)

구 분	1984년	1990년	2000년	2003년
전 국	99,117(100)	99,274(100.0)	99,461(100.0)	99,601(100.0)
도시적 용지	3,784(3.8)	4,763(4.8)	5,372(5.4)	5,863(5.9)
• 대 지	1,791(1.8)	1,937(2.0)	2,349(2.4)	2,460(2.5)
• 공장용지	152(0.2)	246(0.2)	514(0.5)	580(0.6)
• 공공용지	1,841(1.9)	2,112(2.1)	2,636(2.6)	2,823(2.8)
농 지	21,921(22.1)	21,855(22.0)	21,043(21.1)	21,379(21.5)
임 야	65,910(66.5)	65,571(66.0)	65,139(65.5)	64,948(65.2)
기타 토지	7,502(7.6)	7,085(7.1)	7,907(7.9)	7,411(7.4)

자료 : 대한민국정부(2005).

24 용도지역상 주거지역, 상업지역, 공업지역, 녹지지역 등이 포함되어 있고, 도시지역 내에도 임야와 농지 등이 존재할 수 있으므로 통상 지목상 도시용지 면적보다 넓다.

제3절 국토의 효율적 관리

1. 국토종합계획

국토종합계획은 「국토기본법」에 근거를 두고 있고, 도종합계획 및 시·군종합계획의 기본이 되며, 부문별계획과 지역계획의 지침적 역할을 담당한다. 국토종합계획은 20년을 단위로 하여 수립한다(국토기본법 제7조). 그리고 국토종합계획은 군사에 관한 것을 제외하고는 다른 법령에 의하여 수립되는 국토에 관한 계획에 우선하며 그 기본이 된다(제8조).

국토종합계획은 다양한 부문 즉, ① 국토의 현황 및 여건변화 전망에 관한 사항 ② 국토발전의 기본이념 및 바람직한 국토 미래상의 정립에 관한 사항 ③ 국토의 공간구조의 정비 및 지역별 기능분담 방향에 관한 사항 ④ 국토의 균형발전을 위한 정책 및 지역산업육성에 관한 사항 ⑤ 국가경쟁력 제고 및 국민생활의 기반이 되는 국토기간시설의 확충에 관한 사항 ⑥ 토지·수자원·산림자원·해양자원 등 국토자원의 효율적 이용 및 관리에 관한 사항 ⑦ 주택·상하수도 등 생활여건의 조성 및 삶의 질 개선에 관한 사항 ⑧ 수해·풍해 그 밖에 재해의 방제에 관한 사항 ⑨ 지하공간의 합리적 이용 및 관리에 관한 사항 ⑩ 지속가능한 국토발전을 위한 국토·환경의 보전 및 개선에 관한 사항 ⑪ 기타 이에 부수되는 사항 등에 대한 기본적이고 장기적인 정책방향을 제시한다(제10조).

---

25 우리 나라의 도시적 용지 비율은 영국 13.0%(1인당 161평), 일본 7.0%(1인당 65평)와 비교해서 낮은 수준이다.

국토종합계획의 수립권자는 건설교통부장관이며, 국토종합계획을 수립하고자 하는 때에는 중앙행정기관의 장 및 특별시장 · 광역시장 · 도지사에게 국토종합계획에 반영되어야 할 정책 및 사업에 관한 소관별 계획안을 받아서 이를 수렴하여야 한다(제9조).

한편 국민 및 관계 전문가 등으로부터 의견을 청취하기 위하여 공청회를 개최하여야 한다(제11조). 그리고 국토종합계획을 수립하거나 확정된 계획을 변경하고자 하는 때에는 국토정책위원회 심의, 국무회의 심의를 거쳐 대통령의 승인을 얻어야 한다(제12조).

국토계획은 1971년 당시 「국토건설종합계획법」에 의거하여 1차 계획이 수립된 이래 지난 1999년에 제4차 국토계획이 수립되었다. 이후 2005년에 제4차 국토계획 수정계획이 수립되었다.

〈표 2.12〉 국토종합계획의 현황

구분	제1차 국토계획 (1972~1981)	제2차 국토계획 (1982~1991)	제3차 국토계획 (1992~1999)	제4차 국토계획 (2000~2020)	제4차국토계획 수정계획 (2006~2020)
1인당 GNP	319달러('72)	1,824달러('82)	7,007달러('92)	(1인당 GNI) 9,770달러	(1인당 GNI) 16,291달러
배경	- 국력 신장 - 공업화 추진	- 국민생활환경의 개선 - 수도권의 과밀 완화	- 사회간접자본 시설의 미흡 - 자율적 지역개발 전개	- 분권화 기반	- 국가중추기능 지방분산 - 지역, 계층간 통합, 상생발전
기본목표	- 국토이용 관리 효율화 - 사회간접 자본의 확충 - 국토자원 개발과 자연 보전 - 국민생활 환경의 개선	- 인구의 지방정착 유도 - 개발가능성의 전국적 확대 - 국민복지 수준의 제고 - 국토자연 환경의 보전	- 지방분산형 국토골격 형성 - 생산적 자원절약적 국토이용 체계 구축 - 국민복지향상과 국토 · 환경 보전 - 남북통일에 대비한 국토기반의 조성	- 더불어 잘사는 균형국토 - 자연과 어우러진 녹색국토 - 지구촌으로 열린 개방국토 - 민족이 화합하는 통일국토	- 상생하는 균형국토 - 경쟁력있는 개방국토 - 살기좋은 복지국토 - 지속가능한 녹색국토 - 번영하는 통일국토

구분	제1차 국토계획 (1972~1981)	제2차 국토계획 (1982~1991)	제3차 국토계획 (1992~1999)	제4차 국토계획 (2000~2020)	제4차국토계획 수정계획 (2006~2020)
개발전략및정책	- 대규모 공업기반의 구축 - 교통통신, 수자원 및 에너지 공급망 정비 - 부진지역 개발을 위한 지역기능 강화	- 국토의 다핵구조 형성과 지역생활권 조성 - 서울, 부산 양대 도시의 성장 억제 및 관리 - 지역기능 강화를 위한 교통, 통신등 사회간접자본 확충 - 후진지역의 개발 촉진	- 지방의 육성과 수도권집중 억제 - 신산업지대 조성과 산업구조의 고도화 - 종합적 고속교류망의 구축 - 국민생활과 환경부문의 투자 증대	- 개방형 통합국토축 형성 - 지역별 경쟁력 고도화 - 건강하고 쾌적한 국토 · 환경 조성 - 고속 교통정보망 구축 - 남북한 교류협력기반 조성	- 자립형 지역발전 기반 - 동북아시대 국토경영과 통일 기반 - 네트워크형 인프라구축 - 인간적인 정주환경 - 지속가능한 국토자원관리 - 분권형 국토계획 및 집행
특징및문제점	- 거점개발방식의 채택 - 경부축 중심의 양극화 초래	- 양대도시의 성장억제 및 성장거점도시의 육성에 의한 국토균형발전 촉구 - 구체적 집행수단의 결여로 국토의 불균형 지속, 올림픽 개최의 확정등으로 1987년 2차계획 수정	- 세계화, 개방화, 지방화 등 여건반영 미흡 - WTO 출범 등 국토개발계획의 기조 변화	- 혁신클러스터 조성 - 자립형 지방화 추진	- 지역혁신체제 구축 - 개방적인 π형 국토축

자료 : 건설교통부(2005).
대한민국정부(2005).

2. 수도권정비계획

「국토기본법」 제16조에서 수도권발전계획을 수도권에 과도하게 집중된 인구와 산업의 분산 및 적정배치를 유도하기 위하여 수립하는 계획으로 설명하고 있다. 수도권발전계획의 법적 근거는 「수도권정비계획법」이다. 1982년 제정된 「수도권정비계획법」은 수도권 문제에 대한 법적 제도화를 뒷받침하였고, 이 법에 의거하여 수도권정비계획이 수립되었다.

「수도권정비계획법」의 목적은 수도권의 정비에 관한 종합적인 계획의 수립과 시행에 관하여 필요한 사항을 정함으로써, 수도권에 과도하게 집중된 인구 및 산업의 적정배치를 유도하여 수도권의 질서있는 정비와 균형있는 발전을 유도하기 위함이다(제1조).

수도권정비계획은 서울, 인천, 경기 등 수도권 전체를 대상으로 하는 종합계획이므로 국토종합계획을 기본으로 하며, 수도권 안에서의 「국토의 계획 및 이용에 관한 법률(이하 국토계획법)」에 의한 도시계획, 기타 다른 법령에 의한 토지이용계획 또는 개발계획 등에 우선하며, 그 계획의 기본이 된다.

〈표 2.13〉 수도권정비계획법의 권역별 내용

구 분	과밀억제권역	성장관리권역	자연보전권역
면적 11,754.3〈11.8%〉	2,035.5㎢(17.3%) 〈전국대비 : 2.0%〉	5,867.9㎢ (49.9%) 〈전국대비 : 5.9%〉	3,850.9㎢(32.8%) 〈전국대비 : 3.9%〉
인구 21,827〈45.9%〉	18,386천명 (84.2%) 〈전국대비 : 38.7%〉	2,715천명 (12.4%) 〈전국대비 : 5.7%〉	726천명 (3.4%) 〈전국대비 : 1.5%〉
행 정 구 역	서울, 인천(일부), 의정부, 구리, 남양주(일부), 하남, 고양, 수원, 성남, 안양, 부천, 광명, 과천, 의왕, 군포,시흥 16개시	동두천, 안산, 오산, 평택, 파주, 남양주(일부), 용인(일부), 연천군, 포천군, 양주군, 김포시, 화성시, 안성시(일부), 인천(일부), 시흥(일부) 12개시, 3개군	이천, 남양주(일부), 용인(일부), 가평군, 양평군, 여주군, 광주시, 안성시(일부) 5개시 3개군
정 비 전 략	과밀화 방지 도시문제 해소	이전기능 수용 자족기반 확충	한강수계 보전, 주민불편 해소

자료 : 건설교통부(2005).

수도권정비계획은 첫째, 수도권정비의 목표와 기본방향에 관한 사항 둘째, 인구 및 산업 등의 배치에 관한 사항 셋째, 권역의 구분 및 권역별 정비에 관한 사항 넷째, 인구집중유발시설 및 개발사업의 관리에 관한 사항 다섯째, 광역적 교통시설, 상·하수도시설 등의 정비에 관한 사항 여섯째, 환경보전에 관한 사항 일곱째, 수도권정비를 위한 지원 등에 관한 사항 여덟째, 계획의 집행 및 관리에 관한 사항 등에 대한 내용을 포함한다.

수도권정비계획은 건설교통부장관이 수립하며, 이 경우 중앙행정기관의 장과 서울특별시장·광역시장 또는 도지사의 의견을 청취하여야 한다. 그리고 계획안을 수도권정비위원회의 심의를 거친 후 국무회의의 심의와 대통령의 승인을 얻어 이를 결정한다.

한편, 수도권 내에서의 인구 및 산업의 적정배치를 위하여 3개의 권역으로 구분하였는바, 첫째, 과밀억제권역으로 이는 인구 및 산업이 과도하게 집중되었거나 집중될 우려가 있어 이전 또는 정비가 필요한 지역 둘째, 성장관리권역으로 이는 과밀억제권역으로부터 이전하는 인구 및 산업을 계획적으로 유치하고 산업의 입지와 도시의 개발을 적정하게 관리할 필요가 있는 지역 셋째, 자연보전권역으로 한강수계의 수질 및 녹지 등 자연환경의 보전이 필요한 지역이다.

3. 광역개발사업계획

「국토기본법」 제16조에 의하면, 광역권개발계획은 광역시와 그 주변지역, 산업단지와 그 배후지역 또는 여러 도시가 상호 인접하여 동일한 생활권을 이루고 있는 지역 등을 광역적·체계적으로 개발하기 위한 계획이다. 이에 대한 자세한 법적 근거는 「지역균형개발 및 지방중소기업 육성에 관한 법률(이하 '지역균형개발법')」이다.

「지역균형개발법」은 국토를 합리적으로 이용·개발·보전하기 위하여 지방의 발전잠재력을 개발하고 민간부문의 자율적인 참여를 유도하여 지역개발사업이 효율적으로 시행될 수 있도록 함과 더불어 지방중소기업을 적극적으로 육성함으로써 인구의 지방정착을 유도하고 지역경제를 활성화시켜 국토의 균형있는 발전을 추진하기 위하여 1999년 제정되었다.

광역개발권역은 건설교통부장관이 지정하며, 광역시장 또는 도지사는 지역발전을 위하여 필요하다고 인정되는 경우 관할구역의 전부 또는 일부를 광역개발권역으로 지정할 것을 건설교통부장관에게 요청할 수 있다.

광역개발계획에는 다음과 같은 구체적인 사업계획이 포함되어야 한다. 첫째, 산업입지, 주거단지, 위락·휴식공간 등 광역개발권역안의 토지이용에 관한 사항 둘째, 교통시설, 용수공급시설, 하수도시설 등 광역적으로 이용하는 공공시설의 배치에 관한 사항 셋째, 광역쓰레기처리장, 폐기물처리시설 등의 설치에 관한 사항 넷째, 문화·관광자원개발에 관한 사항 다섯째, 자연경관 보호, 생태계 보전 및 녹지공간 확보 등 환경보전에 관한 사항 여섯째, 사업시행을 위한 투자소요규모에 관한 사항 일곱째, 기타 광역개발권역의 종합적인 발전을 위하여 필요한 사항 등이다.

광역개발사업계획은 광역개발권역에 관할구역의 전부 또는 일부가 포함되는 광역시장 또는 도지사가 관계 시장 또는 군수의 의견을 들어 광역개발사업계획을 작성하여 건설교통부장관에게 제출한다. 다만 2개이상의 광역시 또는 도에 걸쳐 광역개발권역이 지정된 경우에는 관계 광역시장 또는 도지사가 공동으로 광역개발계획을 작성하여야 한다. 건설교통부장관은 작성 · 제출된 광역개발계획에 대하여 관계 중앙행정기관의 장과 협의한 후 위원회의 심의를 거쳐 이를 확정한다. 이러한 광역개발계획은 다른 법률의 규정에 의하여 수립된 개발계획이 있는 때에는 이를 우선적으로 고려하여야 한다.

현재 광역개발계획은 대전 · 청주권, 광주 · 목포권, 대구 · 포항권, 부산 · 경남권 등 4개의 대도시권, 아산만권, 군산 · 장항권, 광양만 · 진주권 등 3개의 신산업지대권, 연담도시권인 강원 동해안권과 중부내륙권 등 9개가 추진되고 있다.[26]

제4절 국토의 전망과 과제

1. 국토의 여건변화

1) 세계화 및 개방화의 진전

세계화(globalization)란 세계의 여러 나라가 긴밀한 관계를 맺어서 세계 전체가 하나로 권역화되는 것을 의미한다. 1970년대 이후 정보통신의 발전으로 전 세계가 하나의 생활권으로 좁혀졌으며, 이는 국가간의 활발한 교류를 가능토록 하였다. 또한 세계무역기구(World Trade Organization : WTO) 체제의 출범으로 전통적인 국경의 의미가 퇴색하여 자본, 기술

---

26 제주국제자유도시의 경우 2003년 수립되었으나, 현재는 「제주국제자유도시특별법」에 의거 추진되고 있다.

및 상품은 물론 사람에 이르기까지 국경없이 넘나드는 무한경쟁의 상황이 펼쳐지고 있다. 그리고 EU(the European Union), NAFTA(North American Free Trade Agreement), ASEAN(Association of Southeast Asian Nations) 등 블록화된 경제체제에 따라 주변국과의 협력은 물론 블록 내에서도 주도적인 역할을 담당하기 위하여 국제중추기능의 확보가 더욱 절실해지고 있다.

2) 지방화 및 분권화의 전개

지방화와 분권화는 정책결정권이나 의사결정권을 중앙이 아니라 지방으로 이양되는 것을 의미한다. 우리 나라의 경우 김대중 정부 당시에 민간 및 공공부문에서 지방분권 및 중앙권한의 지방이양에 대한 관심이 고조되었다. 이는 민주주의의 기본이념과도 맥을 같이 하고 있는바, 앞으로도 분권화는 지속적으로 추진될 것이다. 본격적인 지방화 및 분권화의 전개로 인해 지역 간 선의의 경쟁이 심화되고 자율적인 노력이 증대되고 있다. 또한 지방정부의 각종 개발계획에서 중앙정부의 행·재정적 지원에 매달릴 수 없는 상황에 직면하게 되는바, 자주적이고 자체적인 개발계획을 수립하여야 한다. 지방화 및 분권화의 진전은 주민참여의 활성화와 절차의 민주화를 더욱 보장할 것으로 보인다.

3) 기술혁신과 정보화의 확산

기술혁신의 확산으로 전통적인 제조업에 비하여 첨단지식산업이 중요한 부가가치 및 고용의 창출원으로 자리매김할 것이다. 이에 따라 연구개발 및 첨단기술산업을 촉진할 수 있는 정책과 입지여건의 개선이 필요하다.

정보화(informationalization)란 정보를 주요한 자원으로 인식하고 정보의 수집, 가공, 처리, 전달을 의식적으로 행하는 활동의 총체적 의미이다. 앞으로도 정보의 가치는 계속 증가할 것이고, 정보기술은 획기적으로 발전할 것이다. 또한 정보의 고도이용이 계속 추진될 것이다. 이에 지역계획도 지리정보체계, 데이터베이스 등을 구축하여 지역계획의 대상이 되는 지역의 정확한 정보를 확보하고 이를 과학화 · 체계화해야 할 것이다.

4) 삶의 질과 환경에 대한 욕구 증대

수질오염, 대기오염, 토양오염 등과 같은 환경문제에 대한 관심이 대폭 고조되고 있고, '환경적으로 지속가능한 발전(Environmentally Sound and Sustainable Development : ESSD)', 교토의정서,[27] 리우회의 등 환경에 관련된 국제 간의 협정이 체결되었으며, 이에 대한 가입이 거의 강제적으로 진행되고 있다. 특히 지속가능한 발전은 인류와 국가사회의 성장을 위해서 경제발전이 필요함을 인정함과 동시에 각종 개발행위가 환경의 수용능력을 초과하지 말아야 한다는 것을 기본으로 한다. 이러한 ESSD를 충족시키기 위해서 산업생산방식과 공간개발방식 등에 있어 근본적인 전환이 요구되는바, 지역계획에서는 분산된 집중(decentralized concentration)

---

27 1992년 6월 리우회의에서 채택된 기후변화협약에 우리 나라는 1993년 12월 가입(2000.5. 현재 184개국이 가입)하였으며, 1997년 12월 일본 교토에서 개최된 기후변화협약 제3차 당사국 총회에서 "기후변화협약 교토의정서"를 채택하였다. 교토의정서의 주요 내용은, ①선진국의 의무사항으로 온실가스 배출을 2008~2012년까지 1990년 수준에서 평균 5.2% 감축 ② 배출권거래제도, 공동이행제도, 청정개발체제 등 교토메커니즘의 도입 등이다.

형태의 공간개발, 생산 · 소비 · 위락이 혼합된 토지이용(mixed land use), 고밀도 도시개발, 에너지 절약적 대중교통수단의 도입, 자족형 도시 육성 등을 고려해야 한다. 한편 소득의 증대 및 주5일 근무제, 웰빙(well-being) 추구로 인하여 문화 및 여가활동 등 삶의 질에 대한 수요가 급속도로 증가할 것이다.

5) 남북교류의 확대

사회주의 국가들의 경제개방 확대, 러시아와 중국경제의 성장 등으로 인해 북한 내부에서 개방에 대한 시도가 나타나고 있고, 지속적으로 추진해 온 우리 정부의 노력에 의해 남북한 교류가 점차로 확대되고 있다. 향후의 국토개발계획에 있어 남북간 국토개발의 통합성 향상뿐만 아니라 주변국과의 교류를 촉진할 수 있는 국제적인 차원에서 접근이 필요하다.

2. 선진국토를 위한 과제

1) 수도권 과밀 해소 및 지역간 불균형 해소

수도권에는 인구와 산업뿐만 아니라 중앙정부를 비롯한 민간 각 부문의 중추기능이 집중된 반면, 지방은 지속적으로 쇠퇴하여 국토의 불균형 현상이 심화되고 있다.[28] 농 · 산 · 어촌의 급격한 인구감소와 도 · 농 간 소득격차가 확대되고 있다.

이러한 문제를 해결하기 위하여 수도권과 지방, 도시와 농 · 산 · 어촌 사이에 불균형을 완화하여 지방화 시대에 맞는 자립형 지역발전 여건을 마련해야 한다.

2) 산업구조 개선 및 국가경쟁력 강화

우리 나라는 동북아 경제권의 급성장, 세계 경제의 블록화 등 급변하는 대외 경제환경에 대응할 수 있는 국토기반이 취약하고, 고비용·저효율의 국토이용 구조를 지니고 있다. 높은 임금과 지가, 각종 규제 등 고비용 생산구조로 인해 산업이 해외로 유출되고 국내 산업이 위축되고 있다. 한편 동북아 역내 교역량이 급격히 증가하고 있으나 그 지리적 분포가 수도권과 부산에 편중되어 있어 소권역별 동북아 경제협력은 미흡한 실정이다.

이는 세계경제질서 변화에 대응하여 혁신주도형 산업구조와 지역발전체계 구축을 유도하여 경쟁력 있는 국토기반을 마련하여 해결해야 할 것이다. 즉 지식기반 신산업의 창출에 필수적인 산·학·연·관 연계를 활성화하고, 국제항만·공항·육상 교통수단 간 복합운송체계를 구축해야 한다.

3) 고령화사회 대응 및 정주환경 개선

도시기반시설과 생활편익시설 및 문화시설이 부족하고 도시경관과 생활환경 수준이 선진국에 비해 낮은 실정이다.[29] 주택의 양적 공급 확

---

28 인구의 수도권 집중도는 1970년 28.3%에서 2004년 47.9%로 계속 상승하고 있다.

대정책으로 주택보급률은 지속적으로 증가하였으나, 지역별 수급 불균형과 저소득층의 주거복지 문제는 아직 남아있으며,[30] 부동산 시장이 불안정하여 안정된 주거생활을 저해하고 정책에 대한 신뢰성을 저하시키고 있다. 또한 사회적 약자의 삶의 질을 제고하는 주거, 교통, 문화, 교육, 도시기반시설이 불충분한 형편이다.

따라서 삶의 질에 대한 국민의 욕구를 충족시키면서 사회적 약자와 더불어 살 수 있는 살기 좋은 국토를 조성해야 할 것이다. 급격히 증대되고 있는 노령인구를 위한 주거시설과 문화시설 및 장애인 전용시설의 확충 등과 같은 부문에 대한 복지수준을 높여야 한다.

4) 지구환경문제에 대한 대응체제 구축

지속적인 투자로 환경오염 정도는 개선되고 있으나 난개발로 인한 자연환경 훼손과 도시인구와 산업활동 증가로 피부로 느끼는 환경오염은 가중되고 있다. 또한 계획적 도시개발과 토지이용 관리체계가 정착되지 않아 사회적 비용과 토지이용의 비효율이 증가되고 있으며, 지구환경 변화와 동북아 환경문제에 대한 대응수단이 취약하다. 즉 지구온난화 등의 지구적 환경문제와 황사 등 동북아 환경문제에 대한 대응과 준비가 부족하다.

---

29 아시아 주요 도시의 삶의 질에 대한 순위는 서울 90위, 도쿄 · 싱가포르 33위, 홍콩 70위, 타이베이 80위로 나타나고 있다.

30 주택보급률(2003년)은 전국 평균 101.2%이나 서울 86.3%, 대구 87.6%, 경기 96.4% 등으로 지역별 수급불균형이 지속되고 있다.

따라서 지구환경문제와 각종 재해에 대비하고 국토의 환경을 보전하여, 다음 세대가 지속가능한 발전을 할 수 있는 시스템을 도입해야 할 것이다. 개발과 보전의 조화에 대한 인식의 확산, 동북아 환경문제에 대한 대응과 준비가 요구되고, 비무장지대 및 백두대간 보전을 위한 남북한 환경협력이 필요하다.

5) 국책사업에 대한 지역간 갈등 해소

주요 국책사업 추진과정에 있어서 체계화된 합의형성 시스템이 갖추어지지 않아 국민적 합의 도출이 어려운 형편이다. 특히 고속철도, 대규모 간척사업, 행정중심복합도시 등 주요 국책사업 추진에서 국민적 합의형성이 지연되어 과도한 시간과 비용을 소모하였다. 국토개발사업 집행에서 합리적인 역할 분담 및 조정체계가 미흡하여 정책 추진의 효율성이 떨어지고 있다.

그 때문에 각종 국토정책과 관련하여 발생하는 갈등의 예방 및 합의를 이끌어낼 시스템을 마련해야 한다. 즉, 지역 간, 정부와 시민단체 간, 개발과 보전 간 첨예한 이해관계 대립을 조정할 수 있는 장치를 마련하며, 중앙정부와 지자체 간, 중앙정부 부처 간, 지자체 상호간 협력체계를 구축하여 불필요한 중복과 과도한 경쟁을 방지해야 할 것이다.

6) 통일에 대비한 국토기반의 형성

개성공단의 가동, 금강산 육로관광의 시행 등 남북협력이 가시화되고 남북교류 및 통일에 대한 국민의 열망이 증대되고 있으나 이를 뒷받침할 국토기반의 조성은 미흡한 실정이다. 그리고 북한 사회간접자본의 미비가 남북교류협력 확대에 큰 제약으로 작용하고 있는 것도 사실이다.

따라서 통일에 대비하여 남북교류를 위한 기반을 조성하고, 한반도의 공동발전에 관한 비전을 마련해야 한다. 접경지역 평화정착을 위한 국토의 공동이용, 통일국토구상 수립, 한반도 공동인프라 구축 등이 필요하다.

탐구학습

1. 요약

- 국토는 다음 세대에게 물려주어야 할 소중한 삶의 공간이므로, 국토의 개발과 계획은 신중하게 결정해야 한다.
- 우리 나라 국토는 산지가 많은 반도이고, 도시적 용도로 이용가능한 토지가 제한되어 있으며, 기반시설이 잘 갖춰져 있다.
- 국토의 효율적인 이용과 관리를 위하여 국토종합계획, 수도권정비계획, 광역개발사업계획 등을 수립하고 있다.
- 국토이용에 있어서 지역간 불균형 해소, 국가경쟁력 강화, 환경문제 대응, 남북간 교류 활성화 등을 고려해야 한다.
- 「국토기본법」
  - 「국토기본법」은 기존의 「국토건설종합계획법」의 미비점을 보완하고, 국토의 난개발 방지를 위하여 2002년 2월 제정 · 공포되었다.
  - 「국토기본법」은 국토관리의 기본이념, 국토계획의 정의 및 구분, 국토계획의 효율적 추진 등 제6장 제33조로 구성되어 있다.

2. 토론 및 과제

2.1 심화자료

- 제4차 국토종합계획 수정계획(2005)
- 국토계획 국토연구원(www.krihs.re.kr)
  건설교통부(www.moct.go.kr)
- 국가균형발전 국가균형발전위원회(www.balance.go.kr)
- 국토정보 국립지리원(www.ngi.go.kr)
- 관련학회 대한국토 · 도시계획학회(www.kpa1959.or.kr)
  한국지역개발학회(www.krda.or.kr)

2.2 토론주제

- 수도권 집중의 원인과 과제
- 통일 이후 국토이용의 과제

2.3 과제

- 시대별 국토종합계획 특징의 비교 · 분석
- 세계화와 개방화에 대응하는 국가의 발전과제

참고문헌

건설교통부(2005), *국토의 계획 및 이용에 관한 연차보고서*.

국가균형발전위원회(2005), *동북아시대의 한반도 공간구상과 균형발전전략*, 서울 : 제이플러스애드.

국토연구원 · 건설교통부 역(2001), *OECD 한국지역정책보고서*.

김용웅외(2003), *지역발전론*, 서울 : 한울.

대한국토 · 도시계획학회(2004), *국토지역계획론*, 서울 : 보성각.

대한민국정부(1999), *제4차 국토종합계획*.

__________(2005), *제4차 국토종합계획 수정계획*.

유우익외(1998), *21세기 국토와 환경*, 서울 : 삶과 꿈.

제3장

도시의 성장과 관리

제1절 도시와 도시화

1. 도시의 의의

1) 도시의 개념

도시만큼 우리의 생활과 밀접한 관계를 맺고 있는 것도 흔하지 않다. 우리의 삶이 이루어지는 공간은 거의 대부분이 도시이다. 그럼에도 불구하고 도시를 한마디로 정의하는 것은 쉽지 않은 일이다.

Ratzel(1903)은 도시를 '인간 및 주택이 연속적으로 밀집하여 상당히 넓은 면적을 덮고, 주요 교통로의 중심에 있는 것, 또는 직접 토지에서 식량을 구하지 않고 그 때문에 교통이 필요한 집단' 으로 정의하였다(홍경희, 1993 : 15, 허재완, 1998 : 3). 그리고 Mills는 '인구밀도가 높은 지역' 을 도시로 규정하였다(허재완, 1998 : 3). 또한 사전에서는 도시를 '다수의 주택과 사무실, 공장, 상점 등이 있고 많은 사람들이 거주하며 일하는 대규모의 마을(town)' 로 정의하고 있다(김경환 · 서승환, 1996 : 4).

이러한 많은 정의를 바탕으로 도시를 새롭게 개념화 하면, 주변의 농촌지역(hinterland)에 비해서 많은 사람과 시설이 밀집되어 있고, 여러 가지 활동을 지원하는 데 필요한 교통, 상 · 하수도, 전기, 통신 등 각종 기반시설이 잘 갖추어 진 지역이라고 할 수 있다. 이를 나누어 살펴보면, 첫째, 다수의 인구가 비교적 좁은 장소에 밀집하여 연담지구를 형성하고, 인구밀도가 상당히 높으며, 둘째, 농업 · 임업 · 목축 · 수산업 등의 제1차 산업의 비중이 낮고 제조업 · 건설업 · 상업 · 서비스업 등과 같은 제2차 또는 제3차 산업의 비중이 높으며, 셋째, 인간활동의 핵심으로서 넓게 그 주변지역과 관계를 맺고 그에 대한 행정 · 경제 · 문화 등의 중심적 역할을 수행한다(홍경희, 1993 : 15, 김경환 · 서승환, 1996 : 4).

앞서 살펴본 많은 정의는 매우 추상적이다. 따라서 도시를 명확하게 이해하기 위해서는 개념의 구체화가 필요하다. 즉 도시에 대한 어떠한 기준을 설정할 필요가 있다. 도시는 행정구역을 기준으로 하는 법적인 정의와 경제적 특성을 기준으로 하는 경제적인 정의가 있다. 경제적인 특성에 따르면 도시는 주변지역보다 인구밀도가 높은 지역을 모두 도시로 본다. 그런데 이러한 관점은 큰 문제를 안고 있다. 예를 들어 사막 한가운데 조그만 촌락이 있을 경우 이러한 촌락은 주변지역보다 높은 인구밀도를 가지므로 도시로 이해할 수 있다. 그러나 일반적으로 이러한 촌락을 도시로 보지는 않는다. 이를 위하여 어느 지역이 도시로 규정되기 위해서는 인구가 일정규모를 넘어야 하는바, 도시가 되기 위한 최소인구규모를 2,500~25,000명으로 보고 있다. 한편 UN에서는 20,000명을 도시를 이루는 최소한의 범위로 본다.

우리 나라의 경우 「지방자치법」에서 특별시, 광역시, 시, 군, 구, 읍, 면 등과 같은 행정구역에 대하여 규정하고 있다. 「지방자치법」 제7조에서 시(市)는 그 대부분이 도시의 형태를 갖추고 인구 5만 이상이 되거나, ① 인구 5만 이상의 도시형태를 갖춘 지역이 있는 군(郡) ② 인구 2만 이상의 도시형태를 갖춘 두 개 이상의 지역의 인구가 5만 이상인 군[31] ③ 국가의 정책으로 인하여 도시가 형성되고, 도(道)의 출장소가 설치된 지역으로서 그 지역의 인구가 3만 이상이고, 인구 15만 이상의 도농복합형태의 시의 일부인 지역이어야 한다. 한편 읍(邑)은 그 대부분이 도시의 형태를 갖추고 인구 2만 이상이 되어야 한다. 다만 ① 군청 소재지의 면 ② 읍이 없는 도농복합형태의 시 가운데 1개면에 대해서는 인구 2만 미만인 경우에도 읍으로 할 수 있다. 우리 나라에서는 일반적으로 읍 이상을 도시로 보고 있다.

한편 행정단위에 따라 도시를 규정할 경우 명확하게 규정할 수 있는 장점은 있으나, 생활권과 도시를 일치시키지 못하는 경우가 발생한다. 즉 대구광역시와 대구광역시 인근의 경상북도 지역을 구분하는 것은 행정구역상으로 대구광역시를 명확하게 설정할 수 있으나, 주민의 생활권, 경제산업권 등을 고려했을 때에는 인근지역을 포함하여 도시권으로 설정하는 것이 바람직하다.

비슷한 예로 미국에서는 도시를 규정하는 데 있어 법적인 정의와 함께 경제적 정의를 사용하고 있다. 법적인 정의로서 시는 주요 지방공공재를 공급하는 행정조직을 말한다. 그러나 도시화된 지역은 적어도 1개의 중심도시와 인구밀도가 1에이커당 1,000명 이상인 주변의 인구밀집지역을 포함하는 지역으로 전체 인구가 최소 50,000명인 지역을 말한다(김경환 · 서승환, 1996 : 5-6).

---

31 이 경우 군의 인구가 15만 이상으로서 대통령령이 정하는 요건을 갖추어야 한다.

2) 도시의 중요성

도시라는 정주공간은 현대인의 일상생활에서 가장 지배적인 삶의 터전이다. 도시라는 정주공간이 주는 편리함은 많다. 도시는 더 많은 고용기회 및 수준 높은 교육여건, 우수한 문화수준을 보장해 준다. 그 뿐만 아니라 각종 서비스의 손쉬운 이용으로 주민의 일상생활을 편하게 해준다. 산업구조면에서 도시는 제조업과 서비스업이 주종을 이루며 국가경제의 성장과 발전을 선도하는 역할을 한다. 그 뿐만 아니라 도시는 각종 행정기능을 수행하기도 한다.

그러나 도시의 이러한 편리함과 질 높은 기능과 더불어 도시의 비대화에 따르는 부작용이 심화되고 있다. 이처럼 도시는 경제성장의 원동력이며 문화와 행정이 중심이라는 긍정적 측면과 함께 공해와 교통혼잡, 범죄, 빈곤, 인간성의 상실 등 다양한 사회문제를 안고 있기도 하다 (허재완, 1998 : 4, 김경환 · 서승환, 1996 : 4).

도시가 생성되는 이유는 역사적, 지리적, 정치적, 군사적, 사회적 측면에서 설명될 수 있다. 그러나 도시가 형성되는 근본적인 이유는 사람들이 한정된 장소에 모여 다양한 활동을 영위하는 것이 그렇지 않은 경우에 비해 이득이라는 데에 있다. 즉 도시가 생성되는 이유로 규모의 경제, 집적의 경제, 그리고 지역간 비교우위 등에서 찾을 수 있다.

그러나 도시가 발달함에 따라서 도시간 성장격차, 주택의 문제, 도시빈민과 슬럼화문제, 자동차의 급증과 교통체증, 자연환경파괴, 그리고 도시공간 내 인간소외 현상 등과 같은 다양한 문제점이 지적된다.

3) 도시의 유형

일반적으로 도시는 인구규모, 정주체계상의 위치, 주요기능, 공간구조의 형태, 입지적 조건, 법적 지위, 개발정책의 관점 등 여러 기준에 따라 유형화될 수 있다. 우선 인구규모에 따라서는 소도시, 중도시, 대도시, 거대도시, 초거대도시, 세계도시로 구분해 볼 수 있고, 도시기능적 측면에서는 정치·행정도시, 문화도시, 교육도시, 관광도시, 산업도시, 군사도시, 휴양도시, 항만도시, 위성도시 등으로 구분이 가능하다.

한편 도시의 공간구조적 측면에서는 격자형 도시, 환상방사형 도시, 대각선격자형 도시로 구분이 되고, 도시의 입지적 조건에 따라서는 중심활동이 한곳에 모인 도시를 단핵도시, 몇 곳에 나누어져 모인 도시를 다핵도시, 선상(線狀)을 띠고 모인 도시를 대상(帶狀)도시로 분류한다.

그리고 도시를 법제적으로 분류하면 특별시, 광역시, 신산업도시, 지정도시 등으로 구분할 수 있으며, 특별시는 일반 도시와는 달리 권한과 행정기구에 대해서 특례를 인정하고 있고 광역시는 수도와 구분하기 위해서 우리 나라에서 사용하고 있는 제도이다. 도시의 계층적 분류는 도시의 중심성의 정도에 따른 분류를 뜻한다.

끝으로 개발정책의 측면에서 보면, 전원도시, 뉴타운 (신도시), 성장거점도시, 연합도시, 혁신도시, 기업도시 등으로 구분할 수 있다.

2. 도시화

1) 도시화의 개념

도시화(urbanization)를 어떻게 이해할 것인가 하는 것에 대해서는 다양한 이론(異論)이 있을 수 있다. 도시화를 사회적 혁신과정으로 보는 관점(V. G. Childe), 사회적 계급분화의 과정으로서 도시화를 보는 관점(P. Wheatley), 그리고 경관적 도시화와 기능적 도시화의 관점(J. Friedmann) 등 매우 다양하다. 그러나 공통적으로 도시화는 특정지역(도시)에 인구가 집중하고, 도시적 기능을 수행함을 의미하고 있다.

최근에는 도시화를 협의적 시각에서는 한 국가의 전체인구 중에서 도시인구의 비중이 증가하는 현상을 의미하고, 광의적 시각에서는 인구의 도시집중뿐만 아니라, 도시적 생활양식, 가치, 제도의 공간적 확산과정을 의미한다.

흔히 도시화(urbanization)는 비도시적 생활양식에서 도시적 생활양식으로의 변화 또는 비도시지역에서 도시지역으로 인구가 이동하는 현상 및 과정을 의미한다. J. Friedmann은 도시화를 두 가지 형태로 구분하였다. 인구와 경제적 관점에서의 도시화와 도시적 가치, 행태, 제도의 지리적 확산의 관점에서의 현대화(modernization)가 그것이다. 도시화는 여러 측면에서 접근할 수 있는 현상이지만 현실적으로는 실제 관찰 및 정량화하기가 용이한 인구의 이동 및 집중현상을 기준으로 도시화를 규정하는 경우가 대부분이다. 인구의 이동은 사실상 경제적 활동의 움직임을 간접적으로 나타내줄 뿐만 아니라 도시적 가치나 제도, 행태 등의 전파도 궁극적으로는 인구의 이동으로 반영될 수 있기 때문이다(J.Friedmann, 1973 : 65-67).

2) 도시화의 원인

도시화를 설명하는 기본적인 이론은 압출과 흡인이론(push and pull theory)이라 할 수 있다. 즉 도시화는 농촌지역의 낙후된 경제 및 사회적 여건이 밀어내거나(push), 도시지역의 경제사회적 비교우위가 끌어당기거나(pull), 그리고 이 양자가 복합적으로 상호작용하여 이루어진다고 볼 수 있다.

한편 프리드만은 지리적 공간상에서의 흐름과 이들 흐름이 만들어 내는 지역공간구조를 네 가지로 분류하여 도시화를 설명한다. 즉, 공간상에서의 흐름을 인구이동, 자본이동, 의사결정, 쇄신의 공간확산 등의 네 가지로 분류하고, 이들 각각은 정주패턴, 경제활동의 입지패턴, 권력의 공간구조, 사회·문화적 공간패턴을 지역공간상에 구조화하는 것으로 본다. 프리드만은 이들 네 가지 공간흐름은 서로간에 밀접한 영향을 주고 받는 것으로 보고 있다.

3) 도시화의 문제

인구가 도시로 집중되는 도시화의 문제는 크게 세 가지 관점에서 살펴볼 수 있다. 먼저 종주도시화 현상이다. 개발도상에 있는 많은 나라에서 경제발전과 더불어 하나 또는 수개의 대도시에 산업 및 인구가 집중되는 종주도시화 현상을 체험한다. 이는 대도시 인구의 이상적 비대화로 국가경제의 능률성이라는 차원에서 바람직하지 않다. 즉 대도시의 규모가 어느 수준을 넘어서면 집적불이익이 발생하고, 이는 집적이익의 범위를 초과하여 전체공간구조의 극심한 불균형을 초래한다. 따라서 종주도시화는 국가경제성장, 지역간 균형발전, 환경문제, 안보 등의 이유로 억제되어야 한다. 현실적으로 어느 규모에서 대도시의 인구집중이 억제되어야 하는지는 나라마다 다를 것이다. 또한 효율성과 형평성의 교량 등 여러 가지 요소에 따라 다를 것이다(황명찬, 1993 : 225-226).

둘째, 대도시의 외연적 확산이다. 산업화 과정에서 나타나는 도시화의 두드러진 특징은 대도시권의 성장이다. 교통통신의 발달, 소득수준의 증가, 자유시간의 증가, 대도시 주변지역의 비농업적 토지이용 등으로 대도시가 사람, 물자, 정보의 흐름을 통해 주변부에 지속적으로 영향을 미침으로써 중심부와 주변부라는 이질적인 두 가지 성격이 존재하던 대도시지역이 기능적으로 상호 연결된 통합공간을 형성하게 된다. 이는 직장과 주거지의 분리를 촉진시켜 도시의 교통문제를 국지적 차원에서 광역적 차원으로 확대시키며, 또한 통행의 장거리화로 인한 교통에너지 낭비와 같은 문제를 파생시킨다.

셋째, 가도시화이다. 가도시화(pseudo-urbanization)는 도시인구의 증가속도가 도시산업의 성장속도보다 빠르게 나타나서 도시인구의 상당수가 비공식적인 경제부문에 종사하면서 불량주거지역을 형성하는 유형의 도시화를 말한다. 이는 저소득으로 인한 도시외곽이나 고지대의 불량주거지역을 형성하게 된다. 이로 인해 부족한 도시기반시설의 공급과 위생문제, 범죄와 소외 문제 등을 야기시킨다.

제2절 도시의 성장과 실태

1. 도시의 현황

도시규모별 인구분포를 보면 2003년에 1개 특별시, 6개 광역시, 77

개 시 그리고 209개 읍이 있다. 이 가운데 54.3%가 인구 100만 이상의 7대 도시에 살고 있어 대도시 집중현상을 단적으로 보여주고 있다. 다음으로 14.9%가 50만 이상 100만 미만의 도시에 살고 있으며, 10만 미만의 도시에도 13.8%가 살고 있다.

1960년대 이후의 우리 나라는 경제개발에 있어서 뿐만 아니라 도시 성장에서도 격동의 시기였다고 할 수 있다. 그러므로 급격한 도시의 변화에 부응할 수 있는 바람직한 도시환경을 만드는 것은 사회적으로도 매우 중요한 과제였다. 1962년에 「도시계획법」이 제정된 것이나, 1971년의 「도시계획법」 전면개정 또한 이러한 맥락에서 이해할 수 있다.

〈표 2.14〉 도시 현황

(단위 : 개소)

연 도 별	계	특별 · 광역시	시	읍
1951	95	1	19	75
1960	112	1	26	85
1970	123	2	30	91
1980	244	2	38	204
1985	250	4	46	200
1990	253	6	67	180
1995	266	6	67(40)	193
2000	277	7	72(47)	198
2001	284	7	74(49)	203
2002	289	7	74(49)	208
2003	293	7	77(52)	209

주 : 광역시의 1994년 이전은 직할시, ( )는 도농통합형 시.

자료 : 건설교통부(2005).

2. 도시화율

도시화율은 전국 인구에 대한 도시계획 구역 내 거주인구의 비율을 말한다. 우리 나라의 도시화율은 1960년 39.1%에 불과하였으나 1970년에는 50.1%로서 도시인구와 농촌인구가 동일한 시점을 지나, 2000년에는 도시화율이 88.3%로 증가하였다. 2003년말 현재 도시에 거주하는 인구는 43,713천 명으로 전체 인구 48,694천 명의 89.8%를 차지하고 있다.

1960년대 이후 우리 나라는 급속한 산업화 · 도시화 과정을 겪었고, 이러한 과정에서 도시와 농촌 간의 인구분포는 50년 전과 반대의 모습을 보이고 있다. 즉 인구의 도시집중으로 말미암아 주택난, 교통난, 환경악화 같은 심각한 문제가 나타나게 되었다. 도시문제를 해결하고, 나아가 쾌적한 도시환경을 조성하여 국민의 삶의 질을 높인다는 것이 매우 중요한 사회 · 경제적 과제로 떠올랐다.

우리 나라는 세계적으로 유래가 없는 빠른 성장을 하였다. 그 결과 불과 40년 사이에 도시화율은 90%까지 급증하였다. 대부분의 선진국의 도시화율이 75%에서 정체되는 것과 비교해 볼때, 우리 나라의 도시화는 이미 과도하게 진행되었다고 할 수 있다. 그럼에도 불구하고 경제성장의 가속화, 활동공간의 확장 등으로 인해 도시화는 지속적으로 진행될 것으로 예상된다.

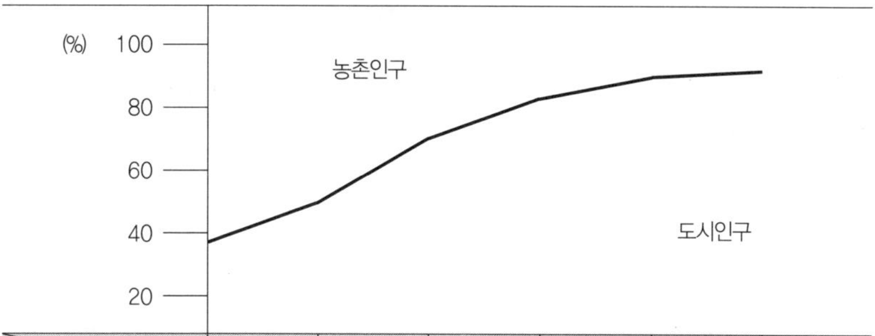

구분 \ 연도별	1960	1970	1980	1990	2000	2003
인구(천명)	24,989	31,435	37,449	43,390	47,964	48,694
도시인구	9,784	15,750	25,738	35,558	42,375	43,713
농촌인구	15,205	15,685	11,711	7,832	5,579	4,890
도시화율(%)	39.1	50.1	68.7	81.9	88.3	89.8

주 : 1) 도시인구는 시 및 인구 2만이상의 읍을 대상으로 함.
2) 2000년까지 도시인구는 도시계획구역내에 거주하는 인구이며, 2003년 도시인구는 도시지역내 거주하는 인구임.

자료 : 건설교통부(2005).

[그림 2.2] 도시화 추세

3. 우리 나라의 도시성장

1) 근대의 도시화

1392년 조선건국 이후 1394년 한양을 신수도로 선정하고, 신도축도도감을 설치하여 도시건설사업을 추진하게 되었다. 한양의 배치는 주례고공기의 왕성제에 따라 "左祖右社 前朝後市"에 의해 좌에 종묘, 우에 사직단, 전면에 궁궐과 관청가, 후면에 시가지를 배치하였다. 도시는 성곽(길이 59,500척, 높이 20척)으로 둘러싸고, 성곽에는 대소 8개 문이 있었다. 서울의 면적은 16.5㎢으로 추정되고, 인구는 1426년에 103,328명으로 기록되고 있다. 가로배치는 중심부에는 궁궐과 관아를 기점으로 대로는 격자형과 T자형으로 하고, 주택지의 소로는 자연발생적이고 불규칙한 모습이었다.

2) 현대의 도시화

우리 나라의 본격적인 도시화는 20세기 초부터 나타나기 시작하였으나, 산업화에 의한 도시화는 1960년대 초부터 시작된 것으로 볼 수 있다.

(1) 1915~1960년대 초

조선총독부의 통계에 의하면, 전 인구의 약 90%가 농업에 종사하고 있었다. 그 당시의 도시는 주로 구한말부터의 행정관청의 중심지이거나 대외무역항이었다. 당시는 식민지 지배하의 사실상의 통제사회였으므로, 1945년까지 도시화 수준은 14.5%라는 비교적 낮은 수준에 머물러 있었다. 일제시대를 통하여 일본은 그들의 전략적 목적에 따라 기존의 행정도시를 강화하거나 경제적 착취와 군사적 목적을 위해 전략적 요새인 항구도시나 철도교통 중심지를 육성하였다.

광복 후에서 1960년까지의 정치 · 사회적 격동기 동안 가장 급격하게 인구분포의 재편이 이루어졌던 것으로 보인다. 중국 · 일본 · 만주 등지에서 돌아온 해외귀환동포와 한국전쟁에 의한 피난민 등이 서울, 부산, 대구 등 도시지역에 주로 정착하게 되었다. 1949년에 인구규모 5만 이상의 도시가 14개였는데, 1960년에는 27개로 거의 두배로 증가하였고, 도시화율은 28.3%로 늘어나게 되었다. 그러나 이 기간에 전 국민의 2/3 이상이 농촌지역에 거주하고 있었으므로, 식민지 지배, 한국전쟁 등으로 산업화에 입각한 도시인구의 성장은 크게 미약하였다.

따라서 제1기의 도시화는 인구유입지역의 끌어당기는 요인에 의한 인구이동이라기 보다는, 인구유출지역의 밀어내는 요인에 의해서 인구이동이 결정된 도시화의 태동기로 볼 수 있다.

(2) 1960년대 초~현재

농업위주의 경제에서 비농업적인 생산경제로의 이행은 필연적으로 경제활동 및 인구의 공간적 분포에 있어 변화를 초래하게 한다. 산업화와 도시화의 연관성은 산업혁명 이후 서구의 도시화 경험에서 충분히 볼 수 있다.

우리 나라에서도 1960년대 초부터 시작된 급속한 산업화 과정을 통해서 도시내 제조업 및 서비스 산업이 급격히 팽창하고 취업기회가 확대됨에 따라 도시화는 더욱 빠른 속도로 진행되기 시작하였다.

인구규모 5만명 이상을 도시로 간주할 때, 산업화와 더불어 전국 인구대비 도시화율이 1966년의 33.5%에서 1975년에는 48.4%로, 1990년에는 74.4%, 그리고 2003년에는 89.3%로 급격히 증가함으로써 전국 인구 중 약 4/5가 도시로 분류된 지역에 거주하고 있다. 따라서 제2기의 도시화는 농촌지역의 밀어내는 요인과 더불어 도시지역의 끌어당기는 요인이 강력하게 가세하는 도시화의 성장기로 볼 수 있다.

한편 1960년대 이후의 도시화과정에서 나타난 두드러진 특징은 서울의 인구비중이 계속적으로 증가하고 있지만, 인구의 증가속도가 점차 완만해지고 있다는 점, 서울과 함께 수도권을 형성하고 있는 경기지역의 인구가 1970년대부터 급격하게 증가하고 있다는 점, 여러 요인의 상승작용 때문에 비교적 산업화가 뒤진 지역, 이를테면 강원, 충북, 전북, 전남지역 등에서 1970년대부터 절대적인 인구의 감소가 나타났다는 점을 들 수 있다.

제3절 도시의 계획적 관리

1. 도시의 계획체계

지난 40여 년 동안 도시개발과정에서 나타난 환경훼손과 난개발, 지역간 불균형발전 등을 개선하기 위해서는 개발위주의 도시관리에서 벗어나 도시의 지속가능한 발전을 도모하고, '선계획-후개발' 원칙의 필요성이 강조되었다. 따라서 기존의 「국토건설종합계획법」, 「국토이용관리법」, 「도시계획법」의 국토 및 토지 관련 3개 법률을 2001년 12월 「국토기본법」과 「국토계획법」의 2개 법률로 통폐합하였다.

「국토계획법」에 의하면, 도시계획은 광역도시계획, 도시기본계획, 도시관리계획, 그리고 지구단위계획으로 구분된다. 우선 광역도시계획은 두 개 이상의 도시에 걸쳐 수립되는 계획이고, 도시기본계획은 20년 단위로 수립되는 장기계획이며, 도시관리계획은 도시기본계획의 실행을 위해 10년 단위로 수립되는 계획이다. 그리고 지구단위계획은 도시계획구역내 일부에 대해서 수립하는 도시관리계획이다.

1) 광역도시계획

광역도시계획이란 광역도시권의 지정에 의하여 지정된 광역계획권의 장기발전방향을 제시하는 계획을 말한다(제2조). 즉 인접한 2 이상의 특별시 · 광역시 · 시 또는 군으로 구성된 광역계획권에 대하여 장기적인 발전방향을 제시하거나 시 · 군간 기능을 상호연계함으로써 적정한 성장관리를 도모하기 위하여 수립하는 계획이다. 이는 무질서한 확산을 방지하고, 광역시설의 효율적 배치를 통한 투자의 효율성을 제고함은 물론 지속가능한 발전을 도모하고 주민의 삶의 질을 제고하는 기능을 담당한다. 광역계획권은 2개 이상의 특별시 · 광역시 · 시 또는 군의 공간구조 및 기능을 상호 연계시키고, 환경을 보전하며 광역시설을 체계적으로 정비하기 위하여 필요한 경우 건설교통부장관이 지정하며, 중앙행정기관의 장, 특별시장 · 광역시장 · 도지사, 시장 또는 군수는 건설교통부장관에게 광역계획권의 지정을 요청할 수 있다(제10조).

광역도시계획은 광역계획권의 지정목적을 달성하는 데 필요한 사항에 대한 정책방향이 포함되어야 하는바, 첫째, 광역계획권의 공간구조와 기능분담에 관한 사항 둘째, 광역계획권의 녹지관리체계와 환경보전에 관한 사항 셋째, 광역시설의 배치 · 규모 · 설치에 관한 사항 넷째, 경관계획에 관한 사항 다섯째, 그 밖에 광역계획권에 속하는 특별시 · 광역시 · 시 또는 군 상호간의 기능연계에 관한 사항 등을 포함한다(제12조).

광역도시계획의 수립권자는 첫째, 광역계획권이 같은 도의 관할구역에 속하여 있는 경우에는 관할 도지사 둘째, 광역계획권이 2개 이상의 특별시 · 광역시 · 도의 관할구역에 걸쳐 있는 경우에는 관할 시 · 도지사 공동 셋째, 국가계획과 관련된 광역도시계획의 수립이 필요한 경우 또는 광역계획권을 지정한 날부터 3년이 경과될 때까지 관할 시 · 도지사로부터 광역도시계획에 대한 승인신청이 없는 경우에는 건설교통부장관이 수립한다(제11조).

2) 도시기본계획

도시기본계획은 특별시 · 광역시 · 시 또는 군의 관할구역에 대하여 기본적인 공간구조와 장기발전방향을 제시하는 종합계획이고, 도시관리계획 수립의 지침이 되는 계획으로써, 20년 단위로 수립되고 5년마다 재검토된다. 이러한 도시기본계획은 국토종합계획, 광역도시계획 등 상위계획의 내용을 수용하여 시·군이 지향해야할 바람직한 미래상을 제시하고 장기적인 발전방향을 제시하는 정책계획이다.

도시기본계획은 다양한 분야, 즉 첫째, 지역적 특성 및 계획의 방향·목표에 관한 사항 둘째, 공간구조, 생활권의 설정 및 인구의 배분에 관한 사항 셋째, 토지의 이용 및 개발에 관한 사항 넷째, 토지의 용도별 수요 및 공급에 관한 사항 다섯째, 환경의 보전 및 관리에 관한 사항 여섯째, 기반시설에 관한 사항 일곱째, 공원·녹지에 관한 사항 여덟째, 경관에 관한 사항 등에 대한 정책방향이 포함되어야 한다(제19조).

도시기본계획은 특별시장·광역시장·시장 또는 군수가 수립한다. 그리고 지역여건상 필요한 경우 인접한 특별시·광역시·시 또는 군의 관할구역의 전부 또는 일부를 포함하여 도시기본계획을 수립할 수도 있다. 이 경우 미리 당해 특별시장·광역시장·시장 또는 군수와 협의하여야 한다.

3) 도시관리계획

도시관리계획은 특별시·광역시·시 또는 군의 개발·정비 및 보전을 위하여 수립하는 토지이용·교통·환경·경관·안전·산업·정보통신·보건·후생·안보·문화 등에 관한 계획으로서, 10년 단위로 수립되고 5년마다 재검토된다. 이러한 도시관리계획은 첫째, 용도지역·용도지구의 지정 또는 변경에 관한 계획 둘째, 개발제한구역·시가화조정구역·수산자원보호구역의 지정 또는 변경에 관한 계획 셋째, 기반시설의 설치·정비 또는 개량에 관한 계획 넷째, 도시개발사업 또는 정비사업에 관한 계획 다섯째, 지구단위계획구역의 지정 또는 변경에 관한 계획과 지구단위계획을 다룬다. 이는 국토종합계획을 비롯하여 수도권정비계획, 광역도시계획, 도시기본계획 등 상위계획의 내용을 구체화하여 실현이 가능한 계획이 되도록 해야 한다.

한편 도시관리계획의 핵심적인 내용인 용도지역을 살펴보면, 도시지역, 관리지역, 농림지역, 자연환경보전지역 등의 네 가지로 구분된다. 도시지역은 ① 거주의 안녕과 건전한 생활환경의 보호를 위하여 지정하는 주거지역, ② 상업 그밖에 업무의 편익증진을 위한 상업지역, ③ 공업의 편익증진을 위하여 지정하는 공업지역, ④ 자연환경 · 농지 및 산림의 보호, 보건위생, 보안과 도시의 무질서한 확산을 방지하기 위하여 녹지의 보전이 필요한 지역으로 지정하는 녹지지역으로 구분된다. 그리고 관리지역은 ① 자연환경보호, 산림보호, 수질오염방지, 녹지공간 확보 및 생태계 보전 등을 위하여 보전이 필요하나, 주변의 용도지역과의 관계 등을 고려할 때 자연환경보전지역으로 지정하여 관리하기가 곤란한 지역인 경우에 지정하는 보전관리지역 ② 농업 · 임업 · 어업생산 등을 위하여 관리가 필요하나, 주변의 용도지역과의 관계 등을 고려할 때 농림지역으로 지정하여 관리하기가 곤란한 지역인 생산관리지역 ③ 도시지역으로의 편입이 예상되는 지역 또는 자연환경을 고려하여 제한적인 이용 · 개발을 하려는 지역으로서 계획적 · 체계적인 관리가 필요한 지역에 지정하는 계획관리지역으로 구분된다(제36조).

4) 지구단위계획

지구단위계획이란 종전의 도시설계와 상세계획제도를 통합한 토지이용 합리화 계획으로, 도시 안의 특정한 구역을 지정해 종합적이고 체계적인 공간계획을 세우는 것을 의미한다. 도시기능과 미관을 증진시키고 쾌적한 도시환경을 확보하기 위해서는 모든 지역에는 획일적으로 적용되는 기준보다는 지역의 특성에 맞는 특수한 기준과 원칙이 필요하다는 취지에서 지난 2000년 7월 「도시계획법」을 개정할 때 도입되었다.[32]

지구단위계획이란 도시계획수립 대상지역안의 일부에 대하여 수립하는 도시관리계획으로서 도시계획 수립대상 지역안의 일부에 대하여 토지이용을 합리화하고 그 기능을 증진시키며 미관을 개선하고 양호한 환경을 확보하며, 당해 지역을 체계적 · 계획적으로 관리하기 위하여 수립하는 도시관리계획이다.

따라서 지구단위계획은 도시내 일정구역을 대상으로 인간과 자연이 공존하는 환경친화적 도시환경을 조성하고, 지속가능한 도시개발 또는 도시관리가 가능하도록 하기 위한 계획으로 광역도시계획, 도시기본계획 등 상위계획과 도시계획구역 전체를 대상으로 수립하는 도시계획(재정비) 및 관련계획의 취지를 살려 토지이용을 구체화 합리화하는 계획이다. 또한 도시의 기능 및 미관을 증진시키기 위하여 도시내 일정구역에 대하여 도시기반시설 및 건축물 등을 정비하고 가로경관을 조성하기 위한 계획이다.

이러한 지구단위계획은 계획수립 시점으로부터 10년 내외의 기간 동안에 나타날 여건변화를 고려하여 지구단위계획구역과 주변의 미래상을 상정하고 이를 구체적으로 표현하는 계획으로, 지구단위계획은 구

---

32 지구단위계획은 제1종 지구단위계획과 제2종 지구단위계획으로 세분된다. 종전 도시계획법에 의한 지구단위계획은 제1종 지구단위계획으로 변경하고, 비도시지역의 계획적 개발을 위해 제2종 지구단위계획을 신설하였다.

역내 용도지역 · 지구계획과 도시기반시설계획, 건축물의 규모와 형태, 미관, 경관계획 등의 기준을 제시하고 있다. 예를 들어 재건축을 허용할 때 해당 아파트 용적률 등 건축 관련사항, 주변교통 · 공원 · 학교 등 기반시설, 환경 등을 함께 검토하여 난개발의 폐해를 최소한으로 한다.

한편 그린벨트 해제지역, 공장이적지, 시장 등 대규모 시설 이적지와 재건축단지, 도시개발사업이나 재개발사업지 등은 지구단위계획을 수립해서 추진해야 한다. 이 경우 지구단위계획구역을 먼저 지정하고, 그 다음에 지구단위계획을 수립하게 된다.

지구단위계획은 원칙적으로 구청장 또는 시장, 해당구역 토지면적의 80% 이상 주민이 동의하면 입안이 가능하며 구 · 시 도시계획위원회 심의를 거쳐 최종적으로는 시장이 결정하게 된다. 일단 구역이 지정되면 3년 이내에 그 구역에 대한 장래의 개발 또는 관리계획을 수립하여야 하며, 시 · 도 도시계획위원회의 심의를 거쳐 확정된다. 이후 지구단위계획 구역 안에서 건축물을 건축하거나 건축물의 용도를 변경하고자 하는 경우에는 그 지구단위계획에 적합하게 건축하거나 용도를 변경하여야 한다.

2. 도시개발의 최근 동향

최근 우리 나라의 도시를 대상으로 하는 대표적 정책은 국가균형발전을 위해서 추진하는 행정중심복합도시와 혁신도시, 그리고 지방의 경제활성화를 위해서 추진되고 있는 기업도시 등을 들 수 있다.

1) 행정중심복합도시

행정중심복합도시의 건설계획의 배경은 크게 심각한 국토발전의 불균형, 과거 발전전략의 한계 등으로 요약된다. 우리 나라 국토의 11.8%에 불과한 수도권에 전체 인구의 48%(2004년도 기준)가 거주하고 있을 뿐만 아니라 이러한 추세가 연장될 경우 2023년에는 50%를 상회할 것으로 전망된다. 그리고 제조업체의 수도권 집중도는 2002년 기준으로 56.7%, 100대 기업 본사는 전체의 92%를 차지하고 있다 이러한 비정상적인 인구 · 경제력의 집중은 고스란히 국토 불균형 문제로 현실화되고 있다.

둘째 과거 개발방식은 국가주도형 불균형 발전전략으로 빠른 국가도약을 실현하였다. 이는 특정산업 및 지역에 인적 · 물적 자원을 집중 투입하는 전략으로 가능했으나 1995년이래 10년째 1인당 국민소득 1만 달러대에서 벗어나지 못하고 있으며, 지역간 불균형으로 사회적 갈등이 심화되고 있는 실정이다. 이러한 문제를 해결하기 위하여 혁신주도형 발전 패러다임(innovative-driven paradigm)에 기초한 국가균형발전을 국가적 아젠다로 채택하여 추진하는바, 이를 위한 실천전략의 하나로 행정중심복합도시의 건설을 계획하였다.

행정중심복합도시란 재정경제부, 교육인적자원부, 과학기술부 등을 비롯하여 12부 4처 2청 등의 중앙행정기관 및 그 소속기관이 이전하여 행정기능이 중심이 되는 도시로서 예정지역 및 주변지역으로 이루어지는 지역을 말한다. 즉 행정을 중심으로 하되 업무연관이 있는 국책연구기관, 전시장, 컨벤션 센터 등 문화 · 국제교류 · 교육기능 등을 추가한 다기능복합형자족도시를 지향한다.

외국의 경우 수도를 이전하는 배경을 보면, 수도를 이전함으로써 과거 식민지 경험과 같은 과거 유산을 청산하고 국가의 전략적 거점에 신수도를 건설하여 새로운 국가 건설의 상징적 효과를 극대화하는 경우, 서로 경쟁하는 두 지역 간의 갈등해소와 국민통합을 위해 중간지역에 제3의 대안을 찾는 경우, 그리고 기존 수도의 혼잡과 집중을 해결하기 위한 경우 등이 있다(김용웅외, 2003 : 604).

〈표 2.15〉 외국의 행정수도 건설 및 공공기관 이전 사례

구 분	브라질	호 주	파키스탄	말레이시아
유 형	행정수도건설	행정수도 건설	행정수도 건설	행정수도 건설
목적 · 배경	내륙지역 진흥 재난 · 침략 대비	연방국가의 상징 건설	과밀해소, 국가안보	과밀해소 행정효율성제고
추진기간	1955~1970	1908~1980중반	1960~1967	1993~현재
기관, 제도	신연방수도입지위원회, 신도시건설기획단	연방수도개발위원회, 수도소재지에 관한법률	대통령의 강력한 추진	
인구 · 면적	브라질리아 20만명, 473㎢	캔버라 30만명, 2,359㎢	이슬라마바드 53만명, 906㎢	푸트라자야 33만명, 50㎢
이전기능	입법, 사법, 행정	입법, 사법, 행정	입법, 사법, 행정	연방부처, 연방재판소
특기사항	대도시권 인구 200만명	학술연구예술기능 집적	인근 라왈핀디 200만명 집중	연방의회 잔류

구 분	프랑스	영 국	스웨덴	독 일
유 형	공공기관 이전	공공기관 이전	공공기관 이전	정부부처 분산
목적 · 배경	지역불균형해소	런던 과밀해소	스톡홀름 과밀 해소 및 균형발전 유도	통일의 상징적 사업
추진기간	1991~현재	1962~현재	1969~현재	1991~1998
기관, 제도	국토개발청 국토개발장관회의	-	지방분산위원회	베를린-본법
인구 · 면적	파리 212만명, 106㎢	런던 709만명, 1,578㎢	스톡홀름 76만명, 3㎢	베를린 343만명, 891㎢
이전기능	정부기관 외의 공공기관	환경부, 국방부 등 일부	중앙정부, 국회를 제외한 다수 공공기관	연방의회, 대통령궁 등 10개 부처
특기사항	78개 도시 170개 기관 13,000명 이전	1988년까지 4만명 이주	1988년까지 16개 도시, 7,300명 이주	본과의 정부기능 분담

자료 : 김용웅외(2003).

행정중심복합도시의 위치는 충남 연기군 남면, 금남면, 동면 그리고 공주시 장기면, 반포면 일대 2,210여만 평에 달한다. 그리고 주변지역은 충남연기군 금남면, 남면, 동면, 서면, 그리고 공주시 장기면, 반포면, 의당면, 충북 청원군 부용면, 강내면 일원의 약 6,769만 평에 달한다. 경부고속철도와 경부선, 경부고속도로가 예정지역의 동쪽을 지나가고, 서쪽으로는 2009년 준공예정인 대전-당진고속도로가 관통한다. 그리고 청주공항과의 거리는 24㎞로 활용가능하다. 행정중심복합도시는 인구 30만~50만 명이 거주하는 규모로 조성되며 인구밀도는 300~350인/ha로 수도권 주거도시인 분당(614.8), 일산(525.0), 과천(574.5)에 비해 저밀도이다. 그리고 기존 도시와의 연담화에 따른 피해를 없애기 위하여 단독 신도시형으로 개발된다.

2) 혁신도시

혁신도시 건설은 수도권의 과밀문제와 국토불균형 문제를 해결하기 위한 대안적인 분산정책의 성격을 띠고 있다. 혁신도시가 가시화된 것은 2003년 6월 '대구구상' 으로 볼 수 있다. 그 이후 2005년 6월에 공공기관의 시도별 이전계획이 확정 · 발표되었고, 이에 따라 10개 광역자치단체에서 혁신도시의 입지후보를 2005년 12월 말까지 확정하였다.

즉 부산, 대구, 울산, 광주 · 전남, 강원, 충북, 전북, 경북, 경남, 제주의 총 10개 혁신도시에 125개의 공공기관을 이전하고, 행정중심복합도시에 50개의 공공기관을 이전할 계획이다. 따라서 11개의 도시에 모두 175개의 공공기관을 이전할 계획을 갖고 있다. 2007년까지 토지보상 및 혁신도시 조성공사가 착공되고, 2010년까지는 선도 공공기관이 이전하며, 2012년에는 혁신도시가 조성 · 완료된 이후 모든 공공기관이 혁신도시로 이전할 계획이다.

국가균형발전을 위해 수도권에서 지방으로 이전하는 125개 공공기관이 입주할 혁신도시의 평균조성 면적은 182.4만 평이고, 1도시당 이전기관수는 12.5개 기관, 그리고 기관당 혁신도시면적은 14.6만 평이다. 혁신도시의 규모가 가장 작은 지역은 9개 기관이 이전하는 제주로서, 조성면적은 18.5만 평이고, 기관당 혁신도시면적은 2.1만 평이다. 반면에 혁신도시의 규모가 가장 큰 지역은 전북(488만 평)이고, 가장 많은 기관이 이전하는 지역은 광주 · 전남(18개 기관)이다.

이처럼 국토균형발전을 위한 혁신도시의 건설은 공공기관을 개별적으로 이전하는 것이 아니라, 유사성이 높은 기관을 묶어서 신도시를 조성하여 이전하는 분산적 집중정책이다. 따라서 혁신도시로 선정된 지역의 특성을 살펴보면, 부산과 대구, 울산과 같은 대도시는 100만 평 내외의 신시가지 형태로 개발되는 반면, 전북, 광주 · 전남과 같은 중소도시지역은 평균 200만 평 내외의 신도시 형태로 개발을 추진하고 있다.

국가균형발전위원회에 의하면, 혁신도시는 "공공기관과 산학연이 긴밀히 협력할 수 있는 최적의 혁신여건과 주거 · 교육 · 의료 · 문화 등 수준 높은 정주환경을 갖춘 미래형 도시"로 규정하고 있다. 즉 지방이전 공공기관과 지역 내 산 · 학 · 연 · 관 네트워킹을 통해 혁신을 창출하고 확산함으로써 지역발전을 견인하는 거점공간을 혁신도시로 볼 수 있을 것이다. 이러한 혁신도시는 기능과 입지 여건에 따라 기존도시를 활용하는 "기존도시활용형(혁신지구)" 형태와 "독립신도시형(혁신도시)" 형태로 구분되며 개발방식에 따라 재개발 방식, 신시가지 방식, 신도시형 등으로 구분할 수 있다.

혁신도시는 정부가 주도하여 계획적으로 건설하는 새로운 도시 또는 대규모 단지라는 점에서 기존의 신도시와 유사하나 도시기능면에서 차이가 있다. 혁신도시의 주요 기능은 이전공공기관, R&D 기관, 대학 등 혁신지원기능, 상업 · 업무, 문화 · 교육 등 혁신인프라 및 네트워크 기능, 그리고 주거기능 등을 꼽을 수 있다. 아울러 일정부분 자족적인 도시가 되도록 제조업을 포함한 지식기반 산업기능이 필요하다. 따라서 혁신도시의 규모는 자족성과 규모의 경제성을 고려해서 규모가 결정되어야 하고, 단계별 개발접근이 이루어져야 할 것이다.

혁신도시는 수도권의 공공기관을 지방으로 이전 · 수용하기 위한 단순한 공간이 아니다. 혁신도시는 지역발전을 선도하는 지방의 혁신거점의 기능을 수행해야 한다. 따라서 혁신도시는 지방의 경제 · 교육, 문화 수준을 업그레이드하는 선도도시로 조성되어야 한다. 따라서 성공적인 혁신도시 조성을 위해서는 고려되어야 할 추진과제를 도시기능, 조성과정, 정책지원의 세가지 측면에서 제시하면 다음과 같다.

첫째, 자족적인 도시기반과 수준 높은 도시공간이 창출되어야 한다. 혁신도시는 기능적 측면에서 자족적인 도시기반과 수준 높은 도시공간으로 조성되어야 한다. 이를 위해서는 ① 경쟁력 있는 지역산업의 육성과 산학연관 클러스터 구축이 필요하다. ② 이전공공기관의 임직원들이 지역에서 성공적으로 정착할 수 있도록 고급 주거환경, 우수한 초중등 교육여건, 보건의료, 문화 및 여가시설을 제공해야 한다. ③ 광역교통시설과 국제공항과의 접근성 제고로 대내외 네트워크의 극대화가 필요하다. ④ 혁신도시내 순환버스, 정보통신인프라 구축 등으로 편리하고 환경친화적인 도시공간이 창출되어야 한다.

둘째, 혁신도시는 조성과정 측면에서 지역주민이 함께 참여하여 특색있는 환경친화형 도시로 개발되어야 한다. 이를 위해서는 ① 계획단계부터 철저한 사전조사와 준비가 이루어져야 한다. 즉 계획적이고 환경친화적인 개발이 사전조사 대안검토 계획수립 이전의 전 단계에 고려되어야 한다. ② 다양한 지역주체가 혁신도시 조성과정에 참여함으로써 공동의 미래상을 설정하고 공유할 수 있어야 한다. ③ 혁신도시의 조성과정이 역사적으로 기록 · 보존됨으로써, 지속적인 혁신도시의 재정비가 이루어질 수 있도록 해야 한다. ④ 지역의 역사성 · 문화성의 고유한 특성이 혁신도시의 개성으로 표현될 수 있어야 한다.

셋째, 혁신도시는 정책지원 측면에서 이전대상기관의 적극적인 관심과 실질적인 이전을 유도해야 한다. 이를 위해서 ① 중앙정부와 지방자치단체는 혁신도시 건설에 대한 행 · 재정적인 지원을 지속적으로 확보해야 한다. ② 이전대상기관에서는 이전지역과 연계된 발전전략을 수립해야 하고, 혁신도시 조성지역도 이전대상기관과 연계된 발전전략을 수립해야 한다. ③ 이전대상기관의 직원들을 대상으로 한 의견수렴과 이전지원대책이 마련되어야 할 것이다. ④ 혁신도시 건설에 따른 부동산시장의 과열화 방지이다. 통상적으로 정부의 개발계획이 발표되면 땅값, 집값의 상승에 대한 기대심리로 투기적 수요가 발생한다. 이러한 우려가 현실로 나타나지 않도록 부동산 투기에 대한 철저한 대책이 필요하다.

3) 기업도시

기업도시 건설의 필요성은 크게 두 가지 측면에서 찾아볼 수 있다. 기업의 투자활성화를 통한 국가경쟁력의 강화가 하나이고, 국가균형발전의 촉진이 나머지 하나이다. 먼저 기업의 투자 활성화를 통한 국가경쟁력 강화라는 측면에서 살펴보면, 외환위기 직후 빠른 회복세를 보였던 국내기업의 설비투자는 2000년 이후 증가율이 계속 감소하는 반면,

해외 직접투자비중은 꾸준히 증가하였다. 제조업의 경우 국내 설비투자 대비 해외직접투자 비율이 1991년 1.9%에서 2002년 9.3%로 증가하였다. 이러한 기업의 국내투자부진과 해외투자증대는 국내생산 감축과 고용 축소를 가져와 경제성장의 잠재력을 악화시키고 장애요인으로 작용하는바, 기업이 원하는 지역에 민간의 기술과 자본을 활용한 도시개발을 통해 기업의 국내투자 확대와 경제를 활성화하기 위한 정책이 필요하게 되었다.

그리고 국가균형발전의 촉진이란 측면에서 보면, 지난 40년간 수도권 집중억제를 위한 지속적인 노력에도 불구하고 인구, 산업 등 수도권 집중현상이 지속되어 국토불균형구조는 심화되고 있으며, 수도권과 지방의 경제력 격차는 더욱 확대되고 있어 성장기반이 취약한 지방은 경제적 어려움에 시달리고 있으며, 궁극적으로 국가경쟁력의 약화를 초래하게 되었다. 따라서 지역간 교류와 연계발전을 통한 협력적 국토기반을 구축하고 지역혁신을 중심으로 한 자립적 지방화를 통한 수도권과 지방의 균형과 상생발전 전략이 필요하게 되었다(건설교통부, 2005b).

기업도시란 산업입지와 경제활동을 위하여 민간기업이 산업 · 연구 · 관광 · 레저 · 업무 등의 주된 기능과 주거 · 교육 · 의료 · 문화 등의 자족적 복합기능을 고루 갖추도록 개발하는 도시를 말한다. 이는 크게 네 가지의 유형으로 구분되는바, 제조업과 교역 위주의 산업교역형 기업도시, 연구개발 위주의 지식기반형 기업도시, 관광 · 레저 · 문화 위주의 관광레저형 기업도시, 그리고 지방이전 공공기관을 수용하여 지역혁신의 거점이 되는 혁신거점형 기업도시 등이다(기업도시개발특별법 제2조).

기업도시개발특별법에서는 기업도시의 지정요건을 규정하고 있다. 이는 ① 낙후지역 개발, 지역경제 활성화 등 국가균형발전에 기여 ② 환경적으로 지속 가능한 개발 추진 가능성 ③ 당해 지역의 특성 및 여건에 부합 ④ 개발사업의 투자계획 등 실현가능성 ⑤ 부동산 투기방지 대책 등 안정적인 지가관리 대책 수립 등이다.

제4절 도시의 전망과 과제

1. 협력적 도시개발

도시관리의 중심적인 역할을 누가 수행할 것이냐의 문제로서 정부와 민간의 역할분담, 중앙정부와 지방자치단체 간의 기능배분에 관한 문제이다. 우선 수익성과 경쟁성이라는 두 가지 조건을 갖추고 있어서 민간의 자율적인 경영이 가능한 분야는 가능한 한 민간부문이 담당하는 것이 바람직하다. 지역주민의 복지에 영향이 큰 사업이지만 수익성이 낮아서 민간부문이 참여하기 곤란한 사업이나 또는 독점성이 커서 민간부문에 맡기기가 곤란한 중 · 단기 사업은 도시정부가 담당하는 것이 바람직하다. 그 외 광역적인 수요에의 대처 및 국가 전체적인 파급성이 큰 사업 등은 국가가 중심주체가 되는 것이 타당하다.

2. 광역도시관리시스템의 정비

광역도시관리시스템을 정비하여 광역적인 수요에 대처해야 한다. 최근 교통 · 통신수단의 발달로 생활권과 경제권이 확대되고 있는바, 교통과 통신의 급속한 발달로 인한 도시권의 공간확대 내지 확산은 단순히 단위 행정구역 내에서 모든 도시관리 수요를 충족시킬 수 없으며 광역 도시관리에 대한 수요를 확대시키고 있다.

하나의 도시정부가 독자적으로 처리하기에는 성격상 적합하지 않거나 효율적으로 처리할 수 없는 도시관리 수요의 증대로 자치단체 간 협력이 요청되고 있다. 즉 관련된 자치단체 간에 공동으로 처리하거나, 그 자차단체를 포괄하고 있는 광역자치단체가 처리하는 것이 더욱 바람직한 도시관리 수요가 계속 증가하고 있다. 이러한 광역적 도시관리의 대상으로는 도시계획, 공공시설의 설치 및 운영, 주택의 공급, 대중교통체계, 상 · 하수도, 쓰레기처리, 공해 및 환경오염 등 실로 다양하다.

3. 도시경쟁력의 확보

도시경쟁력은 도시가 갖고 있는 경제기반으로부터 형성되기 때문에 도시의 경쟁력을 확보하기 위해서는 도시의 경제기반을 효율적으로 확대하는 것이 매우 중요하다. 따라서 도시에 내재되어 있는 자원과 재원 등 잠재력이 최대한 발휘될 수 있는 전략산업을 선정하고, 이를 육성할 수 있는 방안마련이 요구된다. 21세기 도시의 전략산업선정에 있어서 중요한 것은 지식산업의 육성이다. 이와 함께 기존산업과 첨단산업의 융합화가 중요하다.

4. 환경친화형 도시관리

기존의 개발지향적 도시개발에서 탈피하여 그린시티(green city)로의 전환이 요구된다. 물리적인 개발과 산업화는 궁극적인 도시 및 지역발전을 위해 거의 불가피한 것들이지만 그 과정에서 자연의 훼손과 환경오염은 심각한 문제점으로 지적되고 있다. 도시관리의 궁극적인 목적 중의 하나가 도시 전체의 복지 수준을 제고하고 살기 좋은 도시를 건설하는 것이다. 환경오염이 심각해져서 사람이 살기 힘든 도시가 되어서는 안 되는 것과 마찬가지로 산업화의 정도가 너무 낮아서 사람이 생존의 터전으로 삼기 곤란한 도시가 되어서도 안된다. 결국 구체적인 수준은 획정하기 어렵지만 개발과 보전을 적절히 조화시켜 나가는 것이 중요하다.

탐구학습

1. 요약

- 도시는 주변의 농촌지역(hinterland)에 비해서 많은 사람과 시설이 밀집되어 있고, 여러 가지 활동을 지원하는 데 필요한 교통, 상 · 하수도, 전기, 통신 등 각종 기반시설이 잘 갖추어진 지역이다.
- 도시화는 생활양식에서 도시적 생활양식으로의 변화 또는 비도시지역에서 도시지역으로 인구가 이동하는 현상 및 과정이고, 도시화는 인구적 측면과 경제적 측면으로 구분된다.
- 도시화의 이유는 압출과 흡인이론(push and pull theory)으로 설명된다.
- 도시화는 교외화, 분산화, 대도시지역화되고 있고, 이러한 도시화의 문제는 종주도시화 현상, 도시의 외연적 확산, 가도시화이다.
- 우리 나라 도시의 계획체계는 국토계획법에 근거하여 광역도시계획, 도시기본계획, 도시관리계획으로 구분된다.

2. 토론 및 과제

2.1 심화자료

- 피터 홀, 임창호 역(2000), ***내일의 도시***, 서울 : 한울.
- 국토연구원 엮음(2002), ***세계의 도시***, 서울 : 한울.
- UN 통계자료(http://www.un.org/databases/index.html)
- OECD 통계자료(http://www.oecd.org/statsportal)

2.2 토론주제

- 왜 도시에 인구와 산업이 집중하는가?
- 최근 우리 나라의 도시화의 경향과 향후 전망은?
- 도시화로 인해 발생하는 문제는 어떤 것이 있는가?

2.3 과제

- 지식기반사회와 도시화의 관계

■ 최근 사회변화에 따른 도시화의 특징

■ 도시의 적정규모와 지속가능한 성장관리방안

참고문헌

건설교통부외(2005), *공공기관 지방이전 계획.*

건설교통부(2005a), *혁신도시 입지선정지침.*

__________(2005b), *기업도시 개발제도 설명자료.*

__________(2005c), *국토의 계획 및 이용에 관한 연차보고서.*

국가균형발전위원회(2005), *동북아시대의 한반도 공간구상과 균형발전전략,* 서울 : 제이플러스애드.

국토연구원 · 건설교통부 역(2001), *OECD 한국지역정책보고서.*

김경환 · 서승환(1996), *도시경제론,* 서울 : 홍문사.

김용웅외(2003), *지역발전론,* 서울 : 한울.

김태환 · 이동우(2005), "공공기관 이전과 지역발전 효과", *도시정보,* 제282호. 대한국토 · 도시계획학회.

김현아 · 이승우 · 임주호(2004), "기업도시 건설의 방향과 과제", *도시정보,* 제266호, 대한국토 · 도시계획학회.

대한국토 · 도시계획학회(1992), *도시계획론,* 서울 : 형설출판사.

____________________(2004), *국토 · 지역계획론,* 서울 : 보성각.

대한민국정부(1999), *제4차 국토종합계획.*

____________(2005), *제4차 국토종합계획 수정계획.*

신행정수도후속대책위원회(2005), *2004년도 신행정수도 건설추진 백서.*

안정근(2005), "도시성장관리와 신규개발", *도시정보,* 제279호, 대한국토 · 도시계획학회 · 대한주택공사.

유우익외(1998), *21세기 국토와 환경,* 서울 : 삶과 꿈.

이덕복(2005), *21세기 국가경쟁력과 혁신도시 건설.*

이춘희(2005), "행정중심복합도시 건설 추진현황과 계획", *도시문제,*

진미윤외(2005), "성공적인 혁신도시 조성을 위한 과제와 정책 방향", *도시정보*, 제283호, 대한국토 · 도시계획학회.

하성규 · 김재익(1995), *도시관리론*, 서울 : 형설출판사.

행정중심복합도시건설추진위원회(2005a), *행정중심복합도시*.

____________________(2005b), *행정중심복합도시 건설과 국가균형발전전략*.

허재완(1997), *도시경제학*, 서울 : 법문사.

홍경희(1993), *도시지리학*, 서울 : 법문사.

황명찬(1993), *지역개발론*, 서울 : 법문사.

Fridmann, J.(1973), *Urbanization, Planning and National Development*, C.A. : Sage Publications.

제4장

지속가능한 농촌지역의 관리

제1절 농촌지역의 의의

1. 농촌의 개념과 성격

일반적으로 지역사회를 도시와 농촌으로 구분한다. 그리고 농촌을 도시의 상대적 지역사회로 해석하고 있으며, 시골, 농촌사회, 농촌지역사회 또는 농사를 주업으로 하는 농업촌락이라 부르고 있다. 그리고 대부분 농촌과 도시를 행정구역상으로 경계선을 그어 구별하고 있지만 그것은 그렇게 정확하지 못하다. 왜냐하면 행정구역상으로는 농촌에 속하면서도 도시의 성격을 띤 읍(邑)과 농촌공장 지역이 있고 또 행정구역상 도시에 속하면서도 농촌과 같은 소도시와 도시 주변지역이 있어 행정구역상 경계선으로 구분하기에는 적절하지 않기 때문이다. 더구나 교통통신의 발달과 함께 농촌과 도시의 교류가 빈번해지고 산업화 · 정보화의 추세에 따라 농촌지역에서도 첨단과학기술과 정보시스템이 도입되면 농촌 · 도시를 구분하기란 쉽지 않을 것이다(농촌개발연구회편, 1993 : 8). 그러나 농촌의 개념을 규정함에 있어 대체로 일정한 크기의 지역내 인구수, 산업과 직업 유형, 사회문화적 특성 등을 감안하여 규정하고 있다.

농촌지역의 성격은 시대나 지연(地緣)에 따라 크게 다르다. 그러나 일반적으로 볼 수 있는 것은 토지가 사유화되고 가족이 중심이 되어 조상전래의 농업에 종사하는 소농경영농가가 취락을 형성하고 있다.

고대 인간의 취락사회는 농촌이었고, 도시사회는 생산력의 발전에 의한 잉여생산물의 산출에 의하여 처음으로 성립하였다. 이 생산력의 발전과 상품경제의 진전에 의하여 도시와 농촌의 관계 및 농촌사회의 성격이 역사적으로 서서히 변화해 왔다. 특히 자본주의 경제의 성립과 발전은 농촌의 자급자족경제를 붕괴시키고 다량의 노동력 유출을 촉진시켰다. 이로 인하여 부가 도시로 집중되고 선진 자본주의 국가에서 도시의 과밀과 농촌의 과소라는 불균형이 일어나고 있다. 우리 나라에서도 이러한 현상이 일어나고 있어 농촌에의 공장 유치, 공업의 지방 분산화가 농촌의 과소를 막을 수 있는 대책으로 중요시된다.

농촌에 사는 사람들에게는 생활과 생산의 장이 동일한 마을인 것과 농업생산의 성격상 이웃과의 공동작업이 필요한 것 등으로부터 같은 마을에서의 사회관계가 잘 강화된다. 마을 밖의 직장으로 나가는 사람이라도 토지와의 연계가 강하고 도시 사람들에 비하여 주거의 영속성이 강하므로 가족 단위의 교류가 많고 촌락은 공공사회로서 결속이 잘 된다. 반면 개인의 자주성이 부락의식 속에 매몰되기 쉽고 전통적인 의식이나 인습이 큰 힘을 가지는 경향이 있다. 그것이 토지소유자로서의 농민의 보수성과 더불어 농촌의 보수적인 정치기반을 낳게 하는 원인이 되고 있다.

또한 농촌경제는 농업의 성질상 자급자족적인 측면을 지니고 있다. 우리 나라의 농촌사회는 개화 후 봉건적인 성격이 변화되었다고 하지만, 제2차 세계대전 전까지는 일제의 토지수탈에 의하여 농촌은 가족

제도와 지주제도 아래에서 소작농민이나 여성의 사회적 · 경제적 지위는 강하게 압박을 받았다. 해방 이후 토지개혁에 의하여 자작농이 많이 육성되어 지주제가 많이 완화되었으나, 우리 나라 농업의 특질인 영세 경영은 그대로 지속되었다. 1970년대 이후 새마을사업 · 농촌근대화사업 등에 의하여 농촌의 경제 · 환경부문이 개선되었으나, 산업화 과정에서 농촌으로부터 대량의 청년 노동력이 유출되어 농촌인구의 고령화나 과소현상이 야기됨으로써 겸업농가가 급증하는 등 농촌의 기반이 크게 약화되었다.

2. 농촌 및 농업의 중요성

옛부터 우리 나라의 경우 농촌과 농업의 중요성은 강조되어 왔다. 그러나 농촌지역이 도시에 비하여 현저하게 낙후되어 있으며, 장차 농촌 및 농업의 중요성은 더욱 증가될 것으로 보인다. 국토면적의 절대적인 부분이 아직 농촌지역으로 남아 있을 뿐만 아니라, 앞으로도 그 면적이 크게 줄어들지는 않을 것으로 보인다. 농촌지역의 경우 많은 국민들로 하여금 안식처로서 인식되어 심리적인 안정감 · 안락감을 제공해준다. 그리고 교통 및 통신의 발달과 여가시간의 증가 등으로 인해 주말농장, 농업활동 캠프 등과 같은 체험형 관광지로서의 역할도 제공해준다.

한편 농업의 기능을 보면, 농업은 산업혁명 이전 사회에서 대부분의 국가에서 기간산업의 역할을 담당했다. 그리고 산업화 과정에서도 식량을 공급함으로써 식량 수입으로 지출될 외화를 절약하였다. 식량생산은 농업의 가장 전통적인 기능이며 본질적인 기능이다. 농업은 이제 식량생산을 넘어 식량안보 측면에서도 그 중요성이 더해가고 있다. 이

외에도 농업의 자본 축적, 정부 재정수입에의 기여, 국내 공산품에 대한 구매력 증진, 농업노동력의 대규모 이동을 통한 산업 노동력 공급 등의 중요한 기능을 수행하였다.

그리고 시장가격으로 환산되지 않는 농촌 및 농업의 가치도 있다. 즉 고용기회의 제공, 주거지 제공, 국토의 보전과 자연환경의 유지 및 보전, 자연 경관의 유지와 쾌적한 여가공간의 제공 등을 들 수 있다. 또한 전통문화보존기능 및 국민정서함양기능 등을 들 수 있다. 이와 같이 오늘날 농촌 및 농업의 역할은 다면적으로 변해가고 있다.

제2절 농촌지역의 실태

1. 농촌인구

2004년 현재 전국의 농가 수는 1,240천 호, 농가인구는 3,415천 명으로 전년대비 농가 수는 24천 가구(-1.9%), 농가인구는 115천 명(-3.3%)이 감소한 것으로 나타났다.

농가 수의 감소는 고령화에 따른 영농포기, 농민의 도시전출 및 타 산업으로의 전업 등이 주요 요인이며, 총 인구(48,082천명) 대비 농가인구의 비중도 7.1%로 계속 낮아지고 있다. 또한 농가내 가구원의 전출이 계속 늘어남에 따라 가구당 농가인구도 평균 2.75명으로 계속 낮아지는 것으로 나타났다.

한편 농촌인구의 고령화는 2004년 말 기준 만 65세 이상 농산어촌 인구 비율을 보면 28.6%로 도시(6.7%)에 비해 무려 4배가 넘고 있다. 이와 같이 농촌지역은 급격한 인구감소와 고령화가 동시에 진행되고 있다.

〈표 2.16〉 농가 및 농가인구 현황

(단위 : 천명, 명, %)

구 분	농 가		농가인구			가구당 농가인구
	현황	연평균 증감률	현황	총인구 대비	연평균 증감률	
1980	2,155	-	10,827	28.9	-	5.02
1990	2,767	-2.0	6,661	15.3	-4.7	3.77
1995	1,501	-3.2	4,851	10.9	-6.1	3.23
2000	1,384	-1.6	4,032	8.7	-3.6	2.91
2001	1,354	-2.2	3,933	8.3	-2.4	2.91
2002	1,280	-5.4	3,591	7.5	-8.7	2.80
2003	1,264	-1.3	3,530	7.4	-1.7	2.79
2004	1,240	-1.9	3,415	7.1	-3.3	2.75

자료 : 건설교통부(2005).

2. 농촌지역의 토지이용

경지의 면적은 1980년 1,991,370ha에서 2000년 1,602,354ha로 약 19.5%나 감소하였다. 이는 도시의 확장에 따른 주택용지, 산업활성화를 위한 공업용지 등으로 활용된 것으로 보인다.

〈표 2.17〉 경지 현황

(단위 : ha, %)

구 분	1980	1990	1995	2000	증가율
경지면적	1,991,370	1,823,380	1,676,328	1,602,354	-19.5

자료 : 행정자치부(2006a).

농가 호당 경지면적은 최근 조금씩 증가하고 있으나, 2004년 현재 1.48ha로서 영세성을 면치 못하고 있다. 이러한 증가는 농업용 토지의 감소에도 불구하고 농촌인구 감소에 따른 상대적 증가이며, 앞에서 살펴본 농촌인구의 급격한 고령화와 함께 경지규모의 영세성으로 농업의 기업적 운영에는 한계가 있다.

2000년 현재 농지면적은 18,888㎢로서, 개발사업이 본격화되었던 1970년부터 2000년까지 약 3,800㎢가 감소하여 우리 나라 농지는 도시용지의 중요한 공급원으로서 역할을 담당했다. 1998~2000년에 연평균 12.4㎢의 농지가 합법적으로 전용되었으며, 불법 전용으로 적발된 면적이 3.5㎢로서 지속적으로 농지가 전용되고 있다.

「국토계획법」상의 용도지역지정을 보면 농림업의 진흥을 주목적으로 하는 농림지역이 전국토의 47.7%를 차지하고 있다. 그리고 자연환경보전지역이 12,217,874㎢로서 전체의 11.5%에 해당한다.

〈표 2.18〉 용도지역 지정 현황(2004)

(단위 : ㎢, %)

구　분	면　적	비　율
합　계	106,275.254	100
도 시 지 역	16,801.091	15.8
관 리 지 역	26,538.361	25.0
농 림 지 역	50,717.928	47.7
자연환경보전 지역	12,217.874	11.5

주 : 시 · 도별 중복지정면적 포함

자료 : 건설교통부(2005).

농림지역은 도시지역에 속하지 아니하는 「농지법」에 의한 농업진흥지역 또는 「산림법」에 의한 보전임지 등으로서 농림업의 진흥과 산림의 보전을 위하여 필요한 지역으로 서울특별시와 부산광역시를 제외한 14개 시 · 도에 총 50,717.928㎢가 지정되어 있어 전체 용도지역 지정면적의 47.7%, 육지부 용도지역 지정면적의 50.7%를 점하고 있다. 시 · 도별로는 경상북도가 11,592.860㎢로 가장 넓은 면적이 지정되어 있으며, 그 다음으로 강원도, 전라남도, 경상남도 등의 순으로 지정되어 있다.

3. 농촌지역의 소득

우리 나라 농촌지역, 특히 농가의 소득은 2002년 24,475천 원이다. 이는 같은 해 도시 일반근로자의 가구당 소득 33,636천 원에 비하여 72.8%에 그치고 있다. 2000년 이후 지속적으로 미약한 성장세를 이루어가고 있으나 소득창출을 위한 농기계 구입과 같은 고정투자비 증가로 실질소득은 매우 낮은 증가세를 나타낸다. 도시근로자소득 대비 농가소득의 비율은 2002년 1.36배, 2003년도 1.31배, 2004년도 1.28배로 점차 그 격차가 줄어들고 있다. 농가소득의 구성에 있어서도 농업외 소득이 50% 이상을 차지하고 있는 것으로 나타나고 있다(구자억, 2006).

〈표 2.19〉 농가소득 현황

(단위 : 천원, %)

구 분	1992	1995	1998	2000	2001	2002
농가소득	14,505 (10.7)	21,803 (7.3)	20,494 (-12.7)	23,072 (3.4)	23,907 (3.6)	24,475 (2.40
농업소득	7,356	10,469	8,955	10,897	11,267	11,274
농외소득	4,424	6,931	6,976	7,432	7,829	8,140
이전수입	2,726	4,403	4,563	4,743	4,811	5,060

자료 : 김정호(2004).

한편 소득 및 여가시간 증대 등으로 인한 농촌지역에 대한 관광수요 증대는 농가의 주요 소득원이 될 수 있다. 2002년 한국농촌경제연구원의 "도시민 수요조사 결과"에 의하면 2001년 농촌관광총량은 연간 30,930천 명으로, 2001년 국내관광 327,928천 명의 9.4% 수준이다. 이러한 조사 자료, 관련 연구 등을 종합해 볼 때 현행 농촌관광시장은 국내 관광시장의 8~10% 정도를 점할 것으로 추측할 수 있다(박시현, 2003 : 2).

농촌관광 수요를 전망해 보면, 전체적인 관광패턴이 유흥 및 오락위주에서 체험관광 위주로 증가하는 것이 세계적인 추세이고, 또한 주5일제 근무와 고속교통망의 발달은 농촌관광에 긍정적 요인으로 작용할 것으로 전망된다. 국민국내관광총량에서 농촌관광이 차지하는 비율은 2001년 9.4%에서 2011년에는 15.2%로 증가할 전망된다. 이에 기초할 때 농촌관광총량은 2001년에 연인원 30,930천명이 2011년에는 연인원 92,107천명으로 연평균 11.5%증가할 전망된다. 또한 농촌관광시장 규모는 2001년 12,897억원으로 농림부분 GDP의 5.4%에 달하고 있는 것으로 추정된다.

〈표 2.20〉 농촌관광 수요 및 시장규모 예측

(단위 : 천명/년, %, 억원)

구 분	2001실측치	2005	2008	2011	비고
국민국내관광 총량	327,929	507,436 (10.5)	536,876 (10.9)	605,968 (12.2)	제2차관광 기본계획
농촌관광점유율	9.4	11.4	13.1	15.2	연평균 4.9% 증가
농촌관광 총량	30,930	57,847	70,330	92,107	연평균 11.5% 증가
농촌관광시장규모 (시장규모/농업부문GDP)	12,897 (5.4)	19,955	27,684	38,406 (17.6)	

주 : 시계열분석 후, 주5일 근무제 실시의 영향을 감안한 수요임.
자료 : 박시현(2003).

한편 정부에서는 농가의 소득향상과 농업기술의 발전을 위하여 국가예산의 약 8% 정도를 농림예산으로 투자하고 있다. 2002년 국가예산이 1,155,118억 원중 농림관련 예산으로 92,852억 원을 투자하였다.

〈표 2.21〉 국가예산과 농림예산의 비교

(단위 : 억원, %)

구 분	1991	1995	2000	2001	2002
국가예산(A)	329,295	594,011	981,198	1,109,162	1,155,118
농림예산(B)	27,338	76,151	83,649	88,100	92,852
B/A	8.3	12.8	8.5	7.9	8.0

자료 : 김정호(2004).

4. 농촌지역의 교육

2001년 현재 6학급 미만으로 구성된 소규모 학교의 현황을 보면 전국에 1,735개가 있다. 이 가운데 면지역에 916개가 소재하여 전체의 52.8%에 달한다. 다음은 도서 · 벽지지역에 38.1%인 662개가 있다. 이는 면지역 및 도서 · 벽지지역의 교육여건이 불량하다는 것을 의미한다. 계속적인 이농으로 지역사회의 고령화와 인구공동화 문제가 발생하고 있고 또한 학생수의 감소와 학교통폐합 등의 문제가 악순환되고 있다.

〈표 2.22〉 6학급 미만의 소규모 학교 현황

(단위 : 개교, %)

구 분	전체 학교수	소규모 학교(6학급 미만)수			
		초등학교	중학교	고등학교	계(%)
대 도 시	2,967	5	10	0	15 (0.9)
중소도시	2,533	26	11	3	40 (2.3)
읍	1,222	76	21	5	102 (5.9)
면	3,060	395	472	49	916 (52.8)
도서 · 벽지	989	513	126	23	662 (38.1)
계	10,771	1,015	640	80	1,735(100.0)

자료 : 정명채(2002).

한편, 지역별 교육성취도에 있어서 읍·면지역의 경우 서울시를 100으로 할 때 초등학교, 중학교, 그리고 고등학교의 성취도는 87.8, 84.3, 63.6으로 상대적으로 낮은 실정이다. 특히 고등학교의 성취도가 낮아 자녀를 둔 농가에서는 이농을 심각하게 고려하고 있다. 지역농어촌학교의 문제는 점점 더 농어촌의 교육여건을 어렵게 만들고, 그것이 지역주민들로 하여금 지역사회 학교에서 멀어지게 만들며, 이농의 원인을 제공하는 형태로 악순환되고 있다.

〈표 2.23〉 지역별·학년별 교육성취도 평가결과 비교

(단위 : %)

구 분	서울시	광역시	중소도시	읍·면 지역
초등학교(6학년)	100.0	97.4	94.4	87.8
중 학 교(3학년)	100.0	96.0	94.7	84.3
고등학교(2학년)	100.0	89.0	109.4	63.6

자료 : 정명채(2002).

제3절 농촌지역의 효율적 관리

농촌지역은 도시보다 상대적으로 낙후되어 있는 경우가 일반적이다. 낙후지역을 대상으로 하는 개발사업을 보면, 주관하는 정부기관에 따라 다양하게 나타나고 있다.

즉 낙후지역 개발사업은 행정자치부가 주관하는 접경지역지원사업과 오지개발사업, 도서종합개발사업, 소도읍 육성사업, 신활력지원사업, 농림부가 담당하는 농어촌생활환경 정비사업, 농촌마을 종합개발사업 등이 있다. 그리고 건설교통부의 개발촉진지구사업과 해양수산부의 어촌종합개발사업, 환경부의 도서지역 식수원개발사업, 산림청의

산촌종합개발사업 등도 대상이다.

또한 낙후지역에 한정되지는 않지만 농림부 주관의 "농업 · 농촌발전기본계획", "농업 · 농촌 종합대책"과 "제1차 농림어업인 삶의 질 향상 기본계획" 등이 농촌지역 발전을 목표로 추진되고 있다.

이러한 정책들은 궁극적으로 자립형 지방화의 토대마련을 통한 착근형 지역발전을 비전으로 삼고 있다고 할 수 있다. 따라서 내발적 지역발전과 관련이 깊다. 내발적 지역발전(endogenous development)은 지역의 다양한 고유자원, 문화, 전통을 재발견하고, 자주성에 기초하여 지역발전을 도모하는 하나의 사회변화과정으로 정의할 수 있다(鶴見和子 · 川田侃, 1989 : 49).

이러한 내발적 발전 개념은 최근 일본의 지역개발정책의 기조가 되고 있다. 그 배경이 된 것은 엔고 이후 기업의 해외이전으로 지방에서의 기업유치 곤란, 중앙정부의 재정적자로 인한 공공사업 및 지방지원의 축소, 그리고 일촌일품운동 등 지방에서의 내발적 발전의 성공사례 대두 등을 들 수 있다(윤칠석 · 이성근, 1999 : 70)

본 절에서는 내발적 지역발전 관점에서 농촌지역발전에 초점을 두어 행자부의 "지방소도읍 종합육성계획"과 농림부의 "농촌마을 종합계획", 그리고 "농업 · 농촌발전기본계획"과 "농림어업인 삶의 질 향상 기본계획"을 중심으로 살펴보고자 한다.

1. 지방소도읍종합육성계획

지방소도읍이라 함은 시 · 군에 설치된 읍 지역 또는 시 · 군에 설치된 면 지역 중 일정지역에 인구 등이 집중되어 있거나 집중될 우려가 있어 주변 농어촌의 중심거점지역으로서 기능의 회복 또는 정비가 필요한 지역 가운데 행정자치부장관이 지정 · 고시한 지역을 말한다(제2조).

이러한 지방소도읍을 지역주민의 소득증대와 생활복지 향상을 기하고 국토의 균형있는 발전에 기여하기 위하여 지방소도읍육성종합계획을 수립하고 있으며, 「지역소도읍 육성지원법」이 2001년에 제정되었다.

지방소도읍종합육성계획은 첫째, 지방소도읍의 육성을 위한 기본방침에 관한 사항 둘째, 농림 · 수산업, 상공업, 관광산업 등 지역산업의 진흥에 관한 사항 셋째, 도로, 상하수도, 주차시설 등 도시기반시설의 확충에 관한 사항 넷째, 주거환경, 도시공원, 교육과 문화의 진흥 등 주민생활환경의 개선과 복지증진에 관한 사항 다섯째, 지방소도읍 지역 안의 민간기업 유치 및 육성 등에 관한 사항 여섯째, 기타 지방소도읍 경제 활성화에 필요한 사항 등에 대한 내용을 포함하여야 한다(제4조).

지방소도읍 지역을 관할하는 시장 · 군수는 관할 시 · 도지사와의 협의를 거쳐 해당 지방소도읍 지역에 대한 종합적인 육성계획을 수립하고 관할 시 · 도지사를 경유하여 행정자치부장관에게 제출하고, 행정자치부장관은 중앙행정기관의 장과 협의를 거쳐 승인한다(제4조). 종합육성계획에 의한 사업시행자는 정부투자기관, 「지방공기업법」 의한 지방공사, 민간개발사업자 등이 된다.

2001년 11월 행정자치부는 전국에 걸쳐 194개 읍을 지방소도읍으로 지정 · 고시하였다. 2002년 12월 행정자치부는 2003년부터 2012년까지 12조 원 투자계획을 골자로 소도읍육성추진계획을 수립하였다. 여기에 따라서 2003년 3월 2003년도 소도읍육성사업 제안서를 공모하여 지역개발, 건축, 문화 등 민간전문가 15명을 포함한 소도읍육성정책심의회에서 3개분야 13개 항목을 심사하여 인천광역시 강화읍 등 14개읍을 2003년도 대상지역으로 선정하였다. 이후 2004년도에는 경상북도 청도군 화양읍, 제주도 북제주군 애월읍 등 22개 지역을 선정하였으며,

2005년도에는 대구광역시 달성군 다사읍 등 7개 지역을 선정하였다. 그리고 2006년에는 23개 지역을 추가로 선정하였다.

2. 농촌마을종합계획

농촌마을종합개발사업을 시행하게 된 배경은 크게 농촌의 여건 변화와 기존 사업의 성과창출 미흡이라는 두 가지 측면에서 살펴볼 수 있다. 먼저 1990년대부터 농어촌지역의 생활환경과 산업기반, 편익 및 복지시설의 정비·확충을 위해 정주권개발사업과 문화마을조성사업을 추진해 왔다. 그러나 이러한 사업이 도로, 상·하수도 등의 기반시설의 확충과 주택개량을 통하여 농촌의 생활환경개선에는 일부분 기여하였으나 농촌의 생활환경의 개선에는 그다지 기여하지 못한 상황이다.

한편 농업의 경쟁력 약화 등에 따라 농촌의 과소화는 더욱 진행될 것으로 전망되지만, 정보화의 진전, 주5일제 근무, 국민소득의 증가 등으로 관광 및 여가활동은 더욱 증가될 것이다. 농촌의 쾌적한 생활공간으로서의 기능이 강조되고 있으나, 농촌현실은 기초생활미비 및 주택노후 등으로 도시민의 관광체류에는 장애로 작용하고 있다. 이에 농촌이 여유, 정감, 평온 등 농촌다움을 강조하고 농촌지역의 자원을 상품화하여 소득을 증대하는 등 농촌지역을 체계적·종합적으로 정비할 필요성이 제기되었다. 즉 기반시설 구축 위주의 사업에서 벗어나 농촌의 공간정비나 농촌다움을 살리는 체계적이고 종합적인 개발을 위해 농촌마을종합개발사업을 시행하고 있다.

농촌마을종합계획은 농촌이 농촌답게 유지 및 보전되고 쾌적함을 증진시키는 등 농촌의 다원적 기능을 확충하도록 생활권, 영농권, 수리권 등 같은 특성을 가지며, 주민간 유대감을 갖는 인근 3~5개 마을로 구성되는 소규모 권역의 농촌마을을 대상으로 지역주민의 삶의 질 향상과 국토의 균형발전을 도모하기 위해 농림부가 주관하는 종합개발계획이다.

이 계획은 동일한 생활권 · 영농권 등으로 동질성을 가지며, 발전잠재력이 있는 마을들을 상호연계하여 소규모 권역단위로 개발의 성격을 지닌다. 또한 농촌지역을 전원생활, 여가휴양, 자연환경보전공간으로 역할을 할 수 있도록 다원적 기능을 확충코자 하며, 지역별 특성 및 여건에 따라 다양한 유형으로 특성화 개발을 지향한다. 그리고 지역주민과 지역내 관련전문가 등이 주도적으로 참여하는 상향식 개발의 성격을 가지고 있다.

농림부는 2004년부터 2013년까지 10년간 농촌지역발전에 선도적 역할을 할 1,000개 소권역을 우선적으로 지원할 계획을 수립하여 2004년에 경북, 경남, 강원 등 전국의 9개 광역지역에 36개 사업대상지역을 선정하였다.

3. 농업농촌발전기본계획

농업이란 농작물생산업, 축산업, 임업 및 이들과 관련된 산업이며, 농촌이란 군지역 전체와 시지역 가운데 농촌소득을 위한 지역으로 농림부장관이 고시한 지역을 말한다. 이러한 농업과 농촌의 발전을 도모하기 위하여 농업 · 농촌이 나아갈 방향과 국가의 정책방향에 관한 기본적인 사항을 규정하기 위하여 「농업농촌기본법」을 제정하였다.

이 법에서 농업은 국민의 식량을 안정적으로 공급하고 국토 · 환경보전에 이바지하는 등 경제적 · 공익적 기능을 수행하는 기간산업으로서 국가경제의 조화로운 발전의 기반이 되도록 하고, 농업인은 자율과 창의를 바탕으로 다른 산업종사자와 균형된 소득을 실현하는 경제주체로 성장하여 나가도록 하며, 농촌은 고유한 전통과 문화를 보존하는 풍요로운 산업 · 생활공간으로 발전시켜 이를 미래세대에 승계되도록 하는 것을 기본이념으로 삼고 있다.

농림부는 농업의 발전과 농촌의 균형있는 개발을 위하여 농업 · 농촌발전기본계획을 수립하였다. 기본계획에는 농업 · 농촌발전을 위한 시책 기본방향, 식량의 적정 자급목표, 농업 · 농촌에 관하여 정부가 추진하여야 할 시책의 구체적 내용, 기타 농업 · 농촌의 종합적 · 계획적 발전을 추진하기 위하여 필요한 사항을 포함된다. 한편 광역시장 및 도지사는 기본계획과 그 관할지역의 특성을 고려하여 광역시 · 도 농업 · 농촌발전계획을 수립 · 시행하여야 한다. 또한 시장 · 군수 · 구청장은 시 · 도계획과 그 관할지역의 특성을 고려하여 시 · 군 · 구 농업 · 농촌발전계획을 수립 · 시행하여야 한다.

4. 농림어업인 삶의 질 향상 기본계획

'농림어업인 삶의질 향상 기본계획' 은 농산어촌의 급격한 인구감소와 고령화, 의료기과 부족과 교육의 질 저하 등 복지 · 교육여건의 악화, 도로 · 상하수도 등 도시에 비해 기초생활여건이 크게 취약함을 개선하기 위해, '농업 · 농촌종합대책' 중 농촌부문대책을 구체화한 계획이다. 본 계획의 바탕이 된 농업 · 농촌 종합대책의 비전은 "농촌과 도시가 더불어 사는 균형발전사회" 이다.

'농림어업인 삶의질 향상 기본계획' 의 장기비전은 삶과 휴양, 산업이 조화된 복합 정주공간으로서의 농산어촌 구현에 두고, 중소도시 수준의 생활인프라를 구축하여 농촌인구를 현재 수준인 20%로 유지하도록 한다.

동 계획의 4대 중점 추진과제로는 복지기반 확충, 교육여건 개선, 지역개발 촉진, 복합산업 활성화 등으로 설정하고 있다. 이를 위해 119조 원 투융자 계획과 각 부처의 중기재정계획을 토대로 2005년부터 5년간 20.3조 원을 집중투자 할 계획이다.

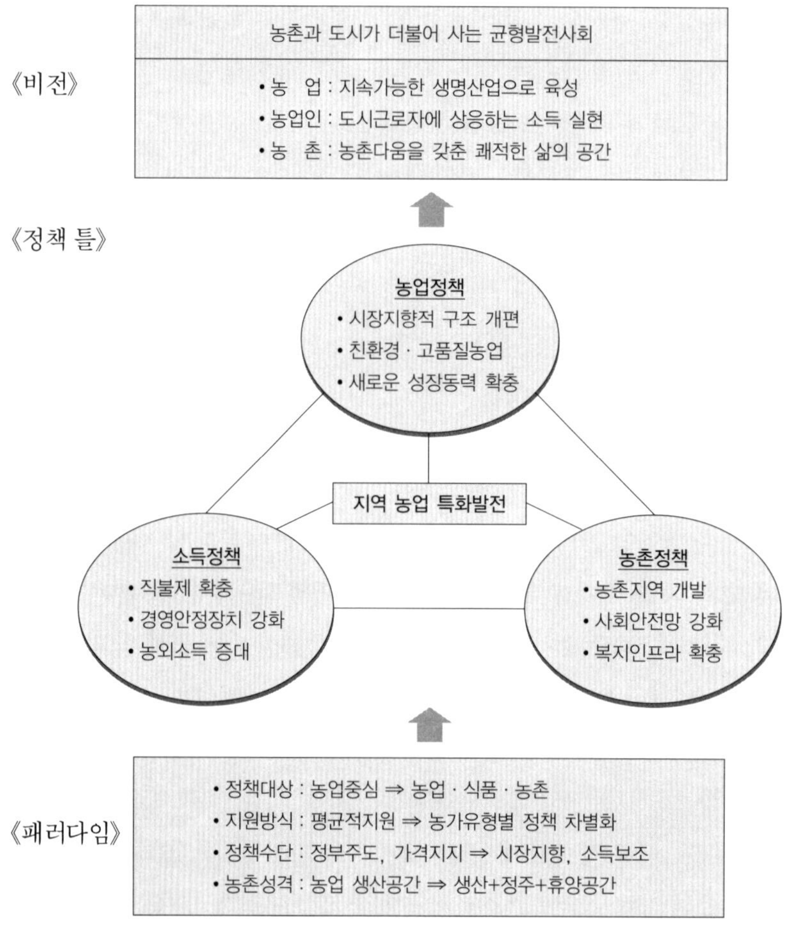

자료 : KDI(2004).

[그림 2.3] 농업 · 농촌종합대책의 기본틀

비전	• 삶과 휴양, 산업이 조화된 **복합 정주공간**으로서의 **농산어촌 구현** – **중소도시수준의 생활인프라**를 구축하여 농촌인구를 현재 수준인 **20%로 유지**
4대 부문 중점 추진 과제	**1. 복지기반 확충** • 사회안전망 강화 • 공공의료 서비스 시설 확충 • 여성 · 노인에 대한 맞춤형 복지서비스 **2. 교육여건 개선** • 유아교육 기회 확대 • 초 · 중 · 고등교육 자원 및 우수교원 확충 • 교육비 부담 경감 **3. 지역개발 촉진** • 기초생활환경 개선 • 경관 · 특성을 고려한 지역 개발 • 민간의 자본 · 인력 · 경영기법 등 활용 **4. 복합산업 활성화** • 향토자원 발굴과 산업화 지원 • 농산어촌 관광기반 확충 • 농산어촌의 Amenity (쾌적성)를 소득자원화
추진 전략	• **농림어업인 삶의 질 향상위원회**(위원장 : 국무총리)를 중심으로 관계부처와 농어민대표 등이 참여하는 범정부 추진체계 구축 • **119조원 투융자 계획**과 각부처의 **중기재정계획**을 토대로 **향후 5년간 20.3조원**을 집중투자 • 민간의 **자본 · 인력 · 경영기법** 등을 활용하여 투자 효율 증대 • 계획추진의 실효성 확보를 위해 **투융자 평가체계** 구축

자료 : 농림부(2005).

[그림 2.4] 농업 · 농촌종합대책과 삶의 질 향상 기본계획의 관계

제4절 농촌지역의 전망과 과제

그간 다양한 농촌개발 전략이 제시되고 수 많은 개발정책이 추진되었으나, 농촌문제의 해결에 그다지 효과적이지 못했다. 이는 도시・산업부문을 우선해왔던 국가정책 기조에서 근본적인 원인을 찾을 수 있지만, 농촌개발 정책과 제도 또한 많은 문제를 내포하고 있기 때문이다.

종래 농촌개발과정에서 나타난 문제점을 정리해 보면 첫째, 가장 기본적인 것으로서 농촌에 대한 국가적 투자재원의 배분이 매우 미흡했으며, 둘째, 모든 농촌개발정책의 형성과 집행이 중앙정부 주도의 하향적 성격을 유지함으로써 지방정부와 주민의 역할이 제한될 수 밖에 없었고, 이것은 다시 개발행정능력의 약화를 초래하여 새로운 여건변화에 효과적으로 대처할 수 없었다. 셋째, 대부분의 농촌개발 프로그램이 법제화되지 못하고 중앙정부의 행정지침에 의해 추진됨으로써 중앙정부의 관심과 의지의 변화에 따라 사업의 원칙과 내용이 일관성을 유지하기가 곤란하고 일시적인 처방에 그치는 경우가 많았다. 넷째, 중앙부처간, 그리고 중앙부처 내 각 부서간의 할거주의에 의해 동일한 성격의 농촌개발 프로그램이 중앙부처별로 각기 다른 추진방식과 지원제도에 의해 분산 추진됨으로써 농촌개발 정책의 종합성과 효율성이 매우 낮다는 것 등을 지적할 수 있다.

이상과 같은 농촌개발정책의 문제 및 농촌지역 실태, 그리고 농업과 농촌을 둘러싼 여건변화 전망을 바탕으로 농촌지역의 과제를 복지기반 확충, 농업경쟁력 강화, 친환경 농촌개발, 고부가가치화, 교육여건개선 등으로 정리코자 한다.

1. 삶의 질 향상을 위한 복지기반 확충

농촌지역은 급격한 인구감소와 고령화, 의료기관 부족과 교육의 질 저하, 기초생활여건의 취약 등 도시에 비해 상대적으로 열악한 환경에 처해 있다. (주)미디어리서치가 2004년 말 5000가구를 표본으로 조사한 농산어촌의 삶의 질에 관한 실태조사에 의하면, 농산어촌의 생활환경 쾌적성과 지역사회 안전수준에 대한 만족도는 도시보다 높았으나, 문화여가시설(9.6%), 교육(11.9%), 복지(14.8), 소득(15.6%)에 대한 만족도는 크게 낮게 나타나고 있다.

따라서 농민들의 복지증진과 실질적인 생활안정에 기여할 수 있는 복지기반 확충이 시급히 요구되고 있다. 이를 위해 연금·건강보험료 지원 및 농어업 재해지원 확대 등의 사회안전망 확충과 공공보건의료 기능강화, 농작업 재해관리체계 구축 등의 보건의료기반 확충, 여성·영유아 복지강화 및 고령화사회에 대응한 노인복지기반 확충 등의 여성 및 노인복지기반 확충이 요구된다.

2. 시장개방에 따른 농업경쟁력 강화

세계화·개방화의 진전에 따른 시장개방압력이 농업부문에도 예외 없이 가해지고 있다. 최근 농산물을 둘러싼 한·칠레 자유무역협정(FTA)은 사회적 이슈가 되고 있다. FTA는 국가와 국가 간의 제반 무역장벽을 완화하거나 철폐하여 무역자유화를 실현하기 위한 양국 간 또는 지역 간에 체결하는 특혜무역협정을 뜻한다.

그 동안 FTA는 대부분 프랑스·독일·이탈리아·영국 등 유럽연합(EU) 및 미국·캐나다·멕시코의 북미자유무역협정(NAFTA) 등과 같이 인접국가나 일정한 지역을 중심으로 이루어져 지역무역협정(Regional Trade Agreement)으로 불리기도 한다.

1995년 WTO 출범 이후에도 WTO를 중심으로 하는 다자체제를 보완하는 지역주의는 계속 확산 · 심화되고 있으며, 이러한 지역주의 물결에 효과적으로 대응할 필요성이 커지고 있다. 2004년 5월 기준으로 WTO에 통보된 협정을 기준으로 총 208개의 지역경제협정이 발효 중에 있다.

수출의존적 경제구조 하에서 안정적인 수출시장 확보 및 투자 유인효과를 증대하고 경제적 이해관계 공유를 통한 정치적 동반그룹을 형성키 위하여 우리 나라도 국가 이익을 극대화할 수 있는 국가와의 지역협정을 추진하는 정책을 추진할 필요성이 커지고 있다.

WTO나 FTA 등 시장개방에서도 농산물이 경쟁력을 가지기 위해서는 특화 및 차별화를 통한 품질경쟁력을 키워야 할 것이다. 우리 나라 농촌의 경쟁력을 강화하기 위해서는 보조금 보다는 맞춤형 교육과 판로개척 지원, RFID를 활용한 농산물 이력관리 등과 같은 방안이 모색되어야 한다.

3. 지속가능한 농업 · 농촌개발

친환경농업은 농업경쟁력 향상과 농촌이 살아갈 길이 되고 있다. 친환경 생태농업, 농업정책과 환경정책간 통합, 도 · 농간 순환형사회의 형성 등이 최근 농업 및 농촌개발의 주요 방향이 되고 있다.

친환경농업은 농업과 환경의 조화로 지속가능한 농업생산을 유도해 농가소득을 증대하고 환경을 보전하면서 농산물의 안전성도 동시에 추구하는 농업이라고 할 수 있다.

친환경농업의 국제 여건 및 동향을 보면, 1980년대 후반부터 지속가능한 농업 개념이 도입되면서 환경보전적 측면뿐만 아니라, 사회적 · 경제적 측면에서 농촌 · 농업인 문제의 중요성이 동시에 강조되고 있다.

국내 추진경위를 보면, 1990년대 초반까지는 친환경농업을 민간단체 위주로 추진하였으나 1990년대 후반부터는 정부가 본격적으로 친환경농업 육성정책을 추진하면서 급속히 확산되는 추세에 있다.

또한 친환경농산물 생산현황을 보면, 친환경인증농산물 생산량은 2005년말 현재 798천 톤으로 전체 농산물 생산량의 약 4% 수준이며 친환경인증 농가수는 53천 호, 재배면적은 50천ha 이다.

친환경농업의 정책적 목표는 친환경 안전농산물 공급으로 소비자 신뢰를 회복하는 것이며, 이를 통해 농산물의 품질경쟁력을 향상 시키고 농가소득도 제고하며 생산성 위주의 고투입 농법에서 벗어나 국토 · 환경보존에도 기여하는 것이다.

친환경농산물 인증제도는 친환경농업의 육성과 소비자 보호를 위해 전문인증기관의 엄격한 기준에 의거 종합 · 점검하여 그 안전성과 품질을 인증해 주는 제도로서, 크게 농산물과 축산물로 구분되며 농산물은 유기농림산물, 전환기유기농림산물, 무농약농산물, 저농약농산물 4종류이며 축산물은 유기축산물, 전환기유기축산물 2종류가 있다.

친환경농업의 주요시책으로는 친환경농자재 지원확대와 친환경농업 직접지불제 확충, 친환경농업 기반확충 및 실천농가 지원, 친환경농산물 유통활성화 및 소비촉진 유도, 친환경농업 인증제도 개선, 종합농토배양 추진, 폐영농자재 수거로 환경오염 경감, 가축분뇨 자원화로 자연순환농업 추진 등이 있다.

4. 소득원 다양화 및 고부가가치화

농가소득이 도시가구 소득에 비해 매우 낮다. 이를 도시가구 소득 수준 이상으로 끌어올리기 위해서는 대안들이 강구되어야 할 것이다. 주민소득 증대로 안정적인 농촌생활 영위가 가능하기 위해서는 농가소득 증대가 필수적이며, 이를 위해서는 소득원의 다양화 및 고부가가치화가 필요하다. 이를 위한 대안으로서, 향토산업의 진흥, 농촌관광기반의 구축, 자연환경 및 경관의 보전, 도농교류의 활성화를 꼽을 수 있다.

향토산업은 '지역의 특성있는 향토자원을 개발, 활용하여 부가가치를 창출하는 산업' 으로 정의할 수 있으며, 유사개념인 전통산업, 지연산업, 특화산업, 향토지적재산사업 등과 개념적 중복이 있으나 추진주체 및 주요 특성 면에서 개념적 구분이 가능하다.

내발적 지역발전 전략의 요체는 지역주도의 상향적 발전전략 및 지역자원 혹은 향토자원의 개발 및 활용에 기반을 둔 향토산업의 육성이라고 할 수 있다.

결국 향토산업은 종래와 다른 새로운 지역발전전략 패러다임에서 지역자원을 기반으로 일자리와 소득창출을 통해 지역경제를 발전시킬 수 있는 원동력이 된다는 점에서 의의가 크다.

최근 행정자치부를 중심으로 향토산업육성에 관한 법제화가 시도되고 있으며, 이를 계기로 각 부처별로 별도로 추진되고 있는 향토산업육성사업이 범부처차원에서 추진된다면 보다 효과적이 될 것이다.

주5일 근무제의 도입과 다양한 경험을 바라는 관광 수요증대 등으로 향후 농촌전원 관광에 대한 수요도 증대될 것으로 전망된다. 농촌관광은 도시민에게 삶의 여유를 찾게 해주고 농촌에는 지역활성화와 소득증대 효과가 있어 도시 · 농촌 모두에게 이익을 준다.

따라서 농촌 관광기반의 구축 또한 소득원 다양화의 수단이 될 수 있다. 농촌지역에 체험 및 휴양공간을 창출하고 향토문화축제를 활성화하는 것도 한 방법이 될 것이다.

다음으로 자연환경 및 경관의 보전으로서 경관보전 직불제 도입, 어메니티 계획모델 개발 등이 한 방법이 될 것이다. 그 동안 지역별 어메니티자원을 체계적으로 발굴 · 활용하지 못하였으나, 이제는 전원 · 휴식공간으로서 농촌에 대한 국민의 인식이 높아져 농촌에 산재한 우수 경관을 발굴하고 보전 및 활용할 때가 도래된 것으로 볼 수 있다.

끝으로, 지속가능한 농촌개발을 위해 도농교류의 활성화를 통하여 도시와 농촌간 상생 가능하도록 지속적으로 지원을 강화할 필요가 있다. 농촌지역의 소득원 다양화와 고부가가치화를 앞당길 수 있을 것이다. 예를 들면 1사 1촌운동의 확대, 「도농교류촉진법」 제정 등이다.

5. 교육여건개선과 인적자원개발

농촌학교의 교육의 질과 교육환경이 열악하여 우수 학생들이 도시로 전학하고, 농촌은 학생수 감소로 통 · 폐합, 교원의 농촌학교 기피 등으로 농촌의 교육여건은 계속 악화되고 있다. 2002년 이후 농산어촌 학생 47천 명이 감소하고 도시학생은 74천 명이 증가하였다.

소규모 학교는 교육과정의 정상적 운영과 수업의 질 제고가 곤란해지고 있다. 초등학교는 복식수업, 중등학교는 비전공자 수업 등으로 수업 부실을 초래하고 있다. 2004년도 기준 9개 도의 농산어촌학교의 복식학급은 40% 수준이며, 학생수 100인 미만의 소규모 학교는 47%에 달하고 있다.

또한 교육여건이 불리하여 도시로 유학이 늘어남에 따라 농산어업인 가정의 교육비 부담이 가중되고 있다. 도시는 학원비, 보충교육비 부담이 큰 반면, 농산어촌은 하숙 · 자취비 부담이 큰 것으로 나타나고 있다. 농림어가의 81.5%가 교육비에 큰 부담을 느끼고 있는 것으로 조사되었다(농림부, 2004. 11, 농림어업인 등에 대한 복지실태 등 조사).

농산어촌 지역사회의 여건과 특성에 맞는 학교수업 운영방법의 개발 및 보급이 미흡하며, 주민의 평생교육을 위한 시책 또한 부족하다. 이러한 현실을 극복하고 농촌에 거주하더라도 안심하고 자녀교육을 시킬 수 있도록 교육여건을 획기적으로 개선할 수 있는 방안을 강구해야 한다.

무엇보다 소규모 학교 운영활성화 및 우수고교 집중육성 등을 통한 학생의 교육기회 보장이 절실하다. 또한 고교 · 대학생 학자금 확대, 급식비 및 통학지원 등을 통한 교육비 부담경감, 교대 추천입학 확대, 도서관 등 교육시설 지원 등을 통한 교육환경개선 등이 필요하다.

이와 더불어 전문농업인력육성지원 및 지역교육지원시스템을 구축하는 것도 자립형 농촌발전을 이루는데 중요한 몫을 담당하게 될 것이다. 이를 위해 후계농업경영인 역량강화, 전업농 및 영농후계인력 확보 유인대책 강화, 전문 농업경영인에 대한 지원 확대, 농업인 교육제도 발전방안, 농업인단체의 전용 교육시설 설치 · 지원, 농업인력 확보를 위한 청소년 농업교육 강화 등이 추진되어야 한다.

탐구학습

1. 요약

- 농업과 농촌은 식량생산기능을 넘어 식량안보 및 지속가능한 발전 측면에서도 그 중요성이 더해가고 있다.
- 농촌지역실태로서 급격한 인구감소와 고령화, 토지이용의 영세성, 낮은 소득수준과 열악한 생활환경, 학생수 감소와 학교통폐합 등 열악한 교육여건 등이 대표적 특징으로 나타나고 있다.
- 농촌지역의 효율적 관리를 위한 정부정책가운데 '농촌지역발전'에 초점을 두어 행정자치부의 소도읍육성사업과 농림부의 농촌마을종합개발사업, 그리고 농업·농촌발전기본계획과 농림어업인 삶의 질 향상 기본계획을 중심으로 각각의 비전과 전략을 살펴보았다.
- 농촌지역의 전망과 과제는 지금까지의 농촌개발정책의 문제 및 농촌지역 실태, 그리고 농업과 농촌을 둘러싼 여건변화 전망을 바탕으로 삶의 질 향상을 위한 복지기반 확충, 시장개방에 따른 농업경쟁력 강화, 지속가능한 농업·농촌개발, 소득원 다양화 및 고부가가치화, 교육여건개선과 인적자원개발 등이다.
- 내발적 발전론(endogenous development)은 지역의 다양한 고유자원, 문화, 전통을 재발견하고, 자주성에 기초하여 지역발전을 도모하는 하나의 사회변화과정으로 이해할 수 있다.

2. 토론 및 과제

2.1 심화자료

- OECD(1998), *Environmental Benefits from Agriculture: Issues and Policies (농업의 환경편익)*.
- 농림부(2005), *제1차 농림어업인 삶의 질 향상 및 농산어촌지역개발 5개년 기본계획 (05~09)*.
- 농림부 www.maf.go.kr
- 건설교통부 www.moct.go.kr
- 행정자치부 www.mogaha.go.kr

2.2 토론주제

- FTA 등 농산물 개방으로 인한 농업 · 농촌의 득실에 대해 논하시오.
- 농촌과 도시간 순환 또는 연계교류의 장애점에 대해 논하시오.

2.3 과제

- 시장개방에 따른 농업경쟁력 강화 방안
- 농산물이력추적관리시스템(RFID)의 국내외 동향

참고문헌

건설교통부(2005), *국토의 계획 및 이용에 관한 연차보고서.*

구자억(2006), *농촌교육의 현실과 발전대책.*

국가균형발전위원회(2005), *동북아시대의 한반도 공간구상과 균형발전전략,* 서울 : 제이플러스애드.

국토연구원 · 건설교통부 역(2001), *OECD 한국지역정책보고서.*

김용웅외(2003), *지역발전론*, 서울 : 한울.

김정호(2004), "농업 · 농촌의 현실과 비전", *개방화시대 한국 농업 · 농촌 문제의 해법 모색을 위한 토론회 자료집*, 한국농촌경제연구원 · 한국경제연구원.

농림부(2004a), *농촌마을종합개발사업 추진상황.*

______(2004b), *농촌마을 종합개발사업 대상지역 36개소 확정(보도자료).*

______(2005), *제1차 농림어업인 삶의 질 향상 및 농산어촌지역개발 5개년 기본계획* ('05~'09).

농촌개발연구회편(1993), *농촌개발론*, 서울 : 형설출판사.

대한국토 · 도시계획학회(2004), *국토 · 지역계획론*, 서울 : 보성각.

대한민국정부(1999), *제4차 국토종합계획.*

___________(2005), *제4차 국토종합계획 수정계획.*

박시현(2003), *농촌관광 활성화를 위한 정책과제*, 한국농촌경제연구원.

유우익외(1998), *21세기 국토와 환경*, 서울 : 삶과 꿈.

윤원근(2003), *국토정책과 농촌계획*, 서울 : 보성각.

윤칠석 · 이성근(1999), "내발적 접근을 통한 지역산업의 특성화와 전문화", 영남대학교 영남지역발전연구소, *영남지역발전연구*, 제25집.

정명채(2002), *농어업 · 농어촌 교육제도 개선방안*, 한국농촌경제연구원 · 농어업 · 농어촌특별대책위원회.

채미옥(2002), "국토이용체계와 농지이용제도의 방향", *전환기 농지제도의 방향*, 한국농촌경제연구원 · 농어업 · 농어촌특별대책위원회.

한표환(2003), *신활력사업의 성공적 추진전략*.

행정자치부(2004), *신활력사업 추진지침*.

________(2006a), *사회구조 변화에 따른 농촌지역 행정체계 혁신방안 발표회 자료집*.

________(2006b), *소도읍육성사업 대상지역 현황(보도자료)*.

KDI(2004), *나라경제*, 2004. 4월호.

鶴見和子 · 川田侃編(1989), *內發的發展論*, 東京大學出版會.

제5장

특수문제지역의 관리

제1절 특수문제지역의 의의

1. 특수문제지역의 개념

특수문제지역(special problem region)에 대한 학술적이고 통일된 개념은 없는 실정이다. 각종 개발정책으로 인해 개발의 성과나 이익이 현재(顯在)되어 있는 도시산업화지역(urban-industrialized region)과 비교해 볼 때, 상대적으로 낙후되고 저개발된 지역이 발생하게 된다.

지역이 여러 가지 이유로 인해 경제적으로 취약한 상태에 처하게 되는데, 건전한 상태로부터 일탈한 비정상적인 상태에 처한 지역을 문제지역이라 한다. 특수문제지역이란 문제지역의 일탈 범위가 지극히 과도한 상태의 지역이라 할 수 있다.

지역개발에 대한 많은 학자들의 관심의 대상이 되었던 낙후지역(backward region), 침체지역(depressed region) 그리고 농촌지역(rural region) 등이 이러한 특수문제지역에 포함된다고 할 수 있다.

2. 특수문제지역 관리의 필요성

우리 나라의 기존 개발정책은 효율성을 추구하는 정책으로 말미암아 어려운 여건을 무릅쓰고 능력위주, 비교우위에 입각한 대외지향적 불균형개발전략을 추진하여 고도성장을 추구하여 왔다. 따라서 교통이나 자원 등에 대한 입지여건이 상대적으로 유리한 지역을 중심으로 개발이 추진됨으로써 지역간의 불균형현상이 초래되었고, 이는 점차로 확대되는 과정에 있었다.

특히 특수문제지역의 경우는 주민의 생활수준이 낮고 문화적, 경제적 후진성으로 인해 타지역으로부터 고립되어 있기 때문에 국가적 차원에서 관심이 집중되어 있는 실정이다.

특수문제지역의 관리는 불균형개발이론적 측면에서 접근해야 한다. 즉 지역간 불균형은 일시적인 현상이며 시장기능에 의해 불균형은 해소된다는 균형개발론적 시각으로는 특수문제지역의 문제를 해결할 수 없다. 특수문제지역의 발전을 위해서는 자원을 투입하고, 물리적 기반을 구축하는 등의 외생적개발전략을 도입해야 한다. 즉 특수문제지역은 지역 자체적으로는 성장을 위한 여건이 부족하므로, 이를 외부에서 조달하여 추진해야 한다.

3. 특수문제지역의 유형

특수문제지역은 그 지역이 안고 있는 문제의 성격 및 원인에 따라 세 가지로 유형화할 수 있다. 자원개발형, 특수지역형, 경제낙후형이 그것이다. 자원개발형은 당해 지역의 유·무형의 고유한 자원을 활용하여 지역의 발전을 유도하는 유형으로 신활력지역과 폐광지역이 이에 해당한다. 특수지역형은 지형 및 지리적인 특수성 및 한계성 등에 기인한 것으로 도서지역, 접경지역 등이 이에 해당한다. 그리고 경제낙후형은 지역이 지역총생산이나 소득 등 경제적으로 낙후된 지역을 특별히 개발하고자 하는 것으로 개발촉진지구와 오지지역이 이에 해당한다.

이러한 특수문제지역의 성장과 발전을 위해 폐광지역, 오지, 도서, 접경지역 등에 대한 개별법을 제정하여 지역발전을 촉진하고 있다. 본 장에서는 개별 유형에 따른 실태와 개발전략 등에 대하여 살펴보고자 한다.

제2절 자원개발형 문제지역관리

1. 신활력지역

신활력사업은 농업생산자, 자치단체, 지역기업, 지방대학, 연구소, 시민단체, 언론 등 지역혁신주체들이 지역특성에 맞는 발전전략을 수립하여 지역의 활력을 유도하는 사업이다. 신활력사업은 「국가균형발전특별법」에 근거하여 시행하고 있다. 「국가균형발전특별법」 제2조 및 동법시행령 제2조에 의거 행정자치부 장관이 신활력지역을 매3년마다 선정 · 고시토록 하고 있다. 그러므로 신활력지역은 낙후지역이란 용어 대신 성장가능성과 전망을 위주로 한 새로운 미래지향적 개념이다. 이러한 신활력지역은 인구변화율, 소득수준, 재정상황을 감안한 새로운 지표에 따라 평가한 낙후도가 전국수준의 하위 30%에 해당하는 시 · 군을 대상으로 지정하였다.

낙후된 우리 나라의 농촌지역을 활성화하기 위해서는 지속적인 인구유출과 농산물 시장개방에 대응한 지역경제활성화 전략이 요구되는 바, 기존의 물리적 개발전략에서 탈피하여 특화산업 육성을 통한 신활력지역으로 발전하기 위해 선택과 집중에 의한 산업클러스터의 구축이 필요하다. 지역균형발전정책 중 낙후지역개발을 위해서 추진되고 있는 신활력사업은 매우 중요한 의미를 가진다.

2004년 현재 신활력사업은 8개 광역시 · 도의 70개 시 · 군에서 시행되고 있다. 이들 사업을 성격별로 분류해 보면, 향토자원 개발이 35건으로 가장 많고, 다음으로 지역문화관광 12건, 지역이미지 마케팅 7건, 생명 · 건강산업 육성 6건, 그리고 교육 · 인재육성 및 해양수산자원 개발이 각각 5건 등으로 추진되고 있다(한표환, 2003).

행정자치부에서는 낙후도 수준을 기준을 A(낙후도 10% 이하), B(낙후도 11~20%), C(낙후도 21~30%)의 세 등급으로 구분하고, 각 등급별로 각각 30억 원, 25억 원, 20억 원을 지원하고 있다.

2. 폐광지역

1) 폐광지역의 의의

폐광지역이란 탄광이 소재하였거나 소재하고 있는 지역과 그 인접지역으로서 폐광 또는 석탄생산의 감축에 따라 지역경제가 현저히 위축되어 있는 지역을 말한다. 이러한 폐광지역은 주로 석탄산업의 사양화로 인하여 발생되었는바, 낙후된 폐광지역의 경제를 진흥시켜 지역간의 균형있는 발전과 주민의 생활향상을 도모하고자 지난 1999년 「폐광지역 개발지원에 관한 특별법」이 제정되었다.

2) 폐광지역의 현황

폐광지역진흥지구는 강원도 태백시, 삼척시, 영월군, 정선군, 경상북도 문경시, 그리고 전라남도 화순군 등 등 3개 시 · 도, 6개 시 · 군에 걸쳐 42개 읍 · 면 · 동이 지정되어 있다. 총 면적으로는 923.9㎢이고, 이 가운데 강원도가 678.4㎢로 전체의 73.4%로 가장 넓게 차지하고 있다. 시 · 군을 기준으로 보면, 영월군이 240.7㎢로 전체의 26.1%에 달한다. 다음으로는 태백시, 정선군, 문경시 등의 순으로 지정되어 있다.

3) 폐광지역의 관리

폐광지역의 활성화를 위하여 폐광지역진흥지구를 지정하는바, 이는 산업자원부장관이 폐광지역 가운데 다른 산업의 유치가 곤란한 지역의 경제를 진흥시키기 위하여 도지사의 신청을 받아 국무회의의 심의를 거쳐 지정한다. 폐광지역진흥지구는 「지역균형개발법」에 의한 개발촉진지구 가운데 광업점유율, 석탄생산량 등의 기준에 의거하여 지정한다.

그리고 관할 도지사는 진흥지구로 지정 · 고시된 지역에 대하여 개발촉진지구의 개발계획에 진흥지구의 개발에 관한 사항을 포함시켜야 한다. 또한 도지사는 진흥지구의 환경보전 및 폐광으로 인한 환경오염을 해소하기 위한 계획을 수립하여 개발계획에 이를 반영하여야 한다. 이러한 폐광지역환경보전계획을 수립할 때, 산림 · 식생 · 생태계 · 수자원 등 자연환경, 폐광으로 인한 환경오염, 인구 · 산업 · 상하수도 등 사회환경 등에 대하여 환경조사를 실시하고 그 조사결과를 관계 중앙행정기관의 장에게 통보하여야 한다.

제3절 특수지역형 문제지역관리

1. 도서지역

1) 도서지역의 의의

도서(島嶼)란 「도서개발촉진법」 제2조에 의거 제주도 본도를 제외한 해상의 전 도서를 말한다. 도서의 생산 · 소득 및 생활기반시설의 정비 · 확충으로 생활환경을 개선함으로써 도서주민의 소득증대와 복지향상을 도모하고자 「도서개발촉진법」이 제정되었다.

도서개발계획의 대상이 되는 공간을 개발대상도서라 하며, 이는 행정자치부장관이 특별시장 · 광역시장 또는 도지사의 신청에 의하여 도서개발심의위원회의 심의를 거쳐 지정한다. 개발대상도서를 지정할 경우 개발목표, 개발도서 및 개발사업의 범위, 개발사업의 개요, 개발사업의 시행기간 등을 고시하여야 한다.

2) 도서지역의 현황

우리 나라 연안의 총 78개 시 · 군 · 구에 분포하는 도서는 총 3,170개소이다. 이 가운데 84.5%인 2,679개는 무인도서이고, 나머지 491개에만 사람이 거주하고 있다. 유인도서 가운데 48개는 육지와 다리로 연결되어 있어 실제 유인도서는 443개라 할 수 있다. 유인도서의 시 · 도별 분포를 보면, 전라남도가 280개로 가장 많고, 경상남도 80개, 인천시 42개, 충청남도 37개, 전라북도 26개 등이다.

그리고 유인도서에 거주하는 주민은 약 79만명이나 점차 인구가 감소하는 추세에 있다. 그리고 육지와 다리가 연결되지 않은 도서에 거주하는 주민은 약 20만 명 정도로 추산된다(파이낸셜 뉴스, 2005. 3. 23).

한편 도서개발계획의 사업이 시행된 도서는 2003년 전남 139개, 경남 27개 등 총 225개이며, 2004년은 전남 132개, 경남 26개, 인천 20개를 비롯하여 모두 214개에 달한다.

3) 도서지역의 관리

도서개발계획에는 ① 주민소득증대와 생활수준을 향상시키기 위하여 필요한 주거환경 및 시설의 개선에 관한 사항 ② 산업진흥과 자원개발을 위하여 필요한 기반시설설치에 관한 사항 ③ 도서의 교통 · 통신 편익증진을 위하여 필요한 운송 및 교통수단과 통신시설의 개선 · 확충에 관한 사항 ④ 풍 · 수해 및 재해 등의 방재를 위하여 필요한 방파제 · 방조제시설과 치산녹화 등 국토보전에 관한 사항 ⑤ 주민의 복지증진을 위하여 필요한 교육 · 후생 · 의료 · 문화 및 전기시설의 설치 · 개선에 관한 사항 ⑥ 도서지역의 환경보전에 관한 사항 ⑦ 생활필수품의 원활한 유통 · 공급을 위한 지원 · 보조 등에 관한 사항 ⑧ 국가안전보장을 위하여 필요한 시설에 관한 사항 등이 포함되어야 한다.

이러한 도서개발계획은 시 · 도지사가 사업계획을 작성하여 행정자치부장관에게 제출하고, 행정자치부장관은 도서개발심의위원회의 심의를 거쳐 국무총리에게 보고하고 이를 확정한다.

1988년에 제1차 도서종합개발 10개년(1988~1997)계획 확정되었고, 이후 1998년에는 제2차 도서종합개발 10개년(1998~2007)계획 확정되었다. 제2차 계획의 대상도서는 410개에 달하며, 시행하는 사업은 약 3,154건(행자부소관 2,835, 기타부처 319)에 달한다. 이에 따른 투자비는 22,296억원에 달한다. 그리고 2004년도에는 총 622건에 대하여 296,896백만 원이 투자되었다.

2. 접경지역

1) 접경지역의 의의

접경지역이란 민간인통제선 이남의 시·군의 관할구역에 속하는 지역으로서 민통선 이남으로부터 20㎞ 이내에 소재한 시·군에 속한 읍·면·동 행정구역으로서 인구증감률(최근 5년간), 도로포장률, 상수도보급률, 제조업종사자 비율, 군사시설보호구역 점유 비율 가운데 셋 이상의 지표가 전국의 평균지표보다 저조한 지역, 또는 군사분계선 남방 2㎞ 지점을 잇는 선으로부터 민통선 사이의 지역으로서 농업생산지역, 집단취락지역, 그리고 해상의 북방한계선 이남지역으로서 백령도·대청도·소청도·대연평도·소연평도와 그 주변 도서 등을 말한다.

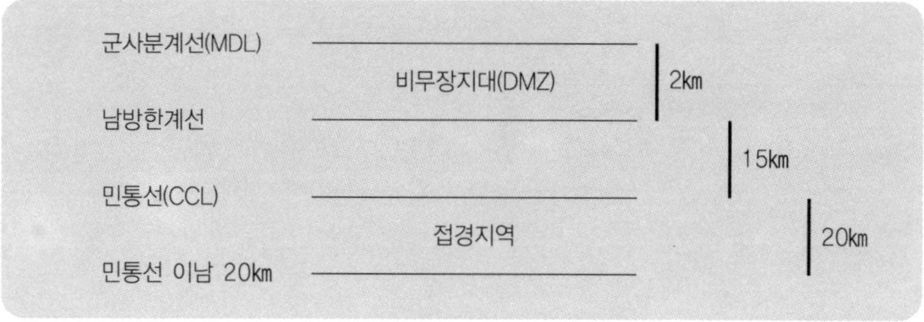

[그림 2.5] 접경지역의 공간적 위치

남북의 분단으로 낙후된 접경지역의 경제발전 및 주민복지향상을 지원하고, 자연환경을 체계적으로 보전·관리하기 위한 목적으로 지난

2000년 「접경지역지원법」을 제정하였다.

2) 접경지역의 현황

접경지역은 3개 광역시 · 도에 걸쳐 총 98개 읍 · 면 · 동 지역에 달하며, 그 면적은 8,097㎢에 이른다. 이는 3개 시 · 도 전체면적 9665㎢의 83.8%에 달한다. 그리고 접경지역에 거주하는 인구는 657천명으로 전체 인구의 32.1%로 매우 높은 실정이다.

〈표 2.24〉 접경지역 면적 및 인구 현황

구 분	읍면동(개)		면 적 (㎢)		인 구 (천명)	
	전 체	대 상	전 체	대 상	전 체	대 상
합 계	175 (100)	98 (100)	9,665 (100)	8,097 (100)	2,047 (100)	657 (100)
인 천	20 (12)	17 (17)	574 (6)	497 (6)	81 (4)	76 (12)
경 기	97 (55)	46 (47)	3,155 (33)	2,413 (30)	1,544 (75)	406 (61)
강 원	58 (33)	35 (36)	5,936 (61)	5,187 (64)	422 (21)	175 (27)

자료 : 기획예산처(2003).

3) 접경지역의 관리

접경지역의 효율적인 관리를 위하여 접경지역종합계획을 수립하고 있다. 이는 접경지역의 종합적 이용과 주민복지의 증진, 자연환경의 보전 · 관리 및 통일기반조성에 관한 기본적인 중장기계획을 말한다.

여기에는 ① 종합계획의 목표 및 기본방향 ② 권역구분 및 지구지정

③ 자연생태자원의 조사 ④ 자연환경의 보전 · 관리 및 환경오염의 방지 ⑤ 평화통일기반시설 또는 통일지대의 설치 ⑥ 남북한 교류 · 협력 활성화 ⑦ 군사시설의 보전 및 보완대책 ⑧ 사회간접자본시설의 정비 및 확충 ⑨ 농어업 · 임업 등 산업기초시설의 확충 · 개선 ⑩ 전기 · 통신 · 가스 등 생활기반시설의 확충 · 개선 ⑪ 교육 · 의료 · 후생 등 문화복지시설의 확충 ⑫ 주택 · 상하수도 등 주거환경개선 ⑬ 재해방지 ⑭ 문화재의 발굴과 보존 및 관리 ⑮ 관광자원의 개발과 관광산업의 진흥 등이 포함되어야 하며, 접경지역의 자연환경의 보전과 국가안보상의 특수성을 고려하여야 한다.

그리고 접경지역종합계획은 행정자치부장관이 시 · 도별 접경지역계획을 기초로 관계 중앙행정기관의 장과 협의하여 수립하고, 접경지역정책심의위원회의 심의를 거쳐 대통령의 승인을 얻어 최종 확정한다.

2004년도 접경지역에 대한 사업은 소도로 개설, 하천정비, 상수도 정비, 공원 및 가로등, 주차장, 그리고 홈페이지 구축 등으로 다양하게 추진하였으며, 사업건수는 130건에 달한다. 소도로개설사업이 58건으로 가장 많고, 용배수로 사업비 14건, 세하천정비가 12건 등이다. 사업비를 기준으로 보면 소도로개설이 28,032백만 원으로 전체의 65.4%에 달한다.

앞으로 정부는 접경지역에 대하여 단계적으로 지원을 확대하여 접경지역의 건전한 발전을 유도, 수도권 과밀해소와 국토의 균형발전 및 통일기반을 조성할 뿐만 아니라, 접경지역이 경의축 · 경원축 등 주요 남북 연결축상에 위치하고 있어 남북교류협력 증대시 창구역할 및 남북육로 연결지로 큰 역할을 할 것으로 기대된다.

제4절 경제낙후형 문제지역관리

1. 개발촉진지구

1) 개발촉진지구의 의의

개발촉진지구는 다른 지역에 비하여 개발수준이나 소득기반이 현저하게 낮아 특별히 개발을 촉진할 필요성이 있는 지구를 말한다. 이러한 개발촉진지구개발계획에 대한 법적 근거는 「지역균형개발법」에서 찾을 수 있다. 건설교통부장관은 개발촉진지구를 직접 또는 광역시장·도지사의 요청을 받아 개발촉진지구를 지정할 수 있다.

개발촉진지구는 성격상 낙후지역형, 균형개발형, 도농통합형 등 3가지로 구분된다. 먼저 낙후지역형 개발촉진지구의 지정요건은 인구증가율 또는 재정자립도 중 1개 이상이 전국적으로 하위 30% 미만에 속하면서 제조업종사자의 인구비율, 도로율, 승용차의 보유비율, 의사비율, 노령화지수 또는 도시적 토지이용비율 중 1개 이상이 전국의 하위 30% 미만에 속하는 지역이다. 그리고 도농통합형 개발촉진지구는 종래의 지역산업이 급격히 쇠퇴한 농어촌지역으로서 새로운 소득기반의 조성을 위하여 인근 도시지역과 연계하여 개발할 필요가 있는 지역이 지정의 요건이 된다. 그리고 균형개발형은 광역개발권역 및 특정지역에 속하는 지역으로서 지역간 균형있는 개발을 위하여 특히 민간자본을 유치하여 집중적인 개발이 필요한 지역에 대하여 지정한다. 그러나 제주도와 수도권에는 개발촉진지구를 지정할 수 없다.

개발촉진지구개발계획에는 첫째, 생산기반의 조성 및 이에 부대되는 사업 둘째, 주민생활환경 개선을 위한 시설의 설치·개량사업 셋째,

교통시설, 용수공급시설 등 지역발전을 위한 기반시설정비사업 넷째, 관광휴양지 조성, 지역특화산업의 육성등 주민소득증대에 기여할 수 있는 사업 다섯째, 자연환경 보전 등에 필요한 환경관련 사업 등에 대한 내용을 포함하여야 한다.

2) 개발촉진지구의 현황 및 관리

「지역균형개발법」이 제정된 이래 1994년부터 수도권과 제주도를 제외한 시 · 도중에서 개발수준이 현저히 낙후된 지역에 대하여 소득기반과 생활환경개선을 위하여 개발촉진지구제도를 도입하였다.

개발촉진지구는 총 36개 지구가 지정되어 개발사업이 추진 중에 있다. 이를 유형별로 보면, 낙후지역형은 1996년부터 5차에 걸쳐 31개 지구가 지정되었으며, 균형개발형은 아산만 배후신시가지, 백제문화권 등 2개 지구, 도농통합형은 강릉, 춘천, 제천 등 3개 지구가 지정되어 있다.

이 가운데 낙후지역형은 지구지정 총면적 7,039㎢로서, 기반시설정비사업 239건, 지역특화사업 121건, 관광휴양사업 175건 등 총 535건의 개발사업이 추진 중이다. 중앙정부는 총 121건, 680㎞의 기반시설(도로)사업에 대하여 국비를 지원하고 있다. 낙후지역형 개발촉진지구에 대한 총 사업비는 16조 2,583억 원으로서, 국고가 18.5%, 지방비가 9.7%, 민자가 71.8%를 차지하고 있으며, 건교부소관 기반시설(도로) 국고지원사업비는 총 1조 5,174억 원으로서 2004년까지 7,616억 원을 지원하였고, 2005년에 1,602억 원을 지원할 계획이다.

2. 오지지역

1) 오지지역의 의의

오지(奧地)라 함은 「오지개발촉진법」에 제2조의 규정에 의거 도시지역으로부터 상당한 거리에 떨어져 있는 지역으로서 교통이 불편하고 주민의 소득수준과 생활수준이 현저히 낮은 지역을 말한다. 즉 개발수준이 전국 면지역 평균 이하인 지역으로 지역주민의 1인당 소득수준이 전국 면지역 평균 1인당 소득수준 이하인 지역을 말한다.

2) 오지지역의 현황

1988년 면단위 낙후 지역에 대한 종합개발시책을 체계적으로 지원하기 위한 「오지개발촉진법」이 제정 · 공포됨에 따라 도지사의 신청으로 중앙 관계부서 간의 협의와 중앙심의위원회의 심의를 거쳐 대통령의 승인으로 확정되었다.

오지개발사업의 범위는 1990～1999년(10개년간)으로 하고, 전국 116개군과 403개면을 개발지구로 지정되었다가, 최근 읍승격 등으로 4개지구가 해제되어 399개면에서 사업이 시행되고 있다.

〈표 2.25〉 오지개발사업 대상지구 현황

(단위 : 개)

구 분	계	경기	강원	충북	충남	전북	전남	경북	경남
현 황	399	11	50	37	46	52	79	74	50

자료 : 행정자치부(2003).

3) 오지의 관리

오지의 지정 · 개발은 오지지역을 종합적으로 개발함으로써 지역주민의 소득증대와 복지향상을 기하고, 지역간 격차를 해소하여 지역간 균형있는 발전을 유도하기 위함이다.

오지개발계획에는 첫째, 통신 · 도로시설 등 생활기반시설의 확충 · 개선 둘째, 농업 · 공업 · 임업 · 수산업 등 산업기반시설의 확충 · 개선 셋째, 교육 · 의료 · 후생등 문화복지시설의 확충 넷째, 하천개수 · 치산녹화 등 국토보전시설의 정비 · 확충 다섯째, 주택 상 · 하수도 등 주거환경의 개선 등에 대한 사항을 포함해야 한다.

오지개발지구는 행정자치부장관이 오지를 관할하는 광역시장 또는 도지사의 신청에 의하여 지정하고, 이 경우 관계중앙행정기관의 장과의 협의를 거쳐야 한다.

오지개발을 위해 생활기반시설 2,180건(3,902억 원), 산업기반시설 1,886건(8,511억 원), 문화복지시설 631건(501억 원), 환경위생시설 1,004건(1,079억 원), 생활안전시설 789건(1,271억 원) 등 총 6,490건에 15,264억 원이 투입되었다.

탐구학습

1. 요약

1.1 주요개념과 요약

- 각종 개발의 성과나 이익이 창출되는 지역에 비하여 상대적으로 낙후되고 저개발된 지역을 특수문제지역이라 하며, 주민의 생활수준이 낮고 문화적, 경제적 후진성으로 인해 타지역으로부터 고립되어 있기 때문에 국가적 차원에서의 정책적 배려가 필요하다.
- 특수문제지역은 그 지역이 안고 있는 문제의 성격 및 원인에 따라 자원개발형, 특수지역형 그리고 경제낙후형 등으로 유형화할 수 있다.
- 자원개발형 문제지역의 관리를 위해서 신활력사업, 폐광지역진흥지구사업, 특수지역형 관리를 위해서 도서개발사업과 접경지역사업, 경제낙후형 관리를 위해서 개발촉진지구 및 오지개발사업을 시행하고 있다.

1.2 주요학자 및 대표이론

- John Friedmann

  오스트리아 수도 비엔나에서 태어난 John Friedmann은 1955년 미국 시카고대학에서 계획이론으로 박사학위를 받았다. 이후 1971년부터 1996년까지 미국 UCLA의 건축 및 도시대학원 교수로 재직하였다.

  주로 계획이론과 제3세계의 도시화와 농촌개발에 관심을 두었으며 대안적 지역개발의 연구에도 매진하였다.

  주요 저서로는 「The Good Society」(1979), 「Retracking America : Theory of Transactive Planning」(1973), 「Planning in The Public Domain : from Knowledge to Action」(1987) 등 다수가 있다.
- 균형개발이론과 불균형개발이론

2. 토론 및 과제

2.1 심화자료

- 신활력사업　　　　행정자치부(www.mogaha.go.kr)
- 폐광지역진흥지구　산업자원부(www.mocie.go.kr)

- 도서개발 행정자치부(www.mogaha.go.kr)
- 접경지역 행정자치부(www.mogaha.go.kr)
- 개발촉진지구 건설교통부(www.moct.go.kr)
- 오지개발 행정자치부(www.mogaha.go.kr)

2.2 토론주제

- 지역개발 투자시 효율성과 형평성 가운데 무엇이 더 중요한 가치를 지니는가?

2.3 과제

- 인근 특수문제지역의 개발사례 조사

참고문헌

건설교통부(2005), *국토의 계획 및 이용에 관한 연차보고서.*

국토연구원 · 건설교통부 역(2001), *OECD 한국지역정책보고서.*

기획예산처(2003), 보도자료.

김용웅외(2003)_ *지역발전론*, 서울 : 한울.

대한국토 · 도시계획학회(1992), *도시계획론*, 서울 : 형설출판사.

____________________(2004), *국토 · 지역계획론*, 서울 : 보성각.

대한민국정부(1999), *제4차 국토종합계획.*

__________(2005), *제4차 국토종합계획 수정계획.*

신행정수도후속대책위원회(2005), *2004년도 신행정수도 건설추진 백서.*

유우익외(1998), *21세기 국토와 환경*, 서울 : 삶과 꿈.

윤원근(2003), *국토정책과 농촌계획*, 서울 : 보성각.

통계청(2005), *한국통계연감.*

하성규 · 김재익(1995), *도시관리론*, 서울 : 형설출판사.

한국지역개발학회(1996), *지역개발학원론*, 서울 : 법문사.

해양수산부(2002), *우리 나라 무인도서의 통합적 관리대책 마련을 위한 Working Group 운영.*

행정자치부(2003), *2003년도 오지종합개발사업계획*.

________(2004a), *2004년도 접경지역지원사업 추진지침*.

________(2004b), *2004년도 도서종합개발사업계획*.

허재완(1997), *도시경제학*, 서울 : 법문사.

홍경희(1993), *도시지리학*, 서울 : 법문사.

황명찬(1993), *지역개발론*, 서울 : 법문사.

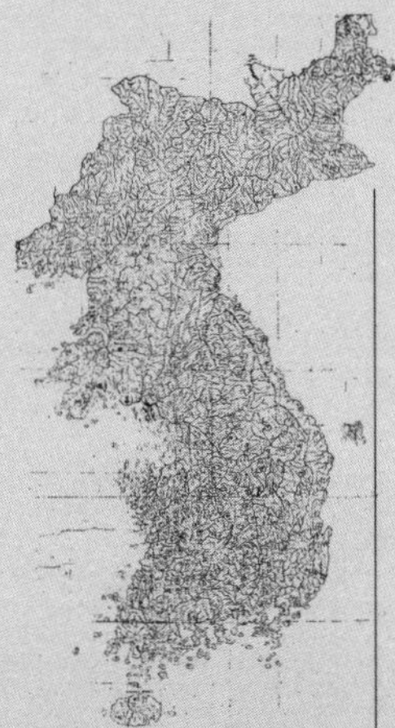

제3부

자원의 이용과 관리

제1장 자원의 체계적 이해

제2장 자연환경자원의 보전과 관리

제3장 토지자원의 이용과 관리

제4장 수자원의 개발과 관리

제5장 해양자원의 개발과 관리

제6장 역사문화자원의 보존과 관리

제1장

자원의 체계적 이해

제1절 자원의 의의

1. 자원의 개념

1) 자원의 개념

인류는 오랜 역사를 통해 자원을 이용하며 생활해 왔다. 인간생활을 위한 식량, 공업적 생산을 위한 원료 혹은 에너지 등은 모두 인간의 생산적 활동에 의해 산출되는 것이지만, 인간의 생산적 활동을 가능케 하는 원천은 자원 그 자체이다. 가장 넓은 의미로는 자원을 인간의 물질적 · 정신적 욕망을 충족시키고, 인류의 사회생활을 유지 · 향상시키기 위한 원천이라고 정의할 수 있다. 경제학에서는 재화나 서비스를 생산하기 위하여 투입되는 것으로서 생산요소라고도 하며(김대식외, 2003 : 6), 일반적으로 자원이라 함은 좁은 의미로 자연자원을 가리킨다.

2) 자원의 변화

인류의 역사는 자원개발의 역사라고 할 수 있다. 인간은 인류의 생활을 위해 적극적으로 자연을 이용하고 자연에 저항하며 자연을 변화시켜 왔다. 즉 자원은 자연 그 자체가 아니라 인류가 자신들의 목적을 위해 자연 속에서 채취하고 만들어낸 것으로서, 인간 및 인류사회의 능력(인간이 가진 기술 또는 조직)의 발전과 함께 개발되어 온 것이다. 따라서 자원의 내용은 인류의 기술적 · 사회적 발전에 따라 변화하고 증가되어 왔다. 한편 자원은 자연과 인간의 상호의존관계 속에서 성립했으며, 인간이 자연에 영향을 미침과 동시에 자연으로부터 영향을 받아왔다. 이처럼 자원은 상대적이고 유동적인 개념이다.

2. 자원의 유용성

1) 자원과 인간

인간은 삶을 영위하기 위하여 필수적으로 많은 자원을 필요로 한다. 인구의 증가, 경제의 지속적 성장, 기술의 발달, 그리고 무한한 인간의 욕망으로 인해 자원의 이용은 급증하고 있으며 필요한 자원의 종류도 매우 다양해지고 있다. 그러나 모든 자원이 이러한 급격한 수요증가에 따른 공급에 한계가 있어 자원의 부족문제를 경험하고 있으며, 자원의 이용으로부터 발생하는 각종 부산물 또는 폐기물은 환경을 오염시켜 우리 삶의 질을 저하시키고 있음은 물론 생존 자체마저 위협하고 있다(윤양수외, 1998 : 27).

2) 자원의 유용성

자원은 자연과 인간의 상호관계 속에서 성립하며 역사의 발전단계 속에 대응하는 것이지만, 현재의 자원문제를 이해하고 현 단계에서 자원을 어떻게 평가할 것인가는, 자원이 현재의 자본주의적 생산양식 아래서 어떻게 개발되고 이용되느냐에 달려 있다. 예를 들어 물리적인 자원을 부존하고 있다 해도 그것이 곧 경제자원이 되는 것은 아니다. 경제자원은 투자에 비해 얻어지는 수익이 클 것이 전제되며 경제의 발전과 함께 대규모화하는 수요를 충족할 수 있는 충분한 양과 좋은 질을 갖출 것이 요구된다.

3) 자원과 국제환경

지구상에 부존하는 경제적 채산성이 높은 자원, 즉 대량의, 대규모의, 고품질의 자원은 한정되어 있고, 자원부존량은 특정한 나라에 집중되어 있으며, 또한 그 경제적 개발과 생산은 소수의 대자본에 집중되어 있다. 19세기 후반부터 오늘날까지 발생한 많은 전쟁들은 자원획득을 위한 것이었다해도 과언이 아니다.

오늘날 산업화를 이룬 선진국은 점차 자원소비량이 대규모화하여 자국 내의 공급량을 초과하게 되었다. 그 결과 해외에서 자원을 공급받아서 자국경제를 확대 발전시켜가는 것이 통례이다. 미국의 경우, 거대한 국토에 비교적 자원보유량도 많고 그 수급균형도 지켜가고 있지만, 다른 선진 여러 나라의 자원수입 의존도는 나날이 증가하고 있다. 한편 자원을 많이 보유하고 있는 개발도상국들은 자원에 대한 민족적 주권을 주장하고 그에 입각한 행동을 하는 자원민족주의(resource nationalism)

경향을 보이고 있다. 앞으로 자원보유국과 자원소비국은 상호 주권을 존중하는 우호적인 국제관계에 입각하여 자원을 효율적으로 이용해야만 할 것이다.

제2절 자원의 분류

1. 자원의 분류기준

자원은 크게 물질자원과 공간자원으로 분류할 수 있다. 물질자원은 형태여부에 따라 유형자원과 무형자원으로 구분하기도 하고, 생존여부에 따라 생물자원과 무생물자원으로 구분하기도 한다. 또한 재생여부에 따라 재생가능자원(순환자원)과 재생불가능자원(고갈자원)으로 구분한다. 한편 공간자원은 공간으로서의 자원을 말하며, 토지자원과 해양자원이 포함된다. 그리고 다른 자원으로 대체할 수 있는가에 따라 대체가능자원과 대체불가능자원으로 구분할 수도 있다.

2. 자원의 경제학적 분류

자원을 경제학에서는 크게 인적자원과 물적자원으로 분류하기도 한다. 인적자원은 노동이나 기업경영능력을 말한다. 노동은 재화와 서비스를 생산하는 데 유용한 사람들의 모든 육체적 · 정신적 능력을 말하며, 기업경영능력은 생산요소를 투입하여 제품을 생산 · 판매하는 기본적인 기업전략에 관한 결정을 내리며 위험을 부담하고 혁신을 수행하는 특수한 능력을 일컫는다(김대식외, 2003 : 6). 물적자원은 자연자원과 인공자원으로 세분할 수 있다. 자연자원은 자연적으로 주어진 것으로서 토지 · 대기 · 광물 등이 포함되며, 인공자원은 사람이 만든 생산수단으로서 건물 · 기계 등이 포함된다. 인공자원은 흔히 생산재 또는 자본으로 불린다. 여기에서는 자원을 크게 자연환경자원, 토지자원, 수자원, 해양자원 및 역사문화자원으로 구분하여 설명하고자 한다.

제3절 자원의 유형별 특성

1. 자연환경자원

자연환경자원은 다음의 특성을 가진다. 첫째, 자연환경자원은 인간 생활에 필수적인 자연자원이다. 둘째, 자연환경자원은 생물자원뿐 아니라 무생물자원을 포함한다. 셋째, 자연환경자원은 여러 가지 외부효과를 수반한다. 인간의 정서를 순화시키고 아름다운 경관을 제공한다. 넷째, 자연환경자원은 한번 훼손하면 복구하는 데 많은 시간과 노력이 필요하다.

2. 토지자원

토지자원의 특성은 다음과 같다. 먼저, 부동성(지리적 위치의 고정성)의 특성이 있다. 토지의 지리적 위치는 인간의 힘으로 이를 이동하지 못하며 토지의 효율성과 유용성도 위치에 따라서 지배된다.

둘째, 공간으로서의 토지는 영원히 존속되는 것으로 영속성(불변성)이 있다. 토지는 사용이나 시간의 경과에 따라 소모되거나 마멸되지 않는다.

셋째, 토지는 다른 생산물과 달리 생산비를 투입하여 순수한 그 자체의 양을 늘릴 수 없는 부증성(不增性 : 비생산성)의 특성이 있다. 이는 토지부족문제의 근본적 원인이며, 토지이용을 집약화시키고, 지대나 지가를 발생시킨다.

네째, 개별성(비동질성, 이질성)의 특성이 있다. 즉 물리적으로 위치, 지형, 지세 등이 완전히 동일한 토지는 존재하지 않는다. 이는 토지의 가격과 수익을 개별화시키므로 일물일가(一物一價)의 법칙을 배제시킨다.

다섯째, 물리적으로 보는 토지는 반드시 다른 토지와 연결되어 있으므로 인접성(연결성)이 있다. 따라서 각각의 토지는 인접지와 협동적 이용을 필연화시키며, 가격형성시 인접지의 영향을 받게 된다.

3. 수자원

수자원은 다음의 특성을 가진다. 첫째, 수자원은 순환성과 유동성을 갖는 갱신자원의 성격을 지닌다(주봉규, 2005 : 207-210). 둘째, 수자원은 무한한 자원처럼 여겨지지만 실은 유한하다. 셋째, 수자원은 기상조건에 따라서 그 양이 크게 좌우된다. 넷째, 기상조건에 좌우되는 강우량은 연도 및 지역에 따라서 다르기 때문에 치산치수나 용 · 배수로의 정비, 수자원에 관한 이용량 조정이 반드시 필요하다. 다섯째, 수자원은 질이 균일하지 않고 지역적인 차이가 뚜렷하다. 여섯째, 수자원은 유한한 자원의 성격을 지니지만 토지자원과는 달리 개개인이 독점적으로 이용할 수 있다.

4. 해양자원

해양자원의 특성은 다음과 같다. 첫째, 해양은 지구표면적의 70%이상을 차지하는 중요한 자원이다. 둘째, 해양은 일종의 공유재산으로서 그 개발과 관리에 국제적 협력을 필요로 한다. 셋째, 해양자원은 물질자원(생물자원 및 무생물자원)과 공간자원을 포함한다.

5. 역사문화자원

역사문화자원의 특성은 다음과 같다. 첫째, 역사문화자원은 유형자원과 무형자원을 포함한다. 둘째, 역사문화자원은 자연자원과 인공자원을 포함한다. 셋째, 역사문화자원에는 현존하는 것뿐만 아니라 이미 사라진 것들도 있을 수 있다. 넷째, 역사문화자원은 시간이 경과함에 따라 경제적 가치가 증가하는 특성이 있다.

탐구학습

1. 요약

- 자원은 인간의 물질적 · 정신적 욕망을 충족시켜 주는 원천을 말한다.
- 자원문제는 인간의 욕망에 비해 그 욕망을 충족시켜 줄 대상인 자원이 희소하기 때문에 발생하는 여러 가지 문제를 말한다.
- 자원관리는 한정된 자원을 유용하게 사용할 수 있도록 관리하는 것을 말한다. 즉 자원의 이용 및 개발을 적정하게 하고, 이를 합리적으로 보존할 수 있도록 하는 것이다.
- 자원민족주의

2. 토론 및 과제

2.1 심화자료

- 주봉규(2005), *토지 · 자원 · 환경경제학 개론*, 서울 : 서울대학교출판부.
- 산업자원부, www. mocie. go. kr
- 건설교통부, www. moct. go. kr
- 해양수산부, www. momaf. go. kr
- 문화관광부, www. mct. go. kr

2.2 토론주제

- 자원관리는 왜 필요한가?
- 자원의 분류기준에는 어떤 것이 있는가?

2.3 과제

- 자원개념의 상대성
- 자원민족주의
- 토지자원의 특성

참고문헌

건설교통부(2005), *2005 국토의 계획 및 이용에 관한 연차보고서*.

김대식외(2003), *현대경제학원론*, 서울 : 박영사.

김웅서외(2005), *해양개발의 현재와 미래*, 안산 : 한국해양연구원.

이용우외(2001), *환경친화적 국토발전을 위한 전략연구*, 안양 : 국토연구원.

송재준외(2002), *환경과 자원*, 서울 : 동화기술.

장호수(2002), *문화재학개론*, 서울 : 백산자료원.

주봉규(2005), *토지 · 자원 · 환경경제학 개론*, 서울 : 서울대학교출판부.

환경부(2005), *2005 환경백서*.

제2장

자연환경자원의 보전과 관리

제1절 자연환경자원의 의의

1. 자연환경과 자연환경자원

1) 자연환경에 대한 세계관

인류학자 Florence Kluckhohn은 인간은 다양한 문화와 역사적 시간 속에서 일반적으로 세 가지 관점을 보인다고 기술하였다. ① 자연에 복종하는 인간, 즉 강력하고 타협하지 않는 자연의 자비 속에 사는 인간 ② 자연을 지배하는 인간, 즉 환경을 지배하고, 개척하고, 통제하는 인간 ③ 자연의 한 부분으로서 사는 인간, 즉 동물, 나무, 강과 같이 자연과 조화를 이루며 살려고 노력하는 인간으로 구분하고 있다.

그리고 인본적 지리학자 Yi-Fu Tuan은 자연환경에 대한 태도로서 에덴이론, 병렬이론, 제퍼슨이론을 소개하고 있다(최운식외, 2000 : 24-29). 에덴이론은 도시, 정원, 거친 자연환경에 대한 인간의 태도에 대한 것으로, 각 시대마다 차이를 보이고 있다. 예를 들어 19세기에는 성경 속의 에덴동산, 수도원과 유토피아적 사회에 가치를 두었으며, 여기서 자연은 선(善)이며, 정원, 농장, 계획된 사회의 전원적 장소로서 나타난다. 반대로 통제 불가능하고, 거칠고 야만적인 자연은 악(惡)으로 나타난다.

병렬이론(Juxtaposed Ideals)은 여러 시간 동안 도시와 자연에 대한 존경이나 긍정, 부정적 태도를 보여준다. 예를 들어 중세 중국의 학자나 정치가들은 도시와 전원에 대하여 복합된 감정을 가졌다. 그들에 의하면, 도시는 자극과 동료애, 예술, 훌륭한 음식과 흥분된 삶을 제공해 주지만, 또한 어지럽고, 시끄럽고, 주위가 산만하며 더러운 곳이었다. 반면 시골은 목가적이며 은신처이지만, 자극이 없고 외롭고 지적 호기심 충족에 대해 매우 제한적인 곳이다.

제퍼슨이론(Jeffersonian Ideal)은 도시와 자연에 대해 아주 강한 부정을 나타내고 있으며, 가장 이상적인 자연환경으로 시골, 정원, 전원이 있는 '중간 환경'을 지지하였다.

2) 자연환경자원

자연환경은 지하 · 지표(해양을 포함한다) 및 지상의 모든 생물과 이들을 둘러싸고 있는 비생물적인 것을 포함한 자연의 상태(생태계 및 자연경관을 포함한다)를 말한다(자연환경보전법 제2조). 또한 생태계는 일정한 지역의 생물공동체와 이를 유지하고 있는 무기적 환경이 결합된 물질계 또는 기능계를 말한다.

자연환경자원은 자연자원과 지하, 지표, 지상의 모든 생물과 이들을 둘러싸고 있는 비생물적인 것을 포함한 자연환경을 자원적 관점에서 바라본 것이라고 할 수 있다.

3) 자연환경자원의 보전

자연환경자원의 보전은 자연환경을 체계적으로 보존·보호 또는 복원하고 생물다양성을 높이기 위하여 자연을 조성하고 관리하는 것을 말한다. 한편 자연환경자원의 지속가능한 이용은 현재와 장래의 세대가 동등한 기회를 가지고 자연환경을 이용하거나 혜택을 누릴 수 있도록 하는 것을 말한다.

2. 자연환경자원의 현황

1) 자연 및 지리적 특성

우리 나라는 아시아 대륙의 북·동부에서 서·남쪽 방향으로 뻗어 나온 길다란 내륙과 3,200여 개의 도서로 구성되어 있으며 총 면적은 약 22.1만㎢이고 남한은 약 9.9만㎢로서 전체의 45%를 차지하고 있다. 간석지를 포함한 대륙붕은 육지넓이의 2배가 넘는 50만㎢(남한은 34.5만㎢)이며, 이 가운데 약 80%가 서해안에 분포하고 있다(환경부, 2005 : 297).

또한 우리 나라는 전형적인 동고서저(東高西低)의 지형으로 동쪽은 급경사면을 이루고 있고 서·남해쪽은 완경사면을 이루고 있다. 동부의 설악산, 오대산, 소백산, 지리산 등을 중심으로 남북으로 뻗은 백두대간과 그로부터 갈라진 산맥축이 주요 능선을 구성하고 있으며, 남서쪽으로 내려오면서 침식평야의 농경지를 이루고 있다.

이러한 지리적 특성으로 인하여 서해 및 남쪽으로는 큰 하천이 완만하게 흐르며, 동해로는 짧은 하천이 급류를 이루고 있다. 해안선은 그 길이가 약 17,000km(섬 포함)로서 동·서·남 3면의 해안이 각각 그 특색을 달리하고 있다. 지층의 약 66%가 신생대에 형성되었고, 화강암과 편마암이 전체 모암의 70% 이상을 차지하고 있다. 우리 나라 기후는 겨울은 한냉 건조하고 여름은 고온 다습한 온대계절풍 기후로서 연평균 강수량은 세계평균보다 1.3배 정도 많은 약 1,283㎜이나 1인당 강우량은 인구밀도가 높아 연간 3천톤으로 세계 평균(3만 4천톤)의 10% 수준을 보이고 있다.

2) 식생 및 생물종

우리 나라는 3면이 바다로 둘러싸여 있고, 또한 산림이 전 국토의 65.4%를 차지하고 있어 자연식생이 다양하고 생물다양성이 풍부할 뿐 아니라 예부터 금수강산으로 불릴 정도로 자연환경이 매우 아름다운 나라이다.

자연식생의 경우 우리 나라 자연산림의 식생을 대표하는 낙엽활엽수림은 중부지역에 분포되어 있고, 남부지방과 동 · 서해안지방은 상록활엽수림으로 구성되어 있으며, 화강암과 화강편마암이 노출된 산비탈 계곡부에는 서어나무림이, 최남단지역 및 남부 도서지역에는 난온대상록수림이 발달해 있다. 현재 우리 나라에 존재하는 생물종의 수는 약 10만 종 정도로 추정하고 있는데, 현재까지 조사되어 밝혀진 생물종수는 동물 18,117종, 식물 8,271종, 균류 · 원생생물류 등 3,528종 등 총 29,916종이다. 이는 영국, 일본 등 비슷한 생물지리학적 조건을 가진 다른 선진 외국의 생물종수와 비교할 때 적은 편이나, 앞으로 우리 나라 고유생물종 등에 대한 조사 · 연구가 지속적으로 실시됨에 따라 그 수가 훨씬 늘어날 것으로 예상된다.

제2절 자연환경자원의 보전과 관리

1. 자연환경보전정책의 여건과 기본원칙

1) 정책여건 및 전망

우리 나라는 지난 40년간 국토를 이용 · 관리함에 있어 생태적 계획에 입각한 지속가능한 보전 · 관리보다는 효율성과 경제성에 입각한 공급위주의 국토개발정책을 추진하여 왔다(환경부, 2005 : 301).

이로 인해 단기간에 고도의 경제성장과 국가발전의 기틀은 마련하였으나 산림 · 녹지 · 갯벌의 감소, 자연생태계의 단절, 자연경관의 파괴 등 자연환경훼손 문제를 초래하게 되었다.

특히 생태적 순환과 연속성을 고려하지 않은 도시확산 및 도시개발로 도시지역 내부 또는 주변지역간의 생태 · 녹지축이 심하게 단절되었고, 심지어는 백두대간과 같이 생태적 가치가 높은 지역에서도 도로, 석산개발, 관광지개발 등과 같은 각종 개발사업이 무분별하게 이루어져 생태계의 단절과 훼손이 가중되고 있는 실정이다.

생물다양성은 자연생태계의 지속가능한 기능을 유지하기 위한 필수불가결한 요소임에도 불구하고 대규모의 산림벌채 및 개발행위, 야생동 · 식물의 남획과 밀렵, 외래 생물종의 무분별한 도입 등으로 인해 생물다양성이 급속하게 감소되고 있다.

자연환경 훼손과 자연생태계에 대한 위협요인은 앞으로도 당분간 지속될 것으로 예측되며, 이에 따라 국토의 생태적 건전성 향상과 자연친화적인 삶의 터전을 조성 · 발전시켜 나가기 위한 정책을 더욱 강화할 필요가 있다.

(1) 지속적인 개발수요 증가에 따른 자연환경보전 여건 악화

우리 나라는 2003년말 현재 비도시적 용지인 산림(65.2%), 농경지(21.5%), 하천(7.4%) 등이 전 국토(99,600㎢)의 94.1%를 차지하고 있는 반면에, 도시적 용지인 대지(2.5%), 공장용지(0.6%), 학교 · 도로 등 공공용지(2.8%)가 5.9% (5,863㎢)에 불과하여 부족한 가용토지 충당을 위한 국토개발이 불가피한 실정이다.

제4차 국토종합계획(2000~2020년)에 의하면 2020년에는 인구가 52,358천명(2003년말 기준 47,925천명)으로 늘어나고, 이에 따라 도시적 용지에 대한 개발수요도 전 국토의 9.1%로 증가되며, 이로 인해 3,848㎢의 개발용지가 추가적으로 필요할 것으로 예상된다.

(2) 지속가능한 국토보전이용 및 쾌적한 자연환경에 대한 국민욕구 증대

21세기는 삶의 질에 대한 가치관이 증대되면서 지속가능한 발전과 쾌적하고 살기 좋은 환경에 대한 국민적 기대가 더욱 높아질 것으로 전망된다. 특히 수려한 자연경관보전, 생태 · 녹지 확보, 생물다양성 보전 등 자연환경보전에 대한 관심이 증대되면서 대규모 자연환경 훼손을 유발하는 대형 개발사업에 대한 국민들의 참여와 감시가 더욱 강화될 것으로 전망된다.

(3) 자연환경 우수지역 등에 대한 관광지 및 레저개발 압력 증가

주5일 근무제 시행 및 생활여건 개선 등에 따라 산지, 해안, 하천변, 도심 외곽의 자연경관이 수려한 지역 등을 중심으로 각종 관광 · 레저분야에 대한 개발수요가 크게 늘고, 관광패턴도 유원지, 극장 등 위락시설 중심에서 트레킹, 래프팅, 역사 유적지 탐방 등 자연을 즐기는 관광으로 변화될 것으로 전망된다.

또한 국립공원에 대한 탐방객 증가와 함께 쾌적하고 편리한 공원보전 및 이용에 대한 국민적 기대도 더욱 높아질 것으로 전망된다.

(4) 남북간 화해 · 협력에 따른 접경지역의 개발수요 증대

비무장지대(DMZ)와 민간인 통제지역인 접경지역(민통선 이남 20km)은 그 동안 인간활동에 의한 간섭이 거의 없어 자연환경이 어느 지역보다 잘 보전되어 왔다. 그러나 앞으로 남북간 교류 · 협력이 증진되고, 특히 「접경지역지원법」에 의한 접경지역종합계획(2003~2012)이 시행됨에 따라 이 지역의 자연환경 훼손이 우려되고 있다.

(5) 국가생물주권 확보 경쟁 가속화

국제적으로 생명공학산업의 발달에 따라 생물다양성 협약 이후 각국의 고유생물자원 보전에 대한 중요성이 증대되면서 유전자변형생물체(LMOs)의 국가 간 이동 규제 등 각 국의 고유 생물자원 보전을 위한 국가생물주권 확보 노력은 더욱 치열해질 것으로 전망된다.

2) 자연환경보전정책의 기본원칙

자연환경은 다음의 기본원칙에 따라 보전되어야 한다. 첫째, 자연환경은 모든 국민의 자산으로서 공익에 적합하게 보전되고 현재와 장래의 세대를 위하여 지속가능하게 이용되어야 한다. 둘째, 자연환경보전은 국토의 이용과 조화 · 균형을 이루어야 한다. 셋째, 자연생태와 자연경관은 인간활동과 자연의 기능 및 생태적 순환이 촉진되도록 보전 · 관리되어야 한다. 넷째, 모든 국민이 자연환경보전에 참여하고 자연환경을 건전하게 이용할 수 있는 기회가 증진되어야 한다. 다섯째, 자연환경을 이용하거나 개발하는 때에는 생태적 균형이 파괴되거나 그 가치가 저하되지 아니하도록 하여야 한다. 다만 자연생태와 자연경관이 파괴·훼손되거나 침해되는 때에는 최대한 복원·복구되도록 노력하여야 한다. 여섯째, 자연환경보전에 따르는 부담은 공평하게 분담되어야 하며, 자연환경으로부터 얻어지는 혜택은 지역주민과 이해관계인이 우선하여 누릴 수 있도록 하여야 한다. 일곱째, 자연환경보전과 자연환경의 지속가능한 이용을 위한 국제협력은 증진되어야 한다.

2. 자연환경보전업무의 체계

1) 자연환경보전업무의 관리체계

자연환경보전을 위한 업무는 크게 자연환경 우수지역 보전을 위한 자연환경보호지역 지정·관리, 자연생태계 유지 및 생물다양성 보전, 이를 뒷받침하기 위한 자연환경조사 및 정보망 구축 등 자연환경보전 기반 구축으로 구분된다. 그러나 자연환경보전에 관한 업무기능 및 조직 등 업무추진체계는 여러 부처로 다원화되어 있다.

자연환경보호지역으로는 환경부장관이 관장하는 생태계보전지역·자연공원·백두대간보호지역·(내륙)습지보호지역·특정도서·야생동식물특별보호구역, 해양부장관이 관장하는 (연안)습지보호지역·수산생물보호수면, 산림청장이 관장하는 산림유전자원보호림, 문화재청장이 관장하는 천연보호구역 및 명승지가 있다. 자연생태계 유지 및 생물다양성 보전의 경우 멸종위기 및 야생동·식물 보호업무와 야생조수보호업무는 환경부장관이, 산림보호·육성업무는 산림청장이, 천연기념물 지정관리업무는 문화재청이 관장하고 있다.

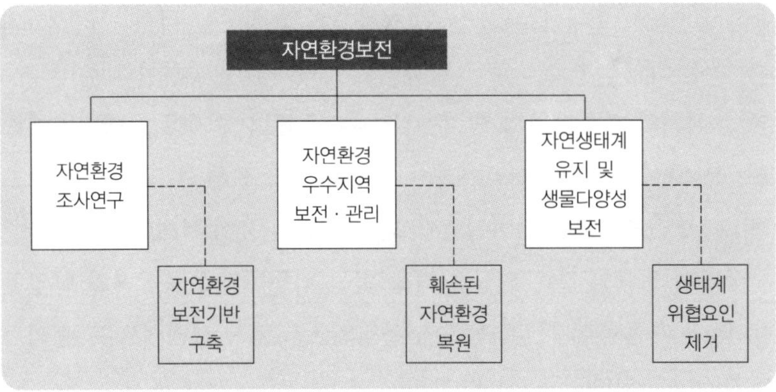

[그림 3.1] 환경부의 자연환경보전 업무추진체계

2) 자연환경보전 관련 법령

환경부에는 「자연환경보전법」, 「습지보전법」, 「독도 등 도서지역의 생태계보전에 관한 특별법」, 「백두대간 보호에 관한 법률」, 「자연공원법」 및 「야생동 · 식물보호법」이 있다. 해양수산부에는 해양환경보전을 위한 「해양오염방지법」등이 있으며, 산림청에는 「산림법」 등이 있다.

3. 우리 나라의 자연환경보전정책

1) 자연생태축 보전

(1) 백두대간 자연생태축

① 백두대간의 생태적 의의

백두대간은 백두산에서부터 함경도 단천의 황토령, 함흥의 황초령, 평안도 영원의 낭림산, 함경도 안변의 분수령, 강원도 회양의 철령과 금강산, 설악산, 오대산, 태백산, 충청북도의 속리산을 거쳐 지리산까지 이어지는 대동맥으로 국토를 남북으로 종단하는 산줄기이다(환경부, 2005 : 306). 이러한 백두대간의 의미는 '하나' 의 큰 산줄기라는 데 있다. 즉 백두산에서 지리산에 이르기까지 계곡이나 강을 한 번도 건너지 않고 '하나' 의 산줄기로만 이어진 우리 나라 지형의 중심 뼈대라는 데 있다.

국토의 등뼈와 같은 역할을 하고 있는 백두대간은 풍부하고 다양한 자연식생과 동물이 서식하는 자연환경의 보고로서 생태적으로 큰 의미를 간직하고 있다.

첫째, 백두대간은 한반도에 존재하는 야생동식물의 핵심서식지이며 생태적 연결통로이다. 백두대간은 대부분 20년 이상 된 원시림지역으로 자연생태계가 매우 우수하며, 열매 · 나물 등이 풍부하여 야생동물의 먹이 공급기지이다. 험준한 지리 · 지형적 특성으로 인해 사람의 인위적 간섭이 적어 야생 동 · 식물의 서식조건으로 최적일 뿐 아니라 백두산, 금강산, 설악산, 태백산, 지리산 등 명산들과 고산초원지대 · 습지들이 연속적으로 이어져 야생 동 · 식물의 이동 및 개체군의 확산 등 중요한 생태적 연결고리 역할을 하고 있다.

둘째, 생물다양성의 공급원이다. 우리 나라에 서식하고 있는 것으로 알려진 야생동물 1,528종(포유류 123종, 조류 457종, 양서 · 파충류 43종, 어류 905종) 중 제주도 등 일부 지역의 고유종(제주땃쥐, 제주멧밭 등)을 제외한 대부분의 종이 서식하고 있어 한반도내 서식하는 야생동 · 식물의 중요한 서식처이자 보금자리의 역할을 하고 있다.

셋째, 생물지리학적 특성에 따른 보전적가치의 우수성이다. 백두대간은 고도 · 기온차에 따라 냉대지역은 침엽수림, 온대지역은 낙엽 · 활엽수림대로 구분되는 등 뚜렷한 종 조성군(造成群)을 갖고 있어서, 지리 · 지형적 특성에 의하여 북방계와 남방계의 식물대가 교차하는 등 서식환경에 대한 지표로 활용이 가능하며, 이러한 생물지리적 특성으로 좁은 지역에 다양한 생물다양성을 보유하고 있어 전 세계적으로도 높게 평가되고 있는 지역이다.

② 백두대간의 훼손실태

1970년대 이후 압축성장의 경제발전과 함께 관광인구의 증가로 백두대간에는 고속도로, 국도, 지방도, 임업도로, 농업도로, 군사도로 등 다양한 용도의 포장도로와 비포장도로가 개설되었다.

이와 더불어 관광리조트, 댐, 광산, 송전탑 등 각종 개발사업의 추진과 자원개발 사업은 백두대간의 심각한 자연환경 훼손은 물론 환경오염을 유발하여 주요 생물의 서식지의 훼손을 가중시키고 있다.

첫째, 백두대간을 관통하는 도로사업은 백두대간의 주요 산줄기를 끊었고, 생태계의 단절을 초래하고 있다. 현재 백두대간에는 72개의 도로가 평균 9㎞ 간격으로 관통하고 있어 우수한 자연생태계가 단절되거나 야생동·식물의 주요 서식처가 훼손되고 있다. 이에 따라 환경부는 단절된 생태계의 복원을 위하여 지리산(시암재)과 오대산(구룡령)에 시범사업으로 생태통로[33]를 설치한 바 있으며, 건설교통부는 환경부의 요청에 따라 전문기관의 연구를 거쳐 2003년 12월에 일반국도 13개 노선 중 시설 설치가 불필요한 3개소를 제외한 10개소에 생태통로의 설치를 완료하였다. 이와 더불어 환경부는 백두대간을 통과하는 지방도로 14

33 생태통로라 함은 도로·댐·수중보·하구언 등으로 인해 야생 동·식물의 서식지가 단절되거나 훼손 또는 파괴되는 것을 방지하고 야생 동·식물의 이동을 돕기 위하여 설치하는 인공 구조물·식생 등의 생태적 공간을 말한다.

개 노선에 대하여 생태통로 설치가 필요한 7개소의 위치를 선정(7개소는 설치 불필요, 설치가 필요한 7개소 중 국도로 승격한 2개 노선은 건설교통부가 설치)하여 2003년 11월에 행정자치부와 해당 지방자치단체에 생태통로 설치를 요청하였다.

둘째, 산불통제나 임산물 수송을 위해 개설된 임도(林道) 역시 백두대간 훼손의 주요 원인이 되고 있다. 백두대간을 비롯한 주변 산림권역에 약 80개 가까이 되는 임업도로망이 개설되어 있으며, 자연경관 및 생태계에 대한 충분한 검토 없이 7부 또는 8부 능선까지 개설되어 생태계 훼손을 부추기고 있다. 그 뿐만 아니라 임업도로 개설 후 절개면을 그대로 방치하거나 사후관리 미흡으로 산사태, 절개면의 붕괴, 토양침식 등이 발생하고 있다.

셋째, 리조트 · 댐 건설 · 광산개발 등의 대규모 개발사업은 야생동 · 식물의 서식지를 훼손하고 있다. 현재 산청양수댐, 고기리댐, 도암댐, 점봉산 양수댐 등 4개의 댐이 공사 중이거나 완성되어 운영 중인 상태로서 야생동 · 식물의 서식지 및 생태계 훼손을 초래하고 있고, 광산개발은 생태계 및 자연경관을 크게 훼손시키고 있으며, 사업완료 후의 폐광에 대한 복구와 복원이 제대로 이루어지지 않아 심각한 환경문제로 대두되고 있다. 또한 위락단지 조성도 백두대간 훼손에 일조를 하고 있는데 무주리조트 및 알프스리조트 등 대형 위락단지가 설치되어 있으며, 문장대-용화지구 온천개발이 진행 중에 있는 등 자연경관이 수려한 백두대간 내에 레저타운 개발 등의 욕구가 심화되고 있다.

넷째, 송전탑의 설치로 인한 자연경관 및 생태계 훼손이 심각하다. 현재 백두대간을 관통하는 고압송전탑은 총 12개로서 송전철탑 개설을 위한 진입로 및 부대시설의 설치과정에서 생태계훼손이 심화되고 있다.

③ 보전대책

백두대간의 무분별한 개발행위로 인한 훼손을 방지하고, 국토를 건전하게 보전하고 쾌적한 자연환경 조성을 위한「백두대간 보호에 관한 법률」이 환경부와 농림부(산림청) 공동소관 법령으로 제정 · 공포(2003. 12. 31)되어 2005년 1월 1일부터 시행되었다. 이에 따라 백두대간보호구역이 지정되었다.

백두대간보호지역은 핵심구역과 완충구역으로 지정 · 고시될 전망이며, 백두대간보호지역의 행위제한이 엄격하게 이루어져 일부 국방 · 군사 등 불가피한 개발사업을 제외하고는 개발사업의 상당부분이 제한될 전망이다. 아울러 이를 위해 국토이용계획 변경, 환경영향평가 및 사전환경성검토 등이 더욱 강화될 전망이다. 또한 지형적인 여건상 불가피하게 백두대간을 관통하는 도로 등은 터널형으로 설치하거나 생태통로를 설치토록 의무화하는 등 백두대간의 생태계보전에 크게 기여할 것으로 기대된다.

이와 더불어 백두대간의 효율적인 관리를 위해서는 기 훼손된 지역에 대한 복원사업이 본격적으로 추진되어야 할 것이다. 각종 개발사업으로 훼손된 산림에 대하여는 생태적 천이 등을 고려하여 복구될 수 있도록 조치하여야 한다. 환경부에서는 채석장, 폐광 등 개발사업으로 훼손 · 방치된 산림에 대하여는 적절한 산림훼손 복구비 산출 및 제도개선 등 효율적인 복구가 이루어질 수 있도록 관계부처(산림청)와 협의하고, 개발사업으로 발생된 절개면 및 법면 등에 대하여는 생태적 측면을 고려한 복원이 이루어질 수 있도록 추진할 계획이다.

(2) 비무장지대 자연생태축

① 비무장지대 자연보전 현황 및 대책

비무장지대(DMZ, Demilitarized Zone)는 우리민족에게는 여러 가지 불행한 사건을 간직한 지역이나, 한편으로는 인간의 간섭이 최소화되면서 야생 동 · 식물의 보고로서 생물다양성이 어느 지역보다도 훌륭하게 보전 · 복원되었다.

2000년 6월 15일, 남북정상회담 이후 한반도 문제가 국내외적인 관심사항으로 부각되고 이산가족 상봉, 남북교류협력 증진에 따라 경의선(철도, 도로)와 동해선(철도, 도로)가 연결되는 등 남북협력의 전초지역으로 부상하면서 동 지역에 대한 관심 또한 높아지고 있다.

② DMZ 유네스코(UNESCO) 생물권보전지역 지정 추진

환경부에서는 세계적으로 희귀한 인류전체의 자산인 비무장지대 일원을 유네스코 접경생물권보전지역으로 지정하고, 체계적인 보호방안을 적극 강구하여 남북한 환경협력사업의 모범사례로 만들어 나가기 위해 UNESCO의 생물권보전지역 지정을 추진하고 있다.

우리 나라에서는 민간 전문가들과 관계부처 국장급으로 구성된 한국MAB(Man & Biosphere) 위원회가 UNESCO생물권보전지역과 관련된 사무를 처리하고 있으며, 2002~2003년에 관련 국제세미나를 민간단체와 합동으로 개최한 바 있다. 2004년 10월 파리 UNESCO 본부에서 개최된 제17차 MAB 국제조정이사회에서는 우리 대표단이 국가보고서 발표를 통해 DMZ를 북한과 공동으로 생물권보전지역으로 지정하고 싶다는 의사를 국제사회에 밝힌 바 있다.

생물권보전지역은 대상 지역을 핵심지역(보전), 완충지역, 전이지역(지속가능한 이용)으로 구분하여 관리될 예정이며, 생물권보전지역으로 지정될 경우 한반도의 동서를 연결하는 생태축의 보전 · 관리가 가능하게 될 뿐만 아니라 국제적인 평화 생태지역으로 만들어 갈 수 있을 것이다.

(3) 도서 · 해안 자연생태축

① 도서 · 연안 자연보전 현황

도서 · 연안지역은 특정도서, 사구, 석호, 갯벌, 하구 등으로 구성된 생태계로서 백두대간, 비무장지대와 더불어 한반도 3대 핵심생태축을 구성하고 있으나, 그 동안 매립, 하구언 건설 등 각종 개발사업으로 생태계가 파괴되고 자연경관이 크게 훼손된 것이 사실이다.

1998년부터 전국에 산재한 2,689개 무인도서 중에서 생태계가 우수한 657개소에 대한 식생 · 식물상 · 지형경관 등에 대한 조사를 실시한 바 있으며, 조사결과 특히 자연환경 및 생태계가 우수한 도서를 특정도서로 지정 · 관리해 오고 있다.

전국의 습지 면적은 약 500㎢로 추정되며, 이중 자연생태계가 우수하고 생물다양성이 뛰어난 15개 습지를 「습지보전법」 제8조에 의하여 습지보호지역으로 지정 · 관리하고 있으나, 습지분포 현황 등에 대한 체계적인 정리는 미흡한 실정이다.

② 보전대책

2004년말 현재 총 153개소(9.985㎢)의 특정도서를 지정 · 관리하고 있으며, 특정도서의 자연환경보전에 관한 기본적인 사항을 정하기 위해 「독도 등 도서지역의 생태계보전에 관한 특별법」이 제정되었다. 도서 · 연안 생태계 보전을 위하여 환경부에서는 해양수산부, 건설교통부 등 관계부처 협의를 거쳐 '도서연안 자연환경보전대책' 을 수립하고 있다.

낙동강 하구 등 세계적으로 중요한 우리 나라의 습지를 보전하기 위하여 2004년 9월 UNDP(Global Environment Facility 승인)와 협약을 체결, 2004년~2007년(4년간)에 걸쳐 UNDP/GEF 국가습지보전사업을 공동으로 추진하고 있다. 이 사업은 전국습지조사, 시범사업지역(낙동강유역, 철원평야, 금강유역)의 습지사업단 구성 및 복원사업, 국가습지위원회 구성·운영 등 선진기법 도입을 통한 국내 습지보전체계 개선 등을 포함하고 있다.

2) 자연보호지역의 지정

(1) 생태계보전지역

생태계보전지역은 「자연환경보전법」에 의거 ① 생태·자연도에 의하여 1등급 권역으로 분류된 지역 ② 자연상태가 원시성을 유지하거나 생물다양성이 풍부하여 학술적 가치가 큰 지역 ③ 지형 또는 지질이 특이하여 학술적 연구 또는 자연경관의 유지를 위하여 보전이 필요한 지역 ④ 멸종위기 야생 동·식물의 서식처·도래지 등으로서 보전의 가치가 있다고 인정되는 지역 ⑤ 각종의 다양한 생태계를 대표할 수 있는 지역 ⑥ 생태계의 표본지역을 환경부장관(육지) 또는 해양수산부장관(해양)이 지정하며, 시·도지사는 생태계보전지역에 준하여 보전할 필요가 있다고 인정되는 지역을 시·도생태계보전지역으로 지정한다.

2004년말 현재 국가가 지정한 생태계보전지역은 낙동강하구 등 12개 지역(210.133㎢)이고, 시·도생태계보전지역은 광양 백운산 등 12개지역(37.881㎢) 등 총 24개 지역에 248.014㎢ 이다.

(2) 습지보호지역

습지보호지역은 「습지보호법」에 의거 ① 자연상태가 원시성을 유지하고 있거나 생물다양성이 풍부한 지역 ② 희귀하거나 멸종위기에 처한 야생동 · 식물이 서식 · 도래하는 지역 ③ 특이한 경관적 · 지형적 또는 지질학적 가치를 지닌 지역을 환경부장관 또는 해양수산부장관이 지정한다.

2004년 12월말 현재 환경부는 낙동강하구 등 10개 지역(45.861㎢)을 습지보호지역으로 지정했으며, 해양수산부는 무안갯벌 등 5개소(140.728㎢)를 습지보호지역으로 지정하였다.

(3) 특정도서

특정도서는 「독도 등 도서지역의 생태계보전에 관한 특별법」에 의하여 사람이 거주하지 아니하거나 극히 제한된 지역에만 거주하는 섬으로서 ① 화산 · 기생화산 · 계곡 · 하천 · 호소 · 폭포 · 해안 · 연안 · 용암동굴 등 자연경관이 뛰어난 도서 ② 수자원 · 화석, 희귀동 · 식물 · 멸종위기동 · 식물 기타 우리 나라 고유의 생물종의 보존을 위하여 필요한 도서 ③ 야생동물의 서식지 또는 도래지로서 보전의 가치가 있다고 인정된 도서 ④ 자연림지역으로서 생태학적으로 중요한 도서 ⑤ 지형 또는 지질이 특이하여 학술적 연구 또는 보전이 필요한 도서 ⑥ 기타 생태계보전을 위하여 환경부장관이 필요하다고 인정한 도서를 지정하도록 하고 있다. 환경부는 1998년부터 2002년까지 5년간 전국 무인도서에 대한 자연환경조사를 실시하여 이중 생태적으로 보전가치가 높은 153개 도서를 특정도서로 지정하였다.

3) 국가생물자원 및 생물다양성 보전

(1) 국가생물자원 보전

로마클럽보고서나 OECD 보고서 등에 의하면 환경오염의 증가, 식량과 자연자원의 감소 등으로 인하여 멀지 않은 미래에 인류는 성장의 한계에 직면하고 생물산업기술이 인류가 직면한 주요 난제 해결과 지속가능 발전을 위한 핵심기술로 부각될 것으로 전망하고 있다.

1996년 2월 생물다양성협약이 발효된 이후 생물자원에 대한 주권 확보를 위한 생물자원의 수집, 생물다양성 모니터링 및 분류센터 설치, 생물자원관 건립, 국가 생물자원 현황 파악 및 전산화, 생물자원의 유출방지와 외국인 이용제한 등 각국의 노력이 본격화되고 있다. 그 동안 인류공동의 소유로 인식하여 누구나 쉽게 이용하던 생물자원에 대해 동 협약에서 생물주권을 인정함으로써 바이오산업 발전의 바탕이 되는 생물자원에 대한 국가간 경쟁은 날로 치열해지고 있고, 생물자원 제공국과 이용국간의 이익배분에 대한 논쟁도 활발해지고 있다.

우리 나라의 경우 고유생물자원 등에 대한 기초자료 확보에 소홀(우리 나라에 존재하는 생물종의 수는 약 10만종 정도로 추정되나, 현재까지 조사되어 밝혀진 생물종 수는 약 3만종에 불과하다)하였다는 반성과 함께 각종 개발사업에 의한 서식지 훼손, 생물자원의 해외 유출, 무분별한 채취 및 밀렵 방치 등 생물자원에 대한 관리가 철저하지 못했다는 점이 문제점으로 지적되고 있다.

① 국립생물자원관 건립

환경부에서는 우리 나라의 고유종, 신종, 미기록종의 표본을 보전하여 생물자원주권을 확보하고, 전국 자연환경조사 및 기증을 통해 확보한 생물표본을 체계적으로 수집 · 관리 · 분석 · 연구할 수 있도록 하기 위하여 2002년부터 국립생물자원관 건립을 추진해 왔다. 이러한 노력의 결실로 국립환경연구원 · 환경관리공단 · 수도권매립지공사 등이 함께 위치해 있는 환경연구단지내 2만평(건축연넓이 8.3천평) 부지에 2004년 6월에 첫 공사를 시작하였고, 2007년에 개관 · 운영되도록 할 계획이다.

② 생물자원보전 종합대책 수립 · 시행

생물자원 확보에 대한 국가 간 경쟁시대에 대비하고, 우리 나라 생물자원을 체계적으로 보전 · 관리해 나가기 위하여 생물자원 조사 및 고유종 발굴, 멸종위기종 복원, 외래종 관리 강화 등을 포함한 '생물자원보전 종합대책'을 2005년 1월에 수립하였다. 종합대책은 생물자원 보전을 위한 3개 대분야 28개 세부과제로 구성되어 있다. 첫째, 전 국토에 대해 생물자원 정밀 현황조사를 실시하는 한편, 생물표본의 비교 · 연구를 통해 고유종, 미발굴종 및 신종을 발굴하고 둘째, 발굴된 생물자원의 체계적인 보관 및 DB 구축을 추진하며 셋째, 이를 뒷받침하기 위한 전문인력 육성 및 보전 · 연구시설 확충 등 인프라 구축을 추진할 계획이다.

생물자원보전 종합대책의 핵심 내용 중 하나인 한반도 고유 생물종 발굴을 위하여 전 국토의 산림, 갯벌, 하구, 습지, 해양, 도서 등 생물자원이 풍부한 지역을 대상으로 자생생물 탐사를 실시하고 자생생물의 비교 · 연구를 통해 자생생물의 실체를 규명하고, 미기록종, 고유종, 신종 등 미발굴 생물자원을 발굴해 나갈 예정이다.

생물자원의 국외반출에 대한 관리를 강화하기 위하여 「야생동 · 식물보호법」에 따라 국외반출 승인대상 생물자원 333종(파충류 1종, 어류 37종, 곤충류 53종, 식물 242종), 멸종위기야생동식물로 지정된 221종, 수출입

허가대상동물 503종 등 총1,057종은 국외반출시 승인 또는 허가를 받도록 하였다.

(2) 멸종 위기 야생 동·식물 보호

정부는 1997년 「자연환경보전법」을 개정하여 멸종위기 및 보호야생동·식물을 지정·관리하고, 이들을 불법적으로 포획·채취할 경우 최고 5년 이하의 징역, 3천만원 이하의 벌금 등 벌칙을 대폭 강화함으로써 야생동·식물보호를 위한 법적체계를 마련하였다. 2004년에는 「자연환경보전법」과 「조수보호 및 수렵에 관한 법률」에서 각각 규정하고 있는 야생동·식물 관련 규정을 통합하여 「야생동·식물보호법」을 제정하였다.

「야생동·식물보호법」에서는 종전의 멸종위기 야생동·식물과 보호야생동·식물을 각각 멸종위기야생동식물 Ⅰ급과 Ⅱ급으로 구분하여 총 221종을 지정하였다. 멸종위기 야생동·식물 보호를 위해 서식·번식·생육지에 대한 보호 강화, 불법 포획·채취 판매행위의 지속적인 단속, 대국민 홍보활동 전개 및 지역 민간보호단체의 육성·지원을 지속적으로 추진하고 있다.

(3) 야생동물 밀렵방지

1999년 5월 야생조수 관리업무가 산림청에서 환경부로 이관된 이후 환경부에서는 2000년 3월 야생동물 밀렵·밀거래 방지대책을 범정부적으로 수립하여 추진하고 있다. 그간 잘못된 보신풍조로 인해 야생동물 밀렵이 겨울철을 중심으로 성행하였고, 야생동물의 멸종과 감소를 가져오는 주요 원인의 하나가 되어 왔다.

환경부는 밀렵 근절을 위하여 밀렵방지대책본부를 설치하고 민간

밀렵감시단을 조직화하는 한편, 환경관리청과 시 · 도에 밀렵감시반을 편성하여 강도 높은 야생동물 밀렵단속을 실시하고 있으며, 2004년에는 762건의 밀렵사범을 적발하여 조치하였다.

또한 민간단체 등과 합동으로 불법엽구 수거활동을 벌여 전국 야산에 설치된 약 2만5백여개의 올무, 덫 등의 불법엽구를 수거하였다. 야생동물 보호에 대한 국민적 공감대 형성과 자발적인 실천을 도모하기 위해 TV, 라디오 등 방송매체와 전광판, 포스터 및 전철(열차) · 시내버스 등 다양한 홍보매체를 통하여 야생동물 보호 캠페인을 실시하고 있다.

4) 자연공원의 관리

(1) 자연공원 지정현황

자연공원은 자연생태계와 수려한 자연경관, 문화유적 등을 보호함으로써 국민들의 정서향상과 지속적인 이용을 위하여 지정 · 관리되고 있으며, 국립 · 도립 · 군립공원 세가지로 구분된다.

2004년 12월 현재 우리 나라의 자연공원은 총 75개소(총면적 7,772㎢)로서 국립공원이 20개소, 도립공원이 22개소, 군립공원이 33개소이다. 육지 면적은 5,092㎢(전 국토의 4.8%), 해면 면적은 2,680㎢(전 국토의 2.8%)로 구성되어 있으며 전 국토의 7.6%를 차지하고 있다.

① 국립공원

국립공원은 우리 나라를 대표하는 자연생태계보유지역 또는 수려한 자연경관지로서 환경부장관이 지정한다. 1967년 12월 29일 지리산국립공원 지정을 최초로 1960년대에 지리산 · 경주 등 4개소, 1970년대에 설악산 · 속리산 등 9개소, 1980년대에 다도해 해상국립공원 등 7개소가 지정되어 2004년 12월 현재 20개소, 총 면적은 6,580㎢(전국토의 6.2%)에 이른다.

공원별 특징을 살펴보면 한려해상 · 다도해해상국립공원은 바다 및 도서와 육지를 대표하는 해상공원이고, 태안해안국립공원은 해안절경과 육지를 대표하는 해안공원이며, 경주국립공원은 사적공원이다. 이들 4개를 제외한 나머지 국립공원은 우리 나라를 대표하는 명산 등을 위주로 한 산악육지공원으로 구성되어 있다.

② 도립공원

도립공원은 특별시 · 광역시 · 도의 자연경관을 대표할 만한 수려한 자연경관지로서 1970년 6월 1일 경상북도에서 금오산을 최초의 도립공원으로 지정한 이래 1970년대에 13개소, 1980년대에 7개소가 지정되었고, 1998년에 2개소가 추가 지정되어 2004년 12월 현재 22개소, 총 면적이 751㎢로서 전국토의 0.7%를 차지하고 있다.

도립공원은 남한산성과 같은 사적공원, 경포 및 낙산도립공원과 같은 해안공원, 기타 명산 등을 위주로 한 산악육지공원으로 구성되어 있다.

지역별로는 대구광역시 1개소(팔공산), 광주광역시 1개소(무등산), 경기도 1개소(남한산성), 강원도 3개소(경포, 낙산, 태백산), 충청남도 3개소(덕산, 칠갑산, 대둔산), 전라북도 4개소(모악산, 대둔산, 마이산, 선운산), 전라남도 4개소(조계산, 두륜산, 팔영산, 천관산), 경상북도 3개소(문경새재, 금오산, 청량산), 경상남도 2개소(가지산, 연화산)가 지정되어 있다.

③ 군립공원

군립공원은 시 · 군의 자연경관을 대표할 만한 수려한 자연경관지로서 1981년 1월 7일 전라북도 순창군의 강천산이 최초의 군립공원으로 지정된 이래 2004년 12월 현재 33개소에 걸쳐 총 면적 441㎢(전 국토의 0.4%)가 군립공원으로 지정되어 있다. 이 중 해면으로 이루어진 공원으로는 제주도의 마라해양군립공원(49㎢), 성산일출해양군립공원(16㎢), 추자군립공원(95㎢), 우도해양군립공원(25㎢)이 있다.

이들 4개소를 제외하고는 사찰 · 사적 · 계곡 · 명산 등을 공원자원으로 한 산악형 공원이 대부분이며, 산이 아닌 저수지를 공원으로 지정한 곳으로 고복저수지가 있다. 지역별로는 대구광역시 1개소(비슬산), 경기도 2개소(천마산, 명지산), 강원도 2개소(아미산, 대이리), 충청남도 1개소(고복저수지), 전라북도 2개소(강천산, 장안산), 경상북도 5개소(보경산, 불영계곡, 빙계계곡, 덕구온천, 운문산), 경상남도 14개소(상족암, 고소성, 거열산성, 웅석봉, 구천계곡, 입곡산, 호구산, 봉명산, 기백산, 황매산, 신불산, 화왕산, 방어산, 월성계곡), 제주도 6개소(제주조각, 마라해양, 성산일출해양, 서귀포시립해양, 추자, 우도해양)가 지정되어 있다.

(2) 국립공원의 관리

우리 나라 국립공원은 외국에 비해 넓이가 좁고 사유지 비율이 39.1%로 높으며, 산악형 위주로 되어 있다. 이용형태도 등산 등 유흥 · 위락 중심으로 이루어지고 있으며, 기 개발된 지역을 다수 포함하고 있다.

따라서 생태계 보전 강화와 환경친화적 탐방객 관리를 위해서는 자연생태계 · 경관 · 사적 등을 잘 보전하는 한편, 국민들이 쾌적한 환경에서 즐길 수 있도록 공원내 이용편의시설을 지속적으로 확충해 나갈 필요가 있다.

이를 위해 자연생태계의 효과적인 관리를 위한 공원자원에 대한 조사 · 연구사업을 지속적으로 확대 시행하고 있으며, 과도한 탐방객 및 부적절한 이용으로 인하여 훼손된 지역에 대하여는 생태계복원사업을 추진하고 있다. 또한 국민들의 생태체험 · 관찰에 대한 수요증가에 따른 체계적 자연환경보전 교육 · 홍보를 위하여 탐방안내소(9개소), 자연관찰로(54개소), 자연학습시설, 자연환경안내원(Eco-guide) 배치(300명) 및 다양한 생태해설프로그램(117개) 운영을 비롯하여, 공원의 역사 · 문화자원에 대한 해설서비스를 제공하는 탐방가이드제 및 공원별 특성에 맞는 테마기획프로그램 등을 운영해야 할 것이다.

① 공원자원 조사 및 연구

자연자원, 역사 · 문화자원 등에 대한 조사 · 연구 결과는 국립공원의 용도지구 조정, 시설계획 변경, 훼손지 복원, 동 · 식물 군락보호, 생태계 우수지역에 대한 특별관리 등 제반업무의 방향이나 기본계획을 수립하는 자료로 활용된다. 1999년에 국립공원 조사 · 연구사업 장기종합계획을 수립하여 이를 토대로 동 조사 · 연구사업을 수행하고 있다. 이러한 조사 · 연구사업은 크게 국립공원의 보전 · 관리를 위한 연구사업과 공원자원조사사업으로 구분된다.

공원자원 조사는 크게 2종류로 나눌 수 있는데, 첫째는 개괄적 수준에서 동 · 식물 분포 및 서식실태 등 생태조사와 역사 · 문화자원 등을 10년마다 조사하는 '자연자원조사' 이고, 둘째는 장기간의 관찰 · 감시를 요하는 서식지 및 종에 대한 '모니터링' 이다.

매년 공원자원의 변화추이를 관찰 · 분석하여 공원관리의 기초자료로 활용하기 위한 모니터링을 지속적으로 추진하고 있으며, 1997년 지리산 왕등재 습지조사, 노고단 식생복원 조사, 구천동 계류생태계 조사를 시작으로 연차별 모니터링 계획에 따라 시행하고 있다.

② 훼손지 복원

훼손지의 발생원인은 다수의 탐방객들로 인한 등산로 유실과 산정상 · 대피소 주변에서의 야영으로 인한 나지 발생 등 인공적 요인과 고산지대 특유의 이상기후에 의한 자연훼손, 집중호우에 의한 등산로 세굴, 토사유실로 인한 지피식물 훼손 및 수목뿌리 노출 등 자연적 요인으로 나눌 수 있다.

훼손지의 복원공사는 생태조사, 훼손원인 및 인간 영향요인 분석, 토양공급 및 개량, 사면안정화, 식생도입방법, 복원 모니터링 등 단계적인 과정을 거쳐 추진되며, 현재 지리산, 설악산, 소백산 등에서 실시하고 있다.

③ 동 · 식물 보호사업

국립공원내 주요 동 · 식물 서식지에 대하여 1994년부터 동 · 식물 보호사업을 실시하고 있다. 주요 방법으로는 뿌리보호시설 · 보호펜스 등을 설치하거나, 생육이 부진한 식물에 대하여는 객토 · 복토 · 시비 · 수목 외과수술, 병충해 방제 등을 실시하기도 한다. 또한 희귀 또는 멸종위기 동 · 식물에 대하여는 인공증식이나 묘목이식 등을 실시하고 있다.

④ 자연휴식년제 시행

자연휴식년제란 특정지역에 대하여 일정기간 사람의 출입을 제한함으로써 훼손된 자연의 회복을 도모하기 위한 제도이다. 국립공원관리공단에서는 탐방객의 집중적인 이용으로 극심하게 훼손된 탐방로와 희귀 동 · 식물 서식지역을 선정하여 1991년 1월부터 3년간 14개 공원 30개소를 대상으로 우리 나라 최초의 자연휴식년제를 실시하였다. 그 결과 오랫동안 밟혀서 딱딱해진 토양이 부드러워지면서 지피식물이 돋아나고 주변 식생이 회복되는 등 시행효과가 높은 것으로 조사되어 현재 15개 공원 55개소로 확대하여 시행 중에 있다.

특히 계곡내에 탐방객이 집중되어 취사 · 야영, 목욕, 빨래, 물놀이, 음식물을 비롯한 쓰레기 투기 등 무질서한 행위로 수질오염이 가중되고 있어 계곡 생태계 및 수질보호를 위하여 1998년 7월 1일부터 4개 공원 9개소 20.9㎞ 계곡을 출입금지구역으로 추가지정하여 시행하고 있다.

⑤ 자연학습탐방시설의 조성

국립공원을 전 국민의 자연학습의 장으로 활용할 수 있도록 시설과 프로그램을 확충해야 한다. 이를 위해 1994년 지리산에 탐방안내소를 건립한 이래 내장산 · 주왕산, 북한산에도 탐방안내소를 설치하였다. 또한 변산반도, 소백산 등 15개 공원에 자연학습관찰로를 조성하여 생태 및 경관에 대한 해설판을 설치하였고, 관찰로변의 수목에 표찰을 부착하여 탐방객의 자연환경에 대한 이해를 증진시키고 자연보호의식을 고취시켰다.

제3절 자연환경자원의 전망과 과제

1. 외국의 자연환경보전정책

1) 독일

독일의 대표적인 환경계획 관련법은 「연방자연보호법」으로서, 이 법은 자연보호 및 경관관리의 기본원칙, 경관관련계획, 자연과 경관의 특정부분에 대한 보호 및 관리, 야생동식물의 보호 및 관리, 자연과 경관에서의 휴양 등에 대하여 규정하고 있다(최영국, 2002 : 89). 이 법에서는 자연환경보전 및 경관관리를 위해 다음과 같은 실천적 수단을 제시하고 있다. 우선 공간개발계획으로부터 야기되는 자연환경 및 경관의 파괴를 최소화하고 복원시키기 위한 공간계획적 도구로서 경관관련계획을 수립하도록 하고 있다(연방자연보호법 제13조, 제14조, 제15조 및 제16조). 다음으로 각종 개별 단위사업으로부터 야기되는 자연환경 및 경관의 파괴를 최소화하고 복원시키기 위한 도구로서 자연침해규정을 도입하고 있다(동법 제18조, 제19조). 또한 자연보호 및 보전을 목적으로 자치단체에서 지정한 지역이나 유럽연합의 조류보호구역 등 보호할 가치가 있는 공간을 자연보호구역으로 지정하는 근거를 마련하고 있다.

독일에서 자연과 경관의 보호 및 관리를 위해서 수립하고 있는 경관관련계획은 주차원의 경관생태 프로그램, 지역차원의 경관생태기본계획, 그리고 도시차원의 경관생태계획과 녹지정비계획 등 3단계로 구성되어있다. 경관관련계획은 공간계획체계와 분리되어 독자적인 계획수립절차를 거치면서 공간규모별로 체계화되어 있다. 경관생태프로그램은 주 발전계획에 상응하는 상위계획으로서 16개 각주에 대한 자연보호 및 경관관리를 위한 목표와 필요조건을 제시하고 있으며, 경관생태기본계획은 지역계획에 상응하는 계획으로서 주의 일부지역에 대한 경관관련계획이다(대한국토 · 도시계획학회편, 1997 : 450).

경관생태계획은 광역적 상위계획인 경관생태프로그램 및 경관생태기본계획의 결과를 토대로 축척 1:1,500~1:10,000의 도면상에 공간적 · 내용적인 측면에서 좀 더 구체적으로 표현되며, 녹지정비계획은 계획체계상에서 법적 구속력을 갖는 지구상세계획에 상응하는 환경계획으로서, 일부 지구에 대한 경관의 변경 및 훼손에 대하여 경관생태적 차원에서 보호·관리하기 위한 계획이다.

이와 같이 독일은 공간계획으로부터 야기되는 자연환경 및 경관의 파괴를 최소화하고 복원시키는 데 필요한 공간계획적 방향을 제시하고 있다. 특히 독일의 경관관련계획은 개발에 의하여 발생하는 환경문제를 극복하기 위한 계획내용을 포함하고 있으며, 자연보호 및 경관관리를 구체화하기 위한 보고서, 도면, 기타 기초자료를 제시하도록 규정하고 있다.

2) 일본

1990년대 이후 지구환경문제의 대두와 환경에 대한 사회적 관심의 집중에 대응하기 위해 일본은 1993년 11월에 「환경기본법」을 제정하였다(최영국, 2002). 이 법은 일본 환경정책의 기본이 되는 법으로서 환경보전에 관한 시책을 종합적·계획적으로 추진하고, 현재와 미래 국민이 건강하고 문화적인 생활을 확보하며, 인류의 복지에 기여·공헌함을 목적으로 설정하고 있다. 이 법에는 각각 주체에 대한 책무, 환경기본계획의 수립, 특정지역에 대한 공해방지, 국가가 강구해야 할 환경보전시책을 비롯하여 국제협력, 지방공공단체의 시책, 비용부담·재정조치 등에 관한 규정을 정하고 있다.

환경기본계획은 「환경기본법」에 의거하여 정부의 환경보전에 관한 종합적이고 장기적인 시책의 대강(大綱)을 정한 국가의 기본계획이다(동법 제15조). 「환경기본법」에서는 국가의 기타 계획 중 환경보전을 목적으로 하는 것들은 환경기본계획의 기본적인 방향에 따라 계획을 책정·추진해야 한다고 규정함으로써 환경계획과 기타 공간계획과의 관계를 규정하고 있다.

일본 국토교통성에서 채택하고 있는 환경정책대강의 목적은 환경을 보전하면서 사람과 자연이 상호균형을 유지하고 아름다운 환경을 창조함과 동시에 지구환경문제의 해결에 공헌하는 일이 건설행정 본래 사명임을 인식하여 환경을 건설행정에 내부화하는 데 있다. 환경정책대강에서는 환경계획의 책정, 법령기준 등 환경에 관한 규정의 충실, 환경에 관한 시책의 중점적 · 종합적 추진, 환경영향평가의 강화, 환경정책을 선도하는 사업의 추진 등을 규정하고 있다. 또한 환경정책대상은 도시, 녹지, 하천, 도로, 자연환경 분야별로 5개년 계획을 수립하여 개성있고 문화적인 도시조성, 녹지와 오픈 스페이스의 보전, 하천환경 관리 및 자연환경 조성, 환경친화적 도로건설, 자연환경의 보전 등에 관한 실천수단을 확보하고 있다(대한국토 · 도시계획학회편, 1997 : 461).

도시환경계획은 건설행정에 있어서 환경정책의 기본적인 방향을 정한 환경정책대강을 종합적이고 계획적으로 추진하기 위해 해당 시 · 정 · 촌에서 수립하며 도시계획의 환경부문계획과 도시정비사업에서 활용할 수 있는 시책을 담고 있다. 도시환경계획의 계획기간은 20년이며, 시 · 정 · 촌의 도시담당부서에서 수립한다. 도시환경계획의 구성은 시 · 정 · 촌의 실정에 따라 구성할 수 있으나, 기본적으로 도시환경계획의 이념, 도시환경의 현황, 도시환경계획의 목적과 과제, 이를 실현하기 위한 수단, 중점정비계획 등이 포함된다. 도시환경계획에서는 동물의 서식상황과 식물상 등 기존의 자연상태를 조사 · 분석하고 생태적으로 중요한 녹지네트워크계획, 풍향과 기온 등 도심기후 자료를 분석하여 바람통로를 계획하는 등 기존 도시계획에서 고려되지 않았던 부분을 중요하게 다룬다(문태훈, 1999 : 357).

또한 국토교통성은 녹지가 풍부하고 생태적 연결성이 제고된 국토형성을 도모하고 녹지의 다양한 기능을 활용한 생활환경을 조성하여 국민의 자연에 대한 욕구에 적절히 대처하기 위하여 1994년에 「녹지창조정책대강」을 제정하였다. 「녹지창조정책대강」에서 정하는 시책의 기본방향은 녹지의 보전과 창출에 의한 자연과의 공생, 풍부한 녹지의 확보로 여유있고 쾌적한 환경의 창출과 아름다운 경관의 형성, 녹지를 활용한 다양한 여가공간의 조성, 시민의 참가와 협력에 의한 녹지가 풍부한 도시를 조성하는 것 등이다.

2. 우리 나라의 자연환경보전정책

국민의 소득증대에 따라 쾌적한 삶의 질에 대한 국민의 요구가 증가되면서 지속가능한 발전과 함께 자연과 조화로운 생활공간 확보에 대한 국민적 기대는 더욱 높아져 가고 있는 상황이다.

따라서 21세기를 향한 자연환경보전 정책목표의 중심은 '인간과 자연이 더불어 사는 생명공동체 실현'으로 요약할 수 있으며, 이를 위한 실천전략으로 한반도 통합생태네트워크 구축, 자연환경보호지역 지정 및 보전, 국가생물자원 및 생물다양성 보전, 자연환경보전 기반 구축, 남·북간 국제교류협력 증진 등 다섯 가지를 설정하였다.

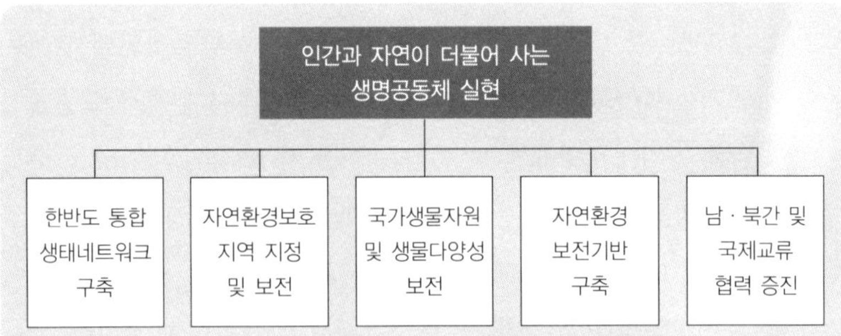

[그림 3.2] 21세기 자연환경보전 정책목표 및 과제

탐구학습

1. 요약

1.1 주요개념과 요약

- 자연환경자원은 자연자원과 지하, 지표, 지상의 모든 생물과 이들을 둘러싸고 있는 무생물적인 것을 포함한 자연환경을 자원적 관점에서 바라본 것이다.
- 자연환경자원의 지속가능한 보전과 관리를 위해 시대변화에 대한 전망을 토대로 한 기본원칙의 준수 및 효율적 업무추진체계가 필요하다. 백두대간을 비롯한 자연생태축의 보전, 생태계보전지역을 비롯한 자연보호지역의 지정, 국가생물자원 및 생물다양성 보전 등이 주요 정책수단이 되고 있다.
- 자연환경자원보전 정책목표의 중심은 '인간과 자연이 더불어 사는 생명공동체 실현' 이 되어야 할 것이며, 이는 한반도의 자연환경자원을 서로 유기적으로 연결함으로써 생명력 있는 한반도의 생명공동체를 구현하는 것이다.

1.2 주요학자 및 대표적 사례

- Yi-Fu Tuan

  Yi-Fu Tuan은 자연환경에 대한 태도로서 에덴이론, 병렬이론, 제퍼슨이론을 소개하고 있다. 에덴이론(Edenic Ideal)은 성경속의 에덴동산, 젖과 꿀이 흐르는 땅 등의 자연은 선(善)이며, 반대로 통제 불가능하고 거칠고 야만적인 자연은 악(惡)으로 나타난다. 병렬이론(Juxtaposed Ideals)은 도시와 자연에 대한 존경이나 긍정, 부정적 태도를 복합적으로 보여준다. 즉 도시와 농촌은 각각 긍정적, 부정적 요소를 갖고 있다. 제퍼슨이론(Jeffersonian Ideal)은 도시와 자연에 대해 아주 강한 부정을 나타내고 있으며 가장 이상적인 자연환경으로 시골, 정원, 전원이 있는 '중간 환경' 을 지지하고 있다.
- 백두대간

  백두대간은 조선후기의 가장 뛰어난 지리학자 중의 한 사람이었던 여암(旅庵) 신경준(1712~1781)의 산수고(山水考)가 그 뿌리라고 할 수 있다. 신경준의 문집인 "여암전서(旅庵全書)" 에 실려있는 "산수고" 는 다음과 같은 글로 시작된다. "하나의 근본에서 만갈래로 나누어지는 것은 산(山)이요, 만 가지 다른 것이 모여서 하나로 합쳐지는 것은 물(水)이다. 우리 나라 산수는 열둘로 나눌 수 있으니 산은 백두대간으로부터 12산으로 나누어지며, 12산은 팔도(八道)가 된다."

2. 토론 및 과제

2.1 심화자료

- 최운식외(2000), *정보화시대의 국토와 환경.*
- 환경부(www.me.go.kr)
- 한국환경정책평가연구원(www.kei.re.kr)

2.2 토론주제

- 개발과 보전간의 양자택일성과 상보성을 실례를 들어서 논의해 보자.

2.3 과제

- 개발과 보전이 상충(trade-off) 관계라면 그 적정선의 기준은 무엇으로 잡아야 할까?

참고문헌

건설교통부(2005), *2005 국토의 계획 및 이용에 관한 연차보고서.*

대한국토 · 도시계획학회(2000), *국토 · 지역계획론*, 보성각.

대한국토 · 도시계획학회편(1997), *도시의 계획과 관리3*, 서울 : 보성각.

송재준외(2002), *환경과 자원*, 서울 : 동화기술.

윤양수외(1998), *자원 및 환경관리정책의 변화와 과제*, 안양 : 국토개발연구원.

이용우외(2001), *환경친화적 국토발전을 위한 전략연구*, 안양 : 국토연구원.

주봉규(2005), *토지 · 자원 · 환경경제학 개론*, 서울 : 서울대학교출판부.

진영환외(1998), *국토정책의 평가와 발전방향*, 안양 : 국토개발연구원.

최영국외(2002), *국토계획과 환경계획체계의 연계방안 연구*, 안양 : 국토연구원.

최운식외(2000), *정보화시대의 국토와 환경*, 법문사.

환경부(2005), *2005 환경백서.*

森俊介(1992), *地球環境と資源問題*, 岩波書店.

제3장

토지자원의 이용과 관리

제1절 토지자원의 의의와 현황

1. 토지자원의 의의

1) 토지자원의 개념

일반적으로 토지자원은 자연적으로 주어진 지구의 표면을 말한다. 따라서 공급이 고정되어 있다. 일부 학자는 토지자원을 '지구표면을 소유함으로써 통제할 수 있는 전체 자연 및 인공자원' 으로 정의하기도 한다. 이때의 토지자원에는 토지의 자연적 요소 이외에 토지에 부착된 혹은 토지와 결합된 개량물(improvement)이 포함된다(노태욱, 2000 : 46).

2) 토지자원의 중요성

(1) 중요성의 판단기준

일반적으로 어느 자원이 인간에게 어느 정도 중요한가는 그 자원의 필요성, 대체가능성, 상대적 희소성의 세가지 기준에 의해 판단할 수 있다(김윤상, 1994 : 20).

먼저, 자원의 중요성은 그 자원의 필요성이 높을수록 크다. 둘째, 어떤 자원을 다른 자원으로 대체할 수 있는가에 따라 대체가능자원과 대체불가능자원으로 나눈다면 대체불가능자원의 중요성이 높다. 마지막으로 자원의 중요성을 판단하는 또 하나의 기준은 상대적 희소성이다. 상대적 희소성은 수요량에 대한 공급량의 비율인데 공급량이 적을수록 그리고 수요량이 많을수록 상대적 희소성이 높다.

(2) 토지의 중요성

우선 필요성의 기준에서 보면 토지는 인간의 생존 그 자체를 가능하게 해주는 생존재이다. 또한, 토지는 대체불가능자원이다. 토지가 대체불가능자원이라고 하는 것은 토지와 다른 자원사이에 대체성이 없다는 의미이며, 토지 간에 대체성이 없다는 의미는 아니다.

끝으로 토지는 총량의 면이나 용도별 토지량의 면에서 상대적 희소성이 높다. 토지총량보다 더 중요한 것은 위치별 · 용도별 토지량이다. 토지는 위치가 변하지 않기 때문에 위치에 의해 크게 영향 받는 용도의 토지는 그 상대적 희소성이 더욱 크다.

2. 토지자원의 현황

1) 국토현황

우리 나라는 아시아대륙의 동단에서 남으로 뻗어나온 남북길이 약 1,000㎞, 동서 평균 폭 약 300㎞의 반도와 그 부근에 산재하는 3,200여

개의 섬으로 구성되어 있다. 남북한을 합한 육지면적은 약 22.1만㎢이며, 남한의 면적은 전체의 약 45%에 해당하는 99.9천㎢이다. 국토면적의 3/4정도가 산지이거나 내수면이기 때문에 토지자원이 매우 부족한 실정이다.

2) 용도지역 현황

(1) 용도지역의 의의

「국토계획법」에 의거 도시, 관리, 농림, 자연환경보전지역의 4개 용도지역으로 구분하여 각 용도지역별 특성을 감안하여 합리적으로 행위제한을 함으로써 토지이용의 효율성을 제고하고 난개발을 방지하여 지속가능한 국토이용의 기반을 마련하게 되었다.

용도지역 내에서 토지소유자는 당해 용도지역의 지정목적에 적합하게 토지를 이용하여야 할 의무가 있으며, 행정기관의 장은 토지이용행위를 허가 · 인가 또는 승인함에 있어 「국토계획법」에 의한 이용범위 안에서 토지이용행위가 이루어지도록 하고 있다.

(2) 용도지역 지정현황

도시관리계획으로 결정 · 고시된 용도지역의 지정면적은 〈표 3.1〉에서 보는 바와 같이 육지부분이 100,098.229㎢고, 해면부분이 6,177.025㎢로 총 106,275.254㎢이다.

〈표 3.1〉 용도지역 지정 현황

(단위: ㎢, %)

구 분	계		육 지		해 면	
	면 적	비율	면 적	비율	면 적	비율
합 계	106,275.254	100	100,098.229	100	6,177.025	100
도시지역	16,801.091	15.8	15,721.399	15.7	1,079.692	17.5
관리지역	26,538.361	25.0	26,537.161	26.5	1.200	0
농림지역	50,717.928	47.7	50,717.928	50.7	–	–
자연환경 보전지역	12,217.874	11.5	7,121.741	7.1	5,096.133	82.5

주 : 시 · 도별 중복지정면적 포함

자료 : 건설교통부 도시국(2004.12.31 기준)

3) 농지의 보전

(1) 농지의 감소추세

식량생산 및 농가소득기반인 농지는 〈표 3.2〉 및 〈표 3.3〉에서 보는 바와 같이 2004년말 현재 18,356㎢로서 2003년에 비하여 0.56%인 103.60㎢가 순감소하였다(건설교통부, 2005 : 58). 이를 내역별로 보면 개간 72.49㎢, 기타 9.93㎢ 등으로 82.42㎢가 증가한 반면, 공공시설 57.42㎢, 건물건축 66.95㎢, 기타 61.65㎢ 등으로 186.02㎢가 감소한 것으로 나타나고 있다.

농경지의 타 목적으로의 전환은 신도시 개발 등으로 매년 증가하고 있는 실정이며, 주거 및 공업용지의 수요와 도로, 댐 등 사회간접자본 시설 수요가 계속 증가되고 있어 향후 농지감소 추세는 계속될 것으로 예상되고 있다.

〈표 3.2〉 농지면적 감소 추이

(단위: ㎢, %)

연 도 별	농지면적	감소면적	감 소 율
1980	21,958	113	0.51
1985	21,444	79	0.36
1990	21,088	179	0.84
1995	19,853	474	2.33
2000	18,888	101	0.53
2001	18,761	127	0.67
2002	18,626	135	0.72
2003	18,460	166	0.89
2004	18,356	104	0.56

주 : 농지면적은 지목을 막론하고 경지의 형태를 가지고 농작물을 재배할 수 있는 면적임.
자료 : 농림부(2005).

〈표 3.3〉 연도별 농지증감 현황

(단위: ㎢)

구 분	'95	'98	'99	2000	2001	2002	2003	2004
증 가	156.18	122.59	119.56	89.87	77.38	45.10	32.46	82.42
개 간	51.01	58.82	80.63	56.53	43.56	32.92	23.49	72.49
간 척	90.14	30.75	7.61	9.57	10.61	3.19	-	3.45
기 타	15.03	33.02	31.32	23.77	23.21	8.99	8.97	6.48
감 소	630.67	257.00	231.12	191.47	203.61	180.30	198.74	186.02
공공시설	112.06	59.49	75.47	52.24	55.34	43.79	48.23	57.42
건물건축	246.87	63.09	50.49	53.36	56.36	64.20	79.27	66.95
유실매몰	-	-	-	-	-	-	-	-
기 타	271.74	134.42	105.16	85.87	91.91	72.31	71.24	61.65
증 감	△474.49	△134.41	△111.56	△101.60	△126.23	△135.20	△166.28	△103.60

주 : 1995년 이후 유실매몰은 기타에 포함.
자료 : 농림부(2005).

(2) 농지제도의 개선

정부는 국민식량의 안정적 공급을 위한 적정규모의 우량농경지 보전시책과 함께 DDA협상, 쌀협상 등 농업여건변화에 따라 과도한 농지의 규제는 완화하고 농지이용의 효율성을 증대 및 농업인의 소득향상, 농촌에 새로운 활력을 줄 수 있도록 농지제도를 개선하였다.

개정된 내용을 보면 첫째, 농지임대 규제를 완화해 고령농가나 이 · 탈농가가 보다 쉽게 농지를 임대할 수 있도록 하여 새로 농사를 지으려는 창업농이 농촌에 쉽게 들어올 수 있도록 하였고, 전업농 및 농업법인도 농지임차나 소유확대를 통해 영농규모화가 가능하도록 개선하였다.

둘째, 농지조성비를 농지보전부담금으로 바꿔 농지전용에 따른 농촌지역의 부담을 경감하여 농지전용으로 인한 이익의 일부도 환수하여 농업 · 농촌에 재투자할 수 있도록 하였다.

셋째, 불합리하게 운영되고 있는 농업보호구역 내 행위제한제도를 농업인의 소득증대와 생활여건개선에 필요한 시설이 설치될 수 있도록 하였으며, 그 밖에도 농지법 하위법령을 개정하여 농지전용규제와 관련된 대상시설 및 면적규모 등을 완화해 나갈 계획이다.

한편, 농지의 감소에 대응하는 간척사업으로 대체농지 조성실적은 〈표 3.4〉와 같다.

〈표 3.4〉 간척농지 조성실적

(단위: ㎢)

구 분	대상면적	'04까지	2005계획
합 계	1,357	789	568
정 부	955	387	568
민 간	402	402	–

주 : 2005년 계획은 현재 시행중인 면적임.
자료 : 농림부(2005).

4) 산림의 보전

우리 나라의 산림면적은 〈표 3.5〉와 같이 64,003㎢로서 2003년에 비하여 60㎢가 순수하게 감소되었다. 2004년 중 증감내역은 총 61㎢의 산지가 타 용도로 전용된 반면, 신규 산림조성 · 지적복구 등으로 1㎢가 증가하였다(건설교통부, 2005 : 60).

〈표 3.5〉 연도별 산림면적 추이

(단위: ㎢, %)

연도별	산림면적	감소면적	감소율
1983	65,468	△69	0.11
1985	65,311	△85	0.13
1990	64,760	△87	0.13
1995	64,519	△36	0.06
2000	64,221	△79	0.12
2001	64,159	△62	0.1
2002	64,118	△41	0.06
2003	64,063	△55	0.09
2004	64,003	△60	0.09
연평균 감소면적		△69.7	0.11

주 : 1) 지목상 임야라도 이용상태가 임야가 아닌 것은 제외
2) 지목상 임야가 아니라도 임목죽 상태를 보아 포함
자료 : 산림청(2005).

산림감소면적 61㎢ 중 논, 밭, 과수원, 초지 등 농업용도로 감소된 면적은 약 2%인 1㎢에 불과하며, 대부분 공장 · 도로 · 대지 등 비농업 용도로 60㎢가 감소된 것이다.

우리 나라는 국토 면적의 64%가 산림으로 구성되어 있고, 가용토지가 부족하여 일부 산지의 타용도 전용이 불가피한 실정이다. 특히 최근 우량농지의 타용도 전용이 증가함에 따라 21세기에는 쌀자급기반 유지

가 중요한 과제로 대두되고 있어 우량농지의 전용을 대체하는 산림의 효율적 활용이 필요하다. 한편으로 인구가 증가하고 도시화, 산업화가 진전되면서 맑은 물, 깨끗한 공기, 도시의 녹지공간 등 산림의 공익기능에 대한 수요가 급증하고 있어 환경·휴양기능의 증진을 위한 산림의 보전도 현실적인 과제가 되고 있다. 또한 국내 임산자원의 빈약으로 목재자급도가 현재 7.5%에 불과하고 2004년도 목재 등 임산물 수입액이 2,327백만 달러에 달하고 있음을 감안할 때 우리 산림의 임업생산기능을 확충하기 위한 산림의 생산적 보전도 필요하다.

산림을 둘러싼 이와 같은 현실적 여건들을 수용하기 위해서는 보전할 산림은 보전하고, 이용·개발할 산림은 합리적·효율적으로 이용하는 지혜가 필요하다.

그 동안 각종 개발수요는 준보전산지에서 충족하고 보전산지는 국토보전과 산림환경기능 증진, 임업생산 등을 위하여 타용도로 전용을 최대한 억제하여 왔으나 난개발을 억제하는 데 한계가 있었다.

따라서 산지를 엄격히 보전하고, 산지를 개발하는 경우에는 자연친화적인 방식의 개발을 유도하기 위하여, 「산림법」에서 산지이용에 관한 사항은 따로 분리하여 「산지관리법」(2002.12.30 공포)을 제정하여 2003. 10. 1부터 시행하고 있다.

「산지관리법」은 보전과 개발이 조화되는 지속가능한 개발을 기본목표로 하고 있으며, 주요내용은 종전 산림법상 이원화되어 있던 산지전용제도와 산림형질변경 허가제도를 통합·단순화함으로써 개발수요자의 편의를 도모하고, 최근 사회적으로 문제가 되고 있는 난개발 방지를 위해 일정규모 이상의 보전산지가 편입될 경우 산지전용타당성에 대하여 산지관리위원회의 사전심의를 받도록 하고, 또한 골프장·채석장 등 목적사업이 중단 또는 장기간 방치된 경우 경관보호 및 재해방지를 위하여 응급복구조치를 명할 수 있는 재해방지명령제도를 도입하는 등 종전 산림법상의 문제점을 보완하였다.

3. 토지문제의 원인과 특징

1) 토지문제의 의의

토지는 지리적 위치가 고정되어 있으며 생산이 불가능한 천연의 자원이므로 사회성 · 공공성이 매우 크다. 또한 토지에 대한 인간의 욕구는 날로 증가추세이며, 이에 따른 토지의 유한성은 토지문제를 가중시키고 있다. 토지문제란 토지와 인간과의 관계 악화현상이라고 할 수 있다. 여기에는 토지의 부족, 높은 지가수준, 토지이용의 비효율성, 토지소유의 편중 등이 있다.

〈표 3.6〉 토지문제에 대한 국민의 인식

토 지 문 제	응답자수 (단위:명)	구성비 (단위:%)
토지의 절대 부족	140	7.9
토지의 지나친 고가	218	12.3
토지의 투기적 이용	402	22.7
무질서한 개발	646	36.5
토지소유의 편중	193	10.9
토지정책의 허술	168	9.5
기　　타	4	0.2
합　　계	1,771	100.0

자료 : 토지에 관한 국민 의식조사(2000), p. 22.

한편 2004년 12월 기준 사유지의 소유현황을 보면 상위 1%의 소유자가 전체 사유지의 51.5%를 소유하고 있으며, 상위 10%가 전체 사유지의

91.4%를 소유하고 있어 토지소유의 편중이 심각한 것으로 나타났다.

〈표 3.7〉 사유지의 소유 현황 (기준 : 2004. 12)

구 분	인구 (만명)	면 적		공시지가	
		면적(㎢)	비율(%)	공시지가(조원)	비율(%)
전체 국토	4,871	99,642		1,771	
전제 사유지	1,397	56,661	(국토의 56.9)	1,145	(국토의 64.7)
상위 1% 인구	48.7	29,165	(사유지의 51.5)	433	(사유지의 37.8)
상위 5% 인구	243.6	46,847	(사유지의 82.7)	777	(사유지의 67.9)
상위 10% 인구	487.1	51,794	(사유지의 91.4)	945	(사유지의 82.5)

자료 : 행정자치부 보도자료(2005.7.15)

2) 토지문제의 원인

(1) 공급의 부족

토지는 생산이 불가능하며, 우리 나라는 국토면적이 협소하고 그 중 산지와 농지를 제외한 가용토지가 40% 수준으로 매우 적다. 따라서 근본적으로 공급이 부족하다.

(2) 수요의 증가

1962년부터 시작된 경제개발계획에 따라 산업화 · 도시화의 현상으로 산업용지 및 도시용지 등에 대한 수요가 증가하고 있다. 특히 수도권 집중현상으로 수도권에 대한 수요가 급증하는 등 특정한 지역에서의 토지에 대한 수요가 크게 증가했다. 또한 소득이 증가하고 삶의 질 향상에 대한 욕구가 크게 높아지면서 쾌적한 환경을 갖춘 토지에 대한 수요가 증가하고 있다.

(3) 투기의식

그 동안 지가상승률이 물가상승률이나 임금상승률 등을 크게 상회하였고, 소유자의 노력 없이 토지이용계획이나 부동산개발에 의한 토지가격의 급등은 불로소득임에도 이에 대한 환수제도가 미비하여 국민의 토지 투기의식이 만연되었다.

3) 토지문제의 특징

(1) 악화성향

토지에 한번 문제가 발생하면 시간이 흐름에 따라 악화되기 쉽고 이의 시정이 점점 어려워진다. 따라서 이를 극복하기 위해서는 지속적인 노력이 필요하다.

(2) 비가역성

토지의 정상적 상태가 한번 악화되면 다시 원상태로 회복하는 것은 물리적 · 경제적 · 기술적으로 매우 어렵다. 따라서 토지문제는 악화되기 이전에 이를 방지하고 개선하려는 노력이 필요하다.

(3) 지속성

토지문제가 시간의 경과와 함께 계속되는 현상을 말한다. 단기적으로 일단 해결되었다 하더라도 또 다른 문제가 발생할 가능성이 있으므로 대책강구와 예방에 노력하여야 한다.

(4) 복합성

토지문제에는 제도적 · 경제적 · 기술적 측면 등이 동시에 포함되어 있다. 따라서 이를 해결하기 위해서는 제도개선, 세제 · 금융 · 재정정책 및 기술개발 등의 다양한 수단을 이용할 수 있다.

4. 토지공개념

1) 토지공개념의 의의

토지는 자연적으로 주어진 한정된 것으로서 인간의 생활 및 생산활동의 기반이 되므로, 토지가 지니는 기능 · 적성 · 위치에 따라 가장 효율적인 보유 · 이용 · 개발을 위해 적정한 유도 또는 규제가 가해져야 한다는 것이 토지공개념의 이념이다. 즉 토지공개념은 토지의 사유재산권 자체는 인정하되, 국민경제생활의 균형 있는 발전에 기여해야 한다는 토지소유권의 사회적 의무나 공익성을 강조한 것이다.

2) 토지공개념의 근거

토지공개념은 헌법과 개별 법률에서 법적근거를 두고 있다. 헌법에서는 국민의 권리와 의무에 관한 조항과 경제조항 등에서 토지공개념에 대한 일반적인 법적근거를 두고 있다. 즉 공공복리에 따른 재산권 행사의무(제23조 제2항), 공공복리에 의한 재산권의 수용 · 사용 또는 제한(제23조 제3항), 국가의 균형있는 개발과 이용을 위한 필요한 계획수립의무(제120조 제2항), 국토의 효율적이고 균형있는 이용 · 개발과 보전을 위한 필요한 제한과 의무(제122조) 등이 있다. 개별법상 근거로는 「국토기본법」상 국토관리의 기본이념(제2조)과 「국토계획법」상 국토이용 및 관리의 기본원칙(제3조) 등이 대표적이다.

3) 토지공개념의 확대도입

1980년대 말 수출호조 및 올림픽 개최 등의 영향으로 지가가 급등하자 정부는 지가상승과 토지투기의 만연, 토지소유의 편중 및 개발이익의 사유화 등 토지문제에 능동적으로 대처하기 위해 1989년 토지공개념의 확대 도입을 추진하여 이른바 토지공개념 관련 3법, 즉 「토지초과이득세법」, 「택지소유상한에 관한 법률」, 「개발이익 환수에 관한 법률」을 제정하였다.

〈표 3.8〉 토지공개념 관련 3법의 내용

구 분	근거법률	주 요 내 용	결 과
토지초과 이득세	토지초과이득 세법	유휴토지소유자에 대해 3년 단위로 토지초과이득의 30~50%의 세금 부과	-1994.7. 29 헌법불합치결정 -1998.12. 5 폐지
택지초과 소유 부담금	택지소유 상한에 관한 법률	6대도시(특별시 · 광역시)에서 가구별로 택지소유상한(200평) 초과하는 택지와 법인소유택지에 대해 공시지가의 6~11%의 부담금 부과	-1998.9. 19 폐지 -1999.4. 29 위헌결정
개발부담금	개발이익 환수에 관한 법률	각종 개발사업의 시행자에게 개발이익의 50%(1998. 9. 19부터 25%)를 부담금으로 부과	-2002년 비수도권, 2004년 수도권에 대해 부과중지 -2006년 재부과

제2절 토지자원의 효율적 이용과 관리

1. 토지정책의 의의

1) 토지정책의 개념과 목표

토지정책이란 한정된 토지의 이용도를 높여 합리적이고 효율적으로 이용하며, 토지의 소유와 이용에서 발생하는 부와 소득을 국민이 골고루 향유할 수 있도록 형평성을 유지하기 위한 정부의 공적 개입을 말한다. 이러한 토지정책의 목표는 대체로 ① 투기억제 ② 지가안정 ③ 국토의 균형개발 ④ 공급확대와 계획개발의 조화 ⑤ 개발이익의 환수 ⑥ 토지시장의 투명성 확보 등이다.

2) 토지정책의 중요성

토지정책의 중요성은 다음의 세 가지 측면에서 논의할 수 있다. 먼저, 토지제도의 이상을 실현하기 위해서는 적정한 토지정책이 있어야 한다. 토지제도가 잘 되어 있는 나라는 좋은 정책을 수립할 수 있다. 둘째, 토지정책은 국가의 기본정책이다. 토지는 국민 생활에 필수적이어서 그 정책은 생존에 필요한 정책이라 할 수 있다. 셋째, 토지정책은 다른 정책과 조화를 이룬다. 각종 정책은 광범위한 영역을 갖는 토지정책과 밀접한 관련이 있으며, 정치 · 경제 · 사회 등 각종 분야의 발전은 토지정책의 안정에 달려 있다(방경식 외, 2002 : 703).

3) 토지정책의 수단

정부의 시장개입 수단에는 직접적 개입과 간접적 개입이 있다. 먼저 직접적 개입방식은 정부가 직접 소비자나 공급자로 나서거나 또는 가격을 통제하는 방식으로 정책목표를 달성하고자 하는 방식이다. 여기에는 소유권통제(예 : 농지소유상한제, 택지소유상한제 등), 토지은행 및 토지비축제도, 공급확대제도(예 : 도시개발사업, 택지개발사업 등), 공공임대제도 및 공공투자사업 등이 있다. 다음으로 간접적 개입방식은 정부가 수요나 공급을 결정하는 요소들에 영향을 줌으로써, 수요변화나 공급변화를 유도하는 방식이다. 조세제도나 금융지원 등을 통해 수요나 공급에 영향을 미치는 것이 대표적인 예이며, 토지이용규제의 대표적 수단인 지역지구제도 간접적 개입방식으로 볼 수 있다. 직접적 개입방식은 시장개입의 효과에 대한 예측이 가능하고 신속하게 효과가 나타나는 반면에 정부개입의 목표를 달성하지도 못하면서 자원배분의 왜곡만 가져올 가능성이 높다. 한편 간접적 개입방식은 시장의 가격조절기능을 제한하지 않는다는 점에서 정부의 실패가능성이 상대적으로 적고 시장의 성장을 크게 제약하지도 않지만, 정책효과가 언제 어떤 형태로 나타날지를 알기 어렵다는 단점이 있다(이용만, 2003 : 7).

2. 토지정책의 내용

1) 토지소유정책

토지소유권은 「헌법」에서 보장하고 있으나, 토지의 합리적인 이용과 개발 · 보전을 위해 각종 공법적 제한의 대상이 되고, 「민법」 등에 의한 사법적 규제의 대상이 된다. 토지정책으로서 토지소유권 행사에 제한이 가해지는 형태는 사용권의 제한, 수익권의 제한 및 처분권의 제한으로 구분할 수 있다.

(1) 사용권의 제한

사용권의 제한은 보유권의 제한, 이용권의 제한 및 개발권의 제한으로 나눌 수 있다. 먼저 보유권의 제한은 토지의 보유를 직접적으로 제한하는 것으로 농지소유상한제나 택지소유상한제(1998년 폐지)가 있고, 간접적인 제한으로는 조세제도로서 법인의 비업무용 토지에 대한 중과세 제도 등이 있으며, 그 외에 토지거래허가제, 검인계약서제도, 농지취득자격증명제 등도 해당된다. 다음으로 이용권과 개발권의 제한은 공용제한으로 각종 계획 또는 개발사업 관련법 등에서 광범위하게 규정하고 있다.

(2) 수익권의 제한

수익권의 제한은 토지소유자가 토지를 소유하거나 이용 · 개발함으로써 얻게 되는 수익을 제한하는 것이다. 대표적인 것으로는 개발이익환수제도를 들 수 있고, 조세제도로서 토지초과이득세(1998년 폐지), 양도소득세 등이 있다.

(3) 처분권의 제한

처분권의 제한에는 공익사업에 필요한 용지를 확보하기 위한 토지수용(공용수용)이 대표적이며, 그 외에 선매제(국토계획법 제122조)에 의한 제한 등이 있다.

2) 토지이용정책

토지는 한정되어 있고 공공성을 띠고 있기 때문에 최유효로 이용되어야 함과 동시에 장기적인 관점에서 관리되어야 한다. 그렇기 때문에 토지이용에 대해서는 일정 부분 정부의 개입이 불가피한 것으로 인정되고 있다. 토지이용에 대한 정부의 공적개입 수단으로는 토지세제 등의 경제적 유인을 이용하는 방법과 토지이용행위를 사회적으로 바람직한 방향으로 유도하는 토지이용규제 등이 있다.

토지이용계획이란 미래의 경제 · 사회변화를 예측하여, 한정된 토지의 합리적인 이용을 위해서 향후 수용기능에 따라 토지공간을 양적으로 배분하고, 각 기능별로 사용될 토지의 위치를 결정하는 것이다(대한국토도시계획학회, 1998 : 483). 토지이용계획을 실현하기 위한 수단은 크게 두 가지로 나눌 수 있는데, 하나는 토지이용규제와 토지이용유도와 같은 간접적 방법이며, 다른 하나는 개발사업과 같은 직접적인 방법이다. 토지이용규제의 대표적인 방법이 지역지구제이다.

토지이용계획은 토지이용에 대한 경제성을 높여 건전한 도시발전이 되도록 토지이용의 공간적 질서를 부여한 것으로서 다음과 같은 과제가 있다.

먼저, 외부효과의 문제이다. 토지이용 혼합의 결과 매연을 배출하는 공장이 주거지에 입지하여 인근 주민에게 직접적인 피해를 유발하기도 하고, 반면에 토지이용의 상호분리에 의해 직장과 주거지가 떨어져서 사회활동의 불편을 초래하기도 한다. 따라서 토지이용계획은 외부경제성을 제고시키고 외부효과의 마찰을 최소화하도록 상이한 토지이용간의 혼합과 순화의 방향을 모색해야 한다.

다음으로, 이용주체간의 경합의 문제이다. 토지이용의 결정에 관련된 수 많은 주체들이 서로 다른 의사결정을 하려는 것에 의해 이해관계의 대립이 생긴다. 예를 들어 건설교통부는 주택난 해소를 위해 농지나 임지의 개발을 선호하는데 반해, 농림부나 환경부는 식량자원의 확보 또는 자연환경의 보존을 위해 보전을 원한다. 또한 지방자치단체는 쾌적한 환경조성을 위해 공원의 지정을 확대하려고 하고 토지소유자는 사유재산권 행사에 영향을 주므로 가급적 축소하려고 한다. 이와 같은 대립과 모순을 합리적으로 조정하는 것이 토지이용계획의 과제이다.

3) 토지개발정책

토지개발은 토지의 효용을 극대화하여 고도의 토지이용이 이루어지도록 토지의 용도를 전환하는 것을 목적으로 한다. 토지개발은 토지의 용도에 따라 택지개발, 산업단지개발, 관광단지개발 등으로 다양하게 구분할 수 있으며, 이 중에서 택지개발이 가장 중시되고 있다.

〈표 3.9〉 토지개발사업의 분류

관 련 법	사업의 종류
국토계획법	토지의 형질변경
도시개발법	도시개발사업
도시 및 주거환경정비법	주택재개발사업, 주택재건축사업 주거환경개선사업, 도시환경정비사업
주택법	국민주택용 대지조성사업
국민임대주택 건설 등에 관한 특별조치법	국민임대주택단지조성사업
택지개발촉진법	택지개발사업
지역균형개발법	복합단지개발사업
산업입지법	산업단지개발사업
물류시설의 개발및 운영에 관한 법률	유통단지개발사업
관광진흥법	관광단지개발사업
기업도시개발특별법	기업도시개발사업

4) 토지거래 및 정보관리정책

(1) 지적제도

지적제도는 1950. 12. 1「지적법」이 제정되면서 확립되었다.「지적법」은 토지에 관련된 정보를 조사 · 측량하여 지적공부에 등록 · 관리하고, 등록된 정보의 제공에 관한 사항을 규정하고 있다. 국가는 모든 토지를 필지마다 토지의 소재 · 지번 · 지목 · 면적 · 경계 또는 좌표 등을 조사 · 측량하여 등록하여야 하며(지적법 제3조), 지적공부를 열람하거나 그 등본을 교부받고자 하는 자는 소관청에 신청하여야 한다(지적법 제14조).

토지의 실체적 관계인 지번 · 지목 · 지적변경은 국가(지적소관청으로서 시장 · 군수 · 구청장)만이 결정할 수 있으며(법지적국정주의), 지적공부에 등록되어야 효력이 발생한다(지적형식주의).

지목이란 토지의 주된 사용목적 또는 용도에 따라 토지의 종류를 구분 표시하는 명칭으로 시장 군수 구청장이 결정한다.「지적법」은 토지를 28개의 지목으로 구분하고 1필지마다 1개의 지목을 설정하도록 하고 있다(1필지 1지목의 원칙). 지목을 지적도나 임야도에 표기할 때에는 ( ) 안의 부호로 표기한다.

지목별 토지이용현황을 〈표 3.10〉에서 보면 2004년말 현재 임야는 지목별 전체면적의 65.1%인 64,884,827,924.7㎡, 농경지는 20.8%인 20,730,853,416.2㎡를 차지하고 있으며 대지, 공장용지 및 공공용지로 전 국토의 6.0%인 5,966,799,095.7㎡가 이용되고 있다. 그러나 도시화와 산업화의 급진전은 인구의 도시권 유입을 가속화시켜 공장용지와 대지의 계속적인 증가현상을 초래하여 대지는 2004년말 현재 2,498,029,770.3㎡로서 2003년에 비하여 37,776,091.6㎡가, 공장용지는

598,490,848.3㎡로서 전년대비 18,959,259.1㎡, 공공용지는 2,870,278,477.1㎡로서 전년대비 47,438,682.0㎡가 각각 증가하였다.

한편, 1990년부터 2004년까지의 주요지목별 증가율을 보면 대지가 29.0% 증가한 반면, 전 · 답이 각각 9.4%, 3.8% 감소하였다.

(2) 토지거래허가제

건설교통부장관은 "국토의 이용 및 관리에 관한 계획"의 원활한 수립 및 집행, 합리적 토지이용 등을 위하여 토지의 투기적인 거래가 성행하거나 지가가 급격히 상승하는 지역과 그러한 우려가 있는 지역에 대하여는 5년 이내의 기간을 정하여 토지거래계약에 관한 허가구역으로 지정할 수 있다. 다만 지정기간 내에 지정사유가 소멸하면 구역의 지정을 해제하거나 구역의 일부를 축소하여야 하고, 지정기간 만료 후에도 지정사유가 존속하면 재지정할 수 있다(국토계획법 제117조).

토지거래허가구역내에서 토지거래계약을 체결하고자 하는 당사자는 공동으로 당사자의 성명 및 주소, 토지의 지번 · 지목 · 면적 · 이용현황 및 권리설정현황, 계약예정금액, 토지의 이용에 관한 계획 등을 기재한 허가신청서에 서류를 첨부하여 그 토지를 관할하는 시장 · 군수 또는 구청장에게 제출하여야 한다. 그러나 다음의 면적 이하의 거래는 허가를 필요로 하지 않는다. ① 주거지역 : 180㎡ 이하 ② 상업지역 : 200㎡ 이하 ③ 공업지역 : 660㎡ 이하 ④ 녹지지역 : 200㎡ 이하 ⑤ 도시지역 안에서 용도지역의 지정이 없는 구역 : 180㎡ 이하 ⑥ 도시지역 외의 지역 : 500㎡. 다만, 농지의 경우는 1천㎡ 이하로 하고, 임야의 경우는 2천㎡ 이하.

또한 ① 대가성이 없는 상속 · 증여 ② 허가 대상면적 미만의 토지거래 ③ 거래당사자인 국가 · 지자체 · 정부투자기관이 허가권자(시장 · 군

〈표 3.10〉 지목별 현황

(단위: ㎡, %)

지목 \ 연도별	1992	1996	2000	2004
전　　국	99,010,324,392 (100.0)	99,313,457,376 (100.0)	99,460,737,326 (100.0)	99,617,376,884.9 (100.0)
1. 농 경 지	22,185,206,041 (22.4)	21,924,849,351 (22.1)	21,595,567,788 (21.7)	21,296,004,871.2 (21.4)
농　　지	21,716,722,741 (21.9)	21,413,704,255 (21.6)	21,043,795,120 (21.2)	20,730,853,416.2 (20.8)
목장용지	468,483,300 (0.5)	511,145,096 (0.5)	551,772,668 (0.6)	565,151,455.0 (0.6)
2. 임　　야	65,688,911,439 (66.3)	65,395,807,885 (65.8)	65,138,798,003 (65.5)	64,884,827,924.7 (65.1)
3. 대　　지	2,000,238,596 (2.0)	2,177,496,262 (2.2)	2,349,054,352 (2.4)	2,498,029,770.3 (2.5)
4. 공장용지	289,600,580 (0.3)	412,556,959 (0.4)	513,740,197 (0.5)	598,490,848.3 (0.6)
5. 공공용지	2,198,851,792 (2.2)	2,398,221,281 (2.4)	2,636,229,424 (2.7)	2,870,278,477.1 (2.9)
학교용지	195,780,228 (0.2)	218,956,643 (0.2)	239,611,881 (0.2)	256,164,761.4 (0.3)
도　　로	1,888,281,682 (1.9)	2,063,382,727 (2.1)	2,278,109,183 (2.3)	2,493,100,979.1 (2.5)
철도용지	114,789,881 (0.1)	115,881,911 (0.1)	118,508,360 (0.1)	121,012,736.6 (0.1)
6. 하　　천	2,862,999,638 (2.9)	2,822,300,003 (2.8)	2,804,108,792 (2.8)	2,798,679,771.9 (2.8)
7. 기　　타	3,669,726,426 (3.7)	4,066,343,725 (4.1)	4,304,730,410 (4.3)	4,671,065,221.4 (4.7)

주 : 1) 농지는 전, 답, 과수원. 대지는 대(垈)

2) 미복구지역면적 314.74㎢ 미포함

자료 : 행정자치부(2005).

수 · 구청장 등)와 협의한 경우 ④「토지보상법」에 의한 수용 및「민사집행법」에 의한 경매 ⑤「주택법」,「택지개발촉진법」,「도시개발법」,「도시 및 주거환경정비법」 등에 의한 토지의 공급과「농어촌정비법」에 의한 농지매입 등의 경우는 토지거래계약허가가 필요없다.

(3) 부동산거래신고제

부동산의 거래당사자(매수인 및 매도인을 말한다)는 토지 또는 건축물의 매매에 관한 거래계약서를 작성한 때에는 소재지, 지번, 지목, 면적, 부동산의 실제 거래가격 등을 거래계약의 체결일부터 30일 이내에 당해 토지 또는 건축물 소재지의 관할 시장 · 군수 또는 구청장에게 공동으로 신고하여야 한다.

(4) 지가공시제도

지가공시제도는「국토이용관리법」(1972. 12. 30)이 제정되면서 기준지가고시제로 처음 도입되었으며, 1989년「지가공시 및 토지 등의 평가에 관한 법률」이 제정되면서 공적지가 체계의 일원화를 위해 공시지가제도로 전환되었다.

공시지가는 표준지공시지가와 개별공시지가로 구분된다. 표준지공시지가는 여러 필지 중에서 대표성 등이 높다고 인정되어 표준지로 선정된 필지를 2인의 감정평가사가 평가한 후, 그 산술평균가격을 건설부장관이 고시한 가격이며, 개별공시지가는 표준지공시지가와 토지가격비준표를 기초로 컴퓨터의 의한 지가자동산정방법에 따라 공무원이 산정하여 시 · 군 · 구청장이 고시한 가격이다. 표준지공시지가는 일반적인 토지거래의 지표가 되며, 국가 · 지방자치단체 등의 기관이 그 업무와 관련하여 지가를 산정하거나 감정평가업자가 개별적으로 지가를 감정평가 하는 경우 그 기준이 된다.

〈표 3.11〉 표준지공시지가와 개별공시지가의 비교

구 분	표준지공시지가	개별공시지가
공시권자	건설교통부장관	시 · 군 · 구청장
방 법	복수(2인)의 감정평가사가 정상거래가격 등을 근거로 적정가격을 평가	공무원이 표준지공시지가와 토지가격비준표를 근거로 자동 산정
업무담당자	감정평가사	공무원
공 시 기준일	1월 1일	1월 1일(예외적으로 7월 1일 : 분할 · 합병 · 지목변경 등 토지)
공시일	2월 28일	5월 31일(예외적으로 10월 31일 : 분할 · 합병 · 지목변경 등 토지)
고시절차	감정평가사의 평가 → 지방부동산평가위원회 심의(시 · 군 · 구청장의 의견청취) → 중앙부동산평가위원회 심의 → 건설교통부장관의 고시	공무원의 산정(감정평가사의 검증) → 지방부동산평가위원회 심의 → 건설교통부장관의 확인 → 시 · 군 · 구청장의 고시
권리구제 절차	• 심의 전 의견청취(우편통지) → 담당 감정평가사가 반영 여부 결정 • 고시 후 이의신청 → 인접지역 표준지공시지가 담당 감정평가 사재감정 → 중앙부동산평가 위원회 심의 • 불복시 행정소송	• 공람기간 중 의견청취 → 당해지역 담당 감정평가사 검증 → 지방부동산평가위원회 심의 • 고시 후 이의신청 → 위와 동일 • 불복시 행정소송
적용범위	• 일반 토지거래의 지표 • 국가 및 지방자치단체 등의 지가산정시 기준 • 감정평가업자의 토지평가기준	• 각종 조세의 과세표준 • 각종 부담금의 부과기준 • 국 · 공유재산의 사용료 결정 기준

5) 개발이익환수정책

(1) 개발이익환수의 의의

① 개발이익의 개념

개발이익은 다양한 요인에 의해 상승한 토지가치의 증가분을 말한다. 1970년대 말 부동산 투기열풍이 일어난 뒤 개정된(1978. 12. 5) 「국토이용관리법」에서 개발이익을 환수할 수 있는 법적 근거를 마련하였다. 이때 개발이익은 국가 · 지방자치단체 또는 정부투자기관의 개발사업이나 정비사업 등에 의하여 토지소유자가 자신의 노력에 관계없이 지가가 상승되어 현저한 이익을 받은 때의 이익으로 규정했다. 그 후 토지공개념의 확대 도입을 위해 1989. 12. 30 제정된 「개발이익 환수에 관한 법률」에서는 개발이익을 '개발사업을 시행함으로써 정상지가 상승분(正常地價上昇分)을 초과하여 개발사업을 시행하는 자에게 귀속되는 토지가격의 증가분과 공공사업의 시행, 토지이용계획의 변경 기타 사회 · 경제적 요인에 의하여 정상지가 상승분을 초과하여 토지소유자에게 귀속되는 토지가액의 증가분'으로 규정하여 개발이익의 개념을 확대하였다.

② 개발이익환수의 필요성

토지는 자연적으로 존재하는 유한한 자원이므로, 다른 재산권과 달리 공공성 및 사회성이 강조된다. 따라서 토지에서 획득한 이익이 토지소유자의 투자와 관련한 이익이 아니고 외부요인에 의해 발생한 우발이익이라면, 이러한 이익 중 일부를 사회로 환수함으로써, 투기적 가수요를 억제하여 자원의 효율적 배분을 촉진함과 동시에 소득의 불균형을 시정하여 생산물의 형평적 분배를 유도할 필요가 있다. 오늘날 대부분의 국가에서는 개발이익을 지가상승분에서 토지소유자가 직접적인 투자를 제외한 증가분으로 정의하고, 총 개발이익에서 일정부분을 사회에 환원하기 위해 노력하고 있다(정희남외, 2003 : 30).

(2) 개발이익환수의 방법

우리 나라의 개발이익환수제도는 크게 ① 조세제도에 의한 경우 ② 부담금제도에 의한 경우 및 ③ 기타제도에 의한 경우로 구분할 수 있다.

첫째, 조세제도에 의한 방법으로 간주취득세와 양도소득세가 있다.

둘째, 부담금제도에 의한 것으로는 수익환수형과 시설부담형으로 구분할 수 있다. 수익환수형으로는 개발부담금과 수익자부담금이 있으며, 시설부담형으로는 기반시설부담금 · 과밀부담금 · 광역교통시설부담금 · 학교용지부담금 · 개발제한구역훼손부담금이 있다.

〈표 3.12〉 개발이익환수제도의 유형

<table>
<tr><th colspan="2">개발이익</th><th colspan="4">개발이익환수제도</th></tr>
<tr><th rowspan="2">개념</th><th rowspan="2">발생요인</th><th rowspan="2">조세제도</th><th colspan="2">부담금제도</th><th rowspan="2">기타제도</th></tr>
<tr><th>수익환수형</th><th>시설부담형</th></tr>
<tr><td>최협의</td><td>유형적 개발</td><td>–</td><td>개발부담금, 수익자부담금</td><td>기반시설부담금, 과밀부담금, 광역교통시설부담금, 학교용지부담금, 개발제한구역훼손부담금</td><td>기부채납, 환지방식 도시개발사업의 감보, 공익사업보상의 개발이익 배제</td></tr>
<tr><td>협의</td><td>무형적 개발</td><td>간주취득세</td><td>농지조성비, 대체산림자원조성비</td><td>–</td><td>–</td></tr>
<tr><td>광의</td><td>사회 · 경제적요인</td><td>양도소득세</td><td>–</td><td>–</td><td>–</td></tr>
</table>

자료 : 정희남외(2003), p. 48.

마지막으로 기타의 방법에 의한 개발이익환수제도로는 기부채납(寄附採納)제도, 「도시개발법」에 의한 환지방식의 개발에서 감보제도, 공익사업을 위한 손실보상액 산정시 개발이익을 배제하는 제도[34] 등이 있다.

6) 개발손실보상정책

개발손실을 보상하는 제도로는 용도지역의 지정이나 행위제한으로 인해 발생한 손실의 보상과 재산권의 규제에 대한 보상의 대체수단으로서 매수청구권이 제도화 되어 있다(류해웅 외, 2002 : 67). 용도지역의 지정이나 행위제한으로 인해 발생한 손실을 보상하는 경우로는 「원자력법」상 제한구역(제96조), 「하천법」상 하천예정지(제74조 제2항), 조수보호 및 수렵에 관한 법률」에 의한 조수보호구(제4조), 「산림법」상 보안림(제63조) 그리고 「자연공원법」상 공원계획의 변경(제30조 및 제73조) 등이 있다.

한편, 매수청구권제도는 「국토계획법」상 장기 미집행 도시계획시설부지 중 지목이 '대' 인 토지(제47조), 「개발제한구역법」상 개발제한구역 안의 토지를 종래의 용도로 사용할 수 없는 경우(제16조), 「한강수계 상수원 수질개선 및 주민 지원 등에 관한 법률」 및 「낙동강(또는 금강, 영산강, 섬진강)수계 물관리 및 주민지원 등에 관한 법률」에 의한 상수원보호구

34 취득하는 토지의 평가시 공익사업의 계획 또는 시행이 공고 또는 고시됨으로 인하여 취득하여야 할 토지의 가격이 변동되었다고 인정되는 경우에는 당해 공고일 또는 고시일 전의 시점을 공시기준일로 하는 공시지가로서, 당해 토지의 가격시점 당시 공시된 공시지가중 당해 공익사업의 공고일 또는 고시일에 가장 가까운 시점에 공시된 공시지가를 기준으로 평가함으로써(「공익사업을 위한 토지 등의 취득 및 보상에 관한 법률」 제70조 제3항), 당해 사업으로 인한 개발이익을 배제하고 있다.

역 · 수변구역 · 상수원의 수질을 보전하기 위해 필요한 지역, 「자연공원법」상 자연공원안의 토지를 종전의 용도로 사용할 수 없는 경우(제77조) 등이 있다.

제3절 토지자원의 전망과 과제

1. 외국의 토지제도

1) 개발권양도제

(1) 개발권양도제의 의의

개발권양도제(TDR : transferable development rights)는 개발을 제한할 필요가 있는 지역의 토지소유권에서 개발권을 분리하여 당해 지역에서는 이를 행사하지 못하도록 하는 대신 개발이 필요한 다른 지역에서 행사하거나 타인에게 양도할 수 있도록 하는 제도이다. 현대 사회에 들어와 토지문제가 심각해짐에 따라 토지에 대한 공적규제가 점차 강화되면서 토지소유권의 기능분화 및 개발권 개념의 필요성이 대두되었다. 영국에서는 토지소유권을 현재의 이용권과 장래의 개발권으로 분리하여 토지소유자에게는 현재의 이용권만 인정하고 개발권은 공유화하였고, 미국은 이를 양도할 수 있는 권리로 인정하여 유통시키는 개발권양도제를 도입했다.

(2) 개발권양도제의 내용

개발권양도제는 일정한 토지이용규제가 적용되는 지역에 대해 실시되는데, 개발을 제한하는 지역(송출지역)의 토지소유자에 대해 당해 토지를 개발하지 못하게 하는 대신, 그에 상당하는 개발권을 부여하여 개발을 유도하는 지역(수용지역)안에서 행사할 수 있도록 허용한다. 이에 따라 토지소유자는 수용지역에서 개발권을 직접 행사하거나 타인에게 양도하여 송출지역 토지에서 발생하는 손실을 보전한다. 이때 수용지역은 개발압력이 커서 장래 개발이 집중될 것으로 예상되는 지역으로 선정하여 이 지역에서 개발권을 보유하고 있으면 법정밀도 이상의 개발을 허용한다(최혁재 외, 2002 : 7-10).

(3) 개발권양도제의 도입방안

우리 나라의 현행 민법은 토지소유권을 포괄적 · 일체적 지배권으로 규정하고 있으므로[35] 토지소유권으로부터 개발권을 분리하는 것은 많은 법적문제가 따른다. 소유권은 물건을 전면적으로 지배할 수 있는 권리로서 완전성 · 혼일성 · 탄력성 · 항구성의 특성을 가지는데, 토지소유권에서 개발권을 분리하는 것은 이 가운데 혼일성을 깨뜨리는 것이 된다. 따라서 관련 민사법을 개정하지 않고는 개발권양도제를 우리 나라에서 전면적으로 도입하기는 어렵다. 다만 개발권양도제의 기본원리를 원용하여 용적률거래제도를 도입할 필요가 있다. 즉 모든 토지소유자에게 일정한 용적률만 소유권(개발권)으로 인정해 주고, 그 이상의 용적률로 개발하고자 하는 경우 국가로부터 용적률을 매입하도록 하는 것이다(이용만, 2003 : 24).

35 민법 제211조(소유권의 내용) : 소유자는 법률의 범위 내에서 그 소유물을 사용, 수익, 처분할 권리가 있다.

2. 지대조세제

1) 지대조세제의 의의

지대조세제(Land Value Taxation)는 지대세를 통해 토지가치를 사회에 귀속시키는 반면, 토지의 사용·처분은 모두 시장기능에 맡기는 제도이다. 지대세는 지대를 과세표준으로 하고 세율은 100%로 하는 조세이다. 즉 지대조세제는 토지소유권의 구성요소인 사용권·수익권·처분권 중 사용권과 처분권은 사유(私有)로 하고 수익권은 공유(公有)로 하는 제도이다(김윤상, 1994 : 155-156).

헨리 조지(Henry George, 1839~1897)는 복잡한 현대 사회에서는 사람들에게 토지 그 자체를 공평하게 분배하는 것은 현실적으로 불가능하다고 생각하여, 토지에서 발생하는 가치(즉, 지대)를 공적으로 징수하고, 그것을 국민들에게 공평하게 나누어 주는 방법을 제안하였다.

2) 지대조세제의 내용

지대조세제는 토지가치를 공유(公有)로 하는 동시에 토지가치만 공유로 하는 제도이고, 토지가치를 공유화 하는 방법 중 지가를 일시에 환수하지 않고 토지소유자에게서 매년 지대액 만큼 분할하여 환수하는 방법이다. 지대조세제제는 지대세를 최우선으로 징수하는 세제이다. 따라서 전형적인 지대조세제제 하에서는 지대세율이 100%가 되고 다른 조세는 대폭 감면된다. 만일 지대세만으로 정부세입이 충분히 조달된다면 다른 조세는 일체 면제되고 지대세만의 단일세제가 된다. 여기서 지대세액은 토지의 실제 사용도나 실제 지대소득과는 무관한 토지의 잠재적 사용가치이다. 즉 토지를 놀리더라도 토지를 충분히 사용할 경우에 얻을 수 있는 연간 지대소득 내지 연간 임대료를 징수한다는 것이다(김윤상, 2003).

3) 지대조세제의 실시방안

지대조세제는 대만, 미국, 호주, 덴마크, 남아프리카공화국 등에서 실시되어 좋은 결과를 낳은 바 있다. 지대조세제를 점진적으로 적용하는 것을 전제로 실시방안을 보면, 먼저 국토보유세를 국세로 신설하고, 그 수입 만큼 다른 국세를 덜 걷는 방법이 있다. 이 방법은 지방자치단체의 협력을 기다릴 필요가 없이 중앙정부가 전국적으로 실시할 수 있다는 장점이 있다. 국토보유세 도입에 따라 부가가치세, 법인세, 소득세 등의 순서로 감면한다. 다음으로 지방세를 수단으로 하여 지대조세제를 적용할 수도 있다. 현재 기초자치단체인 시 · 군 · 구의 세목으로 되어 있는 재산세(토지분)가 지대세와 비슷한 토지보유세의 일종이므로 재산세(토지분)의 과표를 현실화하거나 세율을 높이면 된다. 재산세(토지분)를 인상하면서 우선 감면할 조세는 재산세(건물분)이다.

3. 토지정책의 과제와 방향

1) 토지정책의 과제

민주화에 따른 개인의 권리인식 변화, 지방자치제의 정착에 따른 계획권한의 재배분 등으로 토지이용규제는 많은 변화를 겪게 될 것이다. 따라서 공공계획의 실질적인 기능과 집행력을 제고해야 한다.

둘째, 토지정책의 패러다임 전환에 부응하여 토지소유를 직접 제한하기보다 공공의 시장감시기능과 계획기능을 더욱 강화하면서 간접규제로 전환해야 할 것이다.

셋째, 개발이익의 환수와 개발손실의 보상이 더욱 활성화되어 토지로부터 발생하는 이익과 손실이 공평하게 배분되어야 한다.

마지막으로 토지정책을 효과적으로 전개하기 위해서는 토지시장 및 토지정보의 관리체계를 효율적으로 구축해야 하고, 토지세제의 기능을 강화하여야 한다(박헌주외, 1998 : 323-329). 이를 위해 양도소득세를 종합소득세 체계로 흡수하고 비과세 · 감면제도도 정비할 필요가 있다.

2) 토지정책의 기본방향

(1) 개발과 보전의 조화

공급확대를 통한 가격안정이라는 목표와 계획개발이라는 시장실패의 보완목표를 어떻게 조화시킬 것인가가 문제이다. 외부효과의 존재, 공공재의 공급, 그리고 개발이익의 전유 등의 문제를 해결하기 위해 선계획 · 후개발의 원칙이 세워졌다. 2003년부터 새롭게 시행 중인「국토계획법」에서는 친환경적 토지이용관리를 위해 제2종 지구단위계획구역, 개발밀도관리구역, 기반시설부담금제 및 토지적성평가제도를 신설하였다.

(2) 공익(公益)과 사익(私益)의 조정

토지는 사적재산권으로서의 성질을 지니고 있으나, 우리 모두가 함께 이용해야 할 천부(天賦)의 국가적 · 사회적 기반이므로, 토지에 있어서의 사회적 이익(공익)과 사적 이익(사익)은 그 조화를 이루어야 한다.

토지에 대한 공익과 사익이 조정되어 토지로부터 발생하는 이익과 손실이 공평하게 배분될 때, 정의로운 사회를 만들 수 있을 것이다. 조정방향으로는 과도한 규제나 불필요한 규제의 폐지 또는 완화, 손실보상의 대체수단으로 매수청구권의 활성화, 조세감면 등에 의한 간접적인 지원 등이 있다(류해웅 외, 2002 : 240-242).

(3) 분배의 형평성 강화

토지자원의 소유가 편중되면서 분배의 형평성을 강화할 필요성이 커지고 있다. 토지(부동산)세제가 분배의 형평성을 도모하여 사회적 정의를 추구하고, 부동산의 효율적 이용을 촉진하기 위해서는 취득과세 중심에서 보유과세 중심체계로 전환해야 할 것이다. 정부는 보유과세 강화를 위해 점진적으로 재산세를 비롯한 보유과세의 과표를 현실화할 방침이다.

탐구학습

1. 요약

1.1 주요개념과 요약

- 용도지역은 토지이용 및 건축물의 용도 · 건폐율 · 용적률 · 높이 등을 제한함으로써 토지를 경제적 · 효율적으로 이용하고 공공복리증진을 도모하기 위하여 서로 중복되지 않도록 도시관리계획으로 결정하는 지역을 말한다.
- 토지공개념은 토지의 소유권(사용 · 수익 · 처분)을 공공의 이익을 위해서 적절히 제한할 수 있다는 학술적 · 제도적 개념이다.
- 개발이익은 토지의 유 · 무형적 개발행위로 인하여, 토지소유자가 지가의 상승으로 얻게 되는 이익을 말한다.
- 개발권양도제는 개발이 제한되는 지역의 토지소유자에게 재산상 손실부분 만큼, 이를 다른 지역에서 행사하거나 타인에게 양도할 수 있도록 하는 제도이다.

1.2 주요학자 및 대표적 사례

- 헨리 조지(Henry George, 1839～1897)
  미국의 경제학자로 중학교를 중퇴한 후 여러 직업을 전전하면서 극심한 가난을 체험했고 어려운 생활 속에서 독자적으로 연구하여 1879년 "진보와 빈곤(Progress and Poverty)"을 출판했다. 이 책에서 그는 "사회가 고도로 진보하고 있는데도 극심한 빈곤이 사라지지 않는 원인은 토지사유제에 있다. 생산에 아무런 기여도 하지 않는 토지소유자에게 지대가 귀속되는 제도 하에서는 생산에 직접 참여한 노동자와 자본가에게 돌아가는 몫이 그만큼 적어지며 더구나 사회진보에 따라 지대는 그 총액은 물론, 국민총생산 중의 비율도 증가하는 경향이 있기 때문이다. 토지는 모든 인류에게 천부된 공동재산으로서 어느 특정시점의 특정 개인이 소유할 성질의 재산이 아니다. 그러나 위와 같은 문제를 해결하기 위해서 토지를 몰수할 필요까지는 없고 지대를 완전히 징수하기만 하면 된다."고 주장했다.
- 삼천리 금수강산
  삼천리라는 말은 우리 나라 남북의 최대길이 2,100리에 동서의 최대길이 900리를 합해 3천리가 되는 것에서 유래했다(1리는 약 0.4㎞). 또한 우리 나라가 한반도와 그 주변에 분포돼 있는 3,200여개의 섬으로 이루어지고, 비단실로 수놓은 듯 산천이 아름다워 금수강산으로 불렸다.

■ 새만금간척사업

새만금간척사업은 전북 군산·김제·부안에 총길이 33km의 방조제를 축조해 총 면적 40,100ha의 토지를 조성하는 사업(토지조성 : 28,300ha, 담수호 : 11,800ha)이다. 사업기간은 1991년~2011년까지 총21년이며, 총사업비는 3조4,756억원이다. 새만금 사업단에서는 사업의 효과로 국토확장, 우량농지조성, 수자원 확보, 수해상습지 해소, 육운개선 및 종합관광권 형성을 들고 있다. 새만금간척사업과 관련하여 천연기념물 철새 생존 위협, 갯벌 손실 및 수질오염 가속화 등의 환경피해를 이유로 반대하는 주장도 많다.

■ 농지소유제한제도

농지의 소유를 제한하는 제도로는 농지소유자격의 제한, 농지소유상한제, 농지취득자격증명제, 농업경영에 이용하지 아니하는 농지의 처분의무와 이행강제금 부과, 농지의 위탁경영 금지, 농지의 임대차 또는 사용대차 금지 등이 있다. ① 농지소유자격의 제한 : 농지는 자기의 농업경영에 이용하거나 이용할 자가 아니면 이를 소유하지 못한다(농지법 제6조). ② 농지소유상한제 : 상속에 의하여 농지를 취득한 자로서 농업경영을 하지 아니하는 자는 그 상속농지중에서 1만㎡ 이내의 것에 한하여 이를 소유할 수 있고, 8년 이상 농업경영을 한 후 이농한 자는 이농 당시의 소유농지 중에서 1만㎡ 이내의 것에 한하여 이를 소유할 수 있으며, 주말·체험 영농을 하고자 하는 자는 1천㎡ 미만의 농지에 한하여 이를 소유할 수 있다(농지법 제7조). ③ 농지취득자격증명제 : 농지를 취득하고자 하는 자는 농지의 소재지를 관할하는 시장·구청장·읍장 또는 면장으로부터 농지취득자격증명을 발급받아야 한다(농지법 제8조). ④ 농업경영에 이용하지 아니하는 농지의 처분의무와 이행강제금 부과 : 농지의 소유자가 정당한 사유없이 농업경영에 이용하지 아니하는 등의 사유가 인정된 때에는 그 사유가 발생한 날로부터 1년 이내에 당해 농지를 처분해야 하며(농지법 제10조), 처분의무기간 내에 처분하지 않는 소유자에 대해서 시장·군수·구청장은 6월 이내에 당해 농지를 처분할 것을 명할 수 있고(농지법 제11조), 처분명령을 받은 후 정당한 사유 없이 지정기간 안에 처분명령을 이행하지 않는 자에 대하여는 당해 토지가격의 100분의 20에 상당하는 이행강제금을 부과한다(농지법 제65조). ⑤ 농지의 위탁경영 금지 : 농지의 소유자는 법률에서 정하는 경우(자기 노동력이 부족한 경우에 농작업의 일부를 위탁하는 경우 등)를 제외하고는 소유농지를 위탁경영할 수 없다(농지법 제9조). ⑥ 농지의 임대차 또는 사용대차 금지 : 법률에서 정하는 농지(상속에 의해 취득한 농지 등) 외에는 임대하거나 사용대(使用貸)할 수 없다(농지법 제22조).

■ 부동산 거품의 경제학

집값에 거품이 끼었나를 따지는 잣대로 가장 많이 쓰이는 게 매매가 대비 전세가의 비율(전세비율)이다. 이 비율이 50% 이하이면 거품이 끼었다고 본다. 서울 강남구의 전세비율은 2001년 51.4%에서 2005년 6월 현재 31.7%로 떨어졌다. 분당은 34.4%, 용인도 32.6%이다. 따라서 분당 · 용인 · 과천 · 수원으로 확산되고 있는 집값상승은 수급논리보다 투기수요에 의한 거품일 가능성이 더 크다(중앙일보, 2005. 6. 17, 3면).

■ 헌법재판소의 종국결정의 유형은 크게 본안전판단으로서의 각하결정과 본안판단으로서 위헌결정, 합헌결정으로 나눌 수 있다. 단순위헌결정 외에 헌법불합치결정, 한정 합헌결정, 한정 위헌결정 등도 모두 넓은 의미의 위헌결정에 해당한다.

헌법불합치결정은 결정 직후부터 법률을 사문화시키는 위헌결정과 달리 일정 기간 법률을 존속토록 하는 제도이다. 즉 해당 법률을 위헌으로 선언하면서도 즉각적인 무효화에 따른 혼란을 막기 위해 유예기간을 두는 것으로 헌법불합치 결정이 내려지면 입법 주체인 국회나 행정부는 헌법재판소가 제시한 기간까지 해당 법률을 개정해야 한다.

■ 개발부담금

개발사업의 시행 또는 토지이용계획의 변경 기타 사회적 · 경제적 요인에 의해 정상지가상승분을 초과하여 개발사업시행자 또는 토지소유자에게 귀속되는 토지가액의 증가분인 개발이익에 대해 국가가 일부를 환수하는 것을 말한다. 부과기준은 부과종료시점의 토지가액에서 부과 개시시점의 토지가액과 부과기간 동안의 정상지가상승분 및 개발비용을 뺀 금액으로 하며, 부과율은 25%이다. 개발부담금은 2001년 「부담금관리기본법」이 제정되면서 서울 · 인천 · 경기 외의 지역에서는 2002. 1. 1부터 개발부담금 부과가 중지되고, 서울 · 인천 · 경기 지역에서는 2004. 1. 1이후에 인가 등을 받는 개발사업부터 따로 법률이 정하는 시기까지 개발부담금을 징수하지 아니하였다. 그러나 정부의 부동산가격 안정대책의 하나로 2006년부터 다시 부과하고 있다.

■ 수익자부담금

특정한 공익사업의 시행으로 인하여 특별한 이익을 받는 자가 그 이익의 범위 내에서 사업경비를 부담하도록 부과하는 부담금이다. 이는 이익을 받는 자에게 일정비율의 부담금을 부과함으로써, 전체적인 이익과 부담간의 형평성을 도모하고자 하는 전형적인 개발이익환수제도이다. 2001년 「부담금관리기본법」이 제정되면서 기존 부담금의 정비와 부담금의 신설 · 증설을 억제하고 있으며, 현재는 「지방자치법」 제129조의 규정에 의한 지방자치단체 공공시설수익자분담금, 「댐건설 및 주변지역 지원 등에 관한 법률」 제23조의 규정에 의한 수익자부담금 및 「사방사업법」제18조의 규정에 의한 수익자부담금 등 일부 사업에 대해서만 적용되고 있다.

- 기부채납

기부채납은 기부자가 그의 소유재산을 지방자치단체의 공유재산으로 증여하는 의사표시를 하고 지방자치단체는 이를 승낙하는 채납의 의사표시를 함으로써 성립하는 증여계약으로, 증여계약의 주된 내용은 기부자가 그의 소유재산에 대하여 가지고 있는 소유권 즉 사용 · 수익권 및 처분권을 무상으로 지방자치단체에게 양도하는 것이다. 기부채납은 공공시설 부담제도로 각종 개발사업허가 시 부관으로 부과된다. 국토계획법은 특별시장 · 광역시장 · 시장 또는 군수는 개발행위허가를 하는 경우에는 당해 개발행위에 따른 기반시설의 설치 또는 그에 필요한 용지의 확보 · 위해방지 · 환경오염방지 · 경관 · 조경 등에 관한 조치를 할 것을 조건으로 개발행위 허가를 할 수 있다고 규정하고 있다(제57조 제4항). 이러한 기반시설부담 조건부 개발행위허가의 이행을 보장하기 위하여 이행강제금 · 원상회복 및 대집행제도를 두고 있다.

2. 토론 및 과제

2.1 심화자료

- 이정전(1999), ***토지경제학***, 서울 : 박영사.
- 김상용(1995), ***토지소유권법사상***, 서울 : 민음사.
- 건설교통부, www. moct. go. kr
- 국토연구원, www. krihs. re. kr

2.2 토론주제

- 토지자원은 왜 중요한가?
- 토지문제의 원인은 무엇인가?
- 토지정책은 왜 필요한가?
- 개발이익환수는 왜 필요한가?
- 개발손실을 어떻게 보전할 것인가?
- 토지정책의 방향 : 수요억제와 공급확대

2.3 과제

- 용도지역제의 변천과정
- 토지공개념제도의 내용
- 공시지가의 의의와 적용범위
- 개발이익환수제도의 유형
- 미래 토지정책의 방향

참고문헌

건설교통부(2005), *2005년도 국토의 계획 및 이용에 관한 연차보고서.*

김상종외(2000), *새천년의 환경과 국토*, 서울 : 나남출판.

김윤상(1994), *토지정책론*, 서울 : 법문사.

김정호 · 김근용(1998), *주택정책의 회고와 전망*, 안양 : 국토개발연구원.

김현식외(2002), *정보화시대 도시정책방향과 과제에 관한 연구*, 안양 : 국토연구원.

류해웅 · 김승종(2002), *토지의 공익과 사익의 조정에 관한 연구(II)*, 안양 : 국토연구원.

류해웅(200), *토지법제론*, 서울: 부연사.

박헌주외(1998), *토지정책의 전개와 발전방향*, 안양 : 국토개발연구원.

방경식 · 장희순(2002), *부동산학개론*, 서울 : 부연사.

서순탁(2005), "토지이용규제 개혁추진과 한계", *도시정보*, 276호, 서울 : 대한국토 · 도시계획학회.

이성근외(2005), *현대 부동산의 이해*, 서울 : 부연사.

이용만(2003), "부동산정책의 당면과제", *한국감정평가연구원 개원 2주년기념 심포지엄 자료집.*

이용우외(2001), *환경친화적 국토발전을 위한 전략연구*, 안양 : 국토연구원.

이정전(1999), *토지경제학*, 서울 : 박영사.

정희남외(2003), *토지에 대한 개발이익환수제도의 개편방안*, 안양 : 국토연구원.

최혁재 · 최수(2002), *토지이용규제 손실보전수단으로서의 개발권양도제 도입 및 활용방안 연구*, 안양 : 국토연구원.

제4장

수자원의 개발과 관리

제1절 수자원의 의의

1. 수자원의 개념과 기능

1) 수자원의 개념

물은 산업활동을 지원하고 인간의 생명을 유지하기 위한 가장 필수적인 요소라 할 수 있다. 따라서 인류의 문명도 고대로부터 대하천의 유역에서 발상하였고, 대도시는 큰 하천을 인접하는 경우가 많은 등 인간의 삶은 물을 구하기 쉬운 곳에서 이루어지고 있다. 따라서 생존과 생활유지를 위한 수자원의 개발과 이용 · 보존을 위한 인간의 노력은 계속되어 왔다. 따라서 물은 필요한 때에, 필요한 곳에서, 필요한 양만큼, 원하는 수질로 공급되어야 한다(윤양수외, 1998 : 32).

2) 수자원의 기능

수자원의 기능을 구분하면 크게 이수기능, 치수기능 및 환경기능으로 구분할 수 있다. 이수기능은 각종 용수의 공급, 내륙수운, 수력발전, 어업, 골재채취 등이 포함되고, 치수기능에는 홍수조절, 지하수의 함양 및 배제, 하수 · 폐수의 배제 등이 있다. 한편 환경기능에는 수질보전, 친수공간 등이 있다.

이러한 수자원을 이용용도별로 구분하면 생활용수, 공업용수, 농업용수, 하천유지용수 등으로 구분할 수 있다. 생활용수는 음용, 취사, 세탁, 세면, 목욕 등 인간의 생활유지에 소요되는 용수이고, 공업용수는 공장에서 소요되는 각종 제조용수 등으로 사용되는 용수이다. 농업용수는 각종 농작물의 재배에 사용되는 용수를 말하고, 유지용수는 소규모 댐, 농수로, 하천, 소규모 저수지 등으로부터 공급받는 용수이다. 즉 하구로부터의 염해를 방지하고, 자연생태계를 유지하기 위한 최소한의 유지유량이라 할 수 있다. 이외에도 도시내 살수, 소방, 청소 등 기타 잡용수라는 개념으로서 도시용수를 별도로 분류하기도 한다. 최근에는 한번 쓰고 난 물을 간단히 처리하여 다시 사용하는 중수도의 개념이 도입되는 등 인간생활과 관련되어 수자원의 기능과 분류는 점점 더 복잡해지고 있다(윤양수외, 1998 : 33).

3) 수자원의 가치

물은 모든 생명체의 근원이 되는 절대자원으로서 생물체의 성장에 필수적일 뿐만 아니라 일반 공산품의 생산에도 없어서는 안 될 중요한 원자재이다. 즉 쌀 1g을 생산하는 데 절대적으로 필요한 물은 350g, 신문지 1t을 생산하는 데는 150t, 철은 그 생산량의 285배, 휘발유는 25배, 레이온은 2,000배의 물이 각각 필요하다.

또한 낙차(落差) 50m인 하천에서 1.0m^3/s의 물이 계속 흐른다면 353

㎾의 전기에너지를 생산할 수 있으며, 소양강(江) 유역에서 1㎜의 비가 내렸다면 270만㎥의 물이 소양호에 모이게 되고, 그 양은 전기값으로 환산하면 약 4,000만 원 정도의 가치로 바뀐다. 그리고 그 물은 다시 하류로 흘러서 유유히 흐르는 한강의 물줄기에 합류하여 주위에 아름다운 풍경을 만들어 생활에 시달리는 사람들의 마음을 시원하게 해주고 수중생명체에 삶의 터전을 마련해 준다.

물의 가치는 형이하학적인 가치에만 둘 수는 없다. 저수지에 모여 있는 물로 농사를 얼마나 짓겠는가, 도시에 사는 사람 몇 만 명에게 수돗물을 공급할 수 있겠는가, 또는 공장 몇 개를 돌릴 수 있겠는가 하는 등의 가치기준보다 더 한층 높은 가치를 지니고 있는 것이 또한 물이다.

바빌로니아 · 아시리아의 창세신화(創世神話)와 이집트의 천지창조신화는 모든 것이 물과 흙의 세계로부터 시작되었다고 하였으며, 중국 신화에서도 최초 생명의 약동은 바다의 파랑(波浪)이라고 하였다. 즉 세계의 시작은 물이었으며, 물은 땅의 어머니이고 우주의 근원이라고 일컬어졌던 것이다. 그리스의 신화와 철학은 물을 여자의 영혼, 생명체의 모체(母體), 영(靈)과 물질의 매개체라고도 하였다.

사실 우리가 볼 수 있는 자연수(自然水)는 그 안에 다른 어떠한 물질도 용해하여 자기 것으로 만들고 있으며, 또 무엇인가를 용해하려고 하고 있다. 이 용해한 물질을 다른 생명체에 공급하여 그 생명체를 키우고 있는 것이다. 물은 식물과 함께 생명 유지에 꼭 필요하다.

2. 수자원의 현황과 문제점

1) 수자원의 현황

(1) 강수 현황

우리 나라의 연평균 강수량은 〈표 3.13〉에서 보는 바와 같이 1,283㎜로서 세계의 연평균 강수량인 973㎜의 1.3배로 비교적 많은 편이다. 인구 1인당 연간 총 강수량은 2,705㎥로서 세계 평균인 22,096㎥의 12%에 불과해 매우 적은 편이다(건설교통부, 2005 : 121).

〈표 3.13〉 세계 주요국의 연평균 강수량 분포

국 명	면 적 (천㎢)	연평균강수량 (㎜)	총강수량 (억㎥)	인구1인당강수량 (㎥/년/인)
미 국	9,373	760	71,235	29,485
영 국	244	1,064	2,569	4,624
프 랑 스	552	750	4,140	7,474
호 주	7,687	460	35,360	221,416
스 위 스	41	1,470	603	9,272
스 웨 덴	441	700	3,087	36,822
이 탈 리 아	301	1,000	3,010	5,260
인 도	3,288	1,170	38,470	5,021
일 본	378	1,728	6,528	5,281
중 국	9,597	660	63,340	5,907
한 국	99	1,283	1,276	2,705
세 계 평 균	135,793	973	1,302,030	22,096

자료 : 수자원장기종합계획 2001(1969～1998년 평균 강수량).

또한 연강수량은 대부분 우기인 6월～9월에 집중되고 갈수기인 10월～익년 3월까지 5개월 동안은 1년 강수량의 1/5에 불과하다. 하천바

닥의 기울기가 급하기 때문에 강수량의 대부분이 홍수로 유출되어 전체 수자원 총량 중 26%인 331억㎥만 이용되고 있는 실정이다. 이러한 강수량의 월별 편중현상을 감안할 때, 우리 나라에서 수자원을 확보하는 길은 댐을 축조하여 우기에 물을 저장하였다가 갈수기에 사용하는 방법밖에 없다.

한편 지하수의 함양과 유출이 평형을 이루는 상태에서 지속적으로 채수가능한 지하수개발가능량은 117억㎥으로 추정되나 지하수가 부존되어 있는 대수층의 발달이 빈약하여 대규모 지하수개발은 기대하기 어려운 실정이다. 또한 유역별 수자원부존량과 용수수요가 균형을 이루지 못하고 있으므로 용수수요 충족을 위하여는 광역용수개발이 불가피하다. 그러나 댐 및 저수지의 적지 감소, 수몰지 보상비의 상승, 댐개발에 따른 지역주민의 반발 등으로 수자원 개발이 어려운 실정이다.

(2) 수자원 현황

우리 나라의 연평균 수자원 총량은 [그림 3.3]에서 보는 바와 같이 약 1,276억㎥에 달하고 있으나, 이 중에서 43%인 545억㎥은 증발 및 지하침투 등으로 손실되고 31%인 400억㎥은 홍수시 단시간내에 바다로 유실되며, 나머지 26%인 331억㎥만 이용되고 있는 실정이다. 이를 공급원별로 살펴보면 댐에서 133억㎥, 하천수에서 161억㎥, 지하수에서 37억㎥을 이용하고 있다.

특히 우리 나라는 강수량의 3분의 2에 해당하는 700~900㎜가 6월~9월에 집중되고 있을 뿐만 아니라 유로(流路)가 짧고 경사가 급하여 홍수시 일시에 유하(流下)함으로써 매년 막대한 홍수피해를 입고 있다. 최근의 급속한 경제발전으로 하천연안 저지대의 토지이용도가 고밀화되고 있어 홍수피해는 날로 증가하고 있는 실정이다. 전국 용수이용량

중 48%가 농업용수이고, 22%인 73억㎥가 생활용수, 21%가 유지용수이며, 공업용수는 9%인 29억㎥이다.

(단위 : 억㎥/년)

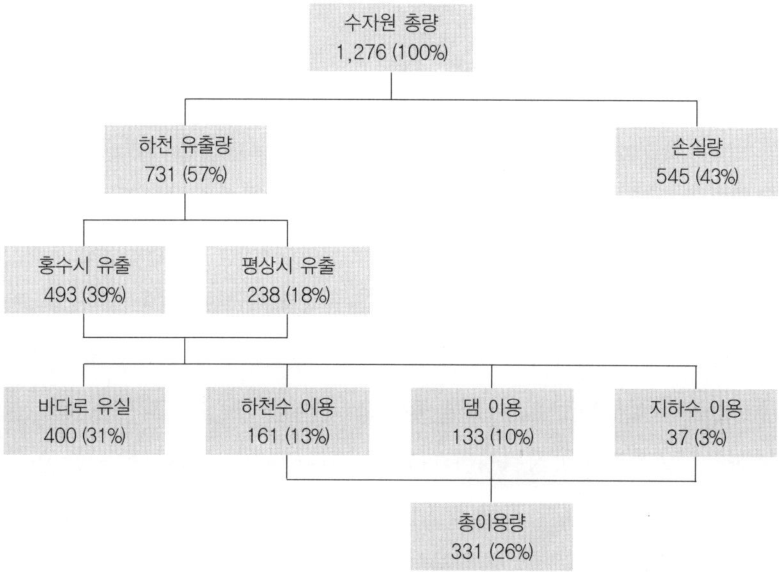

구 분	이 용 량 (억㎥)	비 율 (%)
합 계	331	100
생 활 용 수	73	22
공 업 용 수	29	9
농 업 용 수	158	48
유 지 용 수	71	21

자료 : 건설교통부 수자원국(1998년 기준)

[그림 3.3] 수자원의 부존량 및 이용현황

2) 수자원의 특징

수자원을 형성하는 강수량의 경우 우리 나라는 지역별, 계절별 편차가 심하여 여름에는 홍수가 빈발하고 겨울과 봄에는 가뭄이 지속되어 안정적인 용수확보에 어려움이 있다.

우리 나라 연평균 강수량은 1,283㎜이나 과거 60년 동안의 기록을 보면, 최저 754㎜(1939년)에서 최고 1,782㎜(1998년)로 약 2.4배의 차이를 나타내고 있으며, 최근에는 5년을 주기로 가뭄이 발생하고 있다.

우리 나라의 수자원 전체 시설용량은 2,856만㎥/일로 수용량 1,560만㎥/일보다 상당한 여유가 있다. 그러나 상대적인 여유에도 불구하고, 2006년 현재 우리 나라 전체 67개 시 · 군에서 물부족 현상이 발생하고 있다. 특히 한강하류권의 경우 430만㎥/일의 여유량이 발생함에도 불구하고, 12개 시 · 군지역에서 111만㎥/일의 물이 부족하다. 이는 이들 지역이 주요 하천에서 거리상 떨어져 있어 댐 등 시설물의 중앙집중식 공급시스템의 지원을 받기 힘들었다는데 주요 원인이 있다. 또한 우리 나라는 이상기후에 따른 집중호우 현상이 증가할 뿐만 아니라, 단시간 내 국지적인 집중호우로 홍수피해가 급속히 증가하고 있다. 연평균 총 강수량은 크게 변하지 않았으나, 최근 10년간 1일 100㎜ 이상의 극한 집중호우 발생빈도가 1970년대에의 222회에 비해 약 1.5배 증가한 325회 수준이다. 또한 최근 30년간 재해로 인한 연평균 재산피해액도 매 10년 단위로 3.2배씩 증가하고 있다.

3) 수자원의 문제점

(1) 양적인 문제

다목적댐과 광역상수도의 지속적인 건설에도 불구하고 용수개발시설이 주요 하천의 본류지역을 중심으로 건설되어 있어 지역적인 용수의 불균형문제가 발생하고 있다. 해안 및 도서지역과 같이 대규모 댐이나 광역상수도의 혜택이 미치지 못하는 내륙지역은 일시적인 가뭄에도 식수가 부족하여 국민들의 생활불편을 초래하고 있는 실정이다. 일부 산업단지에서는 공업용수의 부족으로 생산에 지장을 초래하는 등 공업용수의 확보에 어려움을 겪고 있다.

그러나 댐 개발 적지가 감소하고 수혜지역이 개발지역과 상이하여 댐 개발 대상지역 주민들의 피해의식이 팽배해져 지역사회의 반발이 고조되고 있으므로 용수원 확보를 위한 댐 개발에 애로사항이 많다. 또한 물가 및 지가상승으로 인한 수자원 개발단가가 급등하여 그 여건이 계속 약화되고 있다. 반면 수자원 개발은 계획에서 건설까지 장기간을 필요로 하기 때문에 물부족 발생시점부터 약 10년 이상 앞선 사업추진이 불가피하다. 그러므로 일단 물부족 현상이 발생하게 되면, 이미 대처할 수 없는 상황이 되기 때문에 수자원개발 정책을 수립하기가 어렵다.

(2) 질적인 문제

생활하수 및 공장폐수량은 급격히 증가하고 있으나, 하수처리율은 42%에 불과하다. 더욱이 축산폐수의 방류는 하천수질오염을 날로 심화시키고 있다. 즉 영세농가의 축산폐수와 농경지 및 골프장 등에서 사용되는 비료나 농약이 널리 퍼져 있기 때문에 집중적인 처리가 곤란하므로 오염방지 및 처리비용이 많이 소요되어 앞으로 심각한 문제로 대두될 전망이다. 또한 하천수질오염의 심화로 하류지역에 위치한 일부 취수장의 경우 상류로 이전 필요성이 제기되고 있을 정도로 수질문제가 매우 심각하다. 그리고 낮은 하수처리율과 고도 정수처리시설의 미비, 수도관의 노후화 등으로 국민들의 수돗물을 불신하게 되어 수돗물에 대한 신뢰회복이 중요한 정책현안이다.

(3) **홍수피해의 문제**

우리 나라의 하천개수율은 60.4%에 불과하고, 도시지역의 내배수시설의 미흡과 도시화에 따른 토지이용의 증대로 인하여 하천연변의 침수피해가 증가되고 있다. 한편 농어촌 지역으로 주거지역이 확대되거나 산업단지가 입주하는 등 산업화에 따른 재해취약지구가 확대되어 홍수피해도 계속 증가하고 있다.

(4) **비현실적인 용수단가**

우리 나라의 현행 수돗물값은 물가안정을 이유로 지나치게 낮게 책정되어 있어 물의 낭비를 유발할 뿐만 아니라, 재정적자의 요인이 되고 있다. 따라서 수질개선 및 공급량 확대를 위한 투자재원확보에 어려움이 큰 실정이다. 저렴한 용수가격은 물의 과다사용을 유발시킴으로써, 결국 하폐수량을 증가시켜 하천을 오염시키게 되고, 상하수 처리비용을 증가시키는 악순환을 유발하고 있다.

제2절 수자원의 개발과 관리

1. 수자원관리의 의의

1) 수자원문제

수자원문제는 크게 세가지로 구분할 수 있다. 먼저, 수자원의 과잉을 들 수 있다. 우리 나라는 전 국토가 몇 개의 큰 유역으로 이루어져있으며, 강우량은 계절적 · 지역적으로 심한 불균형을 이룬다. 또한 지형상 유로연장이 짧고 하상경사가 급해 단기간 내에 많은 양의 홍수가 발생하는 특징이 있다. 둘째, 수자원의 부족이다. 강수량의 부족, 수자원의 낭비 등의 원인에서 나타난다. 마지막으로 수자원의 오염을 들 수 있다. 산업화 · 도시화는 수자원의 심각한 오염을 초래하고 있다. 따라서 수자원의 문제는 크게 수량문제와 수질문제로 분리된다.

2) 수자원관리의 개념

수자원관리의 개념은 인간의 생활과 매우 밀접한 관련을 맺고 있어 매우 복잡하고 다양하다. 처음에는 물이 많은 하천 부근에서 농경생활을 했으므로 단순히 물을 이용하는 이수(利水)가 주된 기능이었으나, 점차 홍수나 가뭄 등과 같은 자연재해를 극복하기 위해 제방이나 저수지를 축조하는 등 보다 적극적인 의미의 치수(治水)기능이 추가되었다. 어느 정도 치수가 이루어진 이후에 하천을 이용하여 물자를 수송하거나 물레방아 등과 같은 수력에너지를 이용하는 단계에 이르는 보다 적극적인 단계의 이수가 이루어졌다(윤양수외, 1998 : 32).

최근까지 이수와 치수의 기본적인 개념은 지속되고 있다. 즉 각종 용수의 공급, 내륙수운, 수력발전, 어업, 골재채취 등 하천을 이용하기 위한 이수영역의 기능은 점차 다양화되고 있고, 치수기능도 단순한 홍수조절에서 토사의 소통, 지하수의 함양 및 배제, 하수·폐수의 배제 등으로 다양해지고 있다. 최근에는 그 외에도 염해방지와 하천생태계를 보전하기 위해 하천유지용수를 확보·공급하는 단계에 이르렀다.

2. 수자원 관리정책

1) 하천 정비

우리 나라는 연평균 1,283㎜의 강수중 3분의 2에 해당하는 700~900㎜가 하절기에 집중적으로 내리고 홍수기와 농작물 개화결실기가 일치하므로 농경지 및 농작물 피해가 많아 식량자급자족에 커다란 영향을 미치고 있다. 또한 최근 급속한 경제발전에 수반된 산업시설, 인구집중 등이 하천연변을 중심으로 이루어지고 있는데 비해, 이에 대응하는 하천개수가 부진하여 집중호우시 도시내 하천재해와 하천범람, 산사태 등으로 의한 피해는 해마다 증가되어 경제성장의 저해요인이 되고 있다. 따라서 하천개수사업을 추진하는 것은 홍수피해의 감소와 토지의 고도이용을 도모하여 안정된 영농으로 식량증산을 기하면서 고용증대 효과도 겸하는 중요한 사업이다(건설교통부, 2005 : 124).

국민의 삶의 수준과 환경의식의 향상에 따라 기존 치수위주의 하천정비방식에서 벗어나 하천의 생태를 보존하고 하천을 주민의 휴식·친수공간으로 조성하는 적극적인 하천환경정비방식의 도입 필요성이 부각되고 있다.

한편 총 3,886개의 하천연장 29,783㎞ 중 개수가 필요한 구간의 연장은 36,904㎞에 이르고 있으며, 1925년 대홍수를 겪고 나서부터 시작된 하천개수는 2004년말까지 전체 연장의 78.4%에 해당하는 28,938㎞를 개수하였다.

2) 다목적댐 건설

각종 용수의 안정적 공급 및 홍수조절 등 다목적 수자원 개발사업의 일환으로 1960년 이후 정부는 다목적 댐을 건설하기 시작하여 소양강댐 등 14개의 다목적댐을 준공하여 홍수조절용량 25억톤, 연간 용수공급능력 108억톤, 연간발전량 23억Kwh을 확보하는 등 이수와 치수에서 실질적인 큰 역할을 담당하고 있으며, 또한 정부는 2005년에는 탐진강의 장흥댐을 완공하고, 2008년에는 낙동강지류의 화북댐을 완공할 계획이다.

3) 용수수요 관리

용수수요의 관리는 각종 용수의 절약과 손실량의 최소화를 유도하는 것이다(윤용남, 1996 : 256). 생활용수의 경우 수도요금이 지나치게 저렴하여 1인당 급수량이 국민소득에 비해 다른 나라보다 많으며, 노후관이 많아 과다한 누수량이 발생하고 있다. 한편 공업용수의 경우에도 사용수의 재이용 등을 통해 물을 절약하여야 하나 아직까지는 수요관리 노력이 거의 없는 실정이다.

〈표 3.14〉 다목적댐 현황

댐 명	제 원		사 업 기 간	총 저수량 (백만㎥)	사 업 효 과			비 고
	높이 (m)	길이 (m)			홍수 조절 (백만㎥)	용수 공급 (백만㎥/년)	발전량 (GWh/년)	
기 완 공	14개소		–	12,389	2,460	10,756	2,347	–
소양강댐	123	530	'67～'73	2,900	770	1,213	353	한 강
충 주 댐	98	447	'78～'85	2,750	616	3,380	844	한 강
대 청 댐	72	495	'75～'81	1,490	250	1,649	240	금 강
안 동 댐	83	612	'71～'77	1,248	110	926	89	낙동강
용 담 댐	70	498	'90～'01	815	137	650	199	금 강
합 천 댐	96	472	'82～'89	790	80	599	232	낙동강
주 암 댐	58	330	'84～'92	707	80	489	51	섬진강
임 하 댐	73	515	'84～'93	595	80	592	97	낙동강
섬진강댐	64	344	'61～'65	466	32	350	181	섬진강
남 강 댐	34	1,126	'87～'99	309	270	573	41	낙동강
보 령 댐	50	291	'92～'98	117	10	107	6	기 타
횡 성 댐	49	205	'90～'00	87	10	120	6	한 강
밀 양 댐	89	535	'90～'01	74	6	73	7	낙동강
부 안 댐	50	282	'91～'96	42	9	35	1	기 타
건 설 중	2개소		–	240	11	166	5	–
탐 진 댐	53	403	'96～'05	191	8	128	2	기 타
화 북 댐	50	340	'00～'08	49	3	38	3	낙동강

자료 : 건설교통부 수자원국(2005).

4) 상수도 개발

상수도는 국민생활과 생산활동을 지탱해 주는 필수불가결한 공공시설로서 정부가 최우선적으로 확충하여야 할 사회간접자본이다. 〈표 3.15〉에서 보는 바와 같이 2003년 말 현재 상수도 보급률은 89.4%, 1인당 급수량은 하루 359ℓ이며, 시설용량은 28,462천㎥/일로 전국 968개 지역에 수돗물을 공급하고 있다.

〈표 3.15〉 상수도 보급추이

구 분	1996	1997	1998	1999	2000	2001	2002	2003
총인구(천명)	46,426	46,878	47,171	47,543	47,977	48,289	48,518	48,824
급수인구(천명)	38,823	39,607	40,190	40,948	41,774	42,402	42,021	43,633
보급률(%)	83.6	84.5	85.2	86.1	87.1	87.8	88.7	89.4
시설용량(천㎥/일)	22,908	23,960	25,695	26,590	26,980	27,751	28,561	28,462
급수량(천㎥/일)	15,879	16,194	15,873	15,886	15,882	15,856	15,595	15,570
1일1인당급수량(ℓ)	409	409	395	388	380	374	362	359

주 : 1) 보급률(%) : (급수인구(명) ÷ 총인구(명)) × 100

2) 1일1인당급수량(ℓ) = 급수량(톤/일) ÷ 급수인구(명) × 1,000

자료 : 환경부(2004).

5) 하수도 개발

하수도의 기능을 크게 나누면 도시의 우수배제(雨水排除)와 하수처리로 볼 수 있다. 우리 나라의 하수도는 홍수시의 우수배제면에서는 상당 수준의 기능을 수행하고 있으나, 하수의 차집 및 처리측면에서는 아직도 낮은 수준이므로, 하수처리능력을 보다 빨리 제고시켜 하천수질을 보전해야 할 것이다. 2004년말 현재 우리 나라에 설치되어 가동 중인 하수종말처리시설은 모두 268개소로 시설용량은 21,535천㎥/일에 달하며, 2004년 말 전국인구 49,052천 명에 대한 하수처리인구는 39,910천 명으로 하수도 보급률은 81.4%이다.

제3절 외국의 수자원정책

1. 미국

1) 수자원 현황 및 특성

미국의 지형은 서부에 록키산맥이 남북으로 뻗어있고, 미시시피강을 중심으로 곳곳에 호수와 분지 및 사막지대가 형성되어 있으며, 대수층이 발달하여 지하수가 풍부한 편이다(윤양수외, 1998 : 58). 미국은 수자원의 특성상 동부와 서부로 구분할 수 있다. 미국의 강수량은 일평균 1,603만㎥이고, 이 중 약 72%인 1,149㎥가 증발되고, 나머지 28%인 454만㎥는 하천으로 유출된다. 미국의 수자원 총량은 5,710억㎥이며, 용도별로는 공업용수가 57%인 3,310억㎥, 농업용수가 34%인 1,930㎥이고, 나머지 9%인 470억㎥이 생활용수이다.

2) 관리기구조직

미국의 수자원은 중앙정부 차원에서 환경청, 농무성, 상무성, 국립기상청 등 여러 기관이 물과 관련된 주요업무를 수행하고 있으며, 주 및 지방정부에서도 각각 역할을 분담하고 있다. 각 기관별 역할 분담내용은 다음과 같다. 우선 연방의회는 매년 2회 환경청(EPA)으로부터 미국 내의 전반적인 환경현황과 문제점, 그리고 해결책 등을 보고 받는다. EPA는 연방의회로부터 권한을 위임받은 기관으로서 강 · 호수의 수질보전, 음용수의 허용 수질기준 및 하 · 폐수의 방류 수질기준을 설정하며, 주정부에 수질보전을 위한 규제권한을 위임한다.

주정부는 EPA기준에 합당한 자체 수질기준과 수질보전을 위한 실행계획을 작성하여 EPA의 승인을 받고 연방정부로부터 재정지원을 받는다(문태훈, 1999 : 246).

또한 수질보전을 위한 수질측정망을 설치 · 운영하며, 하 · 폐수 방출업체에 대해 방류허가증을 발급하고, 수질오염을 규제하며, 활동사업을 EPA에 보고하여 활동의 합리성 · 타당성 · 문제점을 평가받는다. 지방정부 또는 기업은 주정부로 부터의 각종 규제를 준수하며, 자체적으로 방류수질을 검사한다, 이처럼 미국은 지방자치제가 고도로 발달하여 주정부마다 독자적인 수자원개발업무를 담당하고 있으며, 수질보전 및 수질규제는 EPA에서 담당한다.

3) 수자원 관련 법규

미국의 수자원관련법규는 다음과 같이 구성된다. 주(州)의 수자원 관련법은 대부분 재산법이며, 「지하수법」과 「지표수법」으로 구분된다. 지표수에 대해서는 동부의 연안권과 서부의 전용권으로 구분된다(윤양수 외, 1998 : 59).

연안권은 미국 동부에서 널리 보급되어 있고, 전용권은 서부에서 일반적으로 지켜지고 있다. 호수나 냇물은 개인적인 사수로 간주되었으며, 그 사용권리는 연안토지의 소유자에게 주어졌다. 연안수리권은 일반적으로 연안토지의 매입과 더불어 취득할 수 있다. 전용주의는 토지의 소유권과 관계없이 유익한 목적을 위한 토지에 적용된다. 전용권은 용수를 유익한 용도에 사용할 때에만 부여받을 수 있다. 전용권에 대한 또 다른 특징은 우선권 제도이다. 전용권자는 물이용 순위를 근거로 해서 우선권의 수준을 할당받는다. 미국에서는 지하수권에 적용될 수 있는 4가지 규칙이 있다. 즉 무한취수에 관한 관습법, 합리적 사용에 관한 규칙, 상관권 규칙 및 전용규칙이 있다. 「지하수법」은 「지표수법」 보다 일반적으로 중요성이 덜하며, 펌프이용 기술의 변화에 크게 영향을 받아 왔다. 지하수법이 지표수법 보다 취급하기가 더 복잡한 이유는 지하수법에 관한 정의가 주마다 다르기 때문이다(문태훈, 1999 : 245-246).

연방정부는 연방의 우월성(federal supremacy) 때문에 주 「수법」에 우선한다. 연방정부는 댐을 짓고, 주운 능력을 보증하며, 발전사업을 인 · 허가하고 수질을 규제한다. 이러한 기능들이 주의 수법과 서로 상충될 때 분쟁이 발상되며, 법원은 의회가 주법을 거부해도 좋은지의 여부를 판단한다. 하천 · 호수 및 지하수원에 인접구역을 공유하고 있는 주들 간에 긴장상태가 빈번히 나타나고 있으며, 주간의 물배분은 협약(compacts) 즉, 의회의 동의를 얻은 주간 협약 혹은 사법소송 절차에 따른 판결에 의해 이루어질 수 있다. 또한 주정부는 주의 수자원을 보호하기 위해 물 수출의 한계를 정함으로써 물거래를 적당하게 억제할 수도있다.

주법은 일반적으로 물의 이용을 통제하지만 연방정부는 물배분에 있어서 중요한 임무를 수행하고 있다. 왜냐하면 주요 용수개발 프로젝트에 대한 재정지원, 공유지를 위한 정책 프로그램의 수행, 오염의 전국적 규제여부 결정, 주운 및 국제조약에 관한 연방정부의 우월성(primacy) 등을 담당하기 때문이다.

2. 독일

1) 수자원 현황 및 특성

국토의 31%는 농경지이고, 29%는 삼림지대, 22%는 초원 및 목초지이며, 14%는 주거지 및 호수, 불모지이다. 또한, 북부는 저산악, 중부는 구릉지대, 남부는 알프스 산맥의 고지대이다(윤양수외, 1998). 남부의 고지대에는 라인강이 흐르고 있으며, 숲도 많고 자원이 풍부하다. 이 외에도 도나우강과 같은 대하천이 있으며, 이들 대부분은 주운 하천으로 이용되고 있다. 가장 큰 강인 라인강은 스위스 알프스에서 시작하여 독일을 통과한 뒤 네덜란드를 경유해서 북해로 흐르고 있다. 호수는 알프스 지방에 많고, 호수의 규모는 작으나 아름다운 호수가 많으며, 수력발전에 이용되고 있다. 기후상 온대기후에 속하나 연중 강우가 계속되며, 강우량은 중부 고지대 2,000mm, 분지 · 저지 · 동부 산악지대는 500mm정도이다.

2) 관리기구조직

주 및 지역에 따라 제도와 형태가 다양하나 물관리조합이 유역의 물관리를 실질적으로 담당한다. 물관리조합은 수리조합이라고 부르며, 연방법인 수리조합법 또는 각종 주법에 근거한 공법상의 단체이다.

독일의 수질관리는 연방정부 차원인 환경청에서 이루어지며, 세부조항은 주법에 위임되어 있다. 환경청은 주정부 및 베를린 등 4개 대도시에서 실행기준을 작성할 수 있도록 지침을 제시하며, 이에 대한 구체적인 사항은 지방자치단체 또는 그 권한을 위임받은 민간업체가 수행한다.

중앙정부의 수자원 관련기관으로는 수질보전 및 환경오염 방지를 담당하는 환경청, 용수공급 및 하수도시설의 재정지원을 담당하는 내무성, 상수도 위생검사 및 관련업무를 담당하는 보건성 등이 있다. 지방정부는 용수공급, 하수처리, 오염방지 등 관리대상에 차이를 두어 관리한다. 일반적으로 관리체제는 Landkreis, Regierun-gsbezirk, Lander

등의 지방자치조직에 속하지만 조직상의 위치에 따라 용수공급, 하수처리, 오염방지 등 관리대상에 차이가 있다. 조합원들은 상호합의하여 최대한의 편익을 얻을 수 있도록 용수공급 · 하수처리 및 오염방지계획을 수립한다. 수조합은 홍수방지, 상 · 하수도, 하천정화, 광산폐수처리, 지하수보전 등 지역내의 수자원 관리업무를 포괄적으로 담당한다.

이처럼 독일의 수자원관리는 영국이나 프랑스처럼 지방정부의 권한이 강하여 수자원관리가 주법으로 규제되고 있다. 또한 지역수조합에서 물관리를 담당하고 있으며, 수질관리는 환경청에서, 세부조항은 주정부에서 각각 담당한다.

3) 수자원 관련 법규

독일은 11개의 주로 구성된 연방정부로서, 수자원관리는 원래 주법으로 규제되고 있었다. 그러나 각 주들 간에 문제가 발생하여 한 유역내에서 물관리는 하나의 행정조직 아래 두고자 하였으나, 전통적으로 연방성격이 강하고 필요할 경우 유역관리조합을 설치하여 보완할 수 있기 때문에 기존의 체제를 전면적으로 새롭게 할 필요는 없었다.

일반적으로 관리체제는 지방자치조직에 준하고 있다. 상위의 조직으로 올라갈수록 관리를 종합적으로 하지만, 세부적인 권한은 적다. 가장 상위의 물기관인 Landkreis에서는 하수처리 및 오염방지에 대한 관리를 용수공급에 대한 관리와는 별개의 부서에서 다루는 반면, 상위의 조직으로 올라갈수록 그 관리대상은 통합적으로 취급된다. 수자원관리의 최종적인 권한과 의무가·주어지는 주정부에서는 한 부서에서 관장하고, 연방정부의 내무성도 이와 비슷한 조직으로 운영된다. 다만 연방정부의 내무성은 보건성 및 연구성을 견제하는 기능을 가진다. 환경문제에 대해서 직접 책임을 지는 연방기구는 환경청이다.

연방차원에서의 수자원관리는 1957년 제정되고 1976년 개정된 「연방 물 관리법」에 근거를 두고 있다. 동 법에서는 물을 이용하는 자는 관청의 허가 또는 승인을 받도록 하고, 이때에는 이용조건과 이행의무가 부여된다. 허가 · 인가로 인해서 공공의 복지가 침해되거나 공공의 용수공급에 위험이 예상되고, 그것이 공공단체의 조치로서는 방지할 수 없거나 보상되지 않을 때에는 물을 이용할 수 없게 한다.

한편, 연방정부가 정한 기본법을 보충하는 부수적인 입법권과 세부사항은 주에 있다. 「연방 물 관리법」에서는 모든 수자원을 적절히 유지 · 관리할 의무를 주정부에 주고 있다.

지자체는 옛날부터 수자원 관리사업의 주체이며, 용수공급의 세부적 계획의 책임이 있고, 지역차원에서의 개발을 통해서만 용수공급이 가능할 때에는 지역수조합을 구성한다.

3. 일본

1) 수자원 현황 및 특성

일본은 300개의 크고 작은 섬으로 구성되어 있으며, 4개 섬이 국토의 대부분을 차지하고 있다. 화산은 150개 이상, 온천은 수천 개에 달하며, 일본 국토는 3/4이상이 산지 혹은 15° 이상의 경사진 구릉지대이다. 산의 대부분은 깊은 골짜기를 이루고 있으며, 하천은 급류를 이루고 있다. 일본의 최고봉인 후지산은 3,776m이며, 해발 3,000m 이상의 산이 20여개나 된다. 일본은 대부분 화산군 지형인데, 중 · 소 화산이 중첩된 경사면이다. 일본의 국토 면적은 377.748㎢이며, 연유출량

4,494억m³이다. 연평균 강우량은 1,788mm로 세계 연평균 강우량인 730mm의 2.4배 수준이며, 하천의 길이가 짧고, 하상경사가 급해 수자원 관리에 불리한 상황이다(윤양수 외, 1998).

2) 관리기구조직

중앙의 수질관리부서로는 환경성, 건설성, 국토청, 후생성, 농림수산성, 통상산업성 등이 있다. 국토청 수자원국에는 수자원정책과, 수자원계획과, 수원지역 대책과 등이 있으며, 용수수급에 관한 장기적인 계획을 수립한다. 건설성에서는 하수도, 하천, 댐 등에 대한 조사, 계획 등을 담당한다. 후생성에서는 상·하수도, 폐기물 등의 관련 업무를 담당한다. 이처럼 일본은 수자원의 자연적·사회적 특성이나 물행정조직도 우리 나라와 유사하다.

3) 수자원 관련 법규

수자원 관련 법규로는 하천의 귀속, 유수점용, 수리권의 승인 및 조정, 하천관리 등을 다루는 「하천법」, 수자원개발기본계획의 수립, 수자원시설의 건설을 규정한 「수자원개발 촉진법」 등이 있다. 또한 수도의 건설 및 운영관리, 음용수의 수질 등을 규정한 「수도법」, 다목적 댐의 건설과 운영관리를 위한 「특 다목적댐법」, 댐건설에 따른 환경피해대책을 마련하기 위한 「수원지역대책특별조치법」 등이 있다. 수질관련법규로는 「공해대책기본법」, 「수질오염방지법」, 「하수도법」, 「환경보전특별조치법」, 「호수수질보전 특별조치법」 등이 있다. 수질관련 법규의 체계는 현(縣)정부가 국가기준보다 강한 배출기준을 설정할 수 있도록 하고 있다. 또 기업체는 지방정부와의 협의를 거쳐 수질보전을 위해 노력하는데 많은 기업체들이 국가기준보다 더 엄격한 배출기준을 정하고 있다(문태훈, 1999 : 347).

제4절 수자원의 전망과 과제

1. 미래 수자원의 동향

1) 기온의 변화 경향 및 전망

전 지구적으로 공식적인 기상관측이 시작된 것은 1850년부터이며, 평균적인 관점에서 최근 100년간 지구의 기온은 약 0.6℃ 상승한 것으로 분석된다(신경섭, 2003 : 18-23). 우리 나라는 1911년 이후 7개소 관측지점의 평균기온이 100년에 1.5℃가 상승하였는데, 이는 세계평균기온과 비교할 때 약 2~3배 빠른 경향이다. 우리 나라 기온 상승의 특징은 겨울철 기온이 큰 폭으로 상승한 반면, 여름철 기온은 큰 차이가 없다는 것이다. 결과적으로 봄이 빨리 찾아오고 겨울이 짧아지는 계절의 변화가 나타나고 있다.

기후변화에 관한 정부간 회의(Intergovermental Panel on Climate Change : IPCC)는 앞으로 인류가 대기 중에 배출하는 이산화탄소의 농도에 따라 21세기말 지구의 평균기온이 현재보다 1.4℃에서 5.8℃정도 상승할 것이라고 예측하였다. 또 온난화의 결과로 극지방의 빙하가 녹고, 온도상승에 따른 해수의 팽창효과가 겹쳐 21세기 말 해수면은 현재보다 10~90㎝ 높아질 것으로 예측된다.

2) 강수량의 변화경향 및 전망

20세기 동안 관측한 강수량의 변화 경향을 보면, 전반적으로 열대지역보다는 중 · 고위도지역의 증가추세가 크게 나타나며, 대륙의 서안보다는 동안에서 증가가 크게 나타났다. 우리 나라 부근의 동아시아지역도 10년에 0.5～1.0%정도 증가하는 추세다. 우리 나라의 경우 수치적으로 1920년대에 비해 1990년대에 강수량은 약 7% 정도 증가했으나 강수일수는 14% 감소하여, 결과적으로 일 강수강도는 약 18% 강해진 것으로 분석된다. 특히 일 강수량 150㎜ 이상의 집중호우는 30년 전에 비해 2배 이상 증가하였다. 최근 우리 나라의 강수량 변화추이는 북반구의 기온변화 경향과 통계적으로 비슷한 수준에서 양의 상관관계를 갖고 변화하는 경향으로 분석된다. 즉 북반구의 기온이 상대적으로 높은 해에는 우리 나라 강수량이 증가하는 추세이고, 반대의 경우에는 감소하는 추세로 나타나고 있다. 따라서 앞으로 지구의 기온이 지속적으로 상승할 경우 우리 나라의 강수량도 증가할 가능성이 높다.

2. 미래의 수자원정책

1) 물공급량 확대

(1) 용수의 안정적 확보 및 광역 용수공급 체계의 지속적 확충

물공급량을 적기에 확보하기 위하여 수자원개발을 지속적으로 추진하며, 중규모 댐 중심으로 개발을 추진해야 한다(윤양수외, 1998 : 81). 즉 하천수만으로는 급증하는 용수수요에 대처하기 어려우므로 다목적 댐 건설과 병행하여 중소유역에 중규모 댐의 건설을 적극 추진해야 한다. 아울러 원활한 용수공급을 위해 광역상수도 및 공업용수도 시설을 확충해야 한다. 이를 위해 가용수량의 지역간 · 유역간 불균형을 해소하기 위해 광역상수도와 공업용수도 중장기계획을 수립하여 농어촌지역까지 확대 · 공급하고, 이상가뭄 등에 대비 인근 광역상수도를 상호 연계하는 네트워크를 구성해야 한다. 또한 광역용수공급시설을 지속적으로 확충하여 광역상수도의 공급비율을 제고시키고, 공업단지의 원활한 용수공급을 도모해야 한다.

(2) **대체수자원의 개발**

현재까지의 용수공급은 지표수 위주로 이루어지고 있으나, 지역특성에 적합한 지하수개발 등 대체 용수원을 개발해야 한다. 따라서 댐개발과 병행하여 지하수의 개발, 해수의 담수화, 인공강우 등 지역특성에 적합한 대체 용수원을 개발해야 한다. 이러한 대체수원의 개발은 댐 개발에 비해 경제성은 떨어지나 갈수시의 용수원 확보라는 차원에서 고려해야 한다. 지하수의 효율적인 이용과 관리를 위한 체계적인 지하수 개발을 추진해야 한다. 즉 지하수를 합리적으로 관리하기 위해 지하수의 무분별한 개발과 이용을 규제하고, 지하수 오염을 효과적으로 방지할 수 있도록 보존원칙과 관련제도를 정착시켜야 한다. 이를 위해 전국적으로 지하수의 부존 현황, 개발 가능량, 이용실태, 오염상태 등 지하수와 관련된 전반적인 기본현황을 체계적으로 조사해야 한다. 이를 토대로 지하수정보관리시스템을 구축하여 지하수관리 기본계획을 수립하여 지하수의 효과적인 이용 · 관리를 도모해야 한다.

또한 국부적인 물부족 지역의 용수원 확보를 위한 해수의 담수화와 인공강우 개발을 추진해야 한다. 즉 해수의 담수화와 인공강우를 해안 · 도서지역이나 임해공단 등에 새로운 대체 용수원으로 확보하기 위한 방안으로 추진하며, 생산단가를 낮추기 위한 각종 지원, 기술개발, 투자확대 및 활용방안을 검토해야 한다.

(3) 기존 시설의 이용 극대화

지속적인 용수수요 증가에 대비하여 다목적 댐의 건설과 아울러 기존 댐의 더돋기, 농업용 댐의 준설 및 발전용 댐의 다목적 이용으로 용도전환을 검토하는 등 기존 시설의 이용극대화를 통한 효율적인 물이용 방안을 강구해야 한다. 특히 기존의 농업용 저수지들의 대부분이 일제시대에 건설되어 장기간에 걸친 저수지내 퇴적으로 인해 저수용량이 감소되어 있으므로 준설을 통해 기존 농업용 댐의 저수용량을 확대시키는 방안을 검토해야 한다. 또한 향후 전력공급이 원자력 발전에 의해 주도될 것으로 전망되므로 팔당댐과 같이 발전효과 보다는 용수공급 측면에서 더 중요성을 갖는 단일목적 댐은 다목적 댐으로 전환하는 방안을 검토해야 한다.

(4) 댐 개발에 따른 지원제도 마련

안정적 용수공급을 위해서는 댐 개발이 필수적이다. 따라서 원활한 댐 건설을 위해서는 댐 개발과정에 주민들을 참여시켜 의견을 수렴하는 등 개발과정을 투명화하고, 주민들의 이해와 협조를 구해야 한다. 또한 댐 건설지역 주민들의 주거이전이나 전직 등 새로운 생활터전에 대한 두려움을 해소하고 피해의식을 최소화시키기 위해 수몰자 개인의 생활지원과 아울러 수몰지역 주민들의 생활향상을 위한 각종 지원방안을 강구해야 한다.

2) 물수요량 감축

(1) 중수도 제도 도입을 통한 물 이용량 감축

중수도 제도를 활성화하기 위해 중수도 설치자에게 금융 · 세제상의 혜택을 부여하는 등 신도시나 단지와 같은 지역단위로 중수도 및 절수형 기기의 설치를 확대 · 추진할 필요성이 있다.

(2) 노후관 개체를 통한 유수율 제고

2004년 현재 유수율이 70.8%에 불과하여 수도재정 악화의 요인이 되고 불필요한 상수도 시설의 확장을 유발하고 있으므로 노후관 개량을 촉진하여 상수도 유수율을 제고시켜 불필요한 신규 시설확장을 억제하고 신규 사업에 투자할 수 있도록 해야 한다.

(3) 물값의 현실화를 통한 물절약 유도

현행 수돗물 값은 생산원가에도 못 미치게 낮게 책정되어 있어 신규 투자에 대한 재원확보가 곤란하므로 댐 원수 및 광역상수도의 요금을 단계적으로 인상하고 지자체의 수도요금은 절수유도형 요금체계를 도입하여 기본적인 사용량은 저렴하게, 낭비적인 요소에 대해서는 비싸게 공급하도록 한다. 상수도 요금의 현실화는 만성적인 적자요인으로 작용하고 있는 상수도 재원 확보를 위해서 뿐만 아니라 중수도제도를 활성화하기 위해서도 필요하다.

(4) 대국민 홍보를 통한 물절약 의식 고취

물의 날 행사를 세계 물의 날(3.22)에 맞추어 매년 개최하고, 물관리 각종 홍보를 실시하는 등 물절약에 대한 국민적 홍보를 강화해야 한다.

3) 치수대책

다목적 댐의 건설과 아울러 하천개수사업을 지구별 분산방식에서 수계별 본류 및 주요 하천별로 개수하는 방식을 지속적으로 추진해야 한다. 또한 도시지역의 홍수피해를 경감시키기 위해 도시계획단계에서 치수부문을 부각시켜 개발·계획단계에서부터 물의 흐름을 고려하여 홍수소통공간으로서의 기능도 유지해야 한다. 도시하천의 첨두홍수를 감소시킬 수 있도록 유수지 및 배수시설을 확충하고, 하수관망을 신·증설하는 등 도시지역의 수방시설 확충을 통해 수방능력을 제고시켜 나가야 한다. 또한 대규모 시설계획에 재해영향평가를 심도 깊게 실시하여야 하며, 아울러 홍수 예·경보 관측시스템을 본류 중심에서 중소하천까지 확대·설치해야 한다.

또한 댐 주변이 자연과 조화를 이룰 수 있도록 조성함으로써 댐 주변을 관광자원화 하여 댐건설에 따른 피해의식을 최소화시켜야 한다. 아울러 하천주변의 휴식공원화 및 경관하천의 지정을 추진해야 하고, 댐 주변 저수지 환경정비를 통한 건전한 여가선용을 공간 등 친수성 공간을 조성해야 한다.

4) 수질보전 및 수원함양

다목적 댐을 건설하여 하천유지용수를 확보하고, 하수처리장을 읍급 도시까지 확충하여 하수처리율을 제고시키며, 산재되어 있는 소규모 축산농가를 적정규모화하여 축산폐수의 처리효율을 제고시켜야 한다. 또한 산림육성과 수원지역의 개발제한 등을 통해 유역의 보수력(保水力)을 확보하는 등 수원지역을 보호하고, 하천 및 저수지의 수질을 보전하기 위한 법적·제도적 규제를 강화하는 등 유역별로 종합적인 수질보전대책을 추진해야 한다.

5) 관리체제의 정비

(1) 수자원 관련 법규 정비

유역별 생활용수, 공업용수, 농업용수 및 하천유지용수를 총괄하는 수자원장기종합계획을 수립하여 체계적으로 수자원을 개발 · 이용해야 한다. 또한 현행 체계 하에서 수자원종합관리기구를 설치함으로써 조정기능을 강화하여 합리적으로 운영해야 한다. 이 기구에서는 수자원개발 및 관리에 따른 관련 부처간의 의견을 공식 통로를 통해 수렴하며, 부처간의 수자원 관련 이해상충이나 책임 등을 조정 · 통합하고, 실질적인 수자원 관련 주요 정책을 결정해야 한다. 이 기구의 주요 기능은 수자원장기종합계획의 결정, 일정 규모 이상 댐 개발계획의 사전심의 · 결정, 유역 간 물이동에 대한 심의 · 결정, 광역지자체 간 수리권 분쟁 심의, 가뭄대책에 대한 심의 등이라 할 수 있다.

(2) 수자원 관리체계 정비

물관리체계를 현행 행정구역단위에서 유역단위로 전환하여 유역별 하천관리기구를 설치하고, 수자원관련 계획을 범부처적인 측면에서 장기적이고 종합적으로 제시하는 '수자원장기종합계획' 을 수립 · 시행해야 한다. 이 계획에는 장기적으로 국가의 수자원 발전방향을 제시하고, 수자원의 개발 · 이용 · 보전 측면에서 추진해야 할 기본적인 구조물 계획과 비구조물 계획을 망라해야 할 것이다. 아울러 수자원관리체계의 개선과 국가차원의 수자원장기계획을 수립하기 위해 「수자원기본법」제정을 추진해야 한다. 또한 홍수는 물론 가뭄시에도 유역전체 입장에서 홍수관리와 가뭄관리를 할 수 있도록 현 홍수통제소와 지방국토관리청 하천국의 일부 기능을 통합 · 개편하여 유역단위 하천관리기구를 설치하는 것이 바람직할 것이다.

(3) 조사연구의 활성화

수문 및 수자원에 대한 기초연구와 조사사업을 강화하는 등 유역단위의 종합적인 수자원 관리기법을 개발해야 한다. 이를 위해 수문관측사업, 각종조사사업, 연구개발사업 등을 추진해야 한다.

수문관측 사업은 수문관측기구 신설 및 수문관측망 확충, 관측시설 및 자료체계 개선, 자료의 수집, 처리, 가공, 제공을 위한 기술개발 및 전산자료화를 중심으로 추진해야 한다. 수자원 조사사업에서는 하천정비기본계획의 수립 · 추진, 중요 하천유역에 대한 유역조사 사업 실시, 하상변동 상태 조사 · 분석, 각 용도별 용수사용량의 주기적 조사 등을 정기적으로 실시해야 한다. 연구개발 사업에서는 친 환경조성을 위한 기술개발, 하천재해방지기술 개발, 도시수해방지를 위한 내 · 배수(內 · 排水) 처리기술 개발, 종합물관리시스템 및 수자원의 효율적 이용방안에 관한 연구 추진, 수공구조물의 신뢰도 향상 및 경제성을 위한 수공구조물의 설계방법 및 기준 개발, 투자재원 조달에 관한 연구를 수행해야 할 것이다.

(4) 남북 간 공동 수자원 개발 방안 검토

남북 간 공동 수자원개발을 위한 북한의 수자원 관련자료를 수집 · 분석해야 한다. 이를 위해 임진강 및 북한강에 대한 종합적인 남 · 북한 수자원 공동개발방안을 강구하고, 장기적으로는 통일 후 전 국토의 장기적인 수자원 종합개발계획 수립을 위해 북한의 수자원 관련자료를 수집 · 분석해야 할 것이다.

탐구학습

1. 요약

- 수자원의 기능은 이수기능, 치수기능, 그리고 환경기능으로 구분할 수 있다.
- 우리 나라 수자원은 지역별, 계절별 편차가 심하여 여름에는 홍수가 빈발하고 겨울과 봄에는 가뭄이 지속되어 안정적인 용수확보에 어려움이 있다.
- 우리 나라의 수자원관리정책은 하천정비, 다목적댐 건설, 용수수요관리, 하수도 개발 등으로 구분된다.
- 미래 수자원정책은 물공급량 확대, 물수요량 감축, 치수대책, 수질보전 및 수원함양, 관리체계를 정비의 측면에서 종합적으로 접근해야 한다.

2. 토론 및 과제

2.1 심화자료

- 세계 물의 해 자료집(환경부, 2003)
- UN 통계자료(http://www.un.org/databases/index.html)
- OECD 통계자료(/statsportal)
- 환경부(http://www.me.go.kr)
- 국가수자원관리종합정보시스템(http://www.wamis.go.kr)
- 한국수자원공사(http://www.kwater.or.kr)

2.2 토론주제

- 제4차 세계물포럼 국제회의

최근 멕시코시티에서 끝난 제4차 세계물포럼은 물 문제를 다루는 국제회의였는데도 물이 제대로 공급되지 않았다. 대부분의 가난한 나라에서 정부는 물을 주로 부유층이나 정치적으로 연관된 엘리트층에만 특혜를 베풀 듯 싼값에 공급하고 있다. 반면 가난한 사람들은 물을 구하기 어렵다. 현실 세계에서 가난한 사람들은 생명유지를 위해 필요한 깨끗한 물을 구하기 어렵다.

멕시코 도시 지역의 수도시설은 낡고 제 기능을 하지 못하고 있다. 멕시코 수도당국의 대표는 회의에서 물의 소비자가격이 생산비의 10분의 1밖에 되지 않는다고 말했다. 그나마 정부의 보조를 받아 공급되는 물도 정치와 어떻게든 연관된 사람들에게만 공급된다. 그렇지 못한 사람들은 공급받지 못한다.

이처럼 물을 정치와 연계시켜 공급하기 때문에 수자원 보존 노력을 기울이기는커녕 현재의 수도시설 유지 보수도 하기 힘들 정도로 수입이 낮다. 이처럼 정부주도의 물 공급이 턱없이 부족한데도 민간부문의 물 공급을 강력하게 반대하는 사람들이 있다.

세계화를 두려워하는 사람들이 민간의 물 공급을 가장 강력히 반대한다. 이들은 반대 목소리만 클 뿐 해결책은 제시하지 못하고 있다. 물포럼 자체에 대해서도 쓸데 없는 것이라고 비난했다. 이들의 행동은 물 문제에서 특권을 해결하기 위한 개혁을 방해하고 있다.

멕시코에서 물은 공공재이고 인간의 기본적 권리라는 이유로, 이익을 위해 물을 사고파는 데 대한 반발이 강하다. 그러나 물을 사고팔게 하는 것은 물의 희소성이라는 경제적 본질을 잘 파악한 것이며, 침해받고 있는 기본권리를 지키기 위한 것이기도 하다.

시장지향적인 물 공급 체계를 채택한 칠레에서는 30년이 채 안 되는 기간에 도시 전 지역과 농촌 지역의 95%에서 병에 담아 파는 식수를 24시간 내내 구할 수 있게 됐다. 대부분 현지 기업들이 운영하는 이들 민간 물공급업체는 하수시설과 오수처리시설 등에 투자할 수 있을 만큼 충분한 수익을 올리고 있다.

이 같은 칠레의 물 공급 체계는 칠레 농민들에게도 혜택을 준다. 칠레 농민들은 물값을 지불하는 대신 고부가가치 작물을 재배하고 이를 도시 지역에 파는 데 물을 효과적으로 이용할 수 있다. 반면 정부가 물을 공급하는 체계에서 빈곤층 사람들은 공급 체계에 대한 부담으로 간주돼 냉대를 받는다. 정부의 물 공급 체계에 접근할 수 없는 사람들은 물을 구하기 힘들며, 구한다 해도 식수로는 적합하지 않은 경우가 많다. 도시화가 급격한 아프리카의 경우 빈곤층 거주지역에는 물이 제대로 공급되지 않고 있다.

그러나 정부와 달리 기업들은 빈민이라 할지라도 부담이 아니라 기회로 받아들인다. 정부 대신 소규모 기업들이 시장을 통해 이윤을 창출하며 혁신적으로 물을 공급하고 있다.

정부가 이런 민간 회사들의 물 공급을 불법으로 규정하고 있어 이들의 활동은 비공식적으로 이루어진다. 정식으로 계약이 맺어지지 않기 때문에 회사와 소비자 모두 지역 내 명망에 의존할 수밖에 없고, 따라서 지역을 벗어나는 성장도 불가능하다. 소비자들은 깨끗한 물을 얻는 게 그만큼 힘들어지고, 정부 관리들은 이들의 거래를 눈감아주는 대신 뇌물을 챙기기도 한다.

물과 하수시설 부족 문제를 해결하려면 이처럼 가난한 사람들이 이용하는 소규모

물 공급 회사들의 영업을 합법화해야 한다. 이는 위로부터의 해결이 아니라 밑으로부터의 해결이다. 물에 관한 한 가난한 사람들은 말이 아니라 분명한 결과를 원하고 있다.

켄드라 오콘스키 영국 국제정책 네트워크 환경국장(세계일보, 2006. 4. 13)

2.3 과제

- 우리 나라 수자원의 문제와 향후 대책방안
- 수자원 보호를 위한 개발전략

참고문헌

건설교통부(2005), *2005 국토의 계획 및 이용에 관한 연차보고서.*

문태훈(1999), *환경정책론*, 서울 : 형설출판사.

송재준외(2002), *환경과 자원*, 서울 : 동화기술.

신경섭(2003), "물과 기후변화 : 한국의 강수량 추이와 전망", *국토*, 국토연구원.

윤양수외(1998), *자원 및 환경관리정책의 변화와 과제*, 안양 : 국토개발연구원.

윤용남(1997), "수자원의 효율적 관리", *국토21세기*, 서울 : 나남출판.

이용우외(2001), *환경친화적 국토발전을 위한 전략연구*, 안양 : 국토연구원.

주봉규(2005), *토지 · 자원 · 환경경제학 개론*, 서울 : 서울대학교출판부.

환경부(2005), *2005 환경백서.*

제5장

해양자원의 개발과 관리

제1절 해양자원의 의의와 현황

1. 해양자원의 의의

1) 해양자원의 개념

해양자원이란 전 바다에 포함되어 있는 산업자원을 말한다. 해양은 인류가 생존을 위해 식량, 자원, 환경문제를 해결할 수 있는 마지막 남은 공간으로서 생물, 광물, 에너지 및 공간자원이 막대하게 부존된 자원의 보고이다. '바다를 지배하는 자가 세계를 지배한다' 는 말처럼 20세기 서구 열강들은 바다로 진출한 해양강국들이었다. 많은 미래학자들이 예측했듯이 21세기는 해양의 세기이다. 따라서 해양개발 능력과 기술력이 국가발전을 결정짓는 중요한 요인으로 부각되고 있다.

2) 해양자원의 분류

해양자원은 크게 물질자원과 공간자원으로 구분할 수 있다(김웅서외,

2005 : 18). 물질자원은 다시 생물자원과 무생물자원으로 세분할 수 있다. 생물자원은 해조류와 어류, 갑각류, 연체동물류, 포유류 등 재생산이 가능한 자원을 말한다. 무생물자원으로는 석유, 천연가스와 같은 화석연료와 코발트 · 니켈 등을 다량 함유한 망간단괴, 구리 · 아연 등을 다량 함유한 해저열수광상 등이 있다. 또한 모래 · 자갈 등의 골재, 얕은 바다의 표사광상에 분포하는 금 · 주석, 그리고 해수 중에 녹아 있는 우라늄 · 리튬 · 붕소 등도 활용할 수 있는 무생물자원이다.

해양의 공간자원은 해상 · 해중 및 해저의 모든 공간을 말하며, 해상교통과 생산 · 주거 · 저장 등에 바다 공간을 이용할 수 있는 기술들이 발전하고 있다.

3) 해양자원의 기능

(1) 기후조절기능

거대한 바다는 지구 기후변화의 중심으로서 인류 생존을 위한 중추적 기능을 수행한다(해양수산부, 2000 : 5). 바다는 지구표면 5억1천만㎢의 71%인 3억6천만㎢를 차지하며, 해양의 평균수심은 약 3,800m로서 평균고도 840m인 육지를 바다에 메울 경우 지구는 약 3,000m 이상의 해수로 덮이게 되며,[36] 해수의 총량은 약 14억㎦이며 지구 전체 수자원의 97%에 해당한다. 지구를 구성하는 막대한 양의 해수는 기온이 급격히 변화되는 것을 방지하여 인류가 생존하기에 적합한 환경을 유지시켜

---

36 수심이 가장 깊은 곳은 태평양 마리아나 해구(Mariana Trench)의 챌린저 해연(Challenger Deep)으로 수심은 11,034m이다.

주는 거대한 열 에너지 저장고로서 기능하며, 태양의 복사열을 흡수하고 해류에 의해 시공간적으로 멀리 떨어진 지구의 곳곳에 열을 운반한 후 다시 대기로 방출하는 일련의 과정을 통하여 해양은 지구의 기후변화에 가장 큰 영향을 끼친다.

(2) **해양생물서식기능**

해양생물은 풍부한 단백질 공급원이며 새로운 해양산업의 원천이다. 해양생물은 총 30여만종으로 지구상 동·식물의 80%가 해양에 서식하고 있고, 인류가 섭취하는 동물성 단백질의 16%를 바다에서 공급하고 있다. 해양생물의 생산력은 육상에 비하여 5~7배에 달하고 있고, 연간 1억 톤 이상의 어류자원은 지속적으로 재생산이 가능하다. 현재의 어획량을 획기적으로 제고할 수 있는 미개척 생물자원은 중층어류 100백만 톤, 남극 크릴새우 50~150백만 톤, 오징어류 10~100백만 톤으로 추정된다.

(3) **해양광물공급기능**

해양광물은 고갈되는 육상광물자원의 대체재이자, 미래 산업원료의 공급처로서 국제적 관심의 대상이다. 해저의 표층과 지질구조내, 그리고 해수 중에는 방대한 양의 다양한 광물자원이 분포하고 있다. 동해를 포함한 고위도·저온의 해저층 내에는 막대한 양의 메탄수화물자원이 부존되어 있으며 폐기물이 없는 청정에너지로서 미래 신에너지자원으로 평가되고 있다.

(4) **에너지자원생산기능**

해양은 무한·청정에너지원의 저장고로서 미래에너지 경쟁력의 원천으로 부각되고 있다. 해양에는 조력, 파력, 온도차, 해류(조류), 염도차, 해양바이오매스 등 영구히 소멸되지 않는 무공해 에너지가 막대하게 부존해 있고, 10m의 조차를 이용하면 1년에 석탄 380억톤의 에너지에 해당하는 3,000억Kwh의 발전이 가능하며, 만일 해양에너지를 충분히 개발할 경우 전 인류의 에너지 수요 충족이 가능하다.

(5) **관광 · 휴양기능**

양호한 자연경관과 건강 · 요양효과를 간직하고 있는 해양은 관광 · 레저 · 스포츠 공간을 제공하는 인류의 휴식처이다. 해양에서 해수욕, 제트스키, 스쿠버 다이빙, 윈드서핑 등을 즐길 수 있다.

(6) **기타**

이 외에도 해양은 정수 및 폐기물처리기능, 교통기능 그리고 공간제공기능 등의 역할을 수행한다.

2. 우리 나라 해양자원의 현황

1) 지리적 현황

우리 나라는 아시아대륙 동북단의 반도로서 중국, 러시아, 일본과 접하는 동북아 교류의 요충지이자 환태평양 진출의 거점이다. 관할하는 바다의 면적은 44만7천㎢로서 남한 육지면적의 4.5배에 달하며, 대륙붕의 면적은 육지면적의 3.5배이다(해양수산수, 2000 : 8).

동 · 서 · 남 삼면의 바다는 각각 그 특성이 다르며, 연근해는 한류와 난류가 교차하여 어장형성에 유리한 조건을 형성하고 있다. 동해안은 함경산맥과 태백산맥의 급사면이 해저까지 연속되어 수심이 깊고 해안선이 단조로우며 해안을 따라 모래톱과 모래언덕 및 석호가 발달되어 있고, 서해안과 남해안은 해안선이 매우 복잡하고 연근해에 많은 섬이 산재하는 다도해를 이루고 있으며, 수심이 낮아 갯벌과 대륙붕의 발달이 현저하고 조차가 매우 크다.

〈표 3.16〉 우리 나라 관할해역의 주요특징

구 분	단 위	현 황	비 고
연안도서	개소	3,153	유인도 464개소
해안선 길이	㎞	11,542	육지부 6,227㎞
배타적 경제수역	천㎢	447	국토의 4.5배
대륙붕	천㎢	345	국토의 3배
영 해	천㎢	71	내수포함, 국토면적의 71%
수심 20m 이내	천㎢	21	
도서수	개소	3,153	유인도 464, 무인도 2,689
갯벌면적	㎢	2,393	
국토면적	㎢	99,373	북한 123천㎢
연안인구('98)	백만명	15	전국인구(46백만명)의 33%

2) 경제적 현황

한반도 주변 해저 및 대륙붕에는 석유 및 천연가스를 비롯해 인광석, 메탄수화물, 석탄 및 중사광물 등이 다량 부존되어 있는 것으로 추정된다. 동해 해저에는 천연가스와 매장량 약 2억톤의 인광석이 부존된 것으로 확인되었고, 최근 메탄수화물 부존이 추정되는 퇴적층과 대규모 해저석탄지층 등을 발견했으며, 서·남해안의 해안과 대륙붕에는 자철, 주석, 금 등 각종 중사광물과 골재자원이 다량 부존하고 있다. 국내 동·서·남해 연안은 세계적 해양에너지 개발 유망지역으로서 조력, 조류, 파력 및 해양온도차 등 총 1,200만㎾ 이상이 부존된 것으로 추정된다. 서해안은 최대 조차가 10m인바, 세계적인 조력발전 유망지역이고, 부존량은 약 650만㎾로 추정된다(가로림만 48만㎾, 천수만 60만㎾, 시화호 24만㎾, 인천만, 해주만 등). 한편 동해안은 수심이 깊고 파도가 높아 파력 및 해양온도차 발전에 유리하다. 우리 나라 전 연안의 파력에너지 부존량은 약 500만㎾이다.

제2절 해양자원의 개발과 관리

1. 해양자원 개발정책의 의의

1) 해양자원 개발정책의 개념

지난 1994년 "유엔해양법협약"이 발효됨에 따라 해양에 대한 연안국의 권리와 의무가 더욱 강화되고 있다. 세계 각국은 다투어 배타적 경제수역(Exclusive Economic Zone : EEZ)을 선포하고 심해저 개발에 나서는 등 해양관할과 해양개발의 강도를 강화하고 있으며, 다른 한편으로는 자원고갈과 환경오염에 시달리고 있는 육지를 대신할 유일한 대안인 해양의 보전 필요성이 강조되고 있다. 해양정책은 국가의 이익과 국민의 공공복리증진을 위해 해양을 중심으로 발생하는 다양한 문제를 해결하고자 하는 국가적 노력이라 할 수 있다(이경호외, 2001 : 34).

2) 해양자원 개발정책의 특성

해양정책은 해양을 대상으로 하므로 해양의 특성에 기인하는 몇 가지 특성이 있다(이경호외, 2001 : 35).

먼저, 해양정책은 공공성을 갖는다. 육지의 자원과 달리 해양자원은 공공재이며, 그 관리에 대한 책임은 민간부분보다는 정부에 있다. 따라서 해양정책은 광범위한 국가목적을 달성하기 위한 수단이다.

둘째, 해양정책은 국제성을 갖는다. 한 국가의 해양정책은 "유엔해양법협약"(United Nations Convention on the Law Of the Sea : UNCLOS)이나 '유엔환경개발회의' (United Nations Conference on Environment and Development : UNCED) 등 해양에 관한 다양한 국제적 조치들의 영향을 받는다.

셋째, 해양정책은 과학기술성을 갖는다. 해양정책을 효율적으로 결정하고 집행하는 일은 해양과학이나 기술의 발달정도에 크게 의존한다.

넷째, 해양정책은 통합성을 갖는다. 해양정책은 다른 정책에 비해 통합적으로 수립 · 집행되어야 한다. 수 많은 정부기관 간, 혹은 비정부적 집행기관 간의 조정과 통합을 통해 이루어지지 않으면 효율성을 발휘할 수 없다.

2. 해양자원 개발의 현황 및 전망

1) 어획량

2004년 우리 나라에서 채취하는 어획량은 총 2,519m/t에 달한다. 이 가운데 일반해면어업으로 인한 어획량이 1076.7m/t로 가장 많고, 다음은 천해 양식업 917.7m/t, 원양어업으로 인한 어획량이 499.4m/t에 이른다. 즉 바다에서 채취하는 어획량이 전체 어획량의 99.0%를 차지하고 있다.

〈표 3.17〉 어획량 현황

(단위 : m/t)

구 분	2002	2003	2004
계	2,476.2	2,487.0	2,519.1
일반해면어업	1,095.8	1,096.5	1,076.7
천해양식업	781.5	826.2	917.7
원 양 어 업	580.3	544.6	499.4
내수면어업	18.5	19.7	25.3

자료 : 통계청 통계정보시스템(kosis.nso.go.kr).

2) 해양에너지 개발

우리 나라의 해양에너지 개발은 선진국에 비해 매우 부진할 실정이다. 이 가운데 해양에너지를 활용한 발전량의 전망치를 보면, 2006년도에 3.0GWh를 거쳐 2008년에는 573.0GWh로 급격히 증가할 것으로 전망된다. 이는 조류를 이용한 발전시설이 갖추어지기 때문이다. 한편 2010년는 843.0GWh로 증가하여 2012년에는 1,726.0GWh로 증가할 것으로 전망된다.

〈표 3.18〉 해양에너지 발전량 전망

(단위 : GWh)

구 분	2006	2008	2010	2012
발전량	3.0	573.0	843.0	1,726.0

자료 : 해양수산부(2005).

3) 해양관광

해양은 관광자원으로서 매우 중요한 가치를 지닌다. 우리 나라의 해양관광의 수요를 전망해 보면, 2003년 9,200만명에서 2010년는 11,600만명으로 증가할 것으로 전망된다. 그리고 1인당 부가가치 창출액을 보면 2003년 13,000원에서, 2010년에는 50,000으로 284.6%의 증가율을 보일 것으로 전망된다.

〈표 3.19〉 해양관광 수요 전망

(단위 : 만명, 원)

구 분	2003	2010 (전망)
해양관광 수요	9,200	11,600
1인당 부가가치 창출액	13,000	50,000

자료 : 해양수산부(2005).

3. 해양자원의 개발과 관리

1) 해양관할권의 확대

해양에 관련된 모든 법적 문제를 포괄하는 "유엔해양법협약"(UNCLOS)이 1994년 11월 채택되면서 신국제해양질서가 정착되었다. 이로써 국제해양법질서는 기존 공해자유의 원칙에 따른 넓은 공해와 좁은 영해 개념에서 좁은 공해와 넓은 연안국 관할권 개념으로 전환되었다. 이에 따라 연안국에게 주변 200해리 수역의 개발 및 관리에 관한 주권적 권리와 배타적 관할권을 부여했다. 배타적 경제수역은 12해리 영해 밖의 수역으로 영해 측정기선으로부터 200해리까지 연안국이 설정한 수역을 말한다.

우리 나라의 주변 바다는 양쪽 해안 간의 거리가 400해리에 못미치는 반폐쇄해로서 중국, 일본 등과 해양경계 획정 문제가 제기되고 있다.

〈표 3.20〉 동북아 주변국가의 해양관할권 선포 현황(2004. 3. 31)

구 분	한 국	일 본	중 국	러시아
유엔해양법협약 비준	1996. 1. 29	1996. 6. 20	1996. 6. 7	1997. 3. 12
영 해	12해리 (1996. 8. 1) (일부 3해리)	12해리 (1996. 7. 20) (일부 3해리)	12해리 (1992. 2. 25)	12해리(1960)
접속수역	24해리	24해리	24해리	-
배타적경제구역	1996년 선포	1996년 선포	1998년 선포	1983년 선포

자료 : 김웅서외(2005), p. 25.

2) 동북아 물류중심지 구축

경제의 글로벌화와 기업의 경영전략 변화에 따라 물류중심지의 중요성이 더욱 강조되고 있다(해양수산부, 2004 : 28). 물류중심지가 각 경제권으로 유출 또는 유입되는 화물과 사람, 그리고 정보를 공급하는 대동맥 역할을 담당하면서 기업과 당해 지역 및 국가의 공동이익 창출에 크게 기여하고 있기 때문이다. 또한 물류중심지는 막대한 부가가치를 창출하면서 지역경제권의 경제중심지로 부상하고 있다. 따라서 우리 나라는 '동북아 물류중심화 전략'을 국가계획으로 채택하고, 항만과 공항을 세계 최고수준으로 개발하여 세계의 화물과 정보와 사람이 모이는 동북아의 관문으로 육성하기 위해 다각적인 노력을 강구하고 있다.

이를 위해 3대 사업과 7대 추진과제를 제시하고 있다. 3대 사업은 부산신항, 광양항, 인천국제공항을 세계 최고수준(World Best Three Ports)으로 개발하는 것으로, 집중 투자를 통해 인프라를 조기에 확보하고 관리 운영체계와 생산성을 국제적인 수준으로 향상시키는 것을 목표로 하고 있다. 그리고 교통시설 투자배분 조정, 물류전문기업 육성, 물류거래 투명화, 물류인력 양성, 국제물류 지원제도 개선 및 물류기업 유치, 물류정보시스템 구축, 동북아 철도망 구축 등 7대 추진과제를 설정하고 있다.

3) 지속가능한 어업환경 조성

FAO(세계식량농업기구)는 2002년에 발간한 "The State of World Fisheries and Aquaculture"라는 보고서에서 전 세계 수산자원 중 10%는 이미 고갈상태에 있고, 18%는 과잉 개발되어 자원이 줄어들고 있으며, 47%는 완전개발 상태에 있다고 경고했다. 이는 저개발 상태에 있는 나머지 25%에서만 증산의 여력이 있음을 의미하는 것이다. 우리 나라의 경우에도 과잉어획능력이 상존하고 있는 가운데 상당수의 어종이 남획 또는 고갈상태에 있다.

그 뿐만 아니라 세계 각국의 EEZ 선포와 국제기구의 수산 자원관리 강화로 우리 어선의 조업어장이 축소되고 어업 경영여건이 계속 악화되고 있다. 따라서 우리 나라가 수산업의 경쟁력을 제고시키고 어업인의 소득을 증진시키는 동시에 지속가능한 수산업을 영위하기 위해서는 자원 회복, 어획능력 감축, 어업관리 강화 등 여러 분야에 걸친 종합적인 정책이 절실히 요구되고 있다.

첫째, 바다 속에 있는 자원량을 측정하기 위한 과학적인 조사 및 평가체계를 지속적으로 구축해야 한다. 이와 함께 치어 또는 치패 방류나 인공어초 투하와 같은 자원 조성사업을 추진하여 수산자원의 증대를 도모해야 한다.

둘째, 자원량에 비해 과도한 어선 수를 지속적으로 감소시켜야 할 것이다. 즉 수산자원이 남획상태에 있거나 경쟁력이 약한 업종과 어업협정 체결로 영향을 받은 업종을 중심으로 감축 사업을 추진해야 한다. 이와 함께 회복된 자원을 지속가능하게 유지하기 위해 총허용어획량(TAC) 제도를 정착시키고, 대상 어종 및 어업을 확대하여 어업자원의 지속가능한 재생산기반을 구축해 나가야 한다.

4) 연안통합관리제도의 기반 강화

연안은 경제 · 환경적으로 매우 중요한 잠재력을 지니고 있어 제3의 국토로 인식되고 있는데, 최근에는 연안에 대한 입지수요가 더욱 크게 증가하고 있어 제 이용간의 상충문제와 오염 등 환경문제가 대두되고 있다.

첫째, 연안관리계획수립과 연안실태조사를 실시하고 있다. 연안관리계획은 연안통합관리계획과 연안관리지역계획으로 구분된다(연안관리법). 연안통합관리계획은 정부(해양수산부)가 수립하는 상위계획이며 연안관리지역계획은 연안통합관리계획의 하위계획으로서 지방자치단체가 수립하고 있다. 연안통합관리계획의 목적은 연안이용행위 간의 통합, 중앙정부와 지방정부 간의 통합, 해양공간과 육상공간 간의 통합을 통하여 연안을 생명 · 생산 · 생활의 장으로 재창조함으로써 연안의 지속가능한 개발을 실현하는 것이다.

둘째, 체계적인 연안정비사업의 추진이다. 우리 나라의 해안선 연장은 12,340km이며 육지면적대비 해안선 길이는 116.6km로 일본의 86.9km, 미국의 6.1km, 영국 51.8km, 캐나다 9.1km에 비하면 상대적으로 긴 편에 속한다. 이러한 해안선을 배경으로 하고 있는 우리 나라 연안은 하절기에 집중되는 태풍, 폭풍과 집중호우에 의하여 해일, 월파 등에 의한 연안재해가 빈발하여 연안지역의 피해가 발생하고 있다. 따라서 연안재해로부터 국토를 보전하고 연안을 체계적이고 종합적으로 정비하기 위하여 "제1차 연안정비 10개년 계획"을 수립하여 실시하고 있다. 여기에는 연안보전사업(호안정비, 침식방지, 침수방지, 해안접근로, 비사방지, 항내보전시설), 해역개선사업(생태보전, 해역복원, 방치폐선, 통수시설, 해수관로정비) 및 친수연안조성사업이 포함된다.

셋째, 환경친화적 공유수면매립정책의 수행이다. 공유수면의 매립은 「공유수면매립법」에 의해 10년 주기로 수립되는 공유수면매립기본계획에 의해 시행되는데, 제2차 공유수면매립기본계획을 2001년 7월에 수립 · 고시하였다. 이 계획에서는 제1차 계획과 달리 환경성 검토를 강화하여 매립계획에 반영여부를 결정하였으며, 농경지 확보를 위한 간척사업이나 도시용지 확보를 위한 대규모 매립을 가급적 제한하였다. 또한 계획에 반영된 지역에 대해서도 면적을 최소화하거나 환경친화적인 매립공법을 적용하도록 조건을 제시하였다.

5) 해양문화 · 관광의 진흥

우리 나라는 풍부한 해양관광자원을 가지고 있으나 제대로 활용되지 못하고 있어 바다를 여가활동의 중심이 되는 친숙한 국민 생활공간의 장으로 조성해야 하고, 관광수지 개선에 부응하고 어촌 소득을 향상시킬 수 있는 해양관광의 획기적 진흥책이 요구되고 있다.

우리 나라는 연안친수공간의 정비 · 확충, 어촌관광의 진흥, 해상교통의 확충, 해양레저 스포츠 기반조성 등을 주요 내용으로 하는 해양관광진흥기본계획을 확정하였다. 분야별 추진계획을 보면 첫째, 2011년까지 부산 다대포항 등 26개 항만의 일부를 친수공간으로 조성하고, 부산 해운대 동백섬 입구 등 109개 지역에 대한 친환경적 연안정비 실시 및 등대 등 해양시설을 개방하여 시민들의 쉼터로 만드는 등 연안을 친수 문화공간으로 조성할 계획이다. 둘째, 어촌체험마을 60곳, 아름다운 어촌 100곳 등을 어촌관광의 거점으로 육성하고, 어항은 수산업 중심 기능 이외 관광 등 이용자 편의위주의 다기능 종합어항으로 개발하여 어선과 유람선이 질서 있게 이용되는 해양 레크리에이션 공간으로 창출할 계획이다. 셋째, 체계적인 해수욕장 관리제도 및 소형 레저선박의 등록제를 도입하고, 자유로운 수중다이빙 활동이 가능하도록 해중경관 지구를 지정 · 육성하는 등 해양 레저 · 스포츠 대중화 기반을 조성할 계획이다.

한편 2010년 전남 여수에서 세계박람회를 개최할 예정이다. 세계박람회는 인류의 노력으로 성취된 발전의 모습과 미래에 대한 전망을 일정한 주제(예 : 해양, 과학, 환경, 인간 등)로 전시하여 인류를 계몽하고 개최국의 경제 · 사회발전을 도모하는 세계인의 축제이다.

6) 해양과학기술육성 및 산업화

우리 나라는 2000년 해양수산 전 분야의 장기비전 및 실천계획을 포함한 "해양개발기본계획(OK 21)"을 수립하고, 2000년 7월 해양자원개발 기반구축, 해외해저광물자원 개발, 배타적경제수역내 광물자원개발, 해양생물자원개발, 해양에너지자원개발, 해양공간자원개발, 극지과학기술, 고부가가치 선박 · 해양장비개발과 같은 8대 분야로 구성된 '해양자원개발 중 · 장기실천계획'을 수립하였다.

한편 우리 나라는 첨단 해양과학기술개발사업을 추진하고 있다. 첨단 해양과학기술개발사업은 해양수산연구개발사업의 일환으로 해양수산부 출범부터 추진된 대표적인 국가연구개발사업이다. 이 사업은 2010년까지 선진국 수준에 근접한 해양과학기술 경쟁력을 확보하여 해양의 무한한 잠재력을 21세기 국가 경쟁력의 원천으로 활용하는 것을 목표로 하고 있다. 이를 위해 해양광물 · 생물 · 에너지 자원의 실용화 기술개발 및 첨단해양장비 개발, 해양의 과학적 조사와 예보기술개발을 통해 자연재해로 인한 피해를 최소화하고 해운 · 수산 · 레저 등 각종 해양산업수요에 적절히 대응하여 국민의 삶의 질을 제고해 나갈 계획의 성격을 띠고 있다.

7) 독도의 관리

독도는 울릉도에서 동남쪽으로 약 88km 거리인 북위 37° 14′22″, 동경 131° 52′08″에 위치한 우리 나라 최동단의 영토이다. 2개의 큰 섬인 동도와 서도 및 총 32개의 부속도서로 구성되어 있으며, 총 면적은 185,059㎡(55,980평)에 달한다.

화산활동에 의하여 형성된 화산섬인 독도는 쥐명아주, 번행초 등의 유관식물과 바다제비, 슴새, 괭이갈매기의 집단서식지로 천연의 생물상을 그대로 유지하고 있다. 아울러 화산섬으로서 지질상의 특수성을 보유하고 있어 학술적 · 문화적 가치를 인정받아 1982년 11월 4일 「문화재보호법」에 의거 '천연기념물 제336호(海鳥類번식지)' 로 지정되었으며, 1999년 12월 10일 '독도천연보호구역' 으로 명칭이 변경되었다. 또한 2000년 9월 5일에는 독도의 자연환경과 생태계보전을 목적으로 「독도 등 도서지역의 생태계보전에 관한 특별법」에 의하여 '특정도서' 로 지정 · 고시되었다. 최근 우리 나라는 독도의 가치와 활용도를 제고하기 위해서 「독도의 지속가능한 이용에 관한 법률」을 제정하고, 동법에 의해 5년 마다 기본계획을 수립하도록 하였다. 과거 우리가 독도를 보전의 차원에서 인식한 것에서 크게 변화된 것이다.

행정구역상 경상북도 울릉군 울릉읍 독도리 산1～산37번지(37필지)로 구획되어 있는 독도는 등기부상 해양수산부의 재산인 국유재산으로서 해양수산부가 독도의 재산관리청(재산관리관 : 포항지방해양수산청장)의 업무를 담당하고 있다. 현재 독도에는 경북경찰청 소속 독도경비대원과 해양수산부 항로표지관리소(등대) 직원 등이 상주하고 있으며, 해양경찰청이 독도 및 주변해역의 해안경비를 수행하고 있다. 이 같이 독도는 우리 나라가 실효적으로 지배하고 있는 명백한 우리 영토이다.

제3절 해양자원의 전망과 과제

1. 해양사상 고취 및 해양관광 활성화의 중점 추진

세계 최대의 관할해역을 지닌 미국은 지난 2000년에 제정된 「해양법」(Ocean Act 2000)에 따라 설치된 '해양정책심의회' 의 주도 하에 새로운 해양정책을 수립 중에 있다.

해양의 중요성이 커짐에 따라 해양을 통해서 꿈과 희망을 펼쳐나가고, 해양에서 삶의 지혜를 찾아내는 해양사상의 고취가 더욱 절실해지고 있다. 특히 우리 나라는 국토의 3면이 바다로 둘러싸인 반도국으로 국가의 번영과 민족의 활로를 해양에서 찾아야 한다. 더구나 다양성과 개방성, 도전성, 대범성, 주체성 등으로 대표되는 해양의식은 정보화, 세계화, 개방화를 특성으로 하는 21세기의 시대정신과도 부합한다.

해양의식 함양은 장기적인 관점에서 일관성 있게 추진되지 않으면 안된다.

해양문화 · 관광분야에서의 가장 두드러진 변화는 관광산업이 21세기의 주도산업으로 부상함에 따라 지속가능한 관광개발에 대한 범세계적 인식 확산과 함께 노동중심형에서 여가중심형 가치관으로의 인식전환과 문화 · 관광산업에서의 정보통신시스템의 중요성이 증대된다는 것이다. 이러한 변화에 적절히 대응하기 위해서는 해양관광자원의 지속가능한 개발 · 이용을 통해 국민소득증대 및 주5일 근무제 도입에 따른 해양관광수요를 예측하고, 해양문화 · 생태자원을 활용하여 국민들에게 다양한 해양관광의 기회를 제공하는 한편, 해양레저 · 스포츠의 기반확충으로 국민의 삶의 질 향상에 기여하는 것이 필요하다.

해양관광의 지속가능한 개발 · 이용측면에서는 지역적 특성에 적합한 해양관광모델을 제시하고, 연안공간에 해양복합생활공간을 조성하는 한편, 해중공간을 새로운 해양관광상품으로 개발하며, 해 · 육 · 공 교통수단의 연결성을 강화하여 관광객의 이용편의 및 다양한 관광상품의 상호 연계를 촉진하는 고부가가치형 해양관광으로 유도해야 한다.

또한 국립해양박물관 등 해양문화인프라를 확충하고 갯벌체험, 어촌관광 등 생태 · 문화관광을 활성화하는 한편, 항만친수 문화공간을 지속적으로 조성해 나가는 것이 필요하다. 아울러 마리나, 해상낚시터 조성 및 해양관광 정보 접근성 개선을 위한 S/W를 개발하는 한편, 해양관광진흥을 위한 법 · 제도개선을 지속적으로 추진해야 할 것이다.

2. 해양과학기술사업의 효율성 향상

해양은 육지와는 환경이나 작업여건이 훨씬 더 가혹하다. 더구나 환경의식이 높아짐에 따라 개발과 보전이라는 배치되는 목표를 동시에 추진해야 하는 어려움이 따른다. 따라서 해양개발과 환경보전에는 다양한 분야에 걸친 고도의 기술이 요구된다. 그러므로 날로 치열해지고 있는 해양과 해양자원 쟁탈전의 우열은 바로 각국의 해양과학기술 수준에 달려있다고 해도 과언이 아니다. 우리 나라는 현재 선진국의 50%에도 못 미치는 해양과학기술을 2013년까지 94% 수준으로 끌어올리려는 야심찬 계획을 추진하고 있다.

3. 해양환경 인식제고와 과학적 관리

최근 미국과 유럽연합(EU), 국제해사기구(IMO)를 중심으로 해사안전 및 해사보안, 그리고 해양환경을 보호하는 조치들이 다양하게 도입되고 있다. 이 같은 조치들은 2002년 11월 스페인 연안에서 발생한 유조선 프레스티지호 침몰사고에 따른 국제사회의 직접적인 대응으로 볼 수 있다. 이러한 경향은 전 세계가 사고 후유증에서 벗어날 때까지 앞으로도 상당기간 지속될 것으로 보이며 각국에 상당한 부담을 가할 것으로 전망된다.

최근 우리 나라는 다양한 해양환경보호 프로그램을 실시하였고, 이에 따라 상당한 성과를 거두고 있다. 해양수질이 많이 개선되었고, 연안의 기초적인 환경처리 시설도 증가하였으며, 해양환경자원 관리를 위한 여러 가지 정책들이 수립 추진되고 있다. 그러나 해양환경의 보호, 특히 오염 또는 파괴된 해양환경을 되살리는 데에는 막대한 예산과 오랜 시간이 요구된다. 따라서 현재의 해양환경 보호정책은 아직도 미흡한 부분이 적지 않으며, 보다 장기적인 관점에서 정책을 결정하고 인내심을 가지고 시행할 필요가 있다.

한편 해양환경을 해치는 오염원의 80% 이상이 육지에서 발생한다. 따라서 해양환경의 보전은 육상오염 관리체계와의 연계성, 연안환경 처리시설의 확충 등에 크게 좌우된다. 이는 해양 자체의 환경보전 노력과 함께 환경부, 지방자치단체 등과의 협력체제가 중요함을 의미한다. 해양오염 부하량을 줄이기 위해 이들 기관과의 협력을 강화할 수 있는 방안을 마련해야 할 것이다.

그리고 해양생태계나 습지를 효율적으로 보전하기 위해서는 과학적인 관리가 필수적이다. 보호구역의 지정에 그치지 말고 지정된 보호구역에 대한 구체적인 조사를 통해 실태를 파악하고, 이에 맞는 과학적이고 체계적인 관리 방안을 강화해 나가야 한다. 이와 함께 해양환경 영향평가제도의 실효성을 확보할 필요가 있다. 현재 환경영향 평가항목이 해양이라는 특수한 환경을 평가하기에는 미흡하기 때문이다. 따라서 해양환경에 영향을 미치는 개발사업의 경우 갯벌, 생태계, 생물 다양성, 해류 등 보다 세부적인 평가항목이 설정되어야 한다.

4. 「연안관리법」의 법적지위 제고

현재 우리 나라의 연안통합관리제도는 어느 정도 정착단계에 들어서고 있으나, 몇 가지 보완의 필요성이 제기되고 있다. 무엇보다도 연안통합관리제도의 법적 근거가 되고 있는 「연안관리법」이 다른 관련법의 상위법이 아니라 보충적 지위에 머물고 있다. 따라서 「연안관리법」을 연안에 관한 기본법으로 법적 지위를 제고하여 다른 법률이나 계획보다 우선적인 효과를 인정하도록 할 필요가 있다.

이와 함께 연안통합관리계획 및 연안관리지역계획의 사전 · 사후 평가체계를 강화하고 과학적인 연안관리체제를 구축하여 연안관리계획의 효율적인 집행을 도모해 나가야 한다. 이와 함께 연안관리를 담당하는 실무자들의 인식과 전문지식을 높이기 위한 지속적인 교육프로그램을 개발하는 동시에 지역주민의 참여를 촉진하는 방안도 마련할 필요가 있다.

탐구학습

1. 요약

1.1 주요개념과 요약

■ 해양자원이란 전 바다에 포함되어 있는 산업적 자원으로 물질자원과 공간자원으로 나누어진다. 해양자원의 기능은 기후조절, 생물서식, 광물공급, 에너지생산, 관광 및 휴양 등 다양하다.

■ 1994년 유엔해양법협약이 발효되면서 각국은 해양자원의 관리에 정책적으로 접근하고 있다. 우리 나라도 공공성, 국제성, 과학기술성 등에 기초하여 "해양개발기본계획"을 수립하여 체계적으로 관리하고 있다.

■ 연안국들의 해양정책기조가 강화되는 가운데 해양사상 고취, 해양관광 활성화, 해양과학기술의 효율성 제고 및 과학적 관리, 연안관리법의 위상 제고와 같은 정책적 차원의 노력이 요구된다.

1.2 주요학자

■ Fridtjof Nansen(1861~1930, 해양학자, 정치가)

노르웨이의 크리스티아니아(오슬로)에서 출생하여 1888년 세계 최초로 그린란드 횡단에 성공하였으며, 1893년부터 1896년까지 프람호로 북극탐험에 나섰다.

1908년 크리스티아니아대학 해양학 교수가 되어 '국제해양탐사위원회'의 설립에 참여하였고, 많은 해양답사 및 탐험으로 우수한 논문을 펴냈다. 여러 가지 도구를 발명·개선하고, 바람에 따른 해류의 움직임과 심해저(深海底)의 형성원리도 밝혀냈다. 이후 1922년 노벨 평화상을 수상하였다.

2. 토론 및 과제

2.1 심화자료

■ 해양수산부(2005), *해양과학기술 로드맵(MTRM).*

■ 해양자원개발　　한국해양연구원(www.kordi.re.kr)

■ 해양자원정책　　해양수산부(www.momaf.go.kr)

2.2 토론주제

- 독도의 해양자원 및 영토적 가치
- 심층수의 자원적 가치와 유용성

2.3 과제

- 국내 수역, 영해, 접속수역, 대륙붕, 배타적 경제수역(EEZ), 공해, 심해저 등의 개념 정리
- 해양과 관련된 국제기구 조사

참고문헌

김웅서외(2005), ***해양개발의 현재와 미래***, 안산 : 한국해양연구원.

송재준외(2002), ***환경과 자원***, 서울 : 동화기술.

오남현외(2005), ***국토와 환경문제의 분석***, 파주 : 한울.

윤양수외(1998), ***자원 및 환경관리정책의 변화와 과제***, 안양 : 국토개발연구원.

이경호외(2001), ***바다와 국가의 정책***, 서울 : 학현사.

이용우외(2001), ***환경친화적 국토발전을 위한 전략연구***, 안양 : 국토연구원.

주봉규(2005), ***토지 · 자원 · 환경경제학 개론***, 서울 : 서울대학교출판부.

해양수산부(2000), ***해양자원개발 중 · 장기 실천계획.***

__________(2004), ***해양수산백서.***

__________(2005), ***해양과학기술 로드맵(MTRM).***

제6장

역사문화자원의 보존과 관리

제1절 역사문화자원의 의의

1. 역사문화자원의 개념

역사문화자원은 인위적 · 자연적으로 형성된 국가적 · 민족적 · 세계적 유산으로서 역사적 · 예술적 · 학술적 · 경관적 가치가 큰 문화재와 언어 등을 말한다. 역사문화자원에는 유형 및 무형의 요소들을 포함하며, 현존하는 것뿐 아니라 이미 사라진 것들도 있을 수 있다. 역사문화자원은 그 나라 역사의 물질적 · 정신적 결정체로서 민족구성원의 사상적 일체감을 조성하고 개개인의 민족 정체성을 확립하는 기반이다.

2. 역사문화자원의 중요성

각 나라와 민족은 전통 가치에 따라 각기 독특한 역사문화자원을 가꾸고 이어왔다. 따라서 우리 나라의 역사문화자원은 우리 민족의 유구한 자주적 문화정신과 지혜가 담겨있는 보전가치가 높은 역사적 소산으로서 위로부터 물려받은 것이며 다시 아래로 물려주어야 하는 것이다.

3. 역사문화자원의 분류

1) 문화재

문화재는 유형문화재, 무형문화재, 기념물 그리고 민속자료 등으로 구분된다. 유형문화재는 건조물 · 전적 · 서적 · 고문서 · 회화 · 조각 · 공예품등 유형의 문화적 소산으로서 역사적 · 예술적 또는 학술적 가치가 큰 것과 이에 준하는 고고자료를 의미하고, 무형문화재는 연극 · 음악 · 무용 · 공예기술등 무형의 문화적 소산으로서 역사적 · 예술적 또는 학술적 가치가 큰 것을 말한다. 그리고 기념물은 사지 · 고분 · 패총 · 성지 · 궁지 · 요지 · 유물 등의 사적지와 특별히 기념이 될 만한 시설물로서 역사적 · 학술적 가치가 큰 것이나, 경승지로서 예술적 · 경관적 가치가 큰 것 또는 동물 · 식물 · 광물 · 동굴 · 지질 · 생물학적 생성물 및 특별한 자연현상으로서 역사적 · 경관적 또는 학술적 가치가 큰 것을 의미한다. 민속자료는 의식주 · 생업 · 신앙 · 연중행사등에 관한 풍속 · 관습과 이에 사용되는 의복 · 기구 · 가옥 등으로서 국민생활의 추이를 이해함에 불가결한 것을 의미한다.

2) 언어

언어는 경험해 보지 못한 새로운 개념과 상상을 가능하게 하고, 이를 통해 새로운 지식을 배우며, 스스로 새로운 생각을 창조하고 표현해 내는 데 있어 결정적인 기능을 한다(문화관광부, 2004 : 40).

제2절 역사문화자원의 보존과 관리

1. 문화재

1) 문화재 지정 · 등록

문화재 중 가치가 큰 것을 지정하여 관리하는 제도를 지정문화재라 하는데, 이 지정문화재는 국가지정문화재, 시 · 도 지정문화재, 문화재자료로 구분된다. 그리고 지정문화재가 아닌 건설 후 50년이 경과한 건조물 또는 시설물 형태의 문화재 중에서 가치에 비추어 보존 및 활용을 위한 조치가 필요한 것을 등록하여 관리하는 제도를 등록문화재라 한다.

국가지정문화재 및 등록문화재는 문화재청장이 문화재위원회의 심의를 거쳐 지정 · 등록하고, 시 · 도 지정문화재는 시 · 도지사가 그 관할 구역 안에서 국가지정문화재로 지정되지 않은 문화재 중 보존가치가 인정되는 것을 시 · 도 지정문화재로 지정한다. 또한 문화재자료는 시 · 도지사가 국가지정문화재, 시 · 도 지정문화재가 아닌 문화재 중 향토문화 보존상 필요하다고 인정되는 것을 문화재자료로 지정한다.

〈표 3.21〉 문화재 지정 현황

지정별 \ 시도별		서울	부산	대구	인천	광주	대전	울산	경기	강원	충북	충남	전북	전남	경북	경남	제주	기타	합계
국가지정문화재	국 보	119	3	3	1	2	0	2	41	8	13	27	7	17	53	10	0	0	306
	보 물	356	14	26	21	6	2	5	179	55	71	85	89	134	262	101	2	0	1,408
	사 적	68	4	6	18	2	1	4	56	12	18	43	31	38	96	48	5	0	450
	사적및명승	0	0	0	0	0	0	0	0	0	1	1	0	3	3	1	0	0	9
	명 승	0	0	0	1	0	0	0	1	2	0	0	2	3	2	2	0	0	13
	천연기념물	10	7	2	10	0	0	2	14	30	23	15	26	44	56	35	37	43	354
	중요무형문화재	36	3	0	4	1	0	0	4	1	2	4	2	13	7	9	4	19	109
	(보유자)	(59)	(19)	(1)	(11)	(3)	(0)	(0)	(24)	(5)	(2)	(10)	(9)	(24)	(12)	(28)	(5)	(0)	(212)
	중요민속자료	48	0	4	0	3	0	1	8	11	21	20	13	33	60	11	8	0	241
	소 계	637	31	41	55	14	3	14	303	119	149	195	170	285	539	217	56	62	2,890
시도지정문화재	유형문화재	154	58	49	54	26	33	13	143	135	197	146	184	208	309	383	17	0	2,109
	무형문화재	34	12	15	15	15	14	3	36	15	14	34	22	28	26	28	15	0	326
	기 념 물	21	47	11	52	26	39	43	156	79	104	152	106	189	133	232	52	0	1,442
	민속자료	28	4	4	2	7	2	0	10	4	14	16	34	36	123	20	7	0	311
	소 계	237	121	79	123	74	88	59	345	233	329	348	346	461	591	663	91	0	4,188
문화재자료		13	28	34	21	26	48	17	106	110	41	296	149	214	454	361	2	0	1,920
합 계		887	180	154	199	114	139	90	754	462	519	839	665	960	1,584	1,241	149	62	8,998

주 : 2005년 5월 기준임.
자료 : 문화재청(2005).

2) 7대 문화권 유적 정비

정부가 총 사업비 2,195억원을 투입하여 지난 1998년부터 5개년 계획으로 추진한 제2차 7대 문화권 유적정비사업이 2002년도에 마무리됨에 따라, 2003년부터는 제3차 문화권 유적정비계획을 수립하여 추진하고 있다. 동 3차 정비 계획은 5년 동안 53건의 주요 유적을 대상으로 정비토록 하여 문화유산의 효율적 보존관리에 기여하고 역사 · 문화 · 교육 공간으로 활용하도록 계획하고 있다.

3) 조선왕궁 복원 · 정비

1990년부터 2009년까지 20년 계획으로 추진 중인 경복궁 복원사업은 2001년부터 태원전권역에 대한 복원이 추진 중이며, 이미 완공한 침전권역, 동궁권역, 홍례문권역과 함께 조선 정궁인 경복궁이 원래의 모습을 되찾아가고 있다. 이와 함께 광화문 및 기타권역 복원을 위한 기본계획을 수립하여 복원지역에 대한 발굴조사 및 복원설계 등을 거쳐 현재 건청궁 복원사업과 소주방지, 흥복전지의 복원을 위한 발굴조사를 추진하고 있다.

또한 2004년 규장각권역 복원 · 정비를 끝으로 창덕궁 복원사업을 완료하였으며, 2004년부터 2008년까지 5개년에 걸쳐 연차적으로 덕수궁 복원 · 정비를 추진하고 있다.

4) 무형문화재 · 공예 관광상품화

전통기법으로 제작된 공예품의 공모를 통해 우수 장인을 발굴하고, 전통공예분야 기능보존과 전승 · 육성발전을 도모하기 위한 전승공예대전을 개최하고 있다. 또한 문화재청은 매년 국제행사계기 중요무형문화보유자작품과 전통문화공연을 지원하고 있다.

또한 무형문화재 · 공예종목의 국제교류 및 국내 전시회 등 전승활동 지원하고 있다. 한국무형문화재기능보존협회의 뉴욕추석맞이 전시회 등 7건의 해외공예전시회를 지원하였고, 국내 무형문화재 보유자, 전수교육조교 등의 공개 및 기획행사에 대한 지원을 하고 있다.

5) 거석문화유적 보존관리 체계화

문화재청 조사결과 전 세계 고인돌의 50% 이상인 2만 6천여 기가 한국에 분포하고 있다. 그 중요성이 더욱 부각된 고인돌 유적의 보호를 위해 우선 전국의 고인돌에 관리책임자 및 관리번호를 부여하고, 이를 토대로 한 관리체계를 수립하고 있다. 그리고 세계문화유산으로 등재된 고창 · 화순 · 강화의 대표적 고인돌군(群)에 대하여 연차적으로 사유지 매입, 유적정비, 전시관 건립 등 종합적인 보존정비 사업을 추진해 나가야 할 것이다.

6) 천연기념물 · 명승 등 자연문화재 보존관리

자연문화재는 천연기념물과 명승을 포함하여 총 368건이 지정되어 있으며, 이중 천연기념물은 355건, 명승은 13건이다. 자연문화재의 지정면적은 총 1,316.2㎢로 관리영역이 매우 광범위하다.

문화재청은 자연문화재 보존을 위해 천연기념물 실태 및 자원조사, 천연기념물의 효율적 관리체계 유지, 천연기념물 보호의식 확산, 자연문화재 보존 학술세미나, 천연기념물 유전자원 보존사업을 추진해야 한다.

7) 고궁을 살아있는 문화 · 관광자원으로 적극 활용

조선 왕궁을 살아있는 문화 · 관광자원으로 적극 개발 · 활용하기 위하여 1999년부터 추진하고 있는 궁중생활상 재현전시를 2004년~2005년에는 경복궁 침전지역(강녕전, 교태전 일곽)을 대상으로 추진하였으며,

'고종대 진찬의' (10월/경복궁) 등 격조 높고 장엄한 궁중문화 행사를 개최함으로써 궁을 찾는 관광객에게 볼거리 제공을 확대하고, 아울러 각 궁별로 국어 · 영어 · 일어 · 중국어로 궁궐 문화재 및 생활상, 역사적 사건 등을 안내 · 설명하는 문화재 안내원을 배치 · 운영함으로써 궁중생활상에 대한 이해 제고는 물론, 우리 전통 문화의 우수성 선양과 관람서비스의 질을 높여 나가고 있다.

8) 무형문화재 및 중요 동산문화재의 관광상품화 추진

우리 선조의 생활지혜가 담긴 우수한 전통공예품에 대하여 전문 디자인 개념을 도입, 문화이미지가 담긴 관광상품으로 개발 · 보급하기 위해 한국의 집과 주요 면세점에 전통공예품 상설 전시판매장 설치를 확충하고, 한국의 집 · 남산골 한옥마을 · 무형문화재 전수회관 등에서 정기적인 상설 무형문화재 공연 · 전시를 실시하여 내 · 외국인에게 우리의 우수한 전통문화를 알릴 수 있는 관광자원으로 적극 활용하고 있다. 아울러 프랑스 · 영국 한국민요 특별공연과 아셈(ASEM)회의, 세계박물관대회(ICOM) 등 국제행사 시 중요무형문화재의 공연 · 전시를 통해 우리 전통문화의 우수성을 홍보하고, 국제관광민속제 등의 지역축제 참가를 통하여 무형문화재를 지역의 특수한 문화관광 상품으로 적극 육성할 필요가 있다.

2. 지역축제

1) 지역축제의 의의

지역축제는 다양하고 특색있는 지역문화자원을 바탕으로 활력 넘치는 지역공동체를 구현하고 지역의 역동적 발전을 실현하기 위해 개최된다. 따라서 지역축제가 성공하려면 지역의 독특한 문화자원에 바탕을 두고 지역주민의 자발적 동참을 유도해야 한다.

2) 지역축제의 지원

문화관광부가 외국관광객 유치 확대 및 지역관광 활성화를 위해 전국 축제 중 관광상품성이 큰 축제를 대상으로 문화관광축제를 선정하여 해마다 지속적으로 지원 · 육성하고 있다. 선정방법은 상반기, 하반기로 나눠 추진하는데 각 시 · 도에서 우선순위별로 3개의 축제를 추천하면 관광분야의 전문가들로 구성된 선정위원회에서 관광상품성을 기준으로 선정하게 된다.

문화관광축제는 전통문화와 독특한 주제를 배경으로 한 지역축제 중 관광상품성이 큰 축제를 선정하여 집중 육성하고 있으며, 외래관광객 유치 증진 및 지역경제 활성화에 기본방향을 두고 추진하고 있다. 최근의 문화관광축제 평가보고서를 보면 관광객들이 단순히 보는 관광에서 직접 체험하는 관광을 선호하는 것으로 나타나고 있다. 이에 따른 전략으로 문화관광부, 광역자치단체, 기초자치단체, 그리고 지역별 축제추진위원회는 공동으로 기획하여 축제의 본질과 지역전통문화의 주체성 유지에 바탕을 두고 관광객 참여형 축제로 전환을 추구하고 있다.

2005년부터는 문화관광축제를 대표축제와 유망축제로 이원화하여 선택과 집중에 의해 우수한 축제를 대표축제로 육성하고 있다.

3. 세계유산

1) 세계유산의 의의

세계유산이란 국제연합 교육과학문화기구(UNESCO)가 1972년 11월 제17차 정기총회에서 채택한 '세계 문화 및 자연유산 보호협약'에 따라 지정한 유산을 말한다. 인류문명과 자연사에 있어 매우 중요한 자산인 세계유산은 전 인류가 공동으로 보존하고 이를 후손에게 전수해야 할 세계적으로 매우 중요한 가치를 가진 유산이다.

2) 세계유산의 구분

"세계유산협약"에 따라 세계유산위원회가 인류전체를 위해 보호되어야 할 현저한 보편적 가치가 있다고 인정하여 UNESCO 세계유산일람표에 등록한 문화재로 문화유산, 자연유산, 복합유산으로 분류된다.

(1) 문화유산

문화유산은 유적, 건축물 그리고 장소 등으로 분류된다. 우선 유적은 역사와 예술, 과학적인 관점에서 세계적인 가치를 지닌 비명(碑銘), 동굴생활의 흔적, 고고학적 특징을 지닌 건축물, 조각, 그림이나 이들의 복합물을 말한다. 그리고 건축물은 건축술이나 그 동질성, 주변경관으로 역사, 과학, 예술적 관점에서 세계적 가치를 지닌 독립적 건물이나 연속된 건물을 말한다. 마지막으로 장소인데 이는 인간 활동의 소산물이나 인간과 자연의 공동 노력의 소산물, 역사적, 심미적, 민족학적, 인류학적 관점에서 세계적 가치를 지닌 고고학적 장소를 포함한 지역을 말한다.

(2) 자연유산

자연유산은 첫째, 무기적 또는 생물학적 생성물로 이루어진 자연의 형태이거나 그러한 생성물의 일군으로 이루어진 미적 또는 과학적 관점에서 탁월한 가치를 지닌 것 둘째, 과학적 보존의 관점에서 탁월한 세계적 가치를 지닌 지질학적, 지문학(地文學) 생성물과 멸종위기에 처한 동식물의 서식지 셋째, 과학, 보존 또는 자연미의 관점에서 탁월한 세계적 가치를 지닌 지점이나 구체적으로 지어진 자연지역 등으로 구분된다.

(3) 복합유산

복합유산이란 문화유산과 자연유산의 특징을 동시에 충족하는 유산을 의미한다.

3) 세계기록유산과 세계무형유산

(1) 세계기록유산

도서관, 문서고 등에 보관된 세계적 가치가 있는 값진 소장문서를 말한다. 그 유형에는 필사본, 도서, 신문, 포스터 등 기록이 담긴 자료, 그림, 프린트, 지도, 음악 등 비기록 자료, 전통적인 움직임과 현재의 영상 이미지, 오디오, 비디오, 원문과 아날로그 또는 디지털 형태의 정지된 이미지 등을 포함한 모든 종류의 전자 데이터 등이 포함된다.

(2) 세계무형유산

인간의 창조적 재능의 걸작으로서 뛰어난 가치를 지닌 문화사회의 전통에 근거한 구전 및 무형유산으로 언어, 문학, 음악, 춤, 놀이, 신화, 의식, 습관, 공예, 건축, 기타 예술 형태로 표현된다.

4) 우리 나라의 세계유산

(1) 세계유산

① 석굴암과 불국사(Seokguram Grotto and Bulguksa Temple, 1995) : 경주 토함산 중턱에 위치한 8세기 경 석굴로 내부 본존불상은 결가부좌한 채 동해바다를 응시하고 있다. 석굴 내부 벽면에는 11면 관음보살을 비롯한 보살과 10대 제자들이 매우 사실적이고 섬세하게 조각되어 있는 극동 불교 예술의 진수이다. 불국사는 석굴암과 같은 시기인 752년에 건립된 것으로 종교 건축의 예외적 의미를 지니고 있다.

② 종묘(Jongmyo Shrine, 1995) : 조선왕조 역대 왕과 왕후의 신위를 모신 세계에서 가장 오래되고 권위있는 유교적 전통 신전이다. 종묘의 건축은 16세기 이후 현재까지 원형을 잘 보존유지하고 있으며 종묘제례는 음악과 춤이 어우러진 제례의식으로서 14세기 이후 오늘에 이르기까지 면면이 전통이 계승되어 내려오고 있다.

③ 해인사 장경판전(Haeinsa Temple Janggyeong Panjeon, the Depositories for the Tripitaka Koreana woodblocks, 1995) : 가야산 해인사에는 1237~1249년까지 제작된 불교경전의 결집체인 8만 여장의 대장경목판이 보관되어 있다. 장경판전은 세계에서 가장 오래된 보관시설로서 보존기술과 장치가 과

학적으로 설계된 15세기의 뛰어난 건축물이다.

④ 창덕궁(The Changdeokgung Palace Complex, 1997) : 조선 3대 태종 5년(1405년) 경복궁의 이궁으로 지어진 궁궐이며, 1610년 광해군때 부터 정궁으로 쓰이게 된 뒤 1868년 고종이 경복궁을 복원할 때까지 258년동안 조선의 역대 왕들이 정사를 보살폈던 법궁이다. 돈화문, 선정전, 인정전 등과 함께 우리 나라의 대표적인 전통 조원시설인 후원이 유명하다.

⑤ 수원 화성(Hwaseong Fortress, 1997) : 조선 22대 왕인 정조가 자신의 아버지 사도세자의 무덤을 화산으로 옮긴 후 축조한 성으로, 성의 둘레는 5,744m, 면적은 130ha이다. 축성시 거중기, 녹로 등 신기재를 사용했다. 화성은 중국, 일본 등지에서 찾아볼 수 없는 평산성의 형태로 군사적 방어 기능과 상업적 기능을 함께 보유하고 있으며 시설의 기능이 매우 과학적이고 합리적이며, 실용적인 구조로 되어 있는 동양 성곽의 백미라 할 수 있다.

⑥ 경주역사유적지구(Gyeongju Historic Areas, 2000) : 신라시대 천년의 문화적 업적과 불교 및 세속건축의 발달을 보여주는 뛰어난 유적이다.

⑦ 고창 · 화순 · 강화 고인돌유적(Gochang, Hwasun and Ganghwa Dolmen Sites, 2000) : 기원전 2~3천년의 장례 및 의식유적을 만들어냈던 선사시대 기술 및 사회발전을 보여주는 뛰어난 유적이다.

(2) 세계기록유산

① 훈민정음 해례본(The Hunmin Chongum manuscript, 1997) : 1446년 음력 9월 출간된 필사본으로 세종대왕의 공포문과 집현전 학자들의 해설 및 해례를 포함하고 있다.

② 조선왕조실록(The Annals of the Choson Dynasty, 1997) : 조선을 개국한 태조부터 철종까지의 470여 년간의 왕조의 역사를 담고 있는 기록물이다.

③ 승정원 일기(Seungdeongwon Ilgi, the Diaries of the Royal Secretariat, 2001) : 조선시대 왕명을 출납하던 승정원에서 매일 작성한 일기로 국왕의 하루 일과와 지시, 명령, 각 부처의 보고, 국정회의 상소사료들을 총망라하고 있다. 화재로 소실된 부분을 제외하고 1623~1910년까지 3천2백43책, 2억4천2백50만자의 방대한 기록물이다.

④ 직지심체요절(Buljo Jikji simche yojeol, the second volume of "Anthology of Great Buddhist Priests' Zen Teachings, 2001) : 현존하는 세계 최고의 금속활자로 선의 요체를 깨닫는데 필요한 역대 불조사들의 어록 중 중요한 대목을 초록한 책이다. 청주 홍덕사에서 금속활자인 주자로 찍어낸 것으로 상하 2권중 하권이 현재 프랑스 국립도서관에 소장되어 있다.

(3) 세계무형유산

① 종묘제례 및 제례악(Royal Ancestral Rite and Ritual Music in Jongmyo Shrine, 2001) : 유교사원인 종묘에서 거행되는 조선왕조의 조상들을 위한 제례의식으로 독창적인 노래, 춤, 음악 의식이 이루어져 있다.

② 판소리(The Pansori Epic Chant, 2003) : 판소리는 북의 반주에 맞추어 소리꾼이 노래하듯 이야기를 하는 형태이다. 표현이 넘치는 노래, 양식화된 말투, 다양한 레퍼토리, 모방하는 몸짓으로 되어있는 판소리는 우리나라의 풍부한 행위예술 전통의 대표로 양반과 평민 문화를 모두 어우르고 있다.

제3절 역사문화자원의 전망과 과제

1. 외국의 역사문화자원정책

1) 영국

영국의 문화재보호방법은 중앙정부와 지방자치단체 그리고 민간단체의 3원 조직에 의해 운용된다(장호수, 2002 : 38-54). 지방자치단체는 보존실무를 총괄하고, 문화재지정 및 보존계획 수립과 건축허가업무를 관장한다. 국민신탁(National Trust)을 비롯한 민간단체들은 전문가와 시민으로 구성되며 교육, 홍보, 정책자문을 맡고 있다. 중앙정부에서는 환경부(Department of Environment : DEC)가 주관하였으나, 국가유산부를 거쳐 지금은 문화공보체육부(Department of Culture, Media and Sports)에서 관리한다. 문화공보체육부 문화재관광담당실(G3) 문화유산과(Heritage Division)에서는 역사유물과 건축물의 보존관리, 역사건축물, 역사유물의 보존 및 이용에 관한 정책업무를 담당한다. 문화부 산하 집행기관으로 왕궁관리청과 국립공원 관리청이 따로 있기도 하다.

영국의 「문화재보호법」은 1882년에 제정된 「고대기념물보호법(Ancient Monuments Protection Acts)」에서 비롯된다. 이 법으로 고고유적을 등록(Scheduling)하게 되었고, 1900년에는 법을 개정하면서 역사기념물 평의회를 구성하여 등록 심의를 하도록 하였다. 영국은 산업혁명의 과정을 겪으면서 산업화로 인한 자연경관의 파괴와 생활환경의 오염에 대한 반성에서 보존운동이 일어나게 되었고, 1877년에는 W. Morris가 주도하여 고건축보호협회를 창립하여 민간활동이 시작되면서 문화재에 대한 인식이 일찍부터 싹트게 된 것이다. 그 뒤를 이어 1913년에 「고대기념물통합개정법」이 나왔고, 1931에 일부 보완되어 현행법인 「고대기념물과 고고유적법(Ancient Monuments and Archaeological Areas Acts, 1979)」의 기초가 되었다. 또한 건축물과 기념물보존을 위한 「역사건축물과 고대기념물법(Historic Buildings and Ancient Monuments Act)」이 1953년에 제정되어 주요 건물의 유지, 수리 보조금 지급(공개를 조건으로)제도를 만들고, 1944년에는 특별보호건축목록을 작성하였다.

영국의 문화재정책은 1967년 제정된 「시민쾌적생활환경법(Civic Amenities Act)」을 바탕으로 크게 변화되었다. 이제까지 단위문화재 중심 보존에서 지역보존으로 정책의 방향이 바뀌게 되고 개별 건축물에서 역사지구 보존으로 확대되는 계기를 마련하였다. 이 법은 1971년 「도시전원계획법(Towns and Country Planning Act)」으로 통합되었고, 1974년에는 「도시전원생활환경법」으로 개정하여 개발에 대한 규제를 강화하고, 지방 정부의 보호행정을 적극 시행할 수 있도록 하였다. 역사지구 보존원칙으로는 보존지구 내 차량 통행금지, 지구내 거주제한은 없으나 환경 훼손이 없는 범위 안에서 지구 내 건축물은 변경이 가능하고, 건물 내부개조도 어느 정도 가능하도록 하였다(임학순외, 1997 : 184-185).

한편 1895년에 시작된 국민신탁(National Trust)운동은 산업혁명으로 전원지역에 황폐화될 것을 걱정하는 3인이 창립하여 보존이 필요한 토지와 건물을 매입 보존하는 순수 민간운동으로서 1907년과 1937년에 「국민신탁법」을 제정하여 민간운동을 뒷받침하고 있다.

2) 프랑스

프랑스는 문화부가 중심이 되어 문화재를 중앙에서 관리하고 있다. 문화부 건축국에 문화재보호부와 공공건축부(국유건축관리와 공사담당)가 있고 역사기념물 보존수리는 주임건축가들이 담당한다. 주임건축가는 국가시험으로 선발한다. 역사기념물 연구센타에서는 실측도와 사진자료를 보유하고 있으며 문화재 역사지도 등을 작성한다(장호수, 2002 : 38-54).

프랑스에서 문화재보호는 1830년에 내무부에서 미술품과 고건축조사를 시작하였고, 1841년에 지정제도를 도입하고, 1905년에 국가와 교회가 분리되면서 대회당은 국유, 기타 교회당은 지방공공단체 소유가 되었다. 역사기념물 보존을 위한 「역사기념물법」이 1913년에 제정되어 역사상, 예술상 가치가 높은 건축물, 미술공예품은 문화부장관이 역사기념물위원회의 심의를 거쳐 지정하도록 하였다. 위원회는 건축, 미술품, 고고유적 등 3개 분과로 구성되고 지정문화재 목록을 작성하였으며, 국가는 건축물과 유적의 훼손을 막기 위해 노력하며, 현상변경을 규제하였다. 보존을 위해 소유자에게 총액의 40%까지 보조금을 지급하고, 1914년에는 「문화재금고법」을 제정하고 1921년에는 문화재금고(金庫)가 발족되었다(임학순외, 1997 : 150-151).

1943년에는 역사기념물 주변을 보호하기 위해 1913년의 법을 고쳐 유적과 역사기념물 주위 500m를 경관보존지구로 지정하고, 경우에 따라서는 500m 이상 지역까지 현상변경 허가를 받도록 하였다. 또한 자연유산과 풍치보존을 위해 1930년에 「천연기념물 및 풍치에 관한 법률」을 제정하고 미술, 역사, 과학, 전설, 미관 등 관점에서 보편가치가 있는 자연유산 및 풍치를 지정보호하며 주변경관보호 허가제도와 지정구역 주위에 보호대를 실정하였다. 역사지구 보존을 위해 1962년에는 「역사지구보존법」을 만들었다. 역사지구보호 국가위원회를 만들고 전체지역의 문화재가치를 판단하여 개발계획을 세울 때에는 생활환경 향상을 위해 건설부 시가지 개발부문과 공동작업을 하도록 하였다. 건축, 도시, 경관유산 보전지구를 보존하기 위한 문화유산보존지구(ZPPAUP)

제도는 1993년에 나타난 것으로 문화재보존을 국가에서 지방으로 이양하는 자치단체장이 최종 승인을 하게 하였다.

3) 미국

미국은 1889년에 의회에서 대통령에게 유적과 그 주변에 대한 보존 권한을 부여함으로서 문화재를 보호하기 시작하였다(장호수, 2002 : 38-54). 미국은 역사가 오래되지 않아 독립기념 건축과 남북전쟁 전적지에 대한 보호가 주된 관심이 되고 있으며, 아울러 독립 이전의 유적과 천연기념물에 대한 보존 노력이 있다. 문화재보호 책임은 내무부 산하 국립공원관리공단이 맡고 있으며, 중앙정부에 대통령 자문기관으로 '역사보존자문위원회' 가 있다. 위원회 사무국은 내무부 국립공원국에 있고, 대통령 교서 형태로 문화재 보호정책이 제시된다. 역사보존자문위원회는 대통령의 자문기관으로서 구성원은 내무부, 주택도시개발부, 경제부, 행정부, 재무부 등 각부의 장, 법무장관, 내셔널트러스트 위원장 등 7인과 연방정부 이외에 대통령이 지명하는 10명(주, 지방정부 직원, 학계전문가 등)으로 구성하며, 위원회는 연보를 의회에 제출하고 의회의 결정을 받아 시행한다(임학순외, 1997 : 216-217).

미국은 문화재보호법으로 「고대유물법(Antiquities Act, 1906)」, 「사적법(Historic Sites Act, 1935)」, 「국가역사보존법(National Historic Preservation Act, 1966 개정)」등이 있다. 「고대유물법」은 공유지에 있는 국유기념물보존규정이며, 「사적법」은 내무부에서 역사 · 고고 등 미국내 중요자산 보호를 위해 만든 것이다. 국유 이외에 사유의 기념물도 역사보존정책을 강력히 하기 위해 내무부에서 관리하도록 하였다. 「국가역사보존법」은 미국의 역사, 건축, 고고, 기술, 문화와 관련되는 유산을 주정부와 지방의 문화재로 보존하기 위한 것이다. 미국 역사상, 건축상, 고고학상, 문화상 현저한 가치가 있는 것은 국가지정을 확대하고, 공공의 복지를 위해 내셔널트러스트가 그 책임을 갖도록 하고 적절한 보조를 할 수 있도록 하였다. 국가지정 역사유적은 국립공원관리공단에서 관리하고 있다. 「국립공원법(1916)」에서는 연방 내무부가 국립공원과 국립기념물 보존사업에 책임이 있음을 규정하고 있다.

4) 일본

일본은 메이지(明治) 유신 이후 서구화에 따르는 전통문화 경시풍조로 옛문화에 대한 파괴행위가 많아지면서 태정관(太政官)이 고기구물보존방(古器舊物保存方)을 마련하여 미술공예품을 비롯한 31종의 중요한 유산을 보호하게 하면서 소장자들에게 계몽활동을 전개하였는데, 이때부터 문화재 보호가 시작된 것으로 보고 있다(장호수, 2002 : 38-54). 1888년에는 궁내성(宮內省)에서 임시전국보물취조국(臨時全國寶物取調局)을 두고 고문서, 회화, 조각, 공예품, 서적 등 보물 21만 5천점을 조사하여 우수한 유물에 대해서는 감사장을 주고 등록을 시행하였다. 메이지 30년(1897)에는 내무성에서 「고사사보존법」을 제정, 사사 소유 건축물과 보물을 보호하고 내무대신은 특별보호건축물 또는 국보로서 자격이 있는 것을 정하도록 했다.

문화재와 직접 관련되는 법은 1919년에 제정한 「사적명승천연기념물보존법」이 처음이라고 할 것이다. 메이지 이후 토지개간, 도로건설, 철도부설, 공장건설 등 개발에 따라 국토변경이 확장되면서 보존대상을 정하는 목적으로 제정되었다. 이 법의 주요 내용은 내무대신이 사적명승천연기념물을 지정하고, 긴급한 경우 지방장관이 지정할 수 있다.

그리고 현상변경 및 보존에 영향을 미치는 행위는 지방장관의 허가를 받아야 한다. 한편 보존을 위한 행위 규제, 자문기구로서 사적명승천연기념물 조사회 설치 등의 조항이 있다.

1929년(소화4년)에 만든 「국보보존법」은 「고사사보존법」을 확대한 것이다. 「고사사보존법」에서 특별보호 건축물이나 국보의 자격이 있는 것을 문부대신이 지정하는 국보로 통일시키고, 그 밖에 국유, 사유, 공유의 것들도 추가 지정하였다. 국보의 수출, 이동 및 현상변경행위는 문부대신의 허가를 받아야 하고 국보는 필요할 때에 언제든지 박물관에 대여할 의무가 있다. 이 법에 따라 미술공예품 5824건, 건조물 1109건이 지정되었다. 1933년에는 「중요미술품 등의 보존에 관한 법률」을 제정하여 국보로 지정되지 않은 중요 미술품들이 해외로 나가는 것을 막을 수 있도록 역사상, 미술상 가치 있는 것들은 문부대신의 허가 없이 수출이나, 이동을 할 수 없도록 하였다. 이 법에 따라 미술공예품 7983건, 건조물 299건을 지정하였고, 이 법은 1950년 「문화재보호법」 제정 이후 폐지되었으나, 부칙으로 살아 있고 현재까지도 문화재 해외유출방지에 효력이 있다.

일본은 제2차 세계대전 이후 사회 경제의 혼란 속에서 문화재의 황폐화에 대한 대책으로 「문화재보호법」을 제정하였다. 앞선 법들을 바탕으로 종합하고 무형문화재, 민속자료, 매장문화재 등을 보호대상에 포함시키는 등 문화재 보존 및 활용에 대한 제도를 체계화 한 것이다. 1975년에는 이 법의 전면적인 개정작업을 통해 보호대상 문화재의 확대, 매장문화재보호강화, 전통건조물 보호제도 신설, 문화재 보존기술 보호제도 신설, 지방공공단체의 문화재보호행정체제 정비 등을 규정하였다. 이 법에 따라 국가 및 지방공공단체, 공공법인은 토목공사 등 토지의 형질변경이 있는 사업을 할 경우, 사업계획을 문화청장관에게 통보해야 하고, 문화청장관의 요청이 있을 경우 사업계획의 확정, 시행에 대해 사전에 협의하도록 하였다. 또한 공사 중 유적이 발견되는 경우 발견자는 바로 공사를 중지하고, 문화청장관이 조사가 필요한 것으로 인정할 경우 일정 기간 동안, 일정한 지역을 정하여 현상변경을 금지할 수 있도록 규정하였다(임학순외, 1997 : 196-197).

2. 21세기 역사문화자원의 변화

1) 문화개념의 변화

(1) 종전 문화개념의 한계

그 안 우리는 문화를 예술이나 문화유산 등 특수한 영역으로 이해해 왔다. 이러한 문화의 개념에서는 문화가 사회에 미칠 수 있는 다양하고 적극적인 기능들을 축소함으로써 문화의 가치를 제대로 인식할 수 없었다(문화관광부, 2004 : 19).

(2) 문화개념의 확대

현재의 문화개념이 갖는 한계를 극복하기 위해서는 문화의 개념을 확장할 필요성을 느꼈으며, 문화정책에 관한 UNESCO 국제회의(world conference on cultural politics)에서는 넓은 의미의 문화란 “어느 사회나 집단의 성격을 나타내는 독특한 영적 · 물질적 · 지적 · 정서적 특성들의 총체적인 복합체이며, 여기에는 예술과 문자뿐만 아니라 삶의 양식 · 인간의 기본권 · 가치체계 · 전통 · 믿음을 포함 한다”고 한다.

2) 역사문화자원 중요성의 증대

(1) 민족 정체성 고취

한 나라의 역사문화자원은 그 나라 역사의 물질적 · 정신적 결정체로서 민족 구성원의 사상적 일체감을 조성하고, 개개인의 민족 정체성을 확립하는 기반이다. 따라서 역사문화자산의 보존과 관리는 시장경제에 맡기기 보다 정부가 예산과 인력을 투입하여 적극적으로 지원해야 한다(문화관광부, 2004 : 250).

(2) 국가경쟁력 제고

21세기를 맞이하여 세계화가 급속히 진행됨에 따라 국제무대에서 각국의 생존경쟁은 날로 치열해지고 있다. 이에 따라 자국의 역사문화자원을 국제사회에 보급 · 선양하여 국가이미지를 제고하고, 나아가 국가경쟁력을 강화해야 한다.

(3) 관광자원화

관광산업은 21세기의 가장 중요한 기간산업 중에 하나이므로, 그 가치와 중요성이 커지고 있는 역사문화자원을 핵심 관광자원으로 부각시켜 나가야 한다.

3) 관광환경의 변화

(1) 국제환경

오늘날 세계 각국은 관광산업을 국가전략산업으로 육성하고 경쟁적 우위를 선점하기 위해 치열한 경쟁을 벌이고 있다. 이러한 국제적 양상은 국가 간의 교류를 증진시키고, 서로 다른 문화에 대한 이해와 관심을 증대시키는 등 국제관계에 긍정적인 영향을 미치고 있다.[37]

관광전문가들은 최근 몇 년간의 관광시장 환경이 점점 더 복잡해지고 있음을 지적하며, 이제 더 이상 관광은 선택적 소비가 아니라 현대인의 필수적 생활양식으로 자리 잡았다고 평가한다. 또한 삶의 가치가 여가 · 문화 · 관광 등 체험 및 감성소비를 중요시하는 패러다임으로 변화함에 따라 관광산업은 21세기 체험경제시대의 신성장 동력산업으로 발돋움 하고 있다. 세계여행관광협의회(WTTC)는 2010년까지 관광산업이 세계 GDP의 11.6%를 차지하는 중심산업으로 성장하고 세계 총 고용의 9%가 관광 관련 산업에서 종사할 것으로 전망하고 있다. 이처럼 관광산업은 전 세계의 경제 불황에도 불구하고 지속적인 성장세를 보여주며 글로벌 시대의 무한성장산업으로 주목받고 있다.

한편 21세기에는 잘 보전된 환경이 국가경쟁력의 주요 요소로 부각되어 자연환경 파괴와 자원고갈의 가속화에 대응하여 지구 차원의 환경협력이 강화되고, 관광 분야에서도 환경보전의 중요성에 대한 인식과 관심이 높아질 전망이다. 이러한 변화와 더불어 관광부문에서도 기존의 대량 관광에 대한 반작용과 환경보전에 대한 인식이 커져감에 따라 자연환경을 보전하면서 체험하는 자연친화적 관광형태가 부상하고 있다. 또한 세계관광의 흐름에서는 지속가능한 관광을 도모하고 관광을 통해 빈곤을 극복하려는 움직임이 새롭게 나타나고 있다. 또한 세계관광기구(WTO)는 최근 관광을 통한 국제교류의 증진과 빈곤의 극복을

37 자세한 내용은 문화관광부(2005), 2005 관광동향에 관한 연차보고서, p.9. 이하 참조

강조하는 가운데 'Tourism Enriches' 캠페인을 전개하고 있으며, WTTC는 국가간 인적교류에 장애요인이 되고 있는 외국인에 대한 과세 부과를 완화시켜갈 것을 각국에 촉구하고 있다.

(2) **국내환경**

우리 나라의 국민국내관광총량은 국민소득의 증가, 주5일 근무제 확대실시에 따른 여가시간의 증대, 고속철도와 신설 고속도로 보급과 같은 광역교통 체계의 발전 등으로 인하여 2011년 까지 연평균 5% 이상 성장하여 2011년에는 6억명을 상회할 것으로 전망하고 있다. 이와 같은 국내관광총량의 증가와 함께 관광의 행태도 이제 단순한 자연탐방 관광 보다는 역사문화 · 레포츠 · 생태 · 농촌관광 등의 체험형 관광이 선호되고 있다. 그러나 이러한 국내의 관광수요에도 불구하고 국내의 관광매력 부족과 고물가 환경의 관광 구조적 문제 등으로 인하여 국민관광수요의 상당부분을 해외관광시장으로 빼앗기고 있어 자칫 관광수지의 만성적인 적자구조가 고착될 우려를 안고 있다.

반면에 국내 관광환경과 관련하여 지방자치단체들의 지역발전을 위한 대안산업으로 관광산업에 대한 관심은 점점 높아져 가고 있다. 각 지방자치단체들은 지역의 자연 · 역사 · 문화 자원 등을 활용한 관광개발을 꾀하여 관광객 유치에 노력하고 있으며, 중앙정부 차원에서도 각 부처별로 다양한 관광관련 정책지원 사업을 펼치고 있다. 또한 관광산업이 동북아경제중심국가 건설, 국가균형발전 및 21세기 국가경쟁력 향상을 위한 새로운 성장 동력을 지닌 차세대 성장산업으로 자리매김함에 따라 관광산업에 대한 국가적 인식과 관심은 매우 높아지고 있다.

이러한 관광환경과 관광행태의 변화를 고려하여 새로운 형식의 관광개발인 관광레저도시 개발을 추진하고 있다. 관광레저도시는 기존의 폐쇄적이고 단일기능의 관광단지식 개발을 벗어나 개방적이고 복합적인 기능을 추구하고 있다. 이는 지역전략산업과의 연계성을 고려하여 진정한 지역균형발전을 목적으로 진행되고 있는데, 우리 나라의 국내관광개발에 있어서 앞으로 중요한 전환점으로 작용할 것으로 판단된다.

또한 국내관광에서 지속적인 남북관광교류를 통한 협력이 더욱 증가할 것으로 예상된다. 1998년에 시작된 금강산 관광은 잠시 위기가 있기도 했지만, 2002년 금강산 관광특구 지정, 2003년 금강산 육로관광 확대 등으로 인해 안정기에 들어서고 있다. 이러한 관광활동을 통한 남북한 교류협력은 북한에 대한 간접적 경제지원의 효과뿐만 아니라 관광을 통한 북한지역 이해 기회의 증가, 한반도의 긴장완화와 평화 증진에 크게 기여할 것으로 기대되고 있다.

결론적으로 국내관광의 환경은 위기와 기회를 동시에 맞고 있다고 평가할 수 있다. 주5일제 근무 확대실시, 중앙정부와 지방자치단체의 관광개발에 대한 높은 관심, 남북관광협력의 지속적인 확대 등으로 외부적인 기회요소는 상당히 긍정적인 환경을 구성하고 있다. 이에 부응하여 국내관광환경의 개선을 위해 관광산업 진흥을 위한 제도적 기반과 날로 증가하는 관광수요 충족을 위한 관광인프라 확충과 개선이 요구되고 있다.

탐구학습

1. 요약

1.1 주요개념과 요약

- 우리 나라에서는 국가지정문화재 2,890점, 시도지정문화재 4,198점, 문화재자료 1,920점 등 9,000여점을 문화재로 지정하여 보호 관리하고 있다.
- 지역축제는 특색있는 지역문화자원을 바탕으로 지역공동체를 구현하고 지역발전을 실현하기 위한 목적으로 추진되어 정부의 적극적인 지원으로 관광문화축제로써 자리매김하고 있다.
- UNESCO에서는 인류문명과 자연사에서 있어 매우 중요한 자산을 세계유산으로 지정하여 보존하고 있으며, 우리 나라는 석굴암과 불국사 등 문화유산 7개소, 훈민정음 해례본 등 기록유산 4점, 판소리 등 무형유산 2개가 지정되어 있다.
- 역사문화자원은 민족의 정체성 고취, 국가경쟁력의 재고와 관광자원화의 관점에서 중요성이 커지고 있으며 21세기를 굴뚝산업을 대신 할 수 있는 새로운 성장산업으로 충분한 가치가 있다.

1.2 대표적 사례

- UNESCO는 21일 '국제 모국어의 날' 을 맞아 "전 세계 6천여개 언어의 절반 이상이 금세기 말까지 사라질 수 있다." 고 경고했다. 유네스코는 이날 파리 본부에서 언어 다양성에 관한 회의를 열고 아프리카, 아시아, 미주 대륙에 사는 소수 인종의 전통 언어를 보존하는 노력을 촉구했다. 마쓰우라 고이치로 UNESCO 사무총장은 "하나의 언어가 사멸할 때 전 세계의 비전도 사라진다." 며 언어는 도구 이상의 역할을 하는 인간의 근본 척도라고 강조했다. UNESCO는 "전 세계 6천여개 언어 중 20%에 문자가 없다. 세계 언어의 3분1을 점하는 아프리카 대륙 언어의 80%는 문자 없이 구어로만 사용된다." 며 특히 아프리카 언어의 소멸 위기를 우려했다. 유네스코는 이에 따라 공식 문서들과 인터넷 상에서 언어 다양성을 확대하는 노력에 초점을 맞추기로 했다. 유네스코는 특히 인터넷 사이트 언어중 72%가 영어인 반면 세계 언어의 90%가 인터넷 상에서 전혀 쓰이지 않는다고 지적했다(중앙일보, 2006. 2. 22).
- 국민신탁(이를 자연신탁이라 부르는 학자도 있다)은 보전가치가 큰 문화유산 자연환경자산을 사들이는 시민운동으로 1895년 영국에서 시작되어 현재 미국 일본 호주 등 약 30개국에서 시행 중이다. 우리 나라에는 1990년대 후반에 도입돼 한국내셔널

트러스트 등의 단체가 활동하고 있으며, 강원도 동강 제장마을, 인천 강화군 매화마름 군락지 등을 매입한 바 있다. 환경부는 범국가적으로 보전할 가치가 있는 문화유산과 자연환경자산을 확보하고, 이를 국민의 이름으로 신탁 · 관리함으로써 미래세대에게 아름다운 자연과 풍요로운 문화를 물려주고 공공신탁의 풍토를 조성함을 목적으로「문화유산과 자연환경자산에 관한 국민신탁법」을 제정하고자 2004년 10월 입법예고했다.

2. 토론 및 과제

2.1 심화자료

- 문화재 문화재청(www.cha.go.kr)
  한국문화재보호재단(www.fpcp.or.kr)
- 지역축제 문화관광부(www.mct.go.kr)
  한국여가문화협회(www.koret.or.kr)
- 세계유산 유네스코한국위원회(www.unesco.or.kr)
  문화재청(www.ocp.go.kr)

2.2 토론주제

- 역사문화 자원의 중요성
- 지역축제의 활성화 방안
- 우리지역 문화산업의 진흥책

2.3 과제

- 우리 나라의 세계유산을 유형별로 조사
- 우리 나라 지정문화재의 실태와 보전방안 모색

참고문헌

건설교통부(2005), *2005 국토의 계획 및 이용에 관한 연차보고서*.

국토연구원(2000), *수자원 · 공유수면 및 관광의 개발과 관리*.

문화관광부(2005a), *2005 관광동향에 관한 연차보고서*.

_________(2005b), *관광백서*.

_________(2004), *창의 한국*.

임학순외(1997), *외국의 문화행정 업무 영역과 행정조직에 관한 조사 연구*, 한국문화정책개발원.

장호수(2002), *문화재학개론*, 서울 : 백산자료원.

문화재청 홈페이지(www.ocp.go.kr)

제4부

환경문제와 관리

제1장 지속가능한 발전과 환경

제2장 생활환경문제와 관리

제3장 지역환경문제와 관리

제4장 지구환경문제와 관리

제5장 환경가치의 추정과 평가

제1장

지속가능한 발전과 환경

제1절 지속가능발전의 개념

1. 대두배경

과거 물리적 · 경제적 지표 증대를 기본 개념으로 한 개발은 이용 잠재력이 있는 공간상의 자원을 적극적으로 활용하여 인간의 기본적 삶의 질을 향상시켜 왔다. 여기에는 현재 그 이용이 가능하거나 혹은 가까운 미래에 이용이 가능한 모든 자원이 대상이 되기 때문에 대부분의 자원이 인간의 삶의 질 향상을 위한 대상이 되었다. 이러한 논리는 경제적 지속성과 기술적 지속성에 바탕을 둔 것이며, 그 결과 지속적인 경제성장과 기술진보를 얻을 수 있었다.

그러나 시간적 · 양적 범위에 대한 설정이 없어 지속적인 성장을 담보하기에는 많은 문제가 있다. 특히 무계획적인 개발에 의한 자원낭비와 무차별적 개발에 의한 환경파괴는 현재의 경제적 지속성과 기술진보를 저해하는 주요한 원인이 되고 있다.

이러한 문제는 1972년 로마클럽에서 발행된 “Limits to Growth”에서도 언급되었듯이, 현재 사회의 존폐가 달려있는 심각한 문제로 지역이나 국가차원의 문제가 아닌 인류 전체의 생존이 달려있는 범지구적 차원의 문제라 할 수 있다. 이러한 문제인식을 통해 제시된 대안이 바로 지속가능한 발전(ESSD : Environmentally Sound and Sustainable Development)의 개념이다. 지속가능한 개발의 개념은 1992년 브라질 리우데자네이로에서 개최된 "United Nations Conference on Environment and Development"에서 전세계적으로 공론화되어 종합적인 규범체계인 Agenda 21로 구체화 되었다(경실련 도시개혁센터, 2000 : 42).

2. 개념

지속가능한 발전(ESSD)의 개념은 '지역의 경제적 발전과 지역주민의 삶의 질을 지속적으로 발전시키기 위하여 물리적 요소, 공급적 요소, 환경 · 생태적 요소, 사회 · 경제적 요소, 심미적인 요소의 제 측면에서 환경친화적이고 지속가능한 개발전략'으로 규정할 수 있다(이성근, 2001 : 4). 따라서 지속가능한 개발은 친환경성과 쾌적성을 바탕으로 지역간 · 계층간 · 세대간의 격차해소 및 지역의 형평적 · 개성적 · 지속적 발전을 추구하는 메커니즘으로 규정할 수 있다.[38]

이러한 지속가능한 발전은 단순히 환경친화적인 개발 · 사업방식을 의미한다기보다는 경제 · 사회 · 문화 · 정치 · 환경을 포함하는 포괄적 의미로 정의되어야 할 것이다. 그러므로 지속가능한 개발의 목표는 자

---

38 임길진은 지속가능성의 개념을 경제적, 제도적, 생태적, 기술적, 그리고 문화적 지속가능성으로 유형화하였는데, 이는 기존의 개념에서 문화적 지속가능성을 포괄한 것으로 평가된다(임길진, 1995).

연과 인간의 조화를 비롯하여 지역내외 및 계층간의 조화, 그리고 지역 정체성의 극대화를 통한 지속적 발전을 그 목표로 한다고 할 수 있다.

제2절 지속가능발전의 실천

1. 그린 GNP의 개발

우리가 흔히 사용하고 있는 GNP는 주로 시장거래만 반영하는 지표이다. 따라서 GNP는 한 국가의 실질적인 복지수준을 정확히 반영하지 못하는 문제점을 갖고 있다. 그러므로 지속가능발전의 이념은 이제까지 세계 각국이 최고의 경제정책지표로 삼아 온 GNP에 대한 수정을 요구하게 되었다. 그래서 최근에는 소위 그린 GNP(Green GNP)에 대한 논의가 증가되고 있다.

대부분의 재생불능자원의 감소는 계량화 · 금전화가 가능하고, 그리고 실제로 금전화되고 있다. 그러나 이 금전화된 손실이 사회적 손실로서 GNP에 제대로 반영되지 않는다. 재생가능자원 중에서도 산림이나 경제작물, 그리고 일부 동식물의 양적 변동은 계량화 · 금전화가 가능하다. 이 경우에도 손실이 GNP에 재대로 반영되지 않는다.

따라서 지속가능한발전의 이념은 자연자원을 포함한 생태계 전체가 지속가능할 것을 요구한다. 그렇기 때문에 자연자원의 소모분뿐만 아니라, 환경오염으로 인한 생태계의 파괴도 충분히 고려되어야 한다. 지속가능발전의 이념은 자연환경이 우리 인류를 수용하는 능력에 한계가 있으므로 자연환경을 이용하는 우리의 모든 활동은 이 수용능력의 범위 안에서 이루어지도록 통제되어야 하는 것이다. 그러므로 자연자원의 고갈을 적극적으로 고려한다는 점에서 NNP에서 환경오염방지를 위한 방어적 지출과 자연자원고갈로 인한 사회적 손실을 뺀 그린 GNP의 개념을 사용해야 하는 것이다.

2. 의제(Agenda) 21

유엔환경개발회의에서 "환경과 발전을 위한 리우선언"을 채택하였다. 지구헌장이라고 볼 수 있는 이 선언은 21세기 지구환경보전을 위한 기본원칙을 천명하고 있는데, 환경적으로 건전하고 지속가능한 발전의 원칙이 바로 이것이다. 이를 줄여서 지속가능한 발전의 원칙이라고 한다. 유엔환경개발회의에서는 의제21로 약칭되는 21세기 지구환경보전 강령이 발표되었는데, 이것은 지속가능한 발전의 원칙을 실현하기 위한 구체적 지침을 담은 행동강령서이다. 그러므로 의제21은 유엔환경개발회의가 천명한 지속가능발전의 구체적 성격에 대한 윤곽을 제공하고 있다.

유엔환경개발회의는 지속가능발전의 지침에 관한 각국의 추진상황을 평가 · 촉진하고 유엔환경개발회의에 대한 효과적 후속조치를 보장하기 위하여 유엔경제사회이사회의 지속가능발전위원회를 설치하기로 합의하였다. 이어 1993년 지속가능발전위원회 1차 회의는 1997년까지 범세계적인 지속가능개발의 조건과 전략을 마련하는 데 합의하였다.

우리 나라는 1993년에 이 위원회의 이사국으로 선출되었으며, 같은 6월에 열린 제1차 이사국회의에 참가한 바 있다. 이 회의에서는 각국의 의제21 이행상황에 대한 국가보고서를 제출토록 결정하는 등 유엔환경개발회의의 합의사항을 효과적으로 이행하기 위한 방안에 대한 논의가 이루어졌다.

3. 세계지속가능발전정상회의

1997년 제19차 유엔환경특별총회에서는 1992년 리우회의에서 채택한 리우선언 및 의제 21에 대한 국제사회의 지난 10년 간의 추진실적을 종합평가하고, 2002년 이후 지속가능발전전략을 마련하기 위해 리우회의 10주년이 되는 2002년에 세계정상회의(World Summit on Sustainable Development : WSSD 일명 Rio+10)를 개최하기로 결정하였다.

2002년 회의 목표와 중점논의 분야로 대다수의 국가들은 정부 및 모든 이해당사자가 지속가능한 발전을 위해 수행한 성과의 종합평가, 의제 21에 포함되어 있지 않은 리우회의 이후 새로 대두된 과제(new challenges) 및 그러한 과제들을 다루기 위해 추가적으로 취해야 할 대책 및 수단의 명확화, 2002년 회의결과의 효과적 조치, 의제 21의 이행증진을 위한 실천계획, 지속가능한 발전을 증진하기 위한 유엔시스템의 역량강화를 위한 대책 마련 등을 제시하였다.

세계지속가능발전정상회의는 2002년 9월 남아프리카공화국 요하네스버그에서 세계 194개국 정부대표단, 86개 국제기구, NGO 등 4만여 명이 참석하여 인류의 지속가능발전에 관하여 논의하였다.

WSSD는 1992년 리우회의 이후 10년간 국제사회의 지속가능발전 추진실적을 종합평가하고, 향후 구체적인 추진계획을 마련하는데 그 목적을 가지고 있었다. 이러한 목적에 따른 의미있는 결과물은 크게 3가지로 볼 수 있는데, 정치적 선언(political declaration), 정치적 약속(political commitments)으로서 실행계획(plan of implementation), 그리고 이 약속을 행동으로 옮기기 위한 "Type II Partnerships"의 추진이었다.

구체적으로 정치적 선언은 경제, 사회, 환경을 동시에 고려하는 지속가능발전을 위한 정치적 의지를 재확인하는 것이었다. 그리고, 이것은 향후 각국의 정부정책에서 지속가능성을 고려하는 계기가 되고 있다. 한편, 이행계획에서는 빈곤퇴치, 지속가능하지 못한 소비 · 생산 패턴 변경, 에너지 분야, 자연자원보전 · 관리, 군소도서국가의 지속가능발전, 이행수단, 그리고 아프리카의 지속가능발전 등으로 구성되어 있다.

그리고 "Make It Happen" 이라는 슬로건 하에 추진되는 "Type II Partnerships" 은 일련의 정치적 약속과 행동지향적인 연합(coalitions)으로 구성되는데, 정치적 약속을 행동으로 옮기는 과정을 촉진할 수 있는 인도적인 차원에 초점을 맞추었다. 여기서 "Type II Partnerships" 은 정부, 기업, 시민사회, 그리고 국제기관의 합의에 바탕을 둔 다양한 사업의 전개를 말한다.

이와 같은 몇 가지 중요한 성과에도 불구하고, WSSD 회의에 대한 평가는 상당히 엇갈렸다. 우선 UN과 각국 정부는 회의에 대해서 다양한 견해를 피력했는데, UN 사무총장은 매우 긍정적인 것으로 평가한 반면에 EU 참가국을 대표한 네덜란드의 수상은 정상회담이 앞으로 더 필요할 것인가에 대한 의문과 함께 말잔치 보다는 국제적 약속을 지키는지를 모니터하는게 훨씬 더 중요하다고 하였다. 한편 몇 가지 성과 측면에서는 미래 세대의 혜택을 위하여 자연자원을 지속적으로 관리하고 범지구적 환경을 보존할 뿐만 아니라, 수십억에 달하는 혜택받지 못한 사람들에게 보다 나은 삶의 질을 제공하는 데에 목적을 둔 여러 가지 합의를 도출했다는 평가를 받았다.

반면에, 영국의 자선단체인 Oxfam, 그린피스(Green Peace), 세계야생기금(WWF) 등은 대체로 부정적인 의견을 제시하였는데, 특히 Oxfam의 경우에는 낭비되어버린 기회였다고 탄식하면서 빈민과 환경에게는 비극적인 회의였다고 논평했다. 또한 프랑스 전 환경장관인 이브 코셰(Cochet)도 정치적 성과로는 감동적일지 몰라도 구체적인 일정과 돈 문제에 관한 진정한 성과를 도출하는 데는 정부 차원의 공허함과 자포자기만 있었다고 비판했다.

결과적으로 요하네스버그의 WSSD 회의의 허와 실도 여기에 있다. 즉 정치적이고 정책이나 의제적인 성격에서는 다소의 결과가 있었을지는 몰라도 행동에 옮기기 위한 구체적인 전략이나 목표치, 시한 등에 대해서는 결과가 없었다는 것이 중론으로 받아들여졌다.

4. 멜버른원칙

"지속가능한 도시 멜버른 원칙"은 UNEP 국제환경기술센터와 호주 빅토리아주 환경보호국의 공동주최로 2002년 4월 3일부터 5일에 걸쳐 멜버른에서 열린 한 국제회의에서 처음 제안되었다. 전세계 40여 명의 전문가들이 이 원칙을 만드는 과정에 참여했다. 이 회의 직전인 3월 18~19일, 캐나다 토론토에서 토론토 광역권 환경보전국 주최로 열린 지속가능한 생태계로서의 도시에 관한 워크숍은 멜버른 원칙에 나오는 많은 개념들을 명확하게 정의하는 데 크게 기여했다.

멜버른이 2002년 5월 2일 지속가능한 도시로 만드는 지도이념으로, 이 멜버른 원칙을 채택하기에 이르렀다. 이번 WSSD 지방정부회의에서 채택된 '요하네스버그 요청'에서 '지구헌장과 멜버른 원칙을 준수할 것을 다짐한다.'고 명시함으로써 멜버른 원칙이 국제사회에 널리 알려지게 되었다. 멜버른 원칙은 전문, 비전, 목표, 10개 원칙으로 이루어져 있다.

멜버른 원칙의 기저 철학은 도시야말로 경제적 기회와 사회적 교류, 문화적·정신적 풍요를 가져올 수 있는 토대라고 보는 것이다. 그러나 도시는 장기적 번영과 사회복지를 위태롭게 만드는 지속가능하지 못한 방법으로 천연자원을 이용함으로써 자연환경에 좋지 않은 영향을 미치고 있다. 세계인구의 절반 이상이 도시에 거주하고 있을 뿐만 아니라 이러한 경향이 앞으로 심화될 것이라는 전망에 따라 지구적 관심이 되고 있다.

멜버른 원칙은 지속성 비전을 지역사회로 하여금 실천하도록 하는데 있다. 또한 각자 지역여건에 적합한 지속가능한 해결책을 찾도록 함으로써 전략적 행동 틀을 제공하고 바르게 생각하도록 이끌어 주는 데 있다. 그리하여 지속가능한 도시로 변형시키는데 참여와 협력을 필요로 하는 주민과 정책결정자가 함께 일할 수 있도록 도와주는 데 있다. 멜버른 원칙이 효과적인 수칙이 되려면 각 도시들의 지속성을 향한 노력을 도와줄 관련사례와 정책 지원 수단이 따라야 한다.

제3절 지속가능한 발전의 원칙

지속가능한 발전의 이념을 실현하기 위한 행동강령서인 의제 21에서는 구체적인 행동원칙을 다양하게 제시하고 있는데, 이중에서 지속가능한 발전을 위한 4대 원칙을 제시하고 있다. 4대 원칙은 오염원인자 부담원칙, 사용자 부담원칙, 예방원칙, 그리고 최근접결정원칙이다. 이들 원칙은 시장실패를 보완하는 데 주안점을 두고 있다.

1. 오염원인자 부담원칙

오염원인자 부담원칙은 지속가능한 발전의 대표적인 원칙이다. 이 원칙은 환경오염에 대해서는 이를 초래한 원인자가 책임을 지고 이의 해결에 소요되는 비용을 부담하여야 한다는 것이다. 이러한 오염원인자 부담원칙에 위한 대표적인 정책수단으로는 환경세, 배출부과금, 종량제도 등과 같이 소위 시장의 원리에 입각해서 경제적 인센티브를 최대한 활용하는 수단들이 있다.

따라서 정책수단으로 대변되는 오염원인자 부담원칙은 시장경제체제를 지탱하는 경제원리에 가장 부합하는 원칙이라고 할 수 있다. 경제학적으로는 오염원인자 부담원칙은 환경을 오염시키는 행위에 대하여 외부효과에 상응하는 가격을 치르게 함으로써 시장실패를 보완하기 위한 원칙으로 이해할 수 있다.

2. 사용자 부담원칙

사용자 부담원칙은 자연자원의 이용에 수반된 모든 비용을 충실히 반영해서 자연자원의 가격이 결정되어야 한다는 원칙이다. 시장에서 자연적으로 형성되는 자연자원의 가격은 자연자원의 고갈을 재촉하는 경향이 있다. 사용자 부담원칙이란 자연자원의 가격이 이러한 미래의 이익이나 미래세대에 미치는 영향을 충분히 반영하여 결정해야 한다는 것이다.

이러한 사용자 부담원칙은 자연자원이용에 있어서 사회적 적정수준을 달성하기 위한 원칙이다. 그러나 이 원칙이 사회적 적정수준을 달성하기 위해서는 사용자가 지불하는 가격이 사회적 적정수준으로 결정되어야 하는 어려움이 있다. 이 원칙이 미래세대의 이익을 직접적으로 반영하는 장점을 가진 원칙이라면 물론 이 가격에는 미래세대의 이해가 충분히 반영되어야 한다.

3. 예방원칙

환경오염물질의 배출과 환경오염피해 사이에는 너무나 많은 불확실성이 내포되어 있다. 예방원칙이란 환경오염에 대한 심각한 불가역적 피해의 우려가 있을 경우에는 과학적 근거가 확보되지 않았다는 이유로 환경보전대책을 지연시켜서는 안된다는 것이다. 이 원칙은 오염원인자 부담원칙이나 사용자 부담원칙이 제대로 다루지 못하는 불확실성에 집중적으로 대응하기 위한 원칙이라고 할 수 있다.

환경오염의 불확실성은 오염원인자 부담원칙이나 사용자 부담원칙으로 다루기는 매우 어렵기 때문에 예방원칙으로 대처해야 한다는 논리가 성립된다. 그래서 국제환경문제에 대한 국제적 협상에 있어서도 예방원칙을 하나의 지도원칙으로 삼아야 한다는 주장이 제기되고 있는 것이다. 예컨대 지구온난화에 의하면, 이산화탄소나 기타 온실효과의 원인으로 지목되고 있는 물질들이 비록 온실효과를 초래한다는 과학적 확증이, 그리고 온실효과가 발생하였을 경우 이로 인한 피해의 정도에 대한 과학적 확증이 없다고 하더라도 엄청난 불가역적 재앙을 가져올 수도 있다는 것이다. 즉 예방원칙은 불가역적인 재앙의 예방에 주안점을 두는 원칙이다. 만약 돌이킬 수 없는 엄청난 손실을 초래할 재앙이 만에 하나 발생할지도 모른다고 하면, 이 재앙이 발생할 가능성에 너무 집착하지 말고 최악의 사태에 대비해야 한다는 고전적 결정이론이 이 원칙의 근거를 이루고 있다.

4. 최근접결정의 원칙

최근접결정의 원칙은 환경에 관한 정치적 결정이 이해관계 당사자에 가장 가까운 수준에서 이루어져야 한다는 원칙이다. 다시 말해서 환경에 관한 공적책임은 일반시민에 가장 가까운 공공기관이 행사함을 원칙으로 한다는 것이다. 이 원칙은 정보의 측면을 강조하는 원칙인데, 정보를 가진 사람은 누구나 결정과정에 참여해야 하며, 정책이 정치적으로 수용되기 위해서는 현실에 대한 다양한 견해들이 존중될 필요가 있음을 강조하는 원칙이다. 이 원칙의 적용은 담당기관이 달라짐에 따라 비슷한 문제에 대하여 상이한 결정을 내리는 사태를 양산시킬 우려가 있다.

이러한 최근접결정의 원칙은 개인의 자주성에 뿌리를 둔 원칙으로서 개인자주성의 개념을 정치조직과 환경문제의 해결에 확대한 원칙이다. 즉 최근접결정의 원칙이 갖고 있는 또 하나의 뿌리는 시민의 이해관계가 걸린 문제에 대한 결정은 시민의 참여하에 시민이 가장 가까이에서 결정해야 한다는 민주주의 원칙이다. 따라서 최근접결정의 원칙은 중앙집권보다는 지방자치를 옹호하는 원칙으로 중앙집권화와 지방분권화 중에서 어느 것이 더 바람직한가에 대한 논쟁에서 등장하는 원칙이다. 실천적 차원에서 보면 최근접결정의 원칙은 작은 단위나 규모에서의 결정이 큰 단위나 규모에서의 결정보다 더 효율적임을 전제한 원칙이라고 할 수 있다.

탐구학습

1. 요약

■ 지속가능한 발전(ESSD)개념은 '지역의 경제적 발전과 지역주민의 삶의 질을 지속적으로 발전시키기 위하여 물리적 요소, 공급적 요소, 환경 · 생태적 요소, 사회 · 경제적 요소, 심미적인 요소의 제 측면에서 환경친화적이고 지속가능한 개발전략'으로 규정할 수 있다.

■ 지속가능발전을 위한 실천노력으로는 그린 GNP 개발, 의제 21, 세계지속가능발전 정상회의, 맬버른 원칙 등이 있다.

■ 지속가능한 발전의 원칙으로는 오염원인자 부담원칙, 사용자 부담원칙, 예방원칙, 최근접결정의 원칙이 있다.

2. 토론 및 과제

2.1 심화자료

■ 권오상(1999), *환경경제학*, 서울 : 법문사.

■ 환경부 http://www.me.go.kr/

■ 한국환경정책 · 평가연구원 http://www.kei.re.kr/

2.2 토론주제

■ 지속가능한 발전을 위한 세계적 차원의 노력은?

■ 지속가능한 발전을 위한 생활실천방안은?

2.3 과제

■ 지속가능한 발전의 4대 원칙을 설명할 수 있는 사례

참고문헌

경실련도시개혁센터(2000), *도시계획의 새로운 패러다임*, 서울 : 보성각

권오상(1999), *환경경제학*, 서울 : 법문사.

김홍배(2003), *정책평가기법*, 서울 : 나남출판.

박희정(1997), *편익분석을 통한 지방공공시설의 투자결정*, 한국지방행정연구원.

이성근(2001), "지속가능한 지역개발의 원리와 추진방향", *환경연구*, 제21권, 제2권, 영남대학교 환경문제연구소.

이정전(2000), *환경경제학*, 서울 : 박영사.

임길진(1995), *미래를 향한 인간적 계획론*, 서울 : 나남출판사

제2장

생활환경문제와 관리

제1절 대기오염

1. 대기오염의 개념

인간은 하루에 1.5kg의 음식물을 섭취하고 2kg 정도의 물을 마신다. 반면에 인간이나 동물은 하루에 이의 약 10배에 달하는 약 13kg 정도의 공기를 마셔야 살 수 있고, 단 몇 분만 호흡을 멈추더라도 곧 사망하게 된다. 이러한 대기는 사람뿐만 아니라 동물과 식물의 호흡에도 상당히 중요하다. 생물체는 오염된 공기를 마셔서는 절대로 살아갈 수 없다.

대기 중에는 수많은 가스 또는 입자들이 존재하는데, 이러한 대기가 열, 빛, 복사열, 오염물질 또는 공기의 파동 등과 같은 형태의 에너지 및 물질의 유입 또는 유출로 인해 물리화학적 구성특성이 변화되어 대기환경의 질이 저하된 상태가 대기오염이다. 세계보건기구(WHO)에서는 대기오염의 정의를 '대기 중에 인위적으로 배출된 오염물질이 한 가지 또는 그 이상 존재하여, 오염물질의 양, 농도 및 지속시간이 어떤 지역의 불특정 다수인에게 불쾌감을 일으키거나 해당 지역에 공중보건상 위해를 끼치고, 인간이나 동물, 식물의 활동에 해를 주어 생활과 재산을 향유할 정당한 권리를 방해받는 상태' 라고 정의하고 있다.

2. 대기오염의 원인

대기가 오염된다는 것은 공기를 구성하고 있는 기체의 자연적인 조성비가 변하거나 불순물이 포함되는 것을 말한다. 이러한 대기를 구성하는 기체의 조성비가 변하는 예로는 오존층의 파괴를 들 수 있고, 불순물이 포함되는 예로는 이산화황, 먼지 등이 공기중에 포함되는 것을 들 수 있다. 아주 작은 입자상태의 오염물질은 액체 상태 또는 고체 상태로 떠다니는 물질이며, 먼지, 연기, 안개, 스모그(smog)[39] 등과 같은 상태로 존재한다. 그리고 일산화탄소, 탄화수소, 이산화황, 산화질소 등의 기체상태의 물질로 오염되기도 한다.

대기오염물질은 크게 가스상 대기오염물질과 입자상 대기오염물질로 나눌 수 있다. 가스상 대기오염물질은 일반적으로 물질의 연소, 합성 및 분해과정에서 발생되는 기체상 오염물질을 말하며, 황화합물, 질소화합물, 탄소화합물, 할로겐화합물 등이 이에 해당한다. 입자상 대기오염물질은 물질의 파쇄, 선별, 퇴적, 기타 기계적 처리 또는 연소과정에서 발생되는 액체 또는 고체상의 미세한 물질을 말하며, 이러한 물질로는 연소먼지 및 비산먼지, 매연 등을 들 수 있다.

---

39 스모그는 대체로 전력생산이나 가정에서 난방이나 취사를 위해 석탄을 태울 때 생긴 이산화황과 떠돌아다니는 먼지 등이 안개와 결합하여 일어난다. 광화학적 스모그는 공기 중의 오염물질이 햇빛 속의 자외선과 화학작용을 일으켜 만들어진 화학물질에 의해서 발생하는 것으로 주원인은 자동차의 배기가스이다. 이 외에도 공장지대의 굴뚝에서 발생하는 검은 연기, 냉장고와 에어컨의 냉매제, 방향제, 공기정화제, 플라스틱 용기 등에 사용하는 염화플로오르화탄소(프레온가스)도 대기오염의 한 원인이 된다.

또, 다른 구분으로는 1차 대기오염물질과 2차 대기오염물질로 나눌 수 있는데, 1차 대기오염물질은 산업시설, 발전소, 자동차 등의 배출원에서 대기 중으로 직접 배출되어 존재하는 오염물질을 말한다. 여기에는 아황산가스(SO_2), 일산화질소(NO), 일산화탄소(CO), 탄화수소(hydrocarbons), 먼지 및 중금속화합물 등이 있다. 2차 대기오염물질은 대기중에서 1차 오염물질과 대기의 조성물질이 물리적 · 화학적 반응을 일으켜 생성되는 물질을 말하는데, 오존(O_3), PAN(peroxy acetyl nitrate), 황산염 등이 있다.

3. 대기환경정책

우리 나라의 대기정책관리를 위한 법령으로는 「대기환경보전법」, 「환경정책기본법」 등이 있으며, 이에 따른 대기정책은 대기오염물질 지정, 배출허용기준 설정, 고체연료 사용 규제, 저유황 연료유 및 청정연료 공급 · 사용확대, 자동차 공해줄이기 대책, 특별대책지역 지정 및 관리, 대기환경규제지역 지정 및 관리 등이 있다.

1) 대기오염물질 지정

대기오염은 대체로 여러 오염물질들이 복합적으로 상호작용하면서 일어나는 것이 많다. 「대기환경보전법」 제2조의 규정에 의하면, 일산화탄소, 암모니아, 질소산화물, 황산화물 등 52종이 지정되어 있으나, 아황산가스, 일산화탄소, 이산화질소, 먼지, 오존, 납에 대하여 대기환경기준을 설정하고 있다(문태훈, 1999 : 92). 이 외에도 인간이나 동 · 식물에 영향을 미칠 우려가 있는 물질은 특정대기유해물질로 지정되어 있으며,

다이옥신, 벤젠, 사염화탄소, 폼알데하이드 등 25종이 이에 해당한다.

2) 배출허용기준 설정

개별적인 오염원에 대하여 법적 규제기준으로 적용되는 것이 배출허용기준이다. 이는 환경기준을 달성하기 위한 중요 정책수단이다. 배출허용기준은 오염물질 배출의 최대허용치 혹은 최대허용농도로 나타내며 현재의 오염물질 배출수준 또는 처리기술과 경제적 · 사회적 여건을 고려하여 정해진다. 우리 나라의 경우 황산화물 등 27개 대기오염물질에 대하여 배출허용기준을 설정하고 있으며, 이 기준의 적용기준을 단계적으로 강화하고 있다.

〈표 4.1〉 대기환경기준

항 목	기 준	측정방법
아황산가스(SO_2)	• 연간평균치 0.02 10~6이하 • 24시간평균치 0.05 10~6이하 • 1시간평균치 0.15 10~6이하	자외선형광법
일산화탄소(CO)	• 8시간평균치 9 10~6이하 • 1시간평균치 25 10~6이하	비분산적외선분석법
이산화질소(NO_2)	• 연간평균치 0.05 10~6이하 • 24시간평균치 0.08 10~6이하 • 1시간평균치 0.15 10~6이하	화학발광법
미세먼지(PM-10)	• 연간평균치 70㎍/㎥이하 • 24시간평균치 150㎍/㎥이하	베타선흡수법
오존(O_3)	• 8시간평균치 0.06 10~6이하 • 1시간평균치 0.1 10~6이하	자외선광도법
납(Pb)	• 연간평균치 0.5㎍/㎥이하	원자흡광도법

자료 : 환경부(2005a), p. 354.

3) 고체연료 사용 규제

연료사용으로 인한 대기오염으로 환경기준을 초과할 우려가 있는 지역내에서는 석탄류, 코크스, 땔나무와 숯, 기타 환경부장관이 정하는 타는 폐기물 등의 고체연료 사용을 제한하고 있다. 현재 서울특별시, 6개 광역시, 경기도의 수원, 부천, 과천, 성남, 광명, 안양, 의정부, 안산, 의왕, 군포, 시흥, 구리, 남양주 시 등 총 20개 지역을 고체연료사용금지 지역으로 고시하고 있다(환경부 고시 제 2002-52호).

4) 저유황연료유 및 청정연료 공급 · 사용확대

서울 등 수도권 및 주요도시의 아황산가스 농도를 줄이기 위하여 1981년에 연료유 기준을 강화하여 공급하기 시작하였다. 이러한 기준은 시기와 지역에 따라 적용기준이 상이하나 2005년 현재 전국적으로 중유의 경우는 0.3%,[40] 경유는 0.1%가 적용되고 있다. 이러한 규제에도 불구하고 저유황유의 사용이 지속적으로 증가함에 따라, 1988년부터 「대기환경보전법」 제27조에 의거하여 서울 등 수도권 지역의 공동주택 등에 대해서는 청정연료사용을 의무화하고 있다.

---

40 중유의 적용기준은 지역마다 상이한데, 서울특별시와 6개 광역시, 수원 등 13개 시에 대하여는 0.3% 이하, 창원, 여수 등 44개 시 · 군에 대해서는 0.5% 이하, 그리고 이들 도시를 제외한 나머지 지역에는 1.0% 이하의 중유를 공급 · 사용하도록 하고 있다.

5) 자동차 공해 줄이기 대책 추진

자동차 수의 급증으로 인하여 자동차가 대도시 대기오염의 주원인이 되고 있다. 자동차에서 배출되는 오염물질은 인구 밀집지역 및 도시 도로변 주거지역에 집중적으로 배출되기 때문에 국민의 체감오염지수와 건강에 대한 피해가 다른 배출오염원보다 훨씬 크다는 특징을 지니고 있다. 따라서 자동차로 인한 오염물질 배출을 줄이기 위하여 제작자동차와 운행자동차에 대한 배출허용기준을 설정하고 있으며, 이와 더불어 제작차의 저공해화 추진, 자동차 연료품질 개선, 운행차 관리를 비롯한 교통수요관리대책 등이 실시되고 있다.

6) 대기환경규제지역 지정 및 관리

산업체 위주의 규제만으로는 대도시 대기오염을 효과적으로 개선하는 것이 어렵다고 판단되어, 대기오염 영향권역별로 환경용량을 감안하여 교통, 에너지 이용 등을 포함한 종합적인 개선대책을 추진할 필요성이 제기되었다. 이에 따라 1995년부터 환경기준을 초과하거나 초과할 우려가 있는 지역으로서 대기질의 개선이 긴급하다고 인정되는 지역을 대기환경규제지역으로 지정할 수 있도록 하였다. 이에 근거하여 대기오염도가 환경기준의 80% 이상인 서울특별시, 강화군과 옹진군을 제외한 인천광역시, 경기도 15개 시 · 도가 대기환경규제지역으로 지정되어 있다.

7) 사업장 대기오염물질 총량관리제

수도권 지역의 대기오염배출량은 대기오염물질 배출허용기준의 강화에도 불구하고 오염물질 배출량이 지속적으로 증가하여, 선진국 주요도시는 물론 국내 타도시에 비해서도 대기오염이 심각한 상황이다. 따라서 수도권 대기환경 개선을 위해서는 적정 환경용량 범위내에서 오염물질을 총량으로 관리하는 사전예방적 대기질 관리체계의 구축이 필수적이다.

이에 따라 「수도권 대기환경 개선에 관한 특별법」 제14조, 제22조에 근거하여, 사업장별로 배출할 수 있는 대기오염물질의 총량을 미리 할당하고 사업자가 할당된 총량 내에서 배출량을 관리하는 제도이다. 이 제도는 2007년 7월부터 수도권 대기관리권역[41]내 1~3종 사업장 중 오염물질 배출량이 많은 사업장부터 단계적으로 시행할 계획으로 있다. 먼저 1단계 사업은 2007년 7월 이후부터 시작되고, 2단계 사업은 2009년 7월 이후부터 시작되는데 그 배출량은 〈표 4.2〉와 같다.

〈표 4.2〉 총량제 적용대상 사업장의 오염물질 배출량

기 간 \ 오염물질		질소산화물	황산화물	먼 지	비 고
1단계	2007년 7월 이후	30톤 초과	20톤 초과	1.5톤 초과	1종 규모
2단계	2009년 7월 이후	4톤 초과	4톤 초과	0.2톤 초과	3종 이상 규모

자료 : 보건복지부(2005).

41 서울특별시 전지역, 인천광역시 전지역(영흥면을 제외한 옹진군 제외), 경기도 24개 시(김포시, 고양시, 의정부시, 남양주시, 구리시, 하남시, 성남시, 의왕시, 군포시, 과천시, 안양시, 광명시, 시흥시, 부천시, 안산시, 수원시, 용인시, 화성시, 오산시, 평택시, 파주시, 동두천시, 양주시, 이천시)가 이에 해당한다.

4. 대기환경관련 국제협약

1) 오존층 보호협약

1985년 3월 “오존층 보호를 위한 비엔나협약(Vienna Convention for the Protection of the Ozone Layer)”이 채택되어 1985년 9월부터 발효되었다. 이 협약은 오존층 파괴의 영향으로부터 지구와 인류를 보호하기 위해 최초로 만들어진 보편적인 국제협약이다. 비엔나 협약은 오존층을 변하게 하는 모든 인간활동에서 발생하는 악영향으로부터 인류의 건강과 환경을 보호하기 위해 당사국에게 적절한 조치를 취할 의무를 부과하고 있다. 그러나 여기에서 당사국에게 부과된 ‘적절한 조치’가 구체적으로 어떤 조치를 의미하는 지에 대해서 명확하게 밝히지 않고 있다. 다만 적절한 입법 및 행정적 조치가 이에 포함되며, 오존층에 악영향을 미치는 인간 활동을 통제하는 정책을 조화시키고, 협약이행을 위해 합의된 조치, 절차 및 기준을 공식화함에 있어 당사자들이 상호협력하도록 규정하고 있다. 협약에서는 이러한 조치가 적용되는 화학물질에 대해서 상세히 규정하지 않고 있으며, 부속서에서 오존층 파괴물질로 추정되는 물질들을 나열하고 있을 뿐이다.

한편 비엔나 협약은 공허한 협약으로 평가받고 있는데, 그 이유로는 당사국들에게 실질적인 기술이전의무를 부과하지 않기 때문이다. 즉, 당사국들에게 단지 기술이전에 협력할 것만을 요구하고 있으며 이를 의무적으로 이행할 것을 규정하지 않고 있을 뿐만 아니라, 각국의 국내상황에 따라 기술이전을 하지 않아도 되는 구실을 주고 있는 것이다. 따라서 이 협약의 규정만으로는 개발 도상국들이 대체물질개발에 관한 정보를 취득하기에 충분치 않으며, 이로 인하여 개도국들이 거세게 반발하여 서명을 거부하였다. 결국 비엔나 협약은 당사국에게 구체적인 의무를 부과하지 않는 공허한 협약으로 전락하게 된 것이다.

2) 몬트리올 의정서

1987년 9월 "오존층 파괴물질에 관한 몬트리올의정서(Montreal Protocol on Substances that Deplete the Ozone Layer)"가 채택되어 1989년 1월 1일부터 발효되었다. 몬트리올 의정서는 오존층 파괴 물질인 염화불화탄소(CFCs)의 생산과 사용을 규제하려는 목적에서 제정한 협약이다. 이 협약은 1989년 1월에 발효되었으며 한국은 1992년 5월에 가입하였다. 이에 따라 염화불화탄소와 같은 규제 물질을 포함한 냉장고나 에어컨 등의 제품은 1992년 5월 이후 비가입국으로부터 수입할 수 없게 되었다.

3) 기후변화협약

기후변화협약은 지구온난화 방지를 위하여 이산화탄소(CO_2)의 배출량을 감축하자는 것으로 1992년 6월 브라질의 리우환경회의에서 당시 회의 참가국 178개국 중 우리 나라를 포함한 154개국이 서명하였으며 1994년 3월 21일 공식 발효되었다. 기후변화 방지협약은 지구온난화를 일으키는 온실 기체 배출량을 억제하기 위한 협약이다. 지구온난화를 일으키는 온실 기체는 탄산가스, 메탄, 이산화질소, 염화불화탄소 등 여러 가지 물질이 있다.

이 협약에서는 대체로 2000년까지는 1988년 또는 1990년 수준으로 안정시킨 후 2005년까지는 20%를 감축하는 계획을 세웠다. 이 협약으로 이산화탄소의 규제를 받게 되면 국내 산업계에 미치는 영향은 실로 엄청날 것이다.

이산화탄소를 배출하는 석유 · 석탄 사용이 제한되어 에너지를 이용하는 모든 업계가 영향을 받게 된다. 현재 우리 나라 에너지원의 85%가 석탄 · 석유인 것을 감안하면 규제에 따른 파급효과는 실로 엄청날 것이다.

특히 우리 나라는 매년 에너지 사용 증가율이 15% 수준을 상회하고 있어 전세계에서 에너지 사용 증가율이 가장 높은 나라 중의 하나이며, 따라서 이산화탄소 배출 규제는 우리 경제에 커다란 부담이 될 것으로 예상된다. 이에 따라 자동차 · 철강 · 시멘트 · 비철금속 산업 등 에너지 다소비형 기간산업의 신규투자가 어려워 질 것으로 예상되며, 특히 에너지 다소비형 업종의 구조 조정이 불가피할 것으로 지적되고 있다.

4) 산림의정서

1992년 유엔 환경개발회의에서는 산림을 보호하고 보전하기 위한 원칙으로서 산림의정서를 채택하였다. 산림의정서는 산림의 관리, 보호 및 지속적인 개발에 관하여 전 지구적인 합의를 반영하여 채택된 원칙으로서, 협약과 같은 법적 구속력은 없지만 권위있는 성명으로 받아들여지고 있다. 원래는 강제적 의무조항을 삽입한 산림협약으로 채택될 예정이었으나 말레이시아 등 열대림 개발도상국가들이 강력하게 반대하는 바람에 구속력이 없는 원칙선언으로 귀결되었다.

산림의정서는 자연 또는 인공적인 모든 형태의 산림에 적용되며, 산림의 관리, 보전, 지속가능한 개발에 기여하고 산림의 다목적, 보완적 기능과 용도를 제공하기 위한 목적으로 채택되었다.

제2절 수질오염

1. 수질오염의 개념

물은 지구 표면의 약 70%를 덮고 있고, 우리 몸 대부분의 세포가 액체로 되어있으며, 피의 90% 이상, 근육의 75%, 간의 69%, 뼈의 22%가 물로 되어있을 만큼 중요한 것이다. 이러한 물은 사람뿐만 아니라 다른 동·식물이 서식하고 자연환경을 유지하는데 중요한 요소이다. 또한 물은 생물권내에서 생물생존에 중요한 역할을 한다. 물은 이산화탄소, 산소, 염분 등과 같은 생명에 필요한 물질을 용해하고 분해하는 역할을 하는 좋은 용매이며, 생물의 신진대사에 중요한 역할을 한다. 많은 물질의 운반매체 노릇을 할 수 있으며, 개체 생물에 있어서 온도가 갑작스럽게 변하는 경우에 물이 완충제 역할을 할 수 있다.

그리고 물은 지구의 온도를 일정하게 유지시켜 주는 거대한 안정제이다. 지구가 심한 기후 변동을 겪지 않고 비교적 온화한 기후를 유지할 수 있는 것은 대기 중에 존재하는 수증기 때문이기도 하다.

모든 생물, 나아가 생태계의 형성 및 유지는 물의 존재 하에서 가능하며, 인간역사가 물과 더불어 시작되었듯이 인간은 물을 떠나서는 잠시도 살 수 없으며, 인체의 70%가 물이다. 즉, 물은 생명의 근원이자 바로 생명 그 자체이다. 사람에게 하루에 약 2ℓ의 물이 필요하다. 또한 목욕수, 세탁수, 화장실용 등의 생활용수까지 합하면 하루에 300ℓ 이상이 필요하다. 그러나 최근 수질오염으로 인한 식수원의 부족, 생태계의 파괴 등으로 세계 인구의 약 40%를 차지하고 있는 약 80여 개국이 심각한 물부족을 겪고 있는 것으로 밝혀지고 있다.

수질오염이란 물이 천연적으로 가지고 있는 물리적, 화학적, 생물학적 또는 세균학적 특성이 상호연관된 자연적, 인위적인 요인에 의하여 분화함으로써 물 이용의 지장을 초래하거나 환경의 변화를 야기하여 수중생물에 영향을 주는 상태로 변화하는 것으로, 좁게는 주로 사람이나 동물의 배설물에 의하여 병원성미생물 또는 기생충 등이 인체에 질병을 유발하고, 공중 보건상 위해를 일으키는 등 수질이 악화되는 것을 말한다. 넓게는 자연적 또는 인위적으로 수중에 부패성 물질, 유독성 물질 및 부유물질 등 물 이외의 이물질이 혼입됨으로써 생활, 농업, 공업, 수산 등의 용수 목적에 맞게 사용할 수 없는 상태를 말한다. 즉, 수질오염이란 물속에 부패성물질과 유독물질, 가정에서 쓰고 버리는 각종 생활하수, 산업활동에 의한 산업폐수 등이 유입되어 각종 용수로는 사용할 수 없거나 생물의 서식에 심각한 피해를 줄 정도로 수질이 나빠지는 것을 말한다.

2. 수질오염의 원인과 피해

수질오염의 원인을 크게 구별해 보면 도시생활하수 · 공장폐수 · 농약 · 축사에서 나오는 가축의 분뇨 등이 대표적이다. 총 폐수 발생량의 60%가 생활하수이고 다음이 공장폐수로 39%, 축산폐수가 1%의 순이다. 생활하수는 농촌에서 사용하는 농약과 비료, 가축의 분뇨 등과 함께 각 가정에서 배출되는 하수와 음식물 찌꺼기 등이 해당된다. 이와 같이 생활하수, 산업폐수, 축산폐수 등이 많이 배출될수록 오염물질의 양도 많아져서 강과 하천의 자정능력을 떨어뜨린다. 그리고 우리가 일상생활에서 많이 소비하는 우유, 요구르트, 사이다, 라면 등도 물을 오염시키는 중요한 요인이다.

이러한 수질오염으로 인하여 호소 및 하천의 부영양화 및 적조현상,

상수도원의 오염으로 인한 콜레라, 중금속 오염으로 인한 미나마따병, 이따이이따이병 등 인체 및 생물의 생존에 많은 피해를 미치고 있다.

한편, 물의 오염된 정도를 나타내는 지표로 생물학적 산소요구량(Biochemical Oxygen Demand : BOD)과 화학적 산소요구량(Chemical Oxygen Demand : COD)가 있다. BOD란 미생물이 물속에 있는 각종 오염물질(유기물)을 분해하기 위해서는 산소를 필요로 한다. 이와 같이 물속에 들어있는 오염물질을 미생물이 분해하는데 필요한 산소의 양을 말하고, COD는 수중의 각종 오염물질을 화학적으로 산화시키기 위해 필요로 하는 산소의 양을 말한다. BOD나 COD라는 단위를 써서 나타내며 수치가 높다는 것은 그만큼 오염이 심한 물이라고 할 수 있다.

3. 수질오염정책

인구의 증가, 에너지와 식량에 대한 급증하는 수요 등으로 인하여 물에 대한 수요가 급증하고 있다. 그러나 오염된 음료수에 의하여 매개된 질병으로 전 세계적으로 매년 천만명이 사망하는 것으로 알려져 있다. 이러한 수질오염은 쓰레기, 산업폐기물과 폐수, 도시와 농촌지역에서 흘러나오는 하수들로 오염되고 있으며, 이러한 오염물질들은 지하수까지도 오염시키게 된다. 따라서 양적으로 풍부하고 적절한 물의 공급을 위하여 유역에 대한 적절한 보호와 관리, 물의 공급에 소요되는 경비에 상응하는 물값의 책정 등으로 물의 절약과 재활용을 위한 유인책이 필요하다(문태훈, 1999 : 105).

국가차원에서의 수질보전대책은 1989년 '맑은 물 공급대책' 을 시작으로 현재는 '4대강 수질보전대책' 이 시행되고 있다. 우리 나라 수환경 정책의 기본구조는 먼저 오염물질의 지정과 배출기준의 설정, 수질보전계획으로 구분하여 볼 수 있다.

1) 오염물질의 지정과 배출기준의 설정

우리 나라는 「수질환경보전법」에 의거하여 관리대상 오염물질을 지정하고 있다. 현재 수질오염물질로는 유기물질, 구리, 납, 니켈, 사이아나이드 등 29종이 지정되어 있으며, 수질의 안정성 관리를 위해 중금속, 페놀류 등 17종의 특정수질유해 물질이 지정되어 있다.

우리 나라의 수질관리목표를 달성하기 위한 수단의 하나로 생활하수, 산업폐수, 축산폐수 등에 대한 오염물질 배출기준을 설정하고 있다. 생활하수의 경우는 오수처리시설의 방류수 기준으로 구분하며, 도시화된 지역의 경우는 「하수도법」에서, 도시화가 되지 않은 지역에는 「오수 · 분뇨 및 축산폐수의 처리에 관한 법률」로 지역에 따라 차등적으로 규정하고 있다.

산업폐수의 경우는 「수질환경보전법」에서 규정하고 있으며, 폐수배출량규모(2천톤/일 기준)에 따라 차등화하고, 지역에 따라 6단계로 구분하여 적용하고 있다. 축산폐수에 대한 방류수 기준은 「오수 · 분뇨 및 축산폐수의 처리에 관한 법률」에 의해 축사의 규모와 지역에 따라 차등적으로 설정하고 있다. 이러한 기준은 현재 단계적으로 강화되고 있다.

2) 수질보전계획

우리 나라의 수질관리정책은 수질환경기준을 정점으로 주기적으로 수질보전계획을 수립하여 목표에 단계적으로 접근하고 있다. 이를 위하여 오염예방정책, 오염감축정책, 하천환경관리정책, 수질오염행위 감시 및 단속, 모니터링 및 평가, 수질관리 재정 확보 등이 시행되고 있다.

그리고 1992년 유엔환경개발회의 'Agenda 21', 1995년 UNEP가 워싱턴회의에서 채택한 실천계획 등의 국제규범을 통해 연안국의 해양환경보호가 계속적으로 강화되고 있다. 이에 따라 우리 나라에서도 해양환경보전 정책을 실시하고 있는데, 세부적인 대책으로는 해양환경보전 인식 제고, 연안통합관리 역량강화 추진, 육상기인 오염원의 해양유입 방지, 환경관리해역 지정 및 관리 강화, 오염우심해역준설, 입체적인 해양폐기물정화사업 및 효율적인 처리체계 구축을 통한 연안정화사업, 적조방제대책, 해양오염사고 방제기능 강화, 해역별 수질 관리 및 해양환경 측정망 운영, 해양생태계 보전대책 등이 추진되고 있다.

제3절 폐기물오염

1. 폐기물의 개념

폐기물이란 공업, 상업, 광업, 농업, 그리고 공동체 및 지역생활에서 발생하는 모든 고체 및 액체의 쓰레기, 침전물, 찌꺼기, 배설물 등을 말한다. 「폐기물관리법」 제2조에 의하면 폐기물은 '사람의 소비활동이나 생산과정에서 필요하지 아니하게 된 물질' 로서, '쓰레기, 연소재, 찌꺼기, 폐유, 폐산, 폐알칼리, 동물의 사체 등' 을 포함하는 것으로 정의하고 있다.

이러한 폐기물은 폐기물의 성질에 따라 일반폐기물과 유해폐기물, 발생원에 따라 도시폐기물, 산업폐기물, 농촌폐기물로 분류(문태훈, 1999 : 113)할 수 있으나, 현행 「폐기물관리법」에서는 발생원에 따라 생활폐기물과 사업장폐기물로 크게 구분하고 있다. 사업장폐기물이란 「대기환경보전법」, 「수질환경보전법」 또는 「소음 · 진동규제법」의 규정에 의하여 공장 등 배출시설을 설치 · 운영하는 사업장과 폐기물을 1일 300㎏이상 배출하는 사업장에서 배출되는 폐기물(사업장일반폐기물)과 일련의 공사 · 작업 등으로 5톤 이상 배출되는 폐기물(건설폐기물), 그리고 폐유 · 폐산 등 주변 환경을 오염시킬 수 있거나 인체조직의 적출물과 실험동물의 사체 등 의료기관이나 시험 · 검사기관 등에서 배출되는 폐기물(지정폐기물)을 의미한다. 생활폐기물이란 사람의 생활이나 사업활동에 필요하지 않게 된 물질 중 사업장 폐기물에 속하지 않는 폐기물을 의미한다.

〈표 4.3〉 폐기물의 분류 체계

구 분	종 류
생활폐기물	연탄재(28%), 음식물류(29%), 종이류(15%), 폐비닐 및 기타(28%)
사업장 일반폐기물	금속편류 · 폐목재 · 식물성 고형 잔재물
지정폐기물	폐유 · 폐산 · 분진, 중금속함유 폐기물 의료기관 등에서 배출되는 폐기물

2. 폐기물 발생의 원인과 피해

경제규모의 확대와 산업구조의 고도화에 따라 폐기물이 급격히 증가하고 있다. 소비자들이 편리함을 추구하여, 사용후 버리는 형태의 상품(인스턴트 식품 · 1회용 상품 등)을 더욱더 많이 구입하기 때문이다. 또한 대량생산 · 대량공급 체제에 따른 물량증가와 과대포장, 새롭고 다양한 소재의 포장용기 등장과 신제품의 출현, 상품의 수명단축 현상으로 폐기물의 질이 다양화되고 발생량 또한 엄청나게 불어나기 시작했다.

폐기물은 산업발달과 인구증가 · 도시집중화에 의해 양이 늘어났고 질적으로도 다양해졌으며 더욱더 악성화되어 환경오염을 야기시키는 주요한 원인이 되고 있다. 폐기물은 악취를 발생하거나 쥐 · 파리 등의 번식처가 되어 페스트 등 질병을 발생시키고 생활환경을 악화시키므로 공중위생상 바람직하지 않을 뿐만 아니라 귀중한 공간을 점유하여 인간에게 불편을 주고 미관을 훼손하여 불쾌감을 갖게 한다. 뿐만 아니라 처리과정에서 수질오염 · 대기오염 · 소음 등 제2의 환경오염을 일으킬 가능성이 많아 발생 자체를 최소화하는 감량화와 적정한 처리대책, 사용 후 수반되는 폐기물 처리까지 고려한 상품개발이 무엇보다 중요하다.

3. 폐기물정책

폐기물의 처리로 인하여 발생하는 문제는 궁극적으로 대기 및 수질오염의 문제를 가속화시킨다는 점에서 폐기물오염에 대한 대책이 필요하다.

우리 나라에서는 폐기물을 관리하기 위하여 기본법인 「폐기물관리법」을 중심으로, 「자원의 절약과 재활용촉진에 관한 법률」, 「폐기물의 국가간 이동 및 그 처리에 관한 법률」이 제정되어있으며, 기타 관련 법률로는 「폐기물처리시설 설치촉진 및 주변지역 지원 등에 관한 법률」, 「한국환경자원공사법」, 「수도권매립지 관리공사의 설립 및 운영에 관한 법률」, 「건설폐기물의 재활용촉진에 관한 법률」 등이 있다. 이러한 법률에 따라 폐기물의 발생량 자체를 줄이고, 발생된 폐기물을 최대한 자원화하여 재활용하며, 처리가 불가피한 폐기물은 환경적으로 안전하고 위생적으로 처리하는 것이 우리 나라 폐기물관리의 기본정책방향이다.

1) 폐기물 최소화정책

(1) 1회용품 사용규제

우리 나라에서 실시하고 있는 1회용품 규제제도는 사전예방적 폐기물관리정책, 양적 · 질적 감량화정책, 생산 및 소비과정에서의 감량화 제고수단, 환경친화적 대체품 개발 · 사용을 유도하는 청정생산 촉진정책으로서의 정책적 의미를 지니고 있다(환경부, 2005a : 585). 1회용품 사용규제제도는 식품 제조 및 가공업소, 즉석판매제조 및 가공업소 등 생산부분 이외에도 백화점, 음식점 등의 유통 · 소비분야에서의 감량화 및 장바구니 사용 등을 통해 생산과 소비과정 모두에 적용되며, 종이도시락 용기 등 친환경적 대체품의 개발 및 사용촉진을 통해 환경친화적 산업의 활성화도 유도하고 있다.

(2) 포장폐기물 발생억제

포장폐기물이란 제품의 유통을 위해 포장재로 사용된 후 버려지는 쓰레기를 말한다. 생활수준의 향상으로 인해 다양한 포장재를 개발하였고, 사용량 또한 급증하고 있어 귀중한 자원낭비뿐만 아니라 매립 혹은 소각을 통한 환경오염 위험이 많다. 이에 따라 포장폐기물의 발생을 억제하기 위하여 불필요한 포장을 줄이고 가능한한 재사용이 가능한 포장으로 변경하거나 재활용이 가능하도록 환경친화적인 재질로 대체하는 등의 제도를 추진하고 있다. 즉, 포장재질 규제, 포장방법 규제, 합성수지재질로 된 포장재의 연차별 줄이기 등이 실시되고 있다.

(3) 폐기물부담금

폐기물부담금은 폐기물의 발생을 억제하고 자원의 낭비를 방지하기 위하여 특정 대기유해물질, 특정수질유해물질 및 유독물을 함유하고 있거나, 재활용이 어렵고 폐기물 관리상의 문제를 초래할 가능성이 있는 사업자로 하여금 폐기물 처리에 드는 비용을 부담하게 하는 것이다. 이러한 폐기물 부담금제는 1993년도에 도입되어 4차례의 제도개선을 통하여 2003년부터 담배, 1회용기저귀 등 7개품목 10종의 제품에 대하여 폐기물 부담금을 부과하고 있으며, 징수된 부담금은 폐기물 재활용사업, 폐기물 처리시설 설치 및 지원 등에 사용되고 있다.

(4) **사업장폐기물 감량화**

사업장폐기물과 지정폐기물을 포함하는 사업장폐기물이 매년 증가하고 있는 실정이다. 이에 따라 「폐기물관리법」 등에 따라 사업장폐기물 감량화 정책을 시행하고 있다. 사업장폐기물감량화란 제품 생산과정에서의 폐기물 발생예방, 재활용 등의 방법으로 단위 생산량당 또는 매출액당 폐기물 발생량 및 최종 처리해야할 폐기물의 양을 줄이거나 유해성 등을 줄이는 것을 말한다.

(5) **음식물쓰레기 줄이기**

우리 나라의 음식물쓰레기가 차지하는 비율은 지속적으로 증가하고 있다. 2003년도의 경우 음식물쓰레기 발생량은 1일 11,398톤으로 전체 생활폐기물발생량의 약 22.5%를 차지하고 있다. 이에 따라 정부는 음식물쓰레기의 양을 줄이기 위하여 1995년 7월부터 '음식물쓰레기 관리협의체'를 구성하고, 공동으로 관리대책을 추진해오고 있다. 또한 2002년부터는 음식물쓰레기 줄이기 생활문화정착을 위한 교육·홍보 프로그램을 개발 추진하고 있으며, 2003년에는 생활환경운동여성단체연합과 함께 음식물쓰레기 제로화 캠페인을 전개하였다.

(6) 쓰레기종량제

쓰레기종량제란 배출자 부담원칙에 의하여 쓰레기를 버린 만큼의 비용을 지불하도록 하는 제도이다. 이는 쓰레기 발생을 원천적으로 줄이고 재활용품의 분리배출을 촉진하기 위한 정책으로 종전 재산세나 건물넓이 등을 기준으로 하는 정액부과방식의 쓰레기 수수료 부과체계를 쓰레기배출량에 비례하는 부과체계로 전환한 것이다(환경부, 2005a : 593). 쓰레기종량제에 따른 쓰레기 배출방법은, 생활쓰레기는 자치단체가 제작, 판매하는 규격봉투에 담아 배출하고, 재활용품은 자치단체에서 정하는 일시, 장소에 배출하면 무료로 수거하며, 폐가구 · 폐가전제품 등 대형폐기물은 스티커를 구입 · 부착하여 별도로 수거해 가도록 하고 있다.

2) 폐기물 자원화 정책

폐기물재활용정책으로는 생산자책임 재활용제도, 재활용가능자원의 안정적 공급을 위한 분리수거체계 확립, 지역여건에 적합한 재활용 기반시설 확충, 관련기술 개발 및 재활용품 소비촉진 등을 추진하고 있다.

우선 생산자책임 재활용제도는 2003년 「자원의 절약과 재활용촉진에 관한 법률」에 따라 종이팩, 유리병, 금속캔, 전지류, 타이어, 전자제품 등의 제품 및 포장재에 대하여 생산자책임 재활용제도를 시행하고 있다.

그리고 재활용품의 수요 및 공급이 대체로 시장기능에 의존하는 형태를 가지고 있으므로, 재활용품 정보체계를 확충하여 가격안정과 안정적인 수요기반을 확보토록 하고 있다. 또한 재활용시장 모니터링 사업, 재활용관련 표시제도의 효율성 제고, 재활용 산업의 경쟁력 강화,

재활용제품 수요기반 및 재활용 의식의 확산 등에 대한 정책 등을 적극적으로 추진하고 있다.

또한 음식물쓰레기로 인한 경제적 손실과 환경오염을 줄이기 위해서 감량화 정책을 시행하고 있으나, 불가피하게 발생하는 음식물쓰레기를 유기성 자원으로 재활용하는 방안을 적극 추진하고 있다. 음식물쓰레기 자원화는 사료용 양곡 및 원료의 수입의존도가 95%에 이르는 우리 나라 실정을 감안하여 유용한 자원으로 최대한 활용하여 자원재순환형 사회를 구축하는 데 그 목적이 있다.

4. 폐기물 관련 국제협약

1989년 3월 카이로 지침을 바탕으로 스위스 바젤에서 세계 116개국 대표가 참석한 가운데 바젤협약이 채택되었으며, 1992년 6월에 발효되었다. 이 협약의 정식명칭은 「유해폐기물의 국가간 이동 및 처분규제에 관한 바젤협약」으로, 인간의 건강과 환경에 대한 유해폐기물의 피해를 방지하기 위한 목적에서 체결되었다. 바젤협약은 국제적으로 문제가 되는 유해 폐기물의 수출입과 그 처리를 규제하려는 목적으로 1981년 제9차 국제연합환경계획 총회에서 다루어진 이래 여러 차례의 회의를 거쳐 1989년 3월 스위스 바젤에서 제정되어, 1992년부터 발효되었다.

이 협약은 규제대상이 되는 유해폐기물을 크게 4가지로 나누어 분류하고 있으며, 여기에는 각 국가의 국내법에 따라 규제되는 유해폐기물도 그 대상으로 포함시키고 있다. 유해폐기물의 종류는 부속서 I, II, III과 IV에 각각 열거되어 있다. 주로 폐기경로 및 폐기물 성분에 따른 병원폐기물, 조제 등으로 인하여 발생하는 폐기물, 생활폐기물, 유해폐기물, 재생폐기물 등을 지정하고 있다.

이 협약은 유해폐기물이 국가간에 이동함으로써 환경적 위협이 확산되지 않도록 각 국가에 대해 일정한 의무를 부과하고, 국경이동시 사전통고를 하며, 불법거래를 제한하는 것 등을 내용으로 하고 있다.

제4절 소음 · 진동의 영향과 피해

1. 소음과 진동의 개념

소음이란 단순히 시끄러운 소리만이 아니라 듣기 싫은 소리까지 포함하며 우리 감각에 불쾌감 또는 피해를 주는 비주기적인 소리라고 할 수 있다. 일반적으로 소음의 크기는 dB(데시벨)로 표시하며 듣는 사람에게 불쾌감을 주고 작업능률을 저하시키는 모든 소리를 소음이라고 할 수 있다. 소음공해는 대기오염이나 수질오염과는 달리 감각적인 공해라는 것이 특징이다.

한편, 진동이란 물체의 전후운동을 가리키며 생체에 작용하는 방식에 따라 전신진동과 국소진동으로 구분한다. 전신진동은 지지구조물을 통해서 전신에 전파되는 진동이고 교통차량 · 선박 · 항공기를 타거나 기중기 · 분쇄기 등을 운전할 때 다리 등을 통해서 전신에 퍼진다. 국소진동은 국소적으로 손과 발 등 특정 부위에 전파되는 진동이고 착암기 · 연마기 · 전기톱 · 못박는 공구 등을 사용할 때 일어날 수 있다. 진동의 발생원은 도로교통 · 항공기 · 철도 · 건설작업 · 공장 등으로 소음과 유사하고 공통점이 많다.

2. 소음 · 진동에 의한 피해

1) 소음에 의한 피해

산업의 발달과 인구의 도시 집중으로 인하여 소음이 날로 증가하고 있다. 이 중 가장 큰 소음은 교통기관에서 발생한다. 일반적으로 조용한 교실이나 주택가의 경우는 40~50dB 정도, 탁자를 사이에 두고 나누는 대화는 약 60dB, 지하철 안이나 시끄러운 공장 내에서는 80~90dB 정도, 비행기 이착륙시는 150dB 정도이다. 그리고 귀에 들리지 않는 20Hz이하의 초저주파 진동도 인간에게는 해가 되는 소음이다. 85dB를 넘어가면 불쾌감 등 좋지 않은 영향이 생기기 시작하고 130dB 이상이면 귀에 통증이 오며 심한 경우 고막이 파열된다.

소음의 영향으로는 청각장애 · 소화불량 · 불면에 의한 심리적 · 생리적 변화가 나타날 수 있으며, 신체적 정신적인 영향으로 작업능률을 감퇴시켜 생산성을 저하시키고 소음에 따른 진동으로 재산상의 손해가 유발될 수도 있다.

〈표 4.4〉 소음이 인체에 미치는 영향

구 분	증 상
청 력 손 실	일시적, 영구적 난청
심리적 영향	불면 · 초조 · 스트레스
생리적 영향	맥박증가 · 혈압상승 · 위액분비 저하 · 호르몬분비 이상
신체적 영향	동맥경화 · 위궤양 · 태아의 발육저하

2) 진동에 의한 피해

일반적인 진동은 소음이 있으나 가청범위 이하의 낮은 진동수를 가진 저주파 진동은 귀로서는 들을 수 없는 공해진동이며 이런 진동은 유리창과 문이 진동을 받아서 2차적으로 소음을 발생하고 인체에 영향을 미치기도 한다. 진동이 인체에 미치는 악영향으로는 위하수 · 장내압 증가 · 척추에 대한 이상압력 · 자율신경계와 내분비계의 영향 · 시력의 저하 · 불안감 초래 등 정신 신경상의 장애를 들 수가 있다.

〈표 4.5〉 진동이 인체에 미치는 영향

구 분	증 상
전 신 진 동	말초혈관 수축, 혈압상승 맥박증가 · 위장장애 · 척추이상 · 불쾌감
국 소 진 동	신경염 유발, 뼈 · 관절 이상, 근육위축, 감각마비 등

3. 소음 · 진동관리 정책

도로 및 공사장 등 생활주변으로부터 발생하는 소음원에 대하여 통합 · 체계적인 관리방안을 마련함으로써 소음 · 진동피해 예방과 쾌적한 생활환경을 조성하기 위하여 여러 가지 정책을 수행하고 있다. 그 정책으로는 공장소음 줄이기, 교통소음 줄이기, 생활소음 줄이기, 항공기소음대책, 건설기계 소음도 표시 의무제 도입, 진동방지 및 소음 · 진동에 대한 국민의식 제고 등을 들 수 있다.

1) 소음 줄이기 대책

(1) 공장소음 줄이기

공장소음을 근본적으로 해결하기 위해서는 토지이용의 적정화를 통한 소음배출원과 주거지역의 분리가 우선되어야 한다. 또한 저소음 기계류의 개발과 소음방지시설의 기술개발 및 투자확충 등도 활발히 이루어지도록 해야 한다. 또한 민원대상이 되고 있는 주택가의 공장에 대하여는 철저한 소음방지시설을 설치하고, 공장의 소음배출시설허가제, 소음배출 허용기준을 준수하도록 지도 · 단속의 강화 등 다각적인 대책을 추진해야 한다.

(2) 교통소음 줄이기

자동차 및 철도 등 교통량의 급격한 증가로 교통소음문제가 날로 심각해지고 있다. 이에 따라 교통소음 · 진동규제지역을 지정하고, 규제지역 내에서는 속도의 제한, 우회명령 등의 필요한 조치를 취하고 있다. 또한 자동차소음을 줄이기 위하여 철저한 정비, 저소음자동차 개발의 유도, 또한 자동차 소음허용기준을 자동차 종류에 따라 1~4dB로 강화하였다.

(3) 생활소음 줄이기

생활소음은 생활영역에 다양하게 분포되어 있는 소음원에 기인하는 것이다. 따라서 확성기, 소규모 공장 및 건설공사장에 대한 규제 및 규제기준 초과시 소음방지시설 설치, 작업시간 조정 등 소음줄이기 대책을 강구하고 있다. 그리고, 2009년부터 공사장 소음규제기준을 5dB로 강화하고, 학교, 병원, 주거지역 등에서 특정공사를 하는 경우 방음시설을 사전에 설치하도록 의무화하였다. 또한 생활소음 줄이기 대책을 마련하기 위하여 각종 연구를 수행하고 있으며, 2006년부터는 24시간 자동소음측정시스템(TMS)을 구축할 계획으로 있다.

(4) **항공기소음대책**

항공기 이착륙시 많은 소음이 발생되어 인근지역에 심각한 소음피해를 가져다 준다. 따라서 공항주변의 소음현황을 파악하고, 「소음 · 진동규제법」을 통하여 항공기소음의 한도를 규정하는 한편, 항공기소음자동측정망의 확대 · 설치 등 소음피해지역에 대하여 필요한 조치를 취하고 있다.

2) 진동방지대책

「소음 · 진동규제법」에서는 탄성지지시설 및 방진구시설 등 3종류의 시설을 진동방지시설로 지정하고, 배출시설을 설치하고자 할 때는 진동방지시설 설치를 의무화하고 있다. 또한 설치를 허가받은 업체에 대해서는 지도 · 단속을 철저히 하고, 주택가의 공장에 대해서는 진동방지시설을 설치하도록 하는 등의 대책을 마련하고 있다.

참고문헌

1. 요약

1.1 주요개념과 요약

- 대기오염은 물질의 연소, 합성 과정에서 발생하는 기체나 물질의 파쇄, 선별과정에서 발생하는 고체 및 액체물질 때문에 발생하며, 대기관리를 위해 대기오염 물질 지정, 배출허용기준 설정, 고체연료 사용규제, 저유황 연료 확대, 오염물질 총량관리제 등을 시행하고 있다.
- 수질오염은 도시생활하수, 공장폐수, 농약, 가축 분뇨 등의 자연적 · 인위적 요인에 의해 물 이용의 장애를 초래하는 현상을 말하며, 수질환경보전법에 따라 요염물질 지정, 배출기준 설정, 수질보전계획 등으로 관리하고 있다.
- 폐기물은 산업활동 및 생활공간에서 발생하는 쓰레기, 침전물, 배설물 등으로 경제규모의 확대와 소비자들의 편리함 추구로 인해 발생규모가 확대되고 있다. 폐기물을 줄이기 위해 1회용품 및 포장재 사용규제, 폐기물 부담금제, 쓰레기종량제 등을 시행하고 있다.
- 감각적 공해인 소음과 진동은 공장, 교통, 생활, 항공기, 건설현장 등 도시적 생활양식에 의해 증가되고 있다.

1.2 대표적 사례

- 런던의 스모그 사례

런던은 "안개의 도시"라는 별명처럼 항상 짙은 안개에 싸여 있는 도시이다. 이 안개는 공장이나 가정에서 배출되는 아황산 가스 · 매연 등과 합쳐 스모그를 이룬다. 런던스모그 사건은 바로 이런 스모그가 일으킨 참사였다. 런던에서는 13세기에 이미 에드워드 1세가 석탄연료 사용을 금지하였고 매연 단속을 목적으로 1875년에는 공중위생법을 제정하지 않으면 안될 정도였다.

1952년 12월 4일 목요일 아침 기온은 섭씨 4도 전후로 날씨도 쾌청하였다. 그러나 정오 무렵에는 아침부터 불어오던 따뜻한 바람이 돌연 멈추면서 수백평방 마일에 이르는 템즈계곡에 대륙에서 건너온 찬기운이 꽉 자리잡기 시작하면서 안개가 끼기 시작하였다. 해가 져 냉기가 심해지자 모든 가정에서 난방을 위해 많은 석탄을 땠고 수십만 채의 집 굴뚝에서 배출된 연기와 아황산가스가 안개와 섞여 스모그 현상이 발생하게 되었다.

하룻밤이 지난 12월 5일 금요일의 런던은 오염된 대기의 짙은 안개 속에 완전히 휩싸였고 도로는 몇십 마일에 걸쳐 통행이 불가능할 정도였다. 6일 토요일에 안개는 런던 외곽으로까지 확산되고 고든필역에서는 안개로 인해 열차가 충돌하였고 템즈강의 배들도 운행이 금지되었다.

다음날 7일 일요일에는 사태가 더욱 악화되었고 안개 속을 걷는 것조차 위험하였다. 8일에도 안개는 걷히지 않고 심했으며 런던의 각지구에서는 사망자수가 평상시보다 증가하고 있다는 소식이 전해졌으며 9일 아침 6시에 스모그는 전날 남서풍이 불기 시작하면서 사라졌다.

이런 스모그 현상으로 금요일 발생 12시간만에 런던시의 사망률은 38%나 늘어나 114명의 사망자가 발생하였고 토요일에는 209명으로 늘어났으며 일요일에는 다시 사망률이 3배로 높아져 스모그에 의한 사망자는 602명이 되었다.

12월 13일까지 스모그에 의한 사망자는 2800명을 넘었으며 그 다음주에는 1200명 이상이 사망했고 불과 4일간의 스모그로 4000명의 주민이 목숨을 잃었던 것이다. 그 뒤에도 사망자는 계속 늘어 다음해 2월 중순까지는 추가로 8000명의 사망자를 기록하는 대참사를 빚었다.

사망원인도 기관지염이 압도적으로 많았고 그 다음으로 폐렴 · 인플루엔자 등 호흡기 질환이 평상시의 다섯 배를 넘는 것으로 나타났다.

2. 토론 및 과제

2.1 심화자료

■ 네스널지오그라픽(National Geographic)

■ 환경관련사례 및 정책 — 네스널지오그라픽(www.nationalgeographic.co.kr)

■ 환경정책 — 환경부(www.me.go.kr)

■ 환경정책연구 — 국립환경과학원(www.nier.go.kr)
한국환경정책 · 평가연구원(www.kei.re.kr)
한국환경기술진흥원(www.kiest.org)

■ 폐기물 — 한국자원공사(www.enico.or.kr)

■ 환경오염측정 — 환경관리공단(www.emc.or.kr)

2.2 토론주제

- 대기환경관리를 위한 국가간 협조의 당위성과 과제
- 환경관리를 위한 자동차 부제 운행정책의 가치와 방향

2.3 과제

- 생활환경오염의 피해사례에 대한 조사
- 생활환경관리를 위한 국제적 협약사례에 대한 조사

참고문헌

문태훈(1999), ***환경정책론***.

환경부(2005a), ***환경백서***.

환경부(2005b), ***환경부 주요사업 공개***.

해양경찰청(2005), ***해양경찰백서***.

해양수산부(2005), ***통계연보***.

한국해양연구원 홈페이지(www.kordi.re.kr)

환경부 홈페이지(www.me.go.kr)

해양경찰청 홈페이지(www.kcg.go.kr)

해양수산부 홈페이지(www.momaf.go.kr)

제3장

지역환경문제와 관리

제1절 토양오염

1. 토양오염의 개념

토양은 물 · 대기와 접하고 있으므로 상호 물질교환이 일어난다. 이러한 상호 물질교환 과정 중에 오염물질이 토양에 유입되면, 토양의 물리 · 화학 · 생물학적 작용에 의한 자정능력이 떨어진다. 토양 중에 중금속 등 오염물질이 축적되어 토양생물의 생육에 지장을 초래하고, 인체에까지 유해작용을 일으키는 것을 토양오염이라고 한다.

2. 토양오염의 경로 및 원인

토양오염은 각종 물질의 개발 · 생산 · 사용 및 폐기를 통한 순환과정에서 직접 혹은 간접으로 오염물질이 토양으로 유입되어 생긴다. 토양오염의 원인 중 중금속(수은 · 카드뮴 · 구리 · 납 · 니켈 등)은 이동성이 적고 계속 잔류하기 때문에 심각한 토양오염을 일으킨다. 이러한 토양오염은 대부분 인위적인 산업활동에서 기인한다. 한편 농약 · 비료 등 영농

오염은 식량의 안정적 생산을 위하여 필연적으로 사용할 수 밖에 없는 것이지만, 이들 성분들은 오랫동안 잔류하거나 독성작용을 일으켜 큰 피해를 준다.

3. 토양오염의 피해

오염된 토양은 자연적인 제거가 거의 불가능하여 계속적으로 오염이 가중된다. 토양오염은 축적성 오염이라는 점에서 대기 · 수질오염과는 그 성질이 다르다. 대부분의 농약은 우리 인체에 지속적으로 축적되어, 발암 · 돌연변이 · 기형유발 · 알레르기 등의 건강 장애를 유발하는 것으로 알려지고 있다. 또한 도열병 방제에 효과적인 유기 수은제는 살포된 후 90%가 없어지는데 최고 90년이 걸리는 것으로 추정되고 있다. 이러한 토양의 오염은 조류 · 패류 · 어류에까지 영향을 미쳐 수확량 감소 및 생태계 파괴의 원인이 되고 있다.

4. 토양오염 정책

우리 나라는 1995년 「토양환경보전법」을 제정 · 시행하면서 본격적인 토양오염 지역조사 및 오염토양 정화사업을 추진할 수 있는 종합적인 토양환경관리의 기본틀을 마련하였다. 과거 「수질환경보전법」 및 「광산보안법」이 토양오염에 관한 규정을 두고 있었으나, 그 대상이 농지 및 폐광산의 토양오염에 국한되어 있었기 때문에 전 국토를 대상으로 하는 「토양환경보전법」이 사실상 토양오염을 규제하는 최초의 법이라고 볼 수 있다. 「토양환경보전법」은 오염의 방지뿐만 아니라 오염된 환경의 개선에 관해서도 규정하고 있다는 점에서 다른 개별 환경법규들에 비해 진일보한 면이 있다 하겠다.

그러나 현행 토양환경관리체계는 토양오염조사 및 정화를 적극적으로 유인할 수 있는 효과적인 수단을 제공하지 못하고, 표토의 유실 · 침식 방지와 같은 양질의 토양보전에 대한 기본적인 방향을 제시하지 못하는 등 다양하고 복잡한 토양오염문제를 종합적으로 다루기에 미흡하다는 지적이 제기되어 왔다. 이에 2001년 「토양환경보전법」을 개정하여 토양환경평가제도를 도입하고 오염원인자 책임을 대폭 강화하는 등 오염토양에 대한 조사 · 정화사업을 적극적으로 추진할 수 있는 제도적 기반을 마련하였다. 토양환경관리의 기본틀을 발전적으로 유지하면서 토양오염실태조사를 지속적으로 추진하고, 오염토양을 적극적으로 복원하기 위한 사후관리의 강화를 추진하고 있다.

제2절 지하수오염

1. 지하수오염의 개념

일반적으로 거의 모든 지하수는 비나 눈으로부터 생겨나며, 비상시의 대체용수이고 물부족 문제의 대안이기도 하지만, 사람이 원하는 곳 어디에나 존재하는 것은 아니다. 또한 지하수는 가뭄이 들어도 수량의 변화가 크지 않기 때문에 안정적이고, 땅 속을 흐르는 동안 여러 가지 물질들과 접촉하고 반응하므로, 하천수나 강물보다 많은 광물질이 포함되어 있어 유용하다.

지하수오염(ground water pollution)이란 사업활동이나 인간활동에 의해 지하 환경 내로 유입된 오염물질의 농도가 인간의 건강이나 주변환경에 피해를 미치는 경우를 의미하고, 지하수 오염물질은 지하수오염의 원인이 되는 유해물질을 의미한다. 이러한 지하수 오염물질은 각종 사업 및 인간활동에 따른 의도적인 행위나 예기치 못한 사고 또는 무관심과 무지 때문에 지하로 유입되어 지하수를 오염시킨다. 그리고 지하수 오염유발시설(지하수의 잠재오염원)은 지하수 오염물질을 생산, 저장, 취급, 운반, 가공 처리함으로써, 지하수를 오염시킬 우려가 있는 시설, 장치, 구조물 및 장소를 의미한다.

2. 지하수오염 원인

지하수는 자연적으로 오염되는 경우가 거의 없으며, 대체적으로 지하수 메커니즘에 대한 지식 부족, 각종 폐기물 매립지의 비과학적인 입지 선정이나 부적절한 폐기물 처리, 잘못된 규제나 일부 개인의 부도덕성으로 발생한다. 한편 지하수는 자연상태하에서 연간 1~5m 정도로 서서히 이동하는 속성을 지니고 있으므로, 대수층이 한번 오염되면 오염물질이 반영구적으로 잔존하여 후세에게 심각하고 지속적인 환경문제를 물려주게 된다는 문제점을 지니고 있다. 또한 오염된 지하수를 본래의 지하수로 회복시키기 위해서는 상당한 시간과 비용이 소요되기 때문에 지하수 오염사실을 확인한 후에도 지하수 복원 및 정화사업이 계획대로 추진되기 어렵다. 따라서 지하수오염을 예방하는 것이 시급하다.

3. 지하수오염 관리

지하수 오염을 예방 및 관리하기 위하여 전국적으로 지하수 수질측정망이 설치 · 운영되고 있다.[42] 지하수 수질측정과 관련하여 환경부, 건설교통부, 측정기관(환경청, 시 · 도)이 각 기관별로 임무를 분담하고 있다. 지하수 수질측정을 통하여 지속적인 지하수 수질기준 및 수질검사가 시행되고 있으며, 지하수 오염예방을 위하여 지하수 오염유발시설에 대한 철저한 관리, 지하수 오염방지시설 등의 운영을 활성화하고 있다.

또한 지하수 수질보전 종합대책으로는 다음과 같은 내용이 있다. 첫째, 지하수 환경에 미치는 각종 오염원의 영향을 평가하기 위하여 지하수 환경 및 실태파악과 관련된 연구사업을 추진하고, 오염지역의 특성을 고려하여 오염정화 우선순위 목록을 작성한다. 둘째, 음용수, 생활용수, 농 · 어업용수, 공업용수의 지하수 사용 용도별 지하수 수질기준을 강화하고 장기적인 개선방안을 강구한다. 셋째, 산업단지, 공장밀집지역 등 오염우려지역에 대한 정밀조사를 실시하고 오염실태파악 및 정화대책 방안을 강구하여 지하수 오염원에 대한 관리를 강화하고, 지하수 관정에 의한 오염방지 및 지하수 오염유발시설 관리체제의 개선 등 지하수 오염을 예방하기 위한 여러 대책이 시행되고 있다.

제3절 해양오염

1. 해양오염과 그 원인

지구 표면은 총 5억 1,000만㎢ 정도인데, 이 중 71%인 3억 6,100만㎢ 정도가 물로 덮여 있고, 물로 덮인 면적의 97%가 바다이다. 우리 나라

---

42 2005년 3월 현재 총 2,462지점의 지하수 수질측정망이 있다.

는 국토 면적의 4.5배에 달하는 200해리 배타적 경제수역 · 영해 · 내수 등의 광활한 관리해역(443,000㎢)과 국토 면적의 3.5배에 달하는 대륙붕(345,000㎢)을 보유하고 있다. 따라서 어장이 잘 발달되어 있고, 다양한 해양자원을 보유하고 있다. 뿐만 아니라 세계 5대 갯벌의 하나가 서해안과 남해안 일원에 총 2,393㎢의 넓이로 펼쳐져 있어 어류의 산란장, 서식지 및 생산지, 오염의 정화기능, 홍수 · 태풍의 조절기능 및 심미적 기능 등을 감당하는 매우 다양한 생태계를 이루고 있다.

그러나 우리는 무한하고 무진장한 자원의 보고인 해양을 지금까지 각종 폐기물의 최종적인 처분장소 정도로서 이용해 왔다. 이로 인하여 지금 해양은 각종 산업폐수나 전형적인 쓰레기뿐만 아니라 강과 항구의 바닥에서 펴 올린 준설물, 도시의 하수도에서 퍼올린 하수진창, 핵발전소에서 나온 방사성 폐기물, 선박에서 나온 폐유 등으로 심각하게 오염되어가고 있는 실정이다.

2. 해양오염의 수준과 피해

해양오염을 측정하기 위해서는 대표적 오염지표로서 화학적 산소요구량, 즉 COD(Chemical Oxygen Demand)를 사용하고 있다. 우리 나라 연안의 평균 수질상태를 보면 제주도 연안이 가장 양호한데, 이는 해류의 흐름이 원활하여 오염물질의 정체가 일어나지 않고, 제주도의 인구분포와 산업구조상 다른 해역과 비교할 때 기본적으로 오염부하량이 많지 않기 때문이다. 이에 비해 남해 연안은 공업단지 및 대도시의 발달과 양식어장의 밀집으로 인해 다른 해역에 비해 오염도가 높다.

전체 연안의 평균오염도는 대체로 비슷하나, 적조발생의 주요 원인물질로 지적되고 있는 총질소(total nitrogen), 총인(total phosphorus) 등 영양염류의 오염도는 증가하는 경향이다. 따라서 하수처리장, 축산폐수처리장 등 환경기초시설의 신 · 증설시 질소와 인을 제거할 수 있는 고차처리 시설을 갖추는 것이 시급한 과제로 대두되고 있다.

우리 나라 근해의 오염도는 비교적 낮은 수치를 보이고 있다. 이는 육상으로부터 연안으로 유입되는 오염물질이 해양 내에서 이동 · 확산되는 과정에서 자정작용에 의해 지속적으로 정화될 뿐만 아니라 연안해역에 비해 해수유통이 원활하기 때문이다.

〈표 4.6〉 연도별 연안오염도(COD 기준)

(단위 : ppm)

구 분	1995	1996	1997	1998	1999	2000	2002	2003	2004
서 해	1.5	1.5	1.4	1.2	1.3	1.3	1.3	1.7	1.9
남 해	1.7	1.7	1.4	1.8	1.7	1.6	1.5	1.7	1.4
동 해	2.1	1.8	1.1	1.0	1.0	1.0	0.9	1.5	1.1
제 주	1.3	1.3	0.6	1.1	0.8	0.8	0.8	0.9	1.0
전체평균	1.7	1.6	1.3	1.3	1.3	1.3	1.2	1.6	1.4
전체평균	1.2	1.1	0.6	0.5	0.6	1.3	0.9	1.2	1.1

자료 : 해양수산부(2005).

1) 해양유류 오염사고

최근 해상물동량의 증가에 따라 최근 10년 동안 연평균 390여건의 해양유류오염사고가 발생하고 있으며, 유조선의 대형화로 인한 대규모 오염사고 발생 가능성도 높아지고 있다. 유류오염사고로 인한 피해는 심각하여 우리 나라 주변의 생태계 내에서는 흔히 접할 수 없는 대량의 유류를 단시간에 해양으로 유입시켜 환경에 오염부하로 작용하게 한다. 특히 유류의 경우에는 화학적인 구조가 간단하지 않으며, 분해에 걸리는 시간 또한 매우 길다. 따라서 오염은 단시간에 일어나지만 복원에 필요한 기간은 상상을 초월한다.

1995~2004년간 총 3,911건의 오염사고가 발생하여 26,955㎘의 기름이 유출되었다. 최근 10년간 유출량 100톤 이상의 대량유출사고는 25건에 불과하지만, 전체 유출량의 87% 이상을 차지하고 있다.즉 유류오염의 특성상 단순한 오염사고의 발생건수 자체가 중요한 의미를 갖기보다는 유류오염사고로 해양에 유입되는 유류의 양과 종류가 더욱 중요하다 할 수 있다.

소규모 사고는 운항횟수가 많은 영세어선에서 주로 발생하고 있다. 유출량에 있어서는 큰 비중을 차지하고 있지 않으나 대형유조선, 화물선에 비해 운항과 정박이 연안에 집중되어 있어서 연안해역의 지속적인 오염원으로 작용하여 환경에 심각한 영향을 미칠 수 있다. 그러므로 오염행위에 대한 지속적인 감시 및 환경모니터링이 필요하다.

해양 유류오염사고를 원인별로 분류하면, 부주의에 의한 사고가 47%, 고의가 약 15%, 해난사고가 약 28%로 대다수의 오염사고가 관련자들의 안전과 해양오염에 대한 부주의로 발생하고 있음을 알 수 있다. 따라서 해양오염의 주요원인 중의 하나인 유류오염은 인재에 속하는 경우가 많으며, 관계자의 주의와 관심으로 충분히 예방할 수 있다. 한편 최근에는 유조선의 유출사고로 인한 해양오염이 심각한 상태이다.

2) 해양유입 오염물질 부하량의 급증

우리 나라 인구 및 산업의 40% 이상이 연안에 집중되어 있는 바, 급속한 산업화와 도시화로 인하여 해양에 유입되는 오염물질의 부하량이 크게 증가하였고, 다양한 오염원으로 인한 유해성이 심각한 문제로 제기되고 있다.

또한 전국 연안에 중금속, 다이옥신, 농약 등 새로운 유해오염물질(POPs)이 유입되고 있으나, 정확한 실태조사 및 체계적인 관리가 이루어지지 못하고 있는 실정이다. 대부분의 중금속 및 영양염류는 대기로부터 유입량이 하천보다 훨씬 많은 것으로 추정되고 있다. 특히 서해지역의 경우는 대기를 통한 오염물질의 해양유입에 따른 해양환경의 악화가 국내 뿐만 아니라 국제적인 현안으로 대두된 상태이다.

해양유입 오염물질은 1950년대에는 대장균이 주종을 이루었으나 1980년대에는 유류와 중금속이, 1990년대 이후에는 환경호르몬까지 확대되고 있으며, 2000년대에는 해외 오염원의 국내 유입까지 우려되고 있다. 그 대표적인 예가 다이옥신 등과 같은 지속성유기오염물질(Persistent Organic Pollutants : POPs)이 하천, 지하수, 대기 등 다양한 경로 등을 통해 해양에 유입되고 있는 것이다.

3) 적조발생

적조(red tide, Harmful Algal Blooms)는 수계환경에서 발견되는 자연현상의 하나로 수계환경 내의 동 · 식물플랑크톤의 과다번식으로 인한 해수색깔의 변화에 따른 명칭이다. 우리 나라의 적조발생은 신라시대부터 있었던 것으로 전해져 오나, 과학적으로 조사 · 연구된 기록으로는 국립수산과학원에 의해 보고된 1961년 10월의 진동만 적조발생이 최초이다. 1970년대 중반까지는 진해만 일원 등에서 좁은 해역의 단기성 적조가 주로 발생하였으나, 1981년부터는 유해조류에 의한 광역, 장기성 적조로 변화되어 발생해 왔다. 특히 1995년에 경남 통영해역에서 발생하여 남해안 전역과 포항 등 동해남부까지 확산된 대규모 적조는 양식어업에 큰 피해를 준 바 있다.

적조가 환경에 미치는 영향은 주로 조류(코클로디니움)의 대번식 후 소멸시 분해에 따른 무산소상태, 어패류의 아가미에 발생하는 호흡장애 등을 들 수 있다. 적조의 발생원인은 아직까지 충분히 밝혀지지 않은 부분도 있지만 대체로 다음과 같은 요인이 복합적으로 작용할 때 일어난다. 첫째, 여러 경로를 통한 질소 · 인 등 영양염류의 유입이 많아졌을 때 둘째, 충분한 일사량으로 광합성작용이 활발해져 조류(algal)의 대량번식이 이루어질 조건이 형성되었을 때 셋째, 철(Fe), 귀(Cu), 망간(Mn), 니켈(Ni) 등 미량 금속이나 비타민 등 유기물질의 작용과 수온, 염분, pH 등이 적합할 때 넷째, 무풍상태가 계속되어 해수의 유동이 없을 때에 주로 발생한다.

이러한 적조발생의 일반적인 원인 이외에 특정 원인생물이 특정시기에 특정해역에서 왜 발생하는가 하는 구체적인 이유는 아직까지 분명히 밝혀지지 않고 있다. 우리 나라의 경우, 적조가 발생하기 좋은 조건과 일반적으로 양식장을 설치하는 조건이 매우 유사하여 적조의 발생에 따른 피해가 직접적으로 수산업 및 양식업에 미칠 확률이 매우 크다. 최근에는 해상교역량이 증가함에 따라 선박의 물밸러스트(ballast water)를 통해 새로운 적조생물이 나타나 전 세계로 확산되는 추세이다. 따라서 적조발생과 적조생물종의 연구에 대한 국제적인 협력도 강화되고 있으며, 국제학회도 주기적으로 개최되어 정보의 교환에 주력하고 있다. 최근의 적조발생상황을 보면, 남해안의 대부분 연안에서 거의 매년 적조가 발생되고 있어 환경기초시설의 확충, 어장정화 및 오염퇴적물 준설 등이 시급한 과제로 대두되고 있다. 다행히 1996년 이후부터는 민간의 적극 대처와 황토살포 등 적조발생에 따른 피해를 최소화하는 노력을 기울이고 있다.

3. 해양오염 관련 정책

1) 연안통합관리 역량 강화 추진

바다와 육지의 경계선 상에 존재하는 연안은 바다 · 육지와는 다른 생태적, 사회 · 문화적 및 경제적으로 독특한 특성을 지니고 있으며, 바다와 육지 상호간에 영향을 주고 받는 점이지역이다. 바다와 접하고 있는 78개 연안 시 · 군 · 구는 우리 나라 국토 면적의 약 32%, 총 인구의 약 27%를 차지하고 있으며, 2030년도에는 40% 정도까지 증가할 것으로 예상되고 있다. 이와 같이 연안의 인구증가와 산업단지 및 간척 · 매립 등의 무계획적인 개발로 자연의 수용가능한 정화능력을 초과한 난개발, 오염 및 부영양화로 인한 적조의 발생, 쓰레기 오염 및 악취발생 등으로 연안생태계가 파괴되고 주민의 연안접근권마저도 침해당하는 실정에 이르렀다.

이에 따라 우리 나라는 1999년 2월 「연안관리법」을 제정하여 연안통합관리의 제도적 장치를 마련하였다. 이와 더불어 연안의 보전 · 이용 · 개발에 관한 기본계획인 연안통합관리계획을 2000년 8월에 수립하였다. 또한 2001년 6월 환경친화적인 제2차 공유수면매립기본계획(2001~2011)을 수립하면서 농경지 확보를 위한 간척사업과 도시용지 확보를 위한 해상신도시 및 공단조성과 같은 대규모 매립을 가급적 제한하고 있다. 매립을 허용할 경우에도 연안통합관리계획 등 각종 국가계획에 적합하도록 하고, 매립공법은 환경친화적 공법을 도입하도록 하여 개발위주의 매립에서 환경친화적인 매립으로 정책의 기본틀을 전환하였다.

또한 연안관리정보시스템 구축(1999~2003)을 통하여 연안에 관한 각종 정보를 DB화하고, 과학적이고 합리적인 연안관리정책을 추진할 수 있도록 지원하는 한편, 연안에서의 난개발, 무단이용, 불법시설물의 감시와 연안이용실태를 신속히 파악할 수 있도록 2002년부터 전 연안에 대한 고해상도 위성영상을 확보하고, 이를 인터넷을 통해 관계기관 및 지방자치단체가 공동이용하면서 연안모니터링체계를 지속적으로 강화해 가고 있다.

2) 육상기인 오염원의 해양유입 방지

해양오염의 약 80%가 육상기인 오염원임에도 불구하고 육상기인 오염원이 제대로 처리 · 관리되지 않고 해양에 그대로 유입되는 패턴이 계속되고 있는 실정이다. 이러한 육상기인 오염원의 해양유입방지 및 처리에 대해서는 UN 해양법협약, 해양환경보호를 위한 범지구적 실천계획과 매년 열리는 UN의 각종 회의에서 강조되고 있다. 1996년에 UN 해양법협약을 비준한 우리 나라는 동 협약 제194조에 따라 선박에 의한 해양오염, 육상기인 오염원에 의한 해양오염, 대기를 통한 해양오염, 해양투기에 의한 해양오염 등 모든 오염원으로부터 해양오염을 방지 · 경감 · 통제하기 위한 조치를 강구하고 있다. 특히 동 협약 207조에 따라 국제적으로 인정되는 기준과 방법 및 절차에 따라 육상으로부터 해양으로 유입되는 오염원을 줄이고 통제하기 위한 법률과 규제를 채택해야 한다. 그러나 우리 나라는 육상으로부터 유입되는 생활 오 · 폐수 및 축산폐수 등을 처리하는 환경기초시설이 상수원보호를 위한 내륙지역에 우선 집중되고 있고 연안지역에는 아직 미흡한 실정이다.

따라서 육상기인 오염원의 해양유입을 근원적으로 차단하여 연안해역의 오염방지 및 해양수질개선을 도모하기 위하여 해양폐기물 종합처리시스템의 구축, 환경관리해역의 지정 및 관리, 연안통합관리정책의 수립, 환경친화적 공유수면매립기본계획의 수립, 연안관리정보시스템의 구축, 연안해역 오염총량관리 제도 도입, 폐기물 해양배출제도 개선 등을 추진해야 할 것이다. 또한 깨끗한 해양환경을 조성하기 위하여 선박기인 해양오염 및 해양폐기물 투기대책, 대기에 의한 또는 대기를 통한 해양오염방지, 육상기인 해양오염원의 줄이기 및 통제를 위하여 관련 법제를 개선해 나가야 한다. 이와 함께 하수관거를 통하여 해안으로 직접 배출되거나, 소하천 등을 통하여 바다로 유입되는 오염물질의 배출기준을 설정하고, 체계적으로 관리해야 할 것이다.

3) 적조방제대책 추진

남해안의 연안역을 중심으로 적조발생이 빈번해지고 광역화되는 추세가 지속되고 있다. 그러나 1995년 이후 적조발생의 빈도는 감소하였다. 이러한 적조발생의 빈도감소는 적절한 대책수립과 국민의 협조를 통해서 가능한 것이나, 아직도 정확한 발생원인이나 우리 나라 적조발생의 특성에 대한 구체적 이해가 부족한 형편이다.

따라서 적조에 관한 연구가 국립수산과학원을 중심으로 수행되고 있으며, 국가차원에서 해양수산부내 중앙적조대책위원회를 설치 · 운영, 각 시 · 도의 시 · 도 대책위원회를 구성하여 적조동태 파악, 적조발생 예방지도, 피해복구계획 수립 · 시행 등의 적조관련대책을 추진하고 있다. 또한 적조의 발생과 적조생물의 서식밀도 · 발생종의 지속적인 파악을 위해 전국의 주요 적조발생해역에 상설 예찰지점 77개소를 설치하여 적조예찰(예찰시기 : 3, 11월)을 수행하고 있다. 또한 전국 39개 시 · 군에 111개소 육상적조예찰반(예찰시기 : 4, 10월)을 편성하여 적조발생을 초기에 감지하여 적절한 대책을 단계적으로 시행할 수 있도록 하고 있다.

또한 국립수산과학원에 적조상황실을 설치 · 운용하고 있고, 적조모니터링 결과를 참고하여 적조주의보와 적조경보 등 적조예보를 발령하고 있다. 그리고 각 유관기관 및 대상어민들에게 홍보할 수 있는 체계를 갖추었고, 시 · 도 및 시 · 군에 적조대책위원회를 설치하여 주민과의 밀접한 협조 하에 방제에 적극 대처하고 있다.

4) 해양오염사고 방제기능 강화

해양오염사고의 대부분이 관계자의 부주의나 고의에서 비롯된 인재이기 때문에 사고발생 가능성이나 발생 후 방제에 대한 대책이 수립되어야만 한다. 이를 위해 우리 나라는 선박의 안전운항 체제의 확립을 추진하고 있다. 1996년 8월에 태안반도부터 동해안까지 유조선 전용항로의 설정 · 운영을 통해 유류오염사고의 예방체계를 갖추고 있다.

이와 함께 포항, 울산, 여수 · 광양, 마산 · 가덕, 인천 · 아산, 부산항에 해상교통관제시스템(VTS) 설치 · 운영을 통해 해상교통의 안전도를 향상시키고 있고, 해상기상예측의 정확도를 높이기 위해 흑산도에 기상대를 설치 · 운영 중이며, 덕적도와 칠발도 2개소에 해상기상관측 부이를 설치하여 기상상태의 예측에 개선을 꾀하고 있다.

한편 해양경찰청은 국가 방제역량 제고를 위해 2010년까지 총 23척의 방제정을 보유하는 계획을 추진 중에 있다. 또한 해양오염사고 발생 시 적극적인 방제활동을 수행할 수 있도록, 1997년 11월 한국해양오염방제조합을 설립하여 전문방제기관으로 육성하고 있다.

특히 해양오염사고의 신속 · 효과적인 대비 · 대응태세 구축 및 체계적인 방제조치를 위하여 “1990년 기름오염대비 · 대응 및 협력에 관한 국제협약”(OPRC협약)에서 요구된 “기름오염 대비·대응을 위한 국가긴급계획”을 수립·보고(2000. 1. 11)하였고, 실효성 확보를 위하여 전국을 13개 해역으로 구분한 지역방제실행계획을 수립하여 시행 중에 있다. 또한 효과적인 방제지휘체계를 갖추기 위해 해양수산부차관을 위원장, 해양경찰청장을 부위원장으로 하는 방제대책위원회를 구성하고, 사고해역에 방제작업 지휘통제를 위한 해양오염방제대책본부를 설치하며, 과학적인 방제업무 수행을 위한 방제에 관한 전문연구기관들의 전문가들로 구성된 방제기술지원단을 운영하고 있다.

참고문헌

1. 요약

- 토양오염이란 토양 중에 중금속 등 오염물질이 축적되면 토양생물의 생육에 지장을 초래하고 인체에까지 유해작용을 일으키는 것을 의미한다.
- 지하수오염(ground water pollution)이란 사업활동이나 인간활동에 의해 지하 환경 내로 유입된 오염물질의 농도가 인간의 건강이나 주변환경에 피해를 미치는 경우를 의미한다.

2. 토론 및 과제

2.1 심화자료

- 권오상(1999), *환경경제학*, 서울 : 법문사.
- 환경부 http://www.me.go.kr/
- 한국환경정책 · 평가연구원 http://www.kei.re.kr/

2.2 토론주제

- 토양오염의 사례와 특징
- 지하수오염의 사례와 특징
- 해양오염의 사례와 특징

2.3 과제

- 최근 토양오염정책의 주요 내용
- 최근 지하수오염정책의 주요 내용
- 최근 해양오염정책의 주요 내용

참고문헌

문태훈(1999), *환경정책론*.

한국해양연구원 홈페이지 http://www.kosap.kordi.re.kr

해양경찰청 홈페이지 http://www.kcg.go.kr

해양경찰청(2005), *해양경찰백서*.

해양수산부 홈페이지 http://www.momaf.go.kr

해양수산부(2005), *통계연보*.

환경부 홈페이지 http://www.me.go.kr

환경부(2005a), *환경백서*.

환경부(2005b), *환경부 주요사업 공개*.

제4장

지구환경문제와 관리

제1절 지구온난화 현상과 영향

1. 지구온난화 현상

태양에너지는 지구에 도달하여 일부가 흡수되고 나머지는 복사되어 우주공간으로 흩어지게 된다. 그러나 지구의 대기에는 수증기, 이산화탄소, 오존, 메탄과 같은 온실가스가 포함되어 있어 태양에너지는 지구의 대기권에 머물게 되어 지구의 온도를 일정수준으로 유지시킴으로써 지구생태계를 존속시킨다. 만약 이러한 온실가스가 대기권에 존재하지 않는다면 지구의 평균기온은 지금보다 약 33도가 낮은 영하 18℃가 되어 지구 전체가 혹한으로 생물체가 살 수 없는 상태가 될 것이다.

따라서 자연적인 지구 대기권의 온실효과는 지구상에 생명체가 존재할 수 있게 하는 필수불가결한 요소라 할 수 있다. 반면에 인간의 활동에 의하여 생성된 온실효과는 지구 온난화로 불리는데, 이는 생태적 재앙의 원인이 될 것으로 여겨지고 있다. 산업혁명 이후 인간의 경제활동이 활발해지면서 화석연료를 에너지원으로 사용하게 되었고 이에 따라 대기권의 온실가스 농도가 매우 빠르게 증가되어 왔다. 온실가스의 농도가 일정수준 이상이 되면 과도한 온실효과가 발생되어 지구의 온도가 평균 이상으로 올라가게 되는데, 이를 지구온난화 현상이라 한다. 이러한 온난화현상은 단순히 겨울이 덜 춥고, 여름이 더 더워지는 것을 의미하는 것이 아니라 기후의 변동 폭이 커짐에 따라 기상에 대한 불확실성이 증가하고 심지어 생태계에까지 큰 영향을 미치는 것을 의미한다.

2. 지구온난화의 원인과 영향

유엔 산하기구인 "기후변화에 관한 정부 간 협의체(IPCC)"가 1995년에 발표한 제2차 종합 보고서에 의하면 인간의 활동이 지구의 기후에 대하여 명백한 영향을 주고 있다고 밝히고 있다. 즉 인간의 활동으로 인해 대기 중의 온실가스농도가 과도하게 증가하고, 이로 인해 현재 기후가 변하고 있고 미래에도 변할 것으로 예상된다는 것이다.

만일 세계 각국이 온실가스의 배출량을 삭감하지 않고 현재의 추세를 유지한다면, 2100년도에는 지구기온이 현재보다 약 0.8~3.5℃ 상승하게 되고 해수면은 평균 50cm상승 할 것으로 예상되고 있다. 이는 지난 1만년 동안 지구의 온도변화보다 빠른 것으로 기상이변, 강수량의 변화, 해수면 상승 등을 초래하여 식량공급, 수자원 공급, 인간의 건강 등 생태계와 사회경제적 분야에 돌이킬 수 없는 영향을 미칠 수도 있다.

빙하기와 현재의 평균기온 차이가 불과 5℃에 불과하다는 점을 고려할 때, IPCC 보고서에서 예상하는 향후 100년의 평균기온의 상승은 지구생태계가 적응하기 어려운 엄청난 속도의 변화라 할 수 있다. 특히 기상학자 및 생태학자들은 온실가스의 급격한 증가로 지구의 기온과 해수면의 상승을 경고하고 있으며, 생태계의 적응속도보다 빠르게 기온이 변할 경우, 생태계에 대한 비가역적인 재앙이 올 수 있음을 경고하고 있다.

지구온난화현상을 초래하는 원인물질로는 이산화탄소(CO_2), 메탄(CH_4), 아산화질소(NO_2), 염화불화탄소(CFCs)등이 있다. 이러한 온실가스가 지구온난화에 미치는 영향은 이산화탄소가 60%로 가장 크고, 메탄(20%), 염화불화탄소(14%), 아산화질소(6%) 등의 순이다. 가장 영향이 큰 이산화탄소의 경우 대기 중에 머무는 기간이 50~200년 정도로 이는 주로 석탄, 석유 등 화석연료의 연소과정에서 발생하며 산림벌채 등으로 이산화탄소의 흡수원이 감소하면서 대기 중의 농도가 급격히 증가하고 있다. 〈표 4.7〉에 의하면 산업혁명 이전의 대기 중 이산화탄소의 농도는 280ppmv였으나, 1990년에는 353ppmv로 증가하여 연평균 26%의 증가율을 보이고 있어 삭감을 위한 조치들이 시급히 필요하다.

〈표 4.7〉 인간활동에 의한 온실가스의 증가

구 분	이산화탄소(CO_2)	메탄(CH_4)	아산화질소(NO_2)	염화불화탄소(CFCs)
대기체류기간	50~200년	10년	150년	65~130년
배출원	화석연료연소 산림벌채	쌀경작, 가축사육 바이오매스연소 채광, 천연가스	농지경작	냉매, 세척제
1990년 수준의 농도유지조건	60~80%감축	15~20%감축	70~80%감축	-
산업혁명이전농도	280ppmv	0.8ppmv	288ppbv	0
1990년 농도 (증가율)	353ppvm (26%)	1.72ppmv (115%)	310ppbv (8%)	280pptv(CFC-11) 484pptv(CFC-12)
1kg의 GWP (20년간)	1	63	270	4,500~7,100

주 : GWP : Global Warming Potential(지구온난화 잠재량)
ppmv : Particle per million by volume
ppbt : Particle per billion by volume
pptv : Particle per trillion by volume
자료 : IPCC(1996).

우리 나라의 기상변화를 살펴보면, 과거 30년 동안 한반도의 연평균 기온은 12.1℃이며 변동 폭은 1℃이다. 그러나 이산화탄소의 농도가 2배로 증가하는 경우에 한반도의 기온은 2.0~2.5℃ 정도 상승할 것으로 예상되고, 연평균 강수량은 15% 정도 증가할 것으로 예상된다. 이에 따라 한반도의 기후는 남서해안지대와 남부해안지대 및 동해안 남부지대는 아열대성기후가 될 것으로 예상된다.

3. 지구온난화로 인한 피해

지구가 점점 더워지면서 나타나는 현상 가운데 하나는 극지방의 빙하가 녹는 것이다. 만약 빙하가 녹게 되면 해수면이 최소 10㎝에서 최대 2m까지 상승하여 낮은 곳에 있는 도시와 섬들은 침수되어 지도상에서 사라지게 된다. 지구가 더워지면 물의 증발이 많아지게 되기 때문에 여름이 길어지게 되고, 넓은 지역의 땅이 건조해지며, 지역에 따라 물 부족 현상이 가속화될 것이다.

또한 강수량과 수분 증발량이 변하여 각종 동 · 식물이 멸종되고 농업 및 목축 · 수자원에도 큰 변화가 일어나 수확량 감소와 해일 등 기상이변에 의한 피해를 입게 된다. 즉 지구온난화로 인하여 툰드라 기후지역의 감소, 우리 나라의 경우 아열대성 식물의 증가와 같은 생태계의 변화가 예상된다. 또한 전 세계적으로 기후대가 변하여 식량생산에 변화가 일어날 것이고, 병충해가 늘어나게 되며, 농약을 많이 사용하게 되어 토양이나 수질오염의 원인이 된다.

〈표 4.8〉 지구온난화에 의한 각종 현상과 피해

현 상	피 해
• 10년마다 0.2~0.5℃씩 기온 상승 • 2100년에는 2~5℃ 상승 예상 (과거 1만년 동안 경험해 보지 못한 엄청난 기온상승률) • 지구 전체 평균온도가 15℃인데 온실기체로 30℃까지 상승하고 있음. • 극지방으로 갈수록 기온 상승 증가 • 해수면 10년에 6㎝씩 증가 • 여름보다 겨울의 기온 상승 증가	• 낮은 항구도시, 농경지의 수몰 • 강수량 · 수분 증발량의 변화로 인한 이상 기온 현상 심화 • 동 · 식물 수자원 분포의 변화 • 질병 · 해충의 분포 변화 • 목축 · 농업 수확량 감소 • 해일 등에 의한 피해 • 산업구조 · 식생활 · 에너지 사용 등이 바뀜.

4. 지구온난화에 대한 대책

1) UN기후변화협약

기존의 국제관습법이 대기오염 행위를 국제법 위반으로 간주하여 금지하고 있으나, 온실효과 기체의 방출로 인한 기후변화를 예방하거나 국제적 방출기준을 채택하도록 강제하지는 못하였다. 따라서 효율적인 대기오염방지를 위해서는 전 지구적 차원의 협약을 만들어 상세한 국제기준을 설정하고, 이를 규제 · 감독할 필요성이 대두되었으며, 그 결과 만들어진 것이 1992년에 채택된 「기후변화협약」이다. 기후변화협약은 1979년과 1990년에 열린 제 1, 2차 세계기후회의를 통해 추진 되었다. 이들 회의에서는 인간활동에 의해 기후변화가 초래될 가능성과 그로 인하여 발생될 악영향을 방지하기 위한 조치의 필요성을 인정하고, 기후변화방지를 위한 기후협약을 채택하기로 합의하였다. 1988년 유엔환경계획과 세계기상기구가 공동으로 주관하여 설립한 "기후변화에 관한 정부간 협의체(IPCC)"가 기후협약의 협상을 주도하였다.

기후변화협약의 주된 내용은 1989년 오타와(Ottawa)에서 열린 전문가회의의 제안과 1989년 헤이그 선언에서 제시된 기후변화패널의 제안이 주축을 이루고 있다. 오타와 선언은 대기권이 인류에게 매우 중요한 공동자원이라고 정의하고, 각 국가들에게 대기권을 보호 및 보존할 의무를 부과하는 동시에, 대기권의 오염을 예방, 감소, 통제하기 위해 모든 적절한 조치를 취할 것을 요구하고 있다. 1991년부터 5차례에 걸쳐 개최된 정부간 협상위원회에서 각국의 입장을 조정하고 주요 쟁점에 관한 토의를 거친 끝에, 1992년 5월 9일 유엔기후변화 협약이 채택되었다.

기후변화협약은 모두 26개 조항으로 구성되어 있다. 기후변화협약의 목적은 대기 중의 온실가스를 기후에 위험한 영향을 미치지 않는 수준으로 안정화시키는 데 있다. 이러한 수준은 생태계가 기후변화에 자연스럽게 적응하고, 식량생산이 위협받지 않으며, 지속적인 개발이 가능하도록 충분한 시간적 범위 내에서 달성되도록 하고 있다.

이러한 목적을 달성하기 위하여 기본원칙으로서 차별적 책임론, 국가별 특수성 고려, 예방조치 원칙, 개발권, 자유무역 원칙의 다섯 가지를 들고 있다. 그리고 기후협약은 당사국이 지켜야 할 약속사항으로서 각 국가에 대해 먼저 정보제공의무를 요구하고 있다. 즉 각 국가는 몬트리올 의정서에서 규제하지 않는 온실가스의 배출량과 흡수량의 통계를 작성해서, 이를 정기적으로 측정 · 공표하고 당사국회의에 통보할 의무가 있다. 또한 기후변화의 완화와 관련된 국가 또는 지방차원의 계획을 수립 · 공표해야 할 의무가 있으며, 이에 따라 협약이 발효된 지 3년 이내에 국내의 온실가스 발생량을 작성하여 유엔에 제출하도록 하고 있다.

〈표 4.9〉 기후변화협약의 의무사항 요약

협 약 의 무	일 반 의 무	특 별 의 무
대 상 국 가	모든 가입국	선진국 (OECD와 시장경제 국가)
온실가스통계작성 및 제출	이산화탄소 등 온실가스의 배출 및 흡수량	-
온실가스 감축목표	없음	2000년까지 1990년 수준으로 온실가스배출량을 안정화시키도록 노력함.
국가전략추진	기후변화방지 및 적응력제고를 위한 국가프로그램수립이행 및 공표	온실가스 감축목표달성을 위한 국가정책의 채택, 구체적 조치의 이행 및 성과를 보고
공동협력사항	온실가스 저감기술 및 공정개발 보급 확대 온실가스흡수원 보호 및 증진 - 국가정책에 기후변화문제 반영	개도국에 대한 재정 및 기술지원 국가간 경제 및 행정수단의 통합 추진 - 타국과 공동이행 가능

2) 교토의정서

기후변화협약은 경제개발, 개도국의 이해 고려, 재정적 · 기술적 지원, 그리고 기술이전 등을 주요한 과제로 다루고 있다. 기후변화를 방지하는 문제는 각종 생태계, 해수면의 상승, 산림 황폐화, 에너지, 폐기물 처리, 자원개발에 관한 주권 등의 문제를 모두 포괄해야 한다. 이러한 문제들은 부분적인 접근방법에 의해 다루는 것은 실효성이 없고, 전반적으로 다루어야 하는 데에 기후협약의 어려운 점이 있었다. 그리고 국가들 사이의 이해가 엇갈림에 따라 기후변화협약에서 온실가스를 강력하게 규제하기는 어려웠다. 대부분의 국가들이 온실가스를 방출하는 화석연료의 사용기간 감축일정을 구체화하고 국가별 의무규정을 정하는데 반대했으며 탄소세 부과나 에너지 효율기준 설정에도 반대하였다. 이에 따라 기후변화협약에서는 국가 간의 약속사항과 온실가스배출의 자발적 제한에 중점을 두게 되었으며, 그 대신 협약내용을 보완하고 구체적인 감축의무와 감축일정을 포함하고 있는 의정서를 채택할 수 있도록 규정하였다. 이러한 배경에서 1997년에 제3차 기후변화협약 당사국 총회에서 급격한 기후변화를 억제하기 위한 구체적인 온실가스의 감축목표와 일정에 합의함으로써 교토의정서가 채택되었다. 1985년과 1987년 비엔나 회의에서 과학자들이 지구온난화의 심각성에 대한 의견의 일치를 보았으며 10년이 지난 후 국제사회가 구체적이면서 법적구속력을 가진 종합적인 환경협약을 채택하였다는 것은 매우 의의가 크다고 할 수 있다.

특히 교토의정서의 채택은 다음과 같은 특성을 나타내고 있다. 첫째, 170여 개국이 합의한 최초의 국제환경조약이라는 점이다. 세계 각국이 지구환경의 중요성과 향후 지속가능한 경제발전을 위해서는 지구환경에 대하여 공동으로 대처해야 한다는 인식하에 보다 구체적이고 법적 구속력을 지닌 교토의정서를 채택하여 기후변화협약은 새로운 국면으로 접어들게 되었다.

둘째, 역사상 처음으로 여섯 가지의 온실가스 및 그 흡수원에 대한 국제적이며 구체적인 논의가 진행되었다는 것이다. 각국은 향후 온실가스와 흡수원에 대한 정확한 배출량 및 흡수량을 산출하여 국가보고서를 통해 국제사회에 제시함으로써 배출권 거래제도(emission trading), 공동이행(joint implementation) 및 청정개발체제(clean development mechanism) 등의 새로운 경제적 수단과 이에 따른 국제환경시장의 도입에 대비한 기반을 조성할 수 있게 되었다.

셋째, 온실가스의 감축목표가 강화되었다는 점이다. 즉 특별의무국의 온실가스 배출량의 감축목표는 2008~2012년간 전체의 배출총량을

1990년 수준보다 최소 5% 감축하되, 국가별로는 -8%에서 10%까지로 차별화하였다. 선진국들의 감축목표가 확정됨에 따라 향후의 기후변화 협약의 협상에서 개발도상국에 대한 법적 구속력을 가진 감축의무 부담이나 자발적인 감축노력을 강하게 요구할 것으로 보인다. 또한 불이행에 대한 제재와 온실가스 흡수원의 측정방법, 공동이행의 가이드라인, 배출권 거래의 방법 등을 논의하였다.

3) 탄소세

탄소세는 이산화탄소 저감대책의 하나로서 화석연료 사용시 연료에 함유되어 있는 탄소 함유량에 비례하여 조세를 부과하는 것이다. 탄소세의 부과는 이산화탄소의 함유량에 상응하여 화석연료의 가격을 상승시키므로 오염배출자는 배출로 인한 부담이 한계 배출저감 비용보다 클 경우 온실가스 배출을 감축시키게 될 것이다. 반대의 경우는 배출저감을 하지 않아 양자가 일치될 때까지 탄소세를 납부하게 될 것이다. 이는 사회 전체적으로 주어진 탄소배출 저감량에 대하여 경제적 비용을 최소화하거나 혹은 주어진 경제적 비용에 대하여 탄소배출 저감량을 최대화시키는 효과를 가져온다.

이와 같이 탄소세는 자원배분면에서 효율적이고 에너지 효율 향상과, 이산화탄소 배출저감을 위한 기술혁신, 저공해 연료로의 진화 등 동태적 효율성도 제고시키는 효과를 가져올 뿐 아니라 세수확보가 쉬워 환경투자의 재원을 확보할 수 있게 한다. 그러나 에너지 가격을 상승시켜 경기침체와 인플레이션을 유발할 가능성이 있으며 일부 국가에서만 활용되는 문제점도 동시에 안고 있다.

4) 배출권거래제도

교토의정서에서 결정된 내용 가운데 특별 의무국 간 온실가스의 거래를 허용하는 배출권거래제도는 새로운 국제경제의 관행을 만드는 제도로서 의미가 매우 크다. 배출권거래제도는 시장기구를 통하여 경제적으로 효율적인 수단을 제공한다고 할 수 있다. 즉 국내적인 감축수단보다 배출권이 저렴한 국가는 배출권을 구입함으로써 경제적으로 감축목표를 달성할 수 있고, 배출목표를 달성하여 배출권이 남는 국가의 입장에서는 이를 판매함으로써 경제적인 이익을 추구할 수 있다.

배출권거래제도가 활성화되기 위해서는 배출권의 국제시장기능이 순조롭게 작동해야 하며, 이는 온실가스 배출에 대한 정확한 통계와 실제 거래되는 배출권의 양을 감시할 수 있는 체계(monitoring system)를 어떻게 구성하느냐에 달려 있다. 그리고 각국의 배출한도량을 합리적으로 정하는 것이 중요한 바, 이를 위해서 기득권의 인정(grandfather clause), 오염자 부담원칙(polluter pays princeple), 경제적 비용에 근거한 기준, 사회경제적 지표뿐만 아니라 국가간의 형평성(equity) 등을 고려해야 한다.

제2절 생물다양성의 파괴

1. 생물다양성의 개념

지구상에는 3천만 종의 생물이 서식하고 있는 것으로 추정되고 있으나, 이중 약 140여만 종이 확인되고 있다. 우리 나라에는 약 4,300종의 식물과 약 800종의 동물이 살고 있는 것으로 조사되었다. 이와 같이 많은 생물종이 살게 된 것은 생물이 살고 있는 서식지의 환경이 모두 같지 않으며 수 많은 미세환경이 존재한다는 사실로 설명될 수 있다.

생물다양성(biological diversity)이란 대지, 해양 및 기타 수중 생태계 등 모든 원천으로부터의 생유기체와 그것이 구성하는 생태계 전체를 지칭하는 것이다. 생물다양성의 개념은 유전자, 종, 그리고 생태계의 3단계로 파악될 수 있지만, 가장 일반적으로 통용되는 의미의 생물다양성은 대체로 종의 다양성으로서 일정 지역 내에 존재하는 종의 숫자를 뜻한다고 할 수 있다. 따라서 생물다양성이 감소한다는 것은 대체로 종의 멸종을 의미하는 것이다. 따라서 생물다양성을 보전하기 위한 것은 대개 종의 다양성을 유지하는 것을 의미하며 현실적으로는 종이 풍부한 서식지를 훼손하지 않고 보호하는 것이다.

생물다양성에 대한 전통적인 접근은 종의 감소와 멸종문제였으나, 근래에는 생태계의 기능과 복원력 유지에서 찾고 있다. 여기에서 생태계의 복원력이란 외부적 스트레스와 충격으로부터 회복하는 능력을 말한다. 생태계의 복원력은 시스템 내의 생물다양성으로부터 생성되는 생물학적 안전장치에 의하여 뒷받침된다. 따라서 생물다양성의 유지로 생태계가 건강하게 기능해야만 인류는 생태적 재화와 서비스의 공급을 보장받을 수 있다. 1993년 발효된 생물다양성 협약에서도 전통적인 종의 멸종보다는 생물다양성과 인류가 생물계(biosphere)로부터 얻는 생태적 서비스의 감소에 더 비중이 주어지고 있다.

2. 생물다양성의 가치

개발과 오염으로 인해 20세기말 현재 지구상의 25,000여 종의 식물과 1,000여 종의 척추동물이 멸종위기에 있으며, 앞으로 20년 안에

50~100만 종이 사라질 것이라 전망되고 있다. 이와 같은 생태계의 파괴는 잠재적 자산인 유전물질과 생물종의 감소로 여러 가지 경제적 손실을 초래하고 있다.

첫째, 생태계와 생물다양성의 파괴는 지구전체의 생태적·물리적 균형의 파괴를 가져와 사막화, 지구온난화 등을 통해 인류의 생존기반을 상실케 할 수 있다. 둘째, 유전물질과 생물종 숫자의 감소, 즉 유전자원의 감소로 인한 현재 및 미래의 경제적 이익의 감소이다. 셋째, 임산물·수산물 등 물적 산출의 감소와 휴양·관광 등 서비스 산출의 감소로 인한 직접적인 경제적 손실이다.

생물다양성의 경제적 가치를 수치화하는 지표로서 생물산업의 시장규모를 들 수 있다. 생물산업의 세계 시장은 빠른 속도로 증가하여 1992년 약 100억 달러였으나, 2005년에는 약 3,050억 달러로 추산되고 있다. 우리 나라의 경우 1993년 1,683억 원에서 2005년에는 약 14조 원으로 추산된다.

3. 생물다양성 소멸의 실태와 심각성

전 세계적으로 현존 생물의 15%정도(50~60만종)가 환경오염으로 완전히 사라졌거나 멸종되어가고 있다고 한다. 특히 인구증가에 따른 문제가 복합적으로 얽혀서 생물의 멸종문제가 더욱 심각해질 것으로 보고 있다.

오늘날 생물다양성은 과거 어느 시기보다도 빠르게 손실되어 가고 있다. 앞으로 수 십년 동안에 소멸될 종의 수는 지난 몇 세기 동안에 소멸한 종보다 훨씬 많을 것으로 예상되고 있다.

지구상에는 약 3,000만 정도의 생물종이 존재하는 것으로 알려졌는

데, 그 중 140만 종만이 보고되어 있다. 전 세계적으로 보면 1600년 이래 척추동물 · 무척추동물 · 관속식물의 700종 이상이 멸종된 것으로 보고되었고, 2000년 말까지 종 전체의 10분의 1이, 2020년까지는 3분의 1이 없어질 전망이다. 특히 가장 위험한 것은 열대우림지역에 존재하는 생물로 종의 소멸량은 인간의 손길이 닿기 이전보다 1천~1만배 정도로 증가하였다. 전체 종 소멸 가운데 열대림 서식종이 50~60%를 차지하여, 이런 추세로 나가면 2050년에는 열대림에 존재하는 종의 수는 절반으로 줄어들고 말 것이다.

이러한 생물다양성 소멸의 원인으로는 산성비와 오존층의 파괴, 지구온난화 현상 등의 대기오염과 바다의 적조 · 녹조 현상, 기름오염 등의 수질오염, 농약과 화학비료, 각종 폐기물에 의한 토양오염 등을 들 수 있다. 이러한 환경오염 이외에도 인구의 증가와 더불어 자연을 파괴하는 개발의 끊임없는 진행으로 생물의 서식지인 환경이 파괴되고 있다(즉, 서식지의 교란)는 것도 큰 원인이 된다. 즉 열대우림지역은 지구 육지면적의 6%에 불과하지만 지구 생물의 50%이상이 서식하고 있다. 그러나 벌채, 원주민의 경작 등으로 열대림이 매년 1%씩 감소되고 있으며, 50년 후에는 모두 없어질 가능성이 있다고 한다. 또한 야생동물의 밀렵과 희귀 식물의 채취, 많은 동식물의 남획 등으로 생물이 점차 멸종위기에 처해지고 있다.

4. 생물다양성 보전을 위한 국제적 대응

야생 동식물을 보호하기 위한 국제적인 협력의 필요성에 의해서 1973년에 "멸종위기에 처한 야생 동식물의 국제거래에 관한 협약"이 이루어진 것을 필두로 하여, 생물종의 멸종 방지를 위하여 1992년 "생물다양성 협약", 습지보호를 위한 "람사(Ramsar) 협약" 등의 국제적인 협약이 이루어졌다. 우리 나라는 야생동식물의 보호를 위해 「자연환경보전법」, 「문화재보호법」, 「조수보호 및 수렵에 관한 법률」을 만들어 특정 야생 동식물과 천연기념물을 지정 · 관리해 오고 있다.

1) 람사 협약

람사 협약은 1971년 이란의 람사에서 채택된 습지에 관한 협약으로 '자연자원의 보전과 현명한 이용' 에 관해 맺어진 최초의 정부 간 협약이다. 이 협약은 1975년에 발효되었으며 회원국은 114개국으로 우리 나라는 1997년에 가입하였다. 전 세계적으로는 967개의 습지가 국제적으로 중요한 습지목록에 등재돼 있으며 그 면적은 7,100만ha에 달한다. 람사 협약에서 규정하는 습지는 자연적 또는 인공적 담수나 염수에 관계없이 소택지, 습원 등을 말하며 간조시에 수심이 6m를 넘지 않는 해역을 포함한다. 갯벌, 호수, 하천, 양식장, 해안, 산호초도 습지에 포함된다. 람사 협약 가입국은 협약가입 때 1개 이상의 자국 습지를 람사습지로 지정해야 하며, 람사습지의 추가 또는 축소시 사무국에 통보해야 한다. 또한 가입국은 람사습지로 지정된 습지의 보전 및 적정 이용계획을 수립 · 시행해야 한다. 물새의 수를 늘리기 위해서도 노력해야 한다.

2) 멸종위기에 처한 야생동물 · 식물종의 국제거래에 관한 협약

멸종위기에 처한 야생동물 · 식물종의 국제거래에 관한 협약(Convention on International Trade in Endangered Species of Wild Fauna and Flora : CITES)은 1973년 3월 멸종위기종 보호를 위하여 워싱턴에서 채택한 협약이 모체로 1992

년 생물다양성 협약 채택으로 관심이 증대되기 시작하였다. 즉, 발효 후 상당기간 큰 관심을 받지 못하였으나, 최근 생태계 보전문제에 대한 인식증대와 함께 중요성이 부각되고, 1992년 6월 브라질 리우에서 서명된 생물다양성협약 채택을 계기로 유전자원 및 종의 보호에 대한 인식이 제고되었다. 우리 나라는 1993년 7월 9일에 가입함으로써 120번째 가입국이 되었다.

CITES 협약의 목표는 국제적으로 멸종위기에 처한 야생 동·식물종의 수출입에 대하여 상호협력하여 국제거래를 규제함으로써 서식지로부터 해당 동·식물의 무질서한 포획·채취를 방지하고자 하는 것이다. 이를 위하여 1,000여종의 협약대상 야생동식물을 3개의 부속서에 나누어 등재하고 거래에 대한 부속서별 수출·수입증명서 발급요건을 규정(제3~5조)하고 있다.

3) 생물다양성협약

1970년대부터 국제사회에서는 생물종 보호의 중요성을 인식하고 "멸종위기에 처한 야생동식물종의 국제거래에 관한 협약"(CITES) 등 여러 국제협약을 체결하여 생물종 보전 노력을 기울여 왔다. 그러나 이러한 노력에도 불구하고 1980년대 중반 들어 열대림을 보유하고 있는 개도국에서 경제개발을 이유로 다량의 산림을 훼손하기 시작함에 따라 생물종의 멸종속도는 더욱 가속화하게 되었다. 이에 따라 기존의 협약과는 달리 개도국에서 열대림을 보전할 수 있는 동기를 부여하는 새로운 국제적 장치의 필요성이 증대되었고, 마침내 1987년 6월 유엔환경계획(UNEP)은 생물다양성 보전에 관한 국제적 행동계획을 수립하기로 결정하고, 관련 전문가회의를 개최하여 생물다양성 보호를 위한 국제협약의 초안을 작성하였다. 초안에는 기존 환경협약의 취약분야가 보완되어야 하는 방향으로 협약을 체결하되, 생물다양성의 보전과 지속가능한 이용을 위해서는 생명공학기술의 이전과 개도국에 대한 재정지원이 포함되었다.

그후 7차례의 정부간 협상회의를 거쳐 생물다양성의 보전과 지속가능한 이용 및 유전자원의 이용을 통하여 얻어지는 이익의 공평한 분배를 목적으로 하는 최종 협약안을 작성하였고, 1992년 6월 유엔환경개발회의에서 158개국 정부대표가 서명함에 따라 채택되었으며, 1993년 12월 29일부터 국제적으로 발효되었다. 우리 나라는 1994년 10월 3일 가입하였으며, 1995년 1월 1일부터 발효되었다.

생물다양성협약은 전문(Preamble)과 42개 조항의 본문 및 2개의 부속서(Annex)로 구성되어 있으며, 주요내용은 크게 가입국의 생물다양성 보전의무와 생물다양성 보전을 위한 가입국간 협력부분으로 구분할 수 있다. 국내적 의무로는 생물다양성의 보전과 지속가능한 이용을 위한 국가전략의 수립, 생물다양성 구성요소의 조사 및 감시, 보호지역의 설정 등 현지내(in-situ) 보전조치와 종자은행 설립 등 현지외(ex-situ) 보전조치의 시행, 생물다양성 보전을 고려한 환경영향평가 수행 등이 있다. 가입국간 협력사항으로는 타국보유 유전자원에의 접근시 해당국의 사전승인을 받도록 하는 제도(Prior Informed Consent : PIC) 도입, 생명공학기술 등 생물다양성 보전기술을 다른 가입국에게 이전 촉진, 유전자변형생물체(Living Modified Organisms : LMOs)의 안전한 국가 간 이동 및 관리를 위한 의정서 채택 검토, 개도국의 협약이행을 위한 재정지원 등을 주요 내용으로 하고 있다.

제3절 오존층 파괴

1. 오존층의 역할

일반적으로 산소분자는 두 개의 산소원자로 구성되어 있지만, 오존은 세 개의 산소원자로 구성되어 있다. 오존은 매우 높은 에너지를 가지고 있으며, 태양으로부터 발생되는 자외선 복사에 의해 자연적으로 지구 대기의 성층권에 엷은 층을 형성하고 있는데 이를 오존층이라고 한다. 즉, 지상에서 60㎞까지의 대기에서 상이한 농도로 존재하고 있으며 특히 20~30㎞ 상공에 고농도 오존층을 이루고 있다.

오존층은 태양의 자외선을 차단하는 천연필터의 역할을 함으로써 지상의 생명체를 보호하고 지구의 온도를 조절해 주는 중요한 역할을 담당하고 있다.

2. 오존층 파괴의 원인과 영향

오존층 파괴의 주요원인으로 대기권에 존재하는 염화불화탄소(CFCs)를 들 수 있다. 염화불화탄소는 냉장고, 에어컨 등에서 사용되는 냉매제, 스프레이의 분사제, 쿠션 등 부드러운 폼 제작에 쓰이는 발포제, 전자회로의 세정제 등에 광범위하게 사용된다. 이것이 대기권에서는 매우 안정적이나 성층권에서는 자외선에 의해 쉽게 분해되어 염소와 브롬원자를 방출하며, 방출된 이들 원자는 산소원자와 쉽게 결합하여 오존층이 감소하게 된다.

오존층은 지구의 중고위도 지방에서 매 10년마다 약 5%씩 파괴되고 있으며, 남극지방의 오존 구멍은 매년 증가되고 있다. 이러한 오존층의 파괴는 대기권의 자외선 복사를 증가시켜 인간과 생태계에 큰 피해를 가져온다. 첫 번째 피해로 인간의 피부암을 들 수 있다. 1%의 오존층 파괴가 약 2%의 피부암 증가를 가져온다는 연구결과가 있다. 그리고 오존층의 파괴는 백내장의 원인이 되기도 하고, 면역 반응의 약화, 암 및 전염병에 대한 저항력을 줄이는 등의 피해를 가져온다. 이 외에도 오존층의 파괴로 인한 자외선의 증가는 식물의 성장 억제, 온실가스화 등에도 영향을 미치고 있다.

3. 오존층 파괴물질의 배출 현황

오존층을 파괴하는 물질은 매우 다양하고 물질별로 화학적 특성상 오존층을 파괴하는 정도가 다른 실정이다. 따라서 그 정도를 염화불화탄소의 오존층 파괴 능력과 비교하여 상대적인 지수로 표시한다. 이를 오존파괴잠재지수(Ozone Depleting Potentials ; ODPs)라 한다. 주요 국가별 오존파괴잠재지수는 〈표 4.10〉과 같다.

1986년에는 EU와 미국이 주요 배출 국가였으나 1994년에는 중국이 가장 많이 배출하는 국가가 되었다. 즉, EU나 미국은 염화불화탄소 등의 사용에 대한 엄격한 규제를 통하여 소비량을 급격하게 줄였으나 신흥 개발도상국인 중국과 인도 등은 엄청난 증가율을 나타내고 있다. 한편 우리나라도 증가세를 유지하고 있는 바, 이에 대한 규제가 필요한 실정이다.

〈표 4.10〉 주요 국가별 염화불화탄소 및 할론 소비량

(단위 : 오존파괴잠재톤)

국가명	1986	1994	변화율
중 국	46,600	90,900	95
E U	343,000	39,700	-88
러시아	129,000	32,600	-75
일 본	135,000	19,700	-85
한 국	11,500	13,100	15
멕시코	8,930	10,800	21
브라질	11,300	7,780	-31
인 도	2,390	7,000	193
미 국	364,000	-91	-100

자료 : UNEP(1996).

4. 오존층 파괴 방지를 위한 국제적 대응

1) 비엔나 협약

비엔나 협약(Vienna Convention for the Protection of the Ozone Layer)은 오존층 파괴가 지구 생태계에 미치는 영향이 매우 크고 광범위하게 나타남에 따라 범세계적으로 오존층 보호의 중요성을 인식하여 1985년 3월 오스트리아 비엔나에서 20개국이 서명하여 채택된 국제환경협약이다. 비엔나 협약에는 오존층의 변화와 이에 따른 잠재적 피해가 인류의 공동관심사임을 명시하고 있으며, 각국의 환경관련 정책들은 각국의 주권이 미치는 곳뿐만 아니라 다른 지역이나 국가에도 영향을 미칠 수 있으므로 국제적인 규제와 원칙이 필요함을 인식하고 있다.

2) 몬트리올 의정서

몬트리올 의정서(Montereal Protocol)는 비엔나 협약에서 제시한 오존층 파괴에 대한 국제사회의 우려와 이에 대한 범지구적 대처방안을 구체화한 것으로 1987년 9월에 채택되었다. 주요 내용을 보면, 염화불화탄소의 단계적 감축, 비가입국에 대한 통상제재, 1990년부터 최소한 4년에 한번 과학적 · 환경적 · 기술적 · 경제적 정보에 입각하여 규제수단을 재평가하도록 한 것이다. 우리 나라는 1992년에 가입하였다.

제4절 산성비의 원인과 피해

1. 산성비의 개념

산성비(acid precipitation 혹은 acid rain)는 대기중에 대기오염물질 중 가스상 물질들이 구름에 유입되고 물방울을 형성하는 과정에서 화학반응을 일으켜 황산, 질산, 염산 등의 물질이 생성되어 빗물이 산성화되어 발생된다. 순수한 물은 pH(수소이온 농도)가 7로 중성이지만 빗물은 대기 중에 녹아있는 이산화탄소(0.033%(330ppm))로 인해 탄산용액이 되어 pH가 5.6 정도인 약산이다. 즉, 빗물의 산성도를 나타내는 pH가 5.6 이하인 경우를 산성비라 부른다. 화산폭발과 같은 자연오염원이나 산업화 · 도시화에 따라 화석연료가 대량으로 소비되어 산성 오염물이 빗물에 용해되면서 빗물의 pH가 5.6미만으로 낮아지는 것을 산성비라고 한다. 그러나 실제로 선진국에서는 자연적으로 발생하는 물질들로 인한 효과를 고려하여 대략 pH가 5.0 이하일 때를 산성비로 간주하는 경우도 있다.

산성비라는 용어는 영국의 화학자이자 기후학자인 Rober Angus Smith가 1872년 산업혁명 초기에 영국 맨체스터 지역에 내린 산성의 빗물을 표현하기 위해 처음 사용하면서 등장하였다. 그후 20세기에 대기화학과 분석화학의 발달로 인하여 빗물의 산성도를 pH로 표현하기 시작하였다. 1948년 스웨덴의 Egner가 최초로 산성비 측정망을 설치 · 운영하였으며, 1961년 스웨덴의 Svan Oden 등이 지표수 측정망을 운영하여 산성비의 원인이 대기오염 물질의 장거리 이동임을 알아내고 빗물의 주요 이온과 산성도에 계절적 변화가 있음을 발표하였다.

2. 산성비의 과정과 원인

비는 지상에 떨어지는 동안 대기에 떠 있는 가스와 먼지 · 분진 등을 씻어내어 함유하게 된다. 대기가 깨끗하면 일반적인 비(pH5.6~6.5정도)가 내리지만 대기오염이 심각해지면서 산성비가 내리기 시작했다. 산성비는 자동차에서 배출되는 질소산화물과 공장이나 발전소, 가정에서 사용하는 석유 · 석탄 등의 연료가 연소되면서 나오는 황산화물이 빗물에 섞인 것이다. 즉 산성비의 주요 원인은 황산화물과 질소산화물이다. 황산화물은 우리가 소비하는 석유의 연소시에 많이 발생하며, 질소산화물은 자동차의 연료 연소시 온도가 높아지면서 대기 중에서 형성된다.

3. 산성비에 대한 피해

산성비는 세계 도처의 산림을 황폐화시키고 토양을 오염시키며, 하천이나 호수의 물고기 떼죽음 현상을 유발하고 있다. 산성비로 인한 피해는 점점 심각하게 나타나고 있고 이미 미국과 유럽에서는 공업지대

주변의 침엽수림이 말라죽고 독일에서도 1986년 현재 전체 삼림면적의 54%인 250만 ha가 피해를 입었다. 네덜란드는 55%, 체코는 41% 정도의 삼림이 피해를 입고 있는 실정이다.

호수의 경우 스웨덴의 9만 개 호수 중 4만개가, 미국은 전체 호수의 5분의 1 이상이 산성화되어 물고기가 떼죽음을 당하고 있으며, 미국 북부 100여 개 호수에서는 연어가 멸종되는 현상이 나타나고 있다. 또한 산성비는 눈을 자극하며, 금속철재와 콘크리트 등 건축구조물 그리고 고고학적 유물까지도 부식시켜 경제적 손실뿐만 아니라 자연 생태계를 파괴하고 있다.

4. 산성비에 대한 대책

노르웨이나 스웨덴 같은 북유럽의 나라들에서 산성비의 영향으로 호수가 죽어가고 있지만 사실 대기오염 물질은 서남부 유럽의 국가에서 발생하여 바람을 타고 넘어 온 것이다. 미국의 북동부 지역에서 배출된 대기오염 물질이 수백 ㎞떨어진 캐나다의 동부지역까지 이동해 산성비로 내림으로써 캐나다 지역의 많은 호수들이 산성화를 일으켜 이웃 간에 분쟁을 일으킨 사례가 있다. 이처럼 산성비는 오염물질의 국가간 이동이라는 점에서 매우 중요하다.

산성비의 국제적 이동문제는 우리 나라와 중국의 관계에서 현실적으로 나타나고 있다. 개방의 물결을 타고 급속한 경제개발을 서두르고 있는 중국대륙의 대기오염물질 확산과 황사현상은 우리 나라와 일본에 걸친 광범위한 지역의 산성비 원인이 되고 있다. 몽고고원에서 발원한 계절풍은 동남부로 향해 불어오기 때문에 우리 나라와 일본은 그 직접적인 영향권 아래 놓이게 된다. 특히 중국 공업지역의 아황산 가스는 대부분 북경, 산둥반도 부근에서 발생하고 있기 때문에 우리 나라와 같은 인접지역으로 쉽게 이동한다. 중국은 에너지 소비의 약 75%를 아황산 가스의 주 원인인 석탄에 의존하고 있고 동북아 지역에서 발생하는 아황산 가스의 약 80%가 중국에서 발생하고 있다. 편서풍을 타고 우리 나라로 이동해 서쪽 지역과 내륙지방에 산성비를 뿌릴 소지가 충분하다. 원거리 이동이 가능하다는 산성비의 특성상 그 피해를 감소시키기 위해서는 국제적인 협력이 필요하다.

1961년 스웨덴의 Svan Oden 등의 주장에 근거하여 스웨덴은 1차 유엔환경회의에서 산성비에 대한 피해문제를 제기하였으며 그 이후로 산성비가 범지구적인 관심의 대상으로 부각되었다. 1984년 3월 캐나다 오타와에서 '산성비에 관한 환경장관회의' 를 개최하여 1993년까지 황산화물 배출량을 1980년 배출량 보다 30%삭감을 목표로 정하였다(10개국 참가). 1985년 30% 삭감을 결정한 장거리월경대기오염조약에 기초한 헬싱키협정서를 체결하였다.

산성비에 대한 대책을 여러 나라를 중심으로 살펴보면, 먼저 영국의 경우는 석탄의존도가 높아 이산화황 배출량을 조기에 대폭 삭감하는 것은 곤란하나 점진적으로 추진하기로 결정하고, 1987년 산성비대책을 발표하여 10년간 14% 삭감을 목표로 정하였다.

그리고 독일은 1974년 부터 1982년 까지 이산화황 배출량을 17% 삭감토록 하였으며, 1983년 고정발생원 대책(탈황장치 설치)을 강화하여 향후 10년간 이산화황 배출량을 50% 줄이도록 결정하였다.

프랑스는 1986년 종합적 대기오염대책을 발표하여 신설보일러에 탈황장치를 설치토록 하며, 1988~1989년에 4개 석탄화력발전소에 탈황장치를 설치하도록 규정하였다.

미국의 경우는 1970년 미국과 캐나다간 동북부지역을 중심으로 산성비 문제가 제기되면서, 1991년 3월 양국은 이산화황 등 산성비 원인물질의 대폭삭감을 요구하는 대기질협약(Air Quality Agreement)을 체결하였다. 그리고 캐나다는 1983년 환경성과 온타리오주 등 8개주는 이산화황 배출량 50% 삭감을 표명하였으며, 미국에도 대폭삭감을 요구하였다. 그리고, 1994년에는 1980년의 배출량보다 40% 삭감하고, 습성황산염 강하량 목표치를 20kg/ha · 년으로 정하였다.

중국은 최근까지 중국 외부로 이동되는 오염물질은 없다는 입장을 유지하였으나, 1994년에 지역간 이동을 인정하고, 중국내의 대기오염물질 배출량조사 및 산성비와 장거리이동에 관한 연구를 진행하고 있다. 일본은 엄격한 대기오염방지대책으로 이산화황 농도가 많이 감소되었으나 질소산화물농도는 상승하여 탈질소장치를 설치하도록 권유하고, 1988년 부터 5년간 제2차 산성비대책으로서 만성적 피해의 실태해명과 오염물질의 중 · 장거리 수송모델에 대한 조사를 수행하도록 결정하였다.

우리 나라는 전국적인 산성비 측정망에서 실태를 파악하고 있으며, 청정연료 및 저유황유 사용 확대 촉구, 엄격한 대기환경기준 적용과 1980년 후반이후 산성비에 관한 연구를 지속적으로 수행중에 있다.

그리고, 한 · 중 · 일 3국 환경장관회의(1999. 1. 13)에서는 3국간 환경협력 필요성에 대한 공감대를 형성하고, 우선적으로 협력하고 해결해야 할 사안으로 '3국간 공동체의식 제고 및 정보교류 활성화', '대기오염 방지 및 해양환경보전', '환경기술, 환경산업 및 환경연구분야에서의 협력촉진', '지구환경문제에 대한 대화 강화' 등을 선정함으로써 3국간 협력의 지향점을 마련하였다. 이 회의를 통하여 중국의 경우, 산성우 · 해양오염 · 황사 등 지역환경문제에 대해 종전과 달리 부정적 내지 소극적 입장에서 문제에 대한 공동조사에 참여할 의사가 있음을 피력함으로써 다소 전향적 태도를 보였다.

제5절 사막화의 원인과 피해

1. 사막화의 개념

사막화라는 말은 사하라 사막이나 타클라마칸 사막과 같은 전형적인 현존 사막(약 800만㎢)이 더 확대되는 현상을 말한다. 또한 건조기후지대의 식생이나 비옥한 토지가 파괴됨으로써 그 토지를 목장이나 농경지로 사용할 수 없도록 탈바꿈시키는 현상도 사막화라 볼 수 있다. 이러한 사막화는 토지의 생산능력의 중단과 모든 생물들의 죽음과 황폐화를 의미하는 것이다.

2. 사막화의 원인과 현황

사막화의 주원인은 과잉방목 · 산림벌채 · 과잉경작 · 관개시설 부족 등으로 인하여 토질이 나빠지기 때문이다. 특히 인구가 증가하면서 무분별한 화전과 지나친 방목이 진행된 데다 남아 있는 산림을 땔감으로 뿌리째 벌채하는 바람에 사막화 현상이 더욱 심화되고 있다.

이들 토질저하의 원인 중 과도한 방목이 34.5%로 가장 높고, 토질저하 과정에서는 물에 의한 침식이 55.7%로 가장 높게 나타나고 있다. 지구상의 건조지대는 세계 육지면적의 약 30%인 4,500만㎢인데 최근 50년간 사막화된 면적이 65만 ㎢(우리 나라 국토면적의 6배 이상)에 달하고 있다.

1970년대에 지구표면에서 사라진 열대산림의 면적이 무려 연간 7만

3,000㎢(매분 1.4㎢꼴)인데 그 대부분이 농지화하거나 연료용 땔나무로 벌채되었기 때문이다. 특히 사막화 현상은 대초원 등 건조한 지대나 열대 낙엽성 수림대, 지중해기후구에서 더욱 심각하게 나타나고 있다. 세계적으로 해마다 600만ha가 사막화되고 있으며, 이에 따른 피해인구도 매년 1,700만명 정도에 달하고 있다. 현재 사막화의 영향을 받고 있는 땅은 약 35억ha이며, 특히 사하라 이남지역의 사막화가 심각한 상태이다.

3. 사막화로 인한 피해

토질저하와 산림의 황폐하는 그 지역에 거주하는 농민들이 대도시 빈민가로 이주하는 주요 요인으로 작용하여 도시문제를 더욱 심각하게 만들고 있다. 또한 식량생산량을 감소시켜 지역적 · 세계적으로 식량난을 일으키는 원인이 되고 있다. 사막화는 식생의 파괴 및 동식물군의 감소를 초래하여 불모지역, 준불모지역에서 생물다양성이 감소하는 원인이 되어 식량생산을 더욱 줄어들게 하고 있다.

〈표 4.11〉 세계 각국의 사막화 피해 상황

국 가	피 해 상 황
태 국	국토의 70%이던 산림이 지금은 3분의 1도 남아 있지 않으며 1977년 이후에는 목재 수출국에서 목재 수입국으로 전락함.
필 리 핀	국토의 70%이던 산림이 지금은 3~4% 밖에 남지 않은 상태임.
나이지리아	전국토의 64%이던 열대우림이 마구잡이 벌채로 인해 1981년에는 6.4%만 남아 있는 상태임.
에티오피아	국토의 절반이 산림이었으나 지금은 2.5%만 존재함.
미 국	최대곡창지대인 아이오아주는 바람에 의한 침식으로 토양이 파괴되어 2020년경에는 전 경작지의 40%가 황폐화 될 전망임.

4. 사막화 방지를 위한 대책

사막화를 방지하기 위한 대책으로 지속가능한 농업방식, 산림보호, 모래언덕의 안정화, 조림사업, 토양과 수자원 보전기술 등을 들 수 있다. 따라서 사막화 현상을 방지하기 위하여 유엔환경계획(UNEP)와 민간단체에서 1970년 이후 계속 노력하고 있다. 1977년 부터 '유엔사막화방지회의' 가 열리고 있으며, 사막화의 해결책을 찾아내기 위해서 고심하고 있다. 그리고 개발도상국의 사막화 방지를 위한 대책의 내용을 담은 "사막화방지협약" 이 1994년 파리에서 체결되었다.

이외에도 사막화가 가장 심각한 상태에 있는 지역의 하나인 사하라 사막 남쪽 끝의 사헬 지방에서는 민간 기업이 주체가 되어 사막화를 방지하기위하여 노력하고 있다. 이러한 노력의 일환으로 이 지역에 사막화를 저지하고 녹화하려는 '사헬 그린벨트 계획' 이나, 이집트에서 일본 사단법인 사막개발협회가 건조 지대에서의 보수제(保水劑)를 이용하여 식생 재배를 시도하는 '그린어스 계획(Green Earth Project)' 등이 시행되고 있다. 그리고 UN에서는 2006년을 '사막과 사막화의 해' 로 정하여 다양한 국제회의 및 행사를 개최하였다.

1970년대 초 이래 국제사회는 사막화가 전 세계적인 관심사라는데 의견을 모으고 이에 대한 대책을 논의하기 시작하였다. 1977년 케냐의 나이로비에서 개최된 유엔 사막화대책협의회(United Nations Conference on Desertification : UNCOD)는 사막화를 막기 위한 대책으로 사막화 퇴치 행동계획(Plan of Action to Combat Desertification : PACD)을 마련하였다. 그러나 이러한 노력은 큰 성과를 거두지 못하였으며, 1992년 리우에서 개최된 유엔환경개발회의에서는 아프리카국가들의 발제에 따라 국제공동체적 차원에서 사막화현상을 퇴치할 새롭고 통합적인 접근방법의 필요성에 대한 합의가 이루어졌다. 리우회의의 요청에 따라 1992년 12월 유엔총회에서 결의안이 채택되었고, 사막화방지협약을 준비하기 위한 국제교섭위원회(Intergovernmental Negotiating Committee : INC)가 조직되어 협상작업을 계속하였다. 5차례에 걸친 협상 결과 1994년 6월 17일 파리에서 사막화방지협약이 채택되었고, 1996년 12월 26일에 발효되었다.

사막화방지협약은 전문(preamble)과 본문 40개조로 구성되어 있다. 또한 아프리카 지역, 아시아지역, 라틴아메리카, 및 카리브지역, 북지중해 지역 등 4개 지역의 이행부속서가 포함되어 있다.

사막화방지협약의 목적은 심각한 한발(drought) 또는 사막화(desertification)를 겪고 있는 국가들, 특히 아프리카의 사막화를 퇴치하고 한발의 피해를 완화하기 위한 것이다. 이러한 목적은 한발과 사막화로 인한 피해지역의 지속 가능한 발전(sustainable development)을 성취하기 위해 Agenda 21과 일치하는 범위 내에서 국제협력과 공동협정의 지원을 받는 모든 효율적인 조치를 통해 추구된다. 협약의 목적 달성을 위해 특히 공동체 차원에서 피해지역의 생활여건을 향상시키는 토지의 생산성 향상, 토지 및 수자원의 복구, 보전 및 지속 가능한 관리에 초점을 맞추는 장기적인 통합전략이 포함되어 있다.

사막화방지협약은 1994년 10월부터 1995년 10월까지 모두 115개국이 서명을 하였으며, 이들 국가 중 멕시코, 네덜란드, 이집트, 세네갈 등 50개 국가가 먼저 비준을 함에 따라 1996년 12월 26일에 발효가 되었다(50개국이 비준한 때로부터 90일 후에 발효). 2003년 5월 29일 가입한 러시아 연합을 포함하여 회원국 수는 2003년 6월 2일 현재 모두 187개국이다.[43]

---

43 회원국 현황은 http://www.unccd.int/convention/ratif/doeif.php 를 참조.

우리 나라는 1994년 10월 14일 사막화협약에 서명을 하고 1999년 8월 17일 비준하였으며, 1999년 11월 15일부터 협약이 국내에서 발효되고 있다.

탐구학습

1. 요약

1.1 주요개념과 요약

■ 급속한 산업화의 영향으로 지구온난화, 오존층 파괴, 생물다양성의 소멸, 산성비, 사막화 등 범지구적인 환경문제가 발생하고 있다.

■ 산업혁명이후 인간의 경제활동의 증가로 화석연료의 사용이 급격히 늘어나 지구의 온도가 평균이상으로 올라가는 지구온난화 현상이 일어나고 있으며 이에 대한 대책으로 기후변화협약에 이은 교토의정서가 1997년에 채택되었다.

■ 개발과 오염의 영향으로 지구상의 많은 종의 동식물이 멸종위기를 맞고 있으며 생물다양성을 보전하기 위한 국제적인 노력으로 생물다양성협약, 람사협약, 멸종위기에 처한 야생동물 · 식물종의 국제거래에 관한 협약(CITES) 등이 있다.

■ 그 외 국제적인 환경문제로 자외선을 차단해 주는 오존층파괴로 지구상의 생물의 생존을 위협하는 오존층파괴, 산성비, 황사, 해양오염 등 국경을 초월한 환경문제 등이 있다.

1.2 대표적 사례

■ 사헬 사막화

아프리카 사헬 지방은 1960년대부터 사막화가 진행되고 가뭄이 겹쳐 생물이 살 수 없는 불모의 지대로 변하게 되었다. 1972년과 1973년 사이에는 수십만 명의 사람과 가축이 죽어 갔다. 특히 1982년에서 1985년 사이에는 넓은 지역으로 확대되어 수백만 명이 사망하게 되었다. 수천 년동안 별다른 재난이 없었던 이 지역에 두 번의 엄청난 재난이 닥친 후 이는 단순한 자연재난이 아니라 인간이 초래한 환경재난이라는 것이 밝혀지게 되었다.

세계는 사헬의 재난을 계기로 세계 여러 곳에서 사막화의 위험이 진행되고 있다는 사실을 인식하게 되었다. 20세기에 들어 급속히 늘어나는 인구를 지탱하고 자원을 공급하기 위하여 과도한 경작과 산림 훼손으로 토양을 황폐하게 하고 지역의 기후를 변화시켰다. 현재 지구 면적의 19%인 3천만 평방킬로미터가 사막화되어 가고 있으며 1억5천만 명이 사막화로 인해 생존을 위협받고 있다.

우리 나라의 경우 심각한 사막화 경향은 나타나지 않고 있으나 도시, 도로, 산업단지, 골프장 등의 조성으로 많은 산림이 훼손되고 있으며 비옥한 토양이 강우에 유실되고 과도한 경작으로 인해 지력이 쇠퇴하고 있다.

2. 토론 및 과제

2.1 심화자료

- 지구온난화　　한국원자력문화재단(www.knef.or.kr)
　　　　　　　　한국농촌경제연구원(www.krei.re.kr)
- 교토의정서　　삼성경제연구소(www.seri.org)
　　　　　　　　산하온환경연구소(www.sanhaon.or.kr)
- 생물다양성　　한국생물다양성정보기구(www.kbif.re.kr)
　　　　　　　　한국생명공학연구원 생물자원센터(www.brc.re.kr)
- 오존층파괴　　산하온환경연구소(www.sanhaon.or.kr)
- 산성비　　　　환경부(www.me.go.kr)

2.2 토론주제

- 배출권거래제도를 시행할 경우 얻을 수 있는 효용성의 증대에는 어떠한 것이 있는가?
- 생물다양성의 사회경제적 가치는 매우 크다. 그럼에도 불구하고 보존이 힘든 이유는 무엇인가?
- 동북아지역의 월경성 환경문제(황사)의 해결방안은 무엇인가?

2.3 과제

- 몬트리올의정서에서는 어떠한 물질이 규제되고 있으며 이 물질들의 용도는 무엇이지를 조사하시오.
- 우리 나라의 이산화탄소 1인당 배출량, GDP달러당 배출량, 총 배출량 등을 구하고 이 수치를 미국, 일본, 중국 등과 비교분석하시오.
- 교토의정서의 발효로 우리 나라의 의무조항과 각 산업에 미치는 영향에 대하여 조사하시오.

참고문헌

문태훈(1999), *환경정책론*.

한국해양연구원 홈페이지(www.kosap.kordi.re.kr)

해양경찰청 홈페이지(www.kcg.go.kr)

해양경찰청(2005), *해양경찰백서*.

해양수산부 홈페이지(www.momaf.go.kr)

해양수산부(2005), *통계연보*.

환경부 홈페이지(www.me.go.kr)

환경부(2005a), *환경백서*.

환경부(2005b), *환경부 주요사업 공개*.

UNEP(1996), *The Reporting of Data by the Parties to the Montereal Protocol on Substances that Deplete the Ozone Layer*.

IPCC(1996), *Climate Change* 1995.

제5장

환경가치의 추정과 평가

제1절 환경가치의 의의

1. 환경가치의 개념

경제학자들은 개별 소비자들의 선호체계를 통해 표현되는 화폐적 가치에 중점을 두고 있다. 이런 맥락에서 가치란 주체와 객체사이의 상호작용에 의해서만 나타나는 것이기 때문에 가치란 어떤 사물의 고유한 질(intrinsic quality)을 나타내는 것이 아니다. 따라서 어떤 사물은 인간이라는 가치 판단자(human valuators)에 의한 소유가치의 인식에 대한 차이와 또 서로 다른 가치평가기법에 따라서 수많이 부여된 가치를 가질 수 있는 것이다. 경제적 부여가치는 환경보전에 대한 개인의 보상지불의사(Willingness to Pay : WTP)와 환경악화에 대한 보상수용의사(Willingness to Accept : WTA)로 나타난다.

환경관련 문헌에서는 세 가지의 기본적인 가치관계를 식별하고 있는 바 첫째, 개인의 선호를 통해 표시되는 가치 둘째, 사회적 규범을 통해서 표현되는 공공 선호가치 셋째, 생태계의 물적 기능가치(functional physical ecosystem value)이다. 생태지향주의자들은 제도적 가치와는 달리 본질적 가치, 선호와 관련되지 않은 가치의 구분을 강조하고 있다. 이들은 생태계 그 자체의 기능과 잠재력은 본원적 가치의 원천이라고 주장한다. 이러한 가치는 인간의 경험이 소멸된다고 하더라도 존재하는 것이다.

그러나 인간은 본원적 가치의 부분을 인간의 선호에 의해서 예를 들면, 다른 종(種)을 대신하여 평가할 수도 있으므로 경제학자들은 이러한 개념을 포괄하기 위해 존재가치(existence value)라는 용어를 사용한다.

수요곡선과 시장가격이 없는 상태 하에서도 여러 가지 비 시장가치 측정방법들이 고안되어 왔다. 예를 들면, 여행비용법, 만족가격(hedonic pricing) 등이 광범위하게 응용되고 있다. 여러 문헌들은 비 사용가치(non-use value : 유증(遺贈)가치와 존재가치)와 선택가치(option value)는 자연자원의 총 경제적 가치의 부분으로서 집계되어야 한다고 제안하고 있다.

총경제가치 = 총사용(자)가치 + 존재가치(본원적 가치 : intrinsic value)

총사용가치 = 실제 사용가치 + 선택가치

선 택 가 치 = 사용가치(개인) + 사용가치(미래 세대) + 사용가치(타인 : 개인 대리가치)

자연에 존재하는 동식물은 인간의 생존을 위해 필수적이다. 실제 인류가 이용하고 있는 종의 수는 전체 종의 극히 일부분에 지나지 않는다. 유전공학 등의 발전과 함께 그 동안 쓸모없는 것으로 알려진 동식물이 인간에게 큰 효용을 제공할 수도 있다. 이와 같이 과학기술이 불완전함에 따른 자연자원의 효용에 대한 불충분한 인식, 그리고 인간의 소득과 기호가 바뀜에 따른 자연자원의 가치상승 등을 고려한 선택가치 등이 자연의 경제적 이용에 앞서 충분히 고려되어야 할 것이다.

2. 환경가치 평가의 필요성

환경가치의 평가는 개발로 인해 파괴되는 환경재의 가치를 손실로 간주함으로써 사회이슈화되고 있다. 예컨대 새만금간척사업의 경우 타당성에 대해서 쟁점이 되고 있다. 이는 새만금간척사업으로 발생하는 환경파괴를 어디까지 비용으로 인정하느냐, 그리고 환경파괴의 가치를 얼마로 평가하느냐에 따라 사업의 타당성이 달라지기 때문이다.

흔히 사업의 타당성평가는 비용편익분석을 통해 수행된다. 비용편익분석이란 정부나 공기업이 수행하는 사업의 사회적 이익과 사회적 손실을 비교해서 경제적 타당성을 평가하는 기법이다. 여기서 사회적 이익과 사회적 손실이란 어떤 개인이나 개별 기업의 입장이 아닌 국민경제 전체의 입장에서 본 이익과 손실을 의미한다(이정전, 2000). 이러한 비용편익분석기법을 통해 사업의 타당성을 평가할 때, 환경파괴에 따른 가치손실 부문에 대한 평가는 매우 중요하다. 즉 환경파괴의 가치평가가 사업의 타당성을 결정짓는 절대적인 요인으로 작용할 수 있기 때문이다.

정부가 추진하는 대부분의 사업은 규모가 매우 큰 사업이다. 따라서 이들 사업으로 인해 환경파괴는 필연적으로 발생하게 된다. 그렇다면 개별 사업에 대한 사업타당성을 보다 엄격히 평가하기 위해서는 사업시행으로 인해 발생되는 환경파괴의 손실가치를 보다 정확히 계상해야 하는 문제에 직면하게 되는 것이다. 만일 환경가치를 충실히 반영하여 비용편익분석을 수행했다면, 지금까지 추진해 온 사업의 일부는 타당성을 인정받지 못하였을 것이다. 앞으로 소득수준과 교육수준이 계속 높아지고 이에 따라 환경의식도 높아지면, 환경파괴적인 공공투자사업의 타당성은 더욱더 떨어지게 될 것이다.

제2절 환경가치의 유형

환경가치는 크게 사용가치와 존재가치 혹은 비사용가치로 구분되고, 환경재가 가져다주는 총가치는 사용가치와 존재가치의 합이 된다. 사용가치란 개인이 환경재를 물리적으로 이용하기 때문에 환경재에 부여하는 가치이고, 존재가치란 개인이 물리적으로 환경을 이용하지 않음에도 불구하고 환경재에 부여하는 가치이다.

사용가치는 다시 직접사용가치와 간접사용가치로 구분된다. 예를 들어 하천이 제공하는 가치를 생각해보자, 직접사용가치는 수상스키, 낚시 등과 같은 여가와 어로 및 항해와 같은 상업적 이용으로부터 얻어지며, 또한 식수 및 하수처리, 관개, 공업용수 등과 같은 물 자체의 소비를 통해서 얻어진다. 한편 하천은 아름다운 경관을 제공하는 경관의 가치와 철새 도래지를 형성하는 것과 같은 생태적인 가치를 가지는데, 이러한 경관이나 철새의 감상을 통해 얻어지는 편익은 하천의 간접사용가치라 할 수 있다.

개인이 물리적으로 환경을 이용하지 않았음에도 불구하고 환경에 부여하는 가치인 존재가치가 실제로 존재하는지에 관해서는 논란이 있다. 그러나 대부분의 환경경제학자들은 많은 사람들이 환경단체에 가입하거나 자신이 직접 감상할 수도 없는 야생동물의 보호 등을 위해 기부행위를 하는 것을 고려할 때, 이러한 존재가치를 인정하여야 한다고 생각한다. 존재가치는 다시 대리소비로 인한 가치와 청지기적 가치로 구분되고, 후자는 다시 유증가치와 고유가치로 구분된다.

대리소비의 가치란 어떤 개인이 스스로 직접 환경재를 이용하지 않더라도 자신이 알고 있는 사람이나 혹은 일반 대중이 환경재를 소비할 수 있다는 사실 자체로부터 얻는 가치이다. 청지기적 가치란 보다 동태적인 개념으로서 환경재가 합리적으로 이용되어 미래세대를 위해서 보존된다는 사실 자체로부터 얻는 만족도를 의미한다. 보다 구체적으로 유증가치는 현세대의 노력에 의해 보존된 자연환경이 후세세대에게 편익을 가져다준다는 사실로부터 얻게 되는 편익이다. 그리고 고유가치는 자연이 스스로 보존되어야 할 권리를 가지기 때문에 환경재를 현세대나 미래세대가 이용하든 하지 않든 상관없이 자연환경이 보존된다는 사실자체가 가져다 주는 편익이다.

〈표 4.12〉 환경재의 가치유형

<table>
<tr><th colspan="2">편익의 증류</th><th>예</th></tr>
<tr><td rowspan="4">사용가치</td><td rowspan="2">직접사용가치</td><td>수상활동</td></tr>
<tr><td>물의 소비</td></tr>
<tr><td rowspan="2">간접사용가치</td><td>경관의 가치</td></tr>
<tr><td>생태적 가치</td></tr>
<tr><td rowspan="2">존재가치</td><td>대리소비로 인한 가치</td><td>가족 · 친지 · 친구의 하천이용
일반대중의 이용</td></tr>
<tr><td>청지기적 가치</td><td>가족이나 후세를 위해 자연보존
오지의 습지 등을 보존</td></tr>
</table>

제3절 환경가치의 추정

1. 환경가치 측정방법

환경가치를 평가하기 위해 사용할 수 있는 방법은 물리적 연계모형과 행태적 연계모형으로 구분된다. 물리적 연계모형은 환경재와 소비자의 후생사이에는 어떤 물리적 관계가 있다고 보고, 이러한 물리적 관계를 파악하여 환경가치가 인간에게 주는 가치를 평가한다. 예를 들어 대기오염이 심해지면 호흡기 질환이 늘어나고, 이로 인해 의료비를 추가로 지출하여야 한다. 이 경우 대기오염을 줄어들게 하는 정책의 편익은 이로 인해 호흡기 질환이 줄어들면서 절약할 수 있는 의료비를 계산하여 구할 수 있다.

물리적 연계모형은 이상과 같이 오염도와 피해 간의 물리적 관계를 나타내는 피해함수를 직접 추정하여 환경재의 가치를 평가한다. 이 방법은 소비자들이 자신의 만족도를 극대화하기 위해 사적재와 환경재를 소비하는 행위를 분석하는 것이 아니라, 주로 환경의 질이 유발하는 물리적 피해를 직접 추정하여 편익을 분석하기 때문에 경제학자들은 이 방법을 선호하지 않는다.

행태적 연계모형은 물리적 연계모형과는 달리 개인의 효용극대화 행위를 분석하여 환경재의 가치를 평가하기 때문에 경제학자들이 더욱 선호하는 방법이다. 이 방법은 다시 직접분석방법과 간접분석방법으로 나뉘고, 직접분석방법으로는 가상가치평가법이 있고, 간접분석방법에는 여행자비용법, 헤도닉가격법 등으로 구분할 수 있다.

2. 가상가치평가법

가상가치평가법(Contingent Valuation Method : CVM)이란 환경재 등과 같이 시장에서 거래되지 않는 재화의 가치를 측정하는 기법의 하나이다. 즉 비시장재의 수요함수를 추정하는 기법이다.

가상가치평가법은 다양한 대상과 지역에 적용될 수 있다는 장점이 있으며, 미시적 자료가 불충분한 경우에도 광범위하게 적용할 수 있으나, 분석결과가 여러 가지 편의에 의해 영향을 받는 단점도 가지고 있다. 따라서 어떠한 문제에도 적용될 수 있는 기법은 아니며, 비시장재의 시장을 가상할 수 있어야 하며, 가상적인 시장이 현실적으로 납득가능 하여야 한다.

가상가치평가법에서는 비시장재의 소비량 변화에 따른 한계지불의사액(WTP)을 설문조사방법을 통하여 직접적으로 추정하는 방법을 택한다. 이때 지불의사액은 미시경제학의 소비자이론이라는 강력한 이론적 배경을 지니고 있다.

가상가치평가법은 여행자비용법과 헤도닉가격법과는 달리 환경재의 소비와 관련하여 각 개인이 실제로 행한 선택을 분석하여 환경재의 가치를 평가하고, 환경재의 가치를 보다 직접적으로 개인에게 물어서 구하는 방법이다. 그런 만큼 이 방법은 원칙적으로는 자연휴양지, 경관, 습지, 대기 및 수질, 산림보호, 야생동물보호 등과 같은 환경재의 가치평가를 위해서 사용될 수 있다.

3. 여행자비용법

여행비용접근법(Travel Cost Method : TCM)은 레크리에이션과 관련된 재화와 서비스를 평가하는데 선진국에서 널리 사용되고 있다. 1950년대 후반에서 1960년대에 개발된 이 기법은 관찰된 행동에 근거하여 입장료, 사용료 대신에 가변적인 여행비용을 이용하여 수요곡선을 도출함으로써 가격이 없는 환경재의 가치를 구할 수 있다는 생각을 전제로 하고 있다.

여행자비용법은 공원, 호수, 야영장 등과 같은 여가시설의 개선으로 발생하는 편익을 추정하는 방법으로 널리 이용되고 있다. 이 방법의 기본적인 틀은 어떤 위락지역의 시설을 이용하기 위해 사람들이 얼마의 액수를 지불할 용의가 있는지를 추정하기 위하여 그 위락지역에 도달하는데 소요되는 시간과 비용에 관한 정보를 이용하는 것이다.

이 방법의 적용을 위해 먼저 위락시설의 방문객들로부터 여행경비, 여행기간, 연령, 소득, 직업 등에 관한 자료를 설문조사한다. 다음 단계에서는 방문객의 방문을 종속변수로 하고, 설명변수인 여행비용, 사회경제적 변수를 이용하여 방문율 방정식을 추정한다. 이 방정식으로부터 위락지에 대한 수요함수를 구한 후 총수요곡선 아래의 면적을 더하여 위락지 방문에 따른 총편익을 추정하게 된다.

이 방법은 미국연방수자원프로젝트의 옥외위락시설이나 서비스의 편익을 추정하기 위한 가상가치측정법과 함께 미국수자원위원회가 공인한 가치추정기법 중의 하나이다.

Smith와 Kaoru(1888)의 연구결과 여행자비용법을 적용한 연구들이 결과면에서 양면성을 지니고 있고, 여행시간의 처리방식, 대체재의 영향, 함수형태의 선택에 의해 결과가 큰 영향을 받는다는 사실을 확인하였다. 이 방식의 단점은 다목적 여행인 경우 각 목적간 비용의 배분이 어렵고, 추정치의 의미가 명확하지 않으며, 존재가치 등 비사용편익을 추정할 수 없다는 것 등이다.

개발프로젝트에 의해 위협받는 문화재나 사적의 가치 또한 여행비용기법에 의해 분석이 가능하다. 그러나 이렇게 하여 산출된 가치는 당해 자원전체를 대상으로 한 것이 아니며, 최저평가치인 것을 인식하지 않으면 안 된다.

4. 헤도닉가격

헤도닉가격법(Hedonic Price Method : HPM)은 환경재의 비시장적 특질의 내재가치를 간접적으로 추정하기 위한 방법이다.[44] 헤도닉가격법을 이용한 편익추정방법은 크게 두 단계로 나누어지는데, 첫 번째 단계는 각 특성의 한계내포가격을 추정하고, 두 번째 단계에서는 추정된 가격을 그 특성외의 다른 모든 특성들에 회귀시킴으로써 그 특성에 대한 수요곡선을 추정한다.

예컨대 경관의 화폐적 가치를 주택시장에서 도출하기 위해 다음과 같이 주택가격방정식을 가정해 볼 수 있다.

$$Ph = f(S, N, A, Q)$$

여기서 종속변수인 Ph는 주택가격이고, S는 주택의 특질(면적, 방의 수 등), N은 지역특성(범죄율, 학군 등), A는 거주편의성(시장접근도, 도로접근도 등), Q는 환경질(대기질, 소음, 경관 등)을 나타내는 변수

44 Hedonic의 어원은 쾌락(hedonistic) 또는 쾌락설로부터 온 것이다. hedonist는 삶에 있어서 즐거움(pleasure)을 최고의 가치로 꼽는다.

이다. 주택가치방정식 Ph를 환경질 변수인 Q에 대해 편미분하여 환경질의 한계내포가치를 구할 수 있다. 즉 Q의 한계내포가격을 Pq라고 하면 $\alpha Ph / \alpha Q = Pq\ (S, N, A, Q)$ 가 성립된다. 이때 한계내포가격은 환경질 한 단위를 개선하기 위해서 개인이 지불하고자 하는 한계지불의사와 일치한다. 그리고 이 추정된 가격을 다른 모든 특성들에 대해 회귀시킴으로써 그 특성에 대한 수요곡선을 추정할 수 있다. 단, 헤도닉함수를 추정하는데 있어 주의하여야 할 점은 함수형태에 관한 설정인데, Box-Cox 함수로 전환시키는 것이 일반적이다. 모든 단계를 거쳐 Q에 대한 수요함수가 개인별로 추정되었다면 ΔQ만큼 환경질이 개선되었을 때의 편익은 수요곡선 이하의 면적으로 측정할 수 있다.

헤도닉가격법은 대기질 등 환경개선에 대한 편익추정에 많이 사용되어 왔다. 그러나 이 방법은 가계의 주거선택결과에만 의존하므로 공원, 기타 위락시설 등 그 지역내 다른 지점에서의 환경질 개선에 대한 가계의 선택을 포착하지 못한다. 그리고 이 방법은 사람들의 구체적인 행동반응에 기초한 것이므로 건강에 미치는 장기적 효과 등에 관한 사항은 제대로 반영하지 못한다. 또한 변수선택에 의해 결과가 예민하게 변화하고, 추정방법에 따라 추정치가 편향될 가능성이 크다. 그러나 보다 근본적인 문제는 시장자료를 이용하는 만큼 시장이 규제되거나 왜곡된 상태 하에서 환경가치를 추정할 수 없다는 것이다.

제4절 환경영향평가제도

1. 환경영향평가제도의 개념

환경영향평가는 개발이 환경에 미칠 부정적 영향을 사전에 예방하기 위한 것으로, 자연과정(natural process)과 인간활동(human activities)간의 경제적 · 사회적 · 생태적 지속성의 확보와 조화로운 실현을 위해 환경을 고려한 개발계획의 수립과 의사결정을 지원하는 사회적 절차라 할 수 있다. 즉, 개발계획 수립 및 시행하는 과정에서 해당사업의 경제성과 환경성을 동시에 고려하여 지속가능한 사업계획 수립과 이행을 도모하기 위해 거쳐야 하는 일종의 의사결정과정인 것이다. 유엔환경계획(UNEP)에서도 '인간활동이 환경변화를 유발할 우려가 있는 경우, 이에 대해서 어떻게 하는 것이 좋은 지를 평가하고 결정하기 위한 행동, 특히 환경변화에 관한 정보를 확인 · 예측 · 분석 · 공표하는 행위' 라고 정의하였다. 즉 환경영향평가는 개발계획의 영향을 예측 · 평가하여 합리적인 의사결정을 하기 위한 계획기법이라 할 수 있다.

이에 환경영향평가제도는 합리적인 환경정책방향 모색, 지속가능한 개발과 보전의 조화, 각종 개발계획 · 사업에 의한 환경훼손의 사전예방을 위한 정책수단으로 환경적으로 건전하고 지속가능한 발전을 유도하여 쾌적한 환경을 조성하고 유지함을 목적으로 한다고 볼 수 있다.

Leu et al.(1996)은 효과적인 환경영향평가를 위해서 몇 가지 요소를 제시하였는데, 규제 및 지침, 환경행정조직 등 기반마련, 환경영향평가 절차, 이해관계자의 참여, 환경영향평가보고서 구성, 환경영향평가 사후처리과정의 모니터링 및 강화, 환경영향평가의 현실적 이행, 전략환경평가 이행, 국제적 상호작용 등이 해당된다. 또한 UNEP(2004)에서도 환경영향평가의 핵심요소로 정책적 지원 · 이행, 규제와 지침 등에 의한 법적 기반, 일반인 참여의 제도적 명문화, 중요한 환경영향의 대안범위, 환경영향평가 보고서 검토 메커니즘이 포함된 과정 및 절차 마련, 부처 및 정책결정부서의 책임성과 수용성 측정, 환경영향평가에 있어 환경관련부서의 적절한 역할, 환경영향평가 수행을 위한 기술, 그리고 전문적 역량으로 제시하였다. 이를 종합하면, 환경영향평가의 구성요소는 환경영향평가 법 · 제도적 기반구축, 환경영향평가 절차 · 내용, 이행부서의 역할 등이 포함된 규정 및 지침마련, 이해관계자 참여의 제도적 장치 마련, 환경영향평가결과에 따른 정책수립 · 이행 메커니즘 구축, 환경영향평가의 기술성과 전문성 제고 등으로, 이와 같은 요소들이 갖추어져야 효과적인 환경영향평가를 시행할 수 있게 될 것이다.

세계 주요국가에서는 긍정적인 환경영향평가의 본질적인 목적을 달성하고 환경영향평가의 효과성을 증진시키기 위해 법적 기반과 절차를 강화하고 있다. 그러나 세계 주요국가의 환경영향평가를 검토한 Sadler(1996)에 따르면 환경영향평가에 의한 이익도 있지만 이를 수행하는데 있어 여러 가지 제약요소가 뒤따른다고 밝히고 있다. 즉 환경영향평가의 이익은 무엇보다 개발계획 수립시 환경성 고려, 다양한 이해관계자 참여, 지속가능성 달성이라는 광범위한 이익도 발생하지만, 누적환경영향의 잠재성이 있는 사업들이 소규모일 경우 환경영향평가대상사업에서 제외된다든지, 실질적 대중참여의 미흡, 동일지역내 다양한 개발사업간의 통합환경영향평가 미흡, 정책결정자와 일반인들이 이해하기 어려운 환경영향평가보고서, 생태 · 사회 · 경제 등이 통합된 영향평가의 부재 등 여러 가지 한계점이 나타나고 있다고 하였다.

2. 환경영향평가제도의 내용

우리 나라의 환경영향평가제도는 우리 나라 최초의 환경법령인 「공해방지법」이 폐지되면서 신설된 「환경보전법」에 의해 시작되었다. 즉, 환경영향평가제도는 「환경보전법」에 의한 도입기, 「환경정책기본법」에 의한 환경영향평가 대상사업의 범위 확대 등의 과도기, 「환경영향평가법」이라는 단일법 체계의 정착기를 거쳐 현재 교통분야, 재해분야 등이 통합된 「환경 · 교통 · 재해등에관한영향평가법」으로 발전되고 있다고 볼 수 있다.

우리 나라의 대표적인 환경영향평가관련제도로 환경영향평가제도와 사전환경성 검토제도가 있다. 환경영향평가제도와 사전환경성검토제도는 환경에 미치는 해로운 영향을 예측 · 분석하여 무분별한 개발로 훼손될 수 있는 자연환경을 사전예방적 차원에서 보전하고자 하는 수단이다. 그러나 환경영향평가제도는 대규모 개발사업에 대해 실시단계에서 환경오염 저감방안을 마련하는 것이고, 사전환경성검토제도는 중 · 소규모 개발사업에 대해 계획수립 전에 이루어진다.

1) 평가주체

누가 환경영향평가를 수행할 것인가의 문제는 환경영향의 객관성과 관계된다. 통합영향평가법에서는 환경영향평가서 작성에 관한 1차적 의무를 사업자에 두고 있고, 사업자가 평가서를 작성하기 어려울 경우 평가대행자에게 의뢰할 수 있도록 하여 2차적 의무를 대행자로 명시하였다.

또한 사후환경영향조사서도 마찬가지로 대행자에게 작성을 의뢰할 수 있도록 하고 있다. 사전환경성검토제도에서도 마찬가지로 사업자 혹은 개발주체가 사전환경성검토에 관한 서류를 환경부로 직접 제출하도록 하고 있다. 사업자에 의한 환경영향평가 혹은 평가대행자에 의한 환경영향평가 작성은 개발주체가 곧 평가주체가 되는 것이기에 객관성과 공정성을 확보하기 어려운 것이 사실이다. 사업자가 직접 평가서를 작성하는 것은 환경영향평가가 의도적으로 왜곡되고 부실해질 수 있는 가능성이 높다. 왜냐하면 개발사업자의 발주에 따라 경쟁을 통한 용역계약형태로 이루어지기 때문에 발주자인 개발사업자의 요구사항에 따라야 하는 경우가 발생할 수밖에 없다. 그리고 환경영향평가가 제한된 자금과 제한된 기간에 수행됨으로써 환경영향평가서가 부실화되고 통과의례식으로 협의절차를 거침으로써 환경영향평가결과가 미흡함에도 불구하고 개발계획의 타당성이 부각되는 등의 문제점이 발생하고 있다.

2) 평가협의대상 및 시기

환경영향평가 혹은 사전환경성 검토의 대상사업과 시기를 결정짓는 일은 실질적 제도운영을 결정짓는 중요한 사항이다. 이런 점에서 환경영향평가제도는 17개 분야 63개 단위사업에 대해 사전환경성검토제도로 15개 행정계획과 22개의 보전 용도지역내 개발사업에 대해 시행하고 있다.

환경영향평가 대상사업은 기본적으로 영향이 큰 개발사업을 대상으로 한다. 우리 나라 환경영향평가 대상사업은 17개 분야 63개 단위사업으로 환경영향평가제도를 도입했던 시기에 비하여 점차 외형적으로 확대되어 왔다. 환경영향평가를 실시해야 하는 대상사업은 주로 사업면적, 길이, 규모 등을 기준으로 설정되었는데, 환경영향평가를 실시하여야 하는 대상사업의 범위, 평가서 제출시기 및 협의 요청시기에 명시되어 있으며 이를 바탕으로 평가여부를 판단하도록 하고 있다. 이에 명시된 평가사업은 도시의 개발, 산업입지 및 산업단지 조성, 에너지 개발, 항만의 건설, 도로의 건설, 수자원의 개발, 철도의 건설, 공항의 건설, 하천의 이용 및 개발, 개간 및 공유수면의 매립, 관광단지의 개발, 산지의 개발, 특정지역의 개발, 체육시설·폐기물처리시설 기타 대통령이 정하는 시설의 설치, 기타 환경·교통·재해 또는 인구에 영향을 미치는 사업으로서 대통령령이 정하는 사업이 해당된다. 또한 특별시·광역시 또는 도는 대상사업의 범위에 해당하지 아니하는 사업에 대하여도 지역의 특수성을 고려하여 영향평가를 실시하여야 할 필요가 있는 때에는 대통령령이 정하는 범위안에서 당해 시·도 조례가 정하는 바에 따라 영향평가를 실시할 수 있도록 하였다.

그러나 현재 법적으로 규정된 환경영향평가 대상사업은 부처간 협의를 통하여 그 규모가 결정되었기 때문에 사업특성이 유사한 경우라도 대상규모가 서로 다르며 그 기준도 불명확한 것이 문제점으로 제기되고 있다. 예를 들면 「택지개발촉진법」에 의한 택지개발사업은 30만㎡, 「도시개발법」에 의한 도시개발사업은 25만㎡으로 되어 있는데, 이 두 사업은 유사한 개발특성을 가지고 있음에도 불구하고 그 대상규모가 다르게 명시되어 있다. 또한 환경적으로 큰 사업임에도 불구하고 평가대상 규모 미만이거나 평가대상이 아니어서 평가 없이 시행되는 경우, 사업의 지역적 특성, 동일한 지역내 다양한 사업에 의한 통합환경영향 정도 등을 고려하지 않고 평가사업이 결정되는 문제점을 안고 있다. 또한 이미 실시단계에서 이행되는 환경영향평가는 사전에 환경적 배려가 미비하여 발생될 수 있는 환경영향의 저감대책이 제한적이고 단편적으로 이루어지고 있다.

3) 평가방법

우리 나라의 환경영향평가제도는 사업의 규모를 법으로 구체적으로 명시하여 주는 'positive list' 방식을 채택하고 있는 데, 이는 미국이나 캐나다에서 채택하고 있는 사전에 사업의 환경적인 영향을 심사하여 평가대상여부를 결정하는 'negative list' 와 차이가 있다. 미국의 환경영향평가제도는 구체적인 타당성을 중시하는 판례법주의를 채택하고 있으며, 환경영향평가대상을 인간의 환경질에 중대한 영향을 미치는 행위 등으로 포괄적으로 규정하고 있으며, 각 행위(사업, 정책 등)별로 구체적인 환경영향을 사전에 심사하여 평가대상여부를 결정하는 것과 다소 차이가 있다. 이러한 제도운영은 사업의 범위를 결정한다고 해서 스크리닝(screening)이라고 부르고 있다. 이에 반해 우리 나라에서는 법적 안정성 및 예측가능성을 중시하는 성문법주의 국가(독일, 일본 등)에서 주로 채택하는 'positive list' 제도를 운영하고 있으며, 이는 평가대상을 사업종류 및 규모별로 명시해 주는 방식을 도입하고 있다. 우리 나라의 환경영향평가대상사업규모는 대체로 다음과 같은 기준을 가지고 선정한다. 첫째, 골프장건설 등 사업특성상 자연환경, 생태계를 훼손할 우려가 큰 사업, 둘째, 자연공원 집단시설지구 등 환경적으로 민감한 지역에서 시행되는 사업, 셋째, 매립사업, 댐건설 등 환경영향이 장기적, 복합적으로 발생하여 변화 예측이 곤란한 사업, 넷째, 택지공단조성 등 대기, 수질 오염과 같이 복합적 환경오염을 발생할 것으로 우려되는 사업 등이다.

3. 환경영향평가의 과정

환경영향영향의 과정은 크게 3단계로 구성된다고 볼 수 있는데, '평가서 초안작성과 주민의견 수렴단계', '평가서 검토 및 평가협의단계', '협의내용 관리 및 사후관리 강화단계' 이다. '평가서 초안작성과 주민의견수렴단계' 에서는 사업자가 평가서를 작성하기 이전에 평가서 초안을 작성하여 지역주민의 의견을 수렴해야 하는 단계이다. 환경영향평가서 작성과 관련하여 환경부 고시로 「환경영향평가서 작성 등에 관한 규정」이 제정되어 운영 중에 있다. 그러나 평가서 작성을 위한 조사기준이 포괄적이고 추상적이어서 실제 평가서 작성시 의미있는 기준이 되지 못하고 있는 실정이다. 특히 자연환경조사분야는 조사범위가 광범위하고 반드시 현장조사가 필요로 하는 분야이지만 불가피할 경우 문헌 또는 기타 자료에 의한 조사를 실시하게 되는 경우에는 가장 최근의 자료를 인용하도록 하고 있다.

이에 보전가치가 있는 습지, 철새도래지 등 제대로 조사되지 못하여 지역주민이나 환경단체로부터 문제제기를 받는 사례가 빈번해지고 있다. 또한 지역주민의 의견을 수렴하도록 한 목적은 환경영향은 제1차적으로 평가대상 지역주민에게 미치는 것이기 때문에 이해관계자인 주민에게 설명하고 의견을 반영하기 위한 절차이다. 현행법상 주민의견수렴은 설명회 · 공고 · 공람 및 공청회 개최를 통해 이루어지고 있는데, 이와 같은 주민참여방식의 문제점은 주민참여의 기회가 초안단계의 일회성으로 한정되고 평가서 본안 작성단계에서는 주민참여가 제도적으로 보장되지 못하고 있다는 것이다. 또한 공청회 방식을 단순한 통과의례로 격하시키는 경우가 많은 것도 문제점으로 지적되고 있다.

두 번째 단계는 '평가서 작성 · 검토 및 평가협의단계' 이다. 우선 주민의견 수렴을 목적으로 한 평가서 초안과는 달리 최종평가서 작성은 구체적인 환경현황조사와 사업추진 및 운영과정에 발생할 수 있는 환경적 영향을 다양한 기법을 통해 가능한 한 정확히 예측 · 분석하고 적절한 저감방안을 마련하고 협의기관에 제출하여 사업의 인 · 허가 취득을 목적으로 한다. 사업자가 작성한 평가서는 사업승인기관에 제출되고 다시 사업승인기관에 의하여 환경부(또는 지방환경청)에 협의 요청되는데 환경부는 평가서를 검토하는데 있어 한국환경정책 · 평가연구원 등의 검토의견을 들어 필요시 수정 · 보완 등의 조치결과(협의내용)를 사업승인기관에 통보하고, 통보된 협의내용에 대하여 승인기관은 사업계획 등에 반영하여야 한다.

평가서를 검토하고 협의하는 과정에서의 문제점은 평가협의내용의 일관성이 부족하거나, 유사한 사업의 경우 표준화된 협의내용을 단순 반복적으로 제시함에 따라 검토기관의 장기화의 요인이 되는 등 실질적 검토의 질 향상에 한계가 노출되고 있다는 점이다. 또한 환경영향평가 협의는 종합적이고 전문적인 지식과 경험을 필요로 하는 분야임에도 불구하고 공무원의 순환보직 시스템하에서는 전문성을 축적하기 어려우며, 환경영향평가시 환경정책 방향에 대한 정책적 조율 등을 통합한 협의보다는 한국환경정책 · 평가연구원의 의견을 의존할 수밖에 없는 상황이다.

또한 한국환경정책 · 평가연구원도 23개 평가항목에 대한 전문인력을 확보하고 있지 못해 전반적인 평가서 검토에 관한 전문성에 있어 문제가 제기되고 있다. 세 번째 단계는 '협의내용관리 및 사후관리 강화단계' 로 환경영향평가의 실효성을 확보하기 위한 것으로, 현행법에서는 승인기관이 협의내용관리의 1차적인 책임이 있고 협의기관도 이행여부 점검 및 관리를 할 수 있도록 규정하고 있다. 그리고 협의내용의 충실한 이행을 확보하기 위해 승인기관은 사업장 현지조사 등을 통하여 공사중지 명령 등 필요한 조치를 강구하여야 할 수 있도록 하고 있다. 승인기관의 장은 사업자가 협의내용을 이행하지 아니한 때에는 그 이행을 위하여 필요한 조치 또는 공지중지 명령을 내릴 수 있다. 그러나 현재 환경영향평가 대상사업은 일정 규모 이상의 사업을 대상으로 하고 있고, 공공사업의 경우 대부분 권한위임 조항에 의거 사업시행자가 그대로 승인기관이 됨에 따라 협의내용 반영여부를 확인하는 승인기관으로의 권한 위임은 실효성이 없는 실정이다.

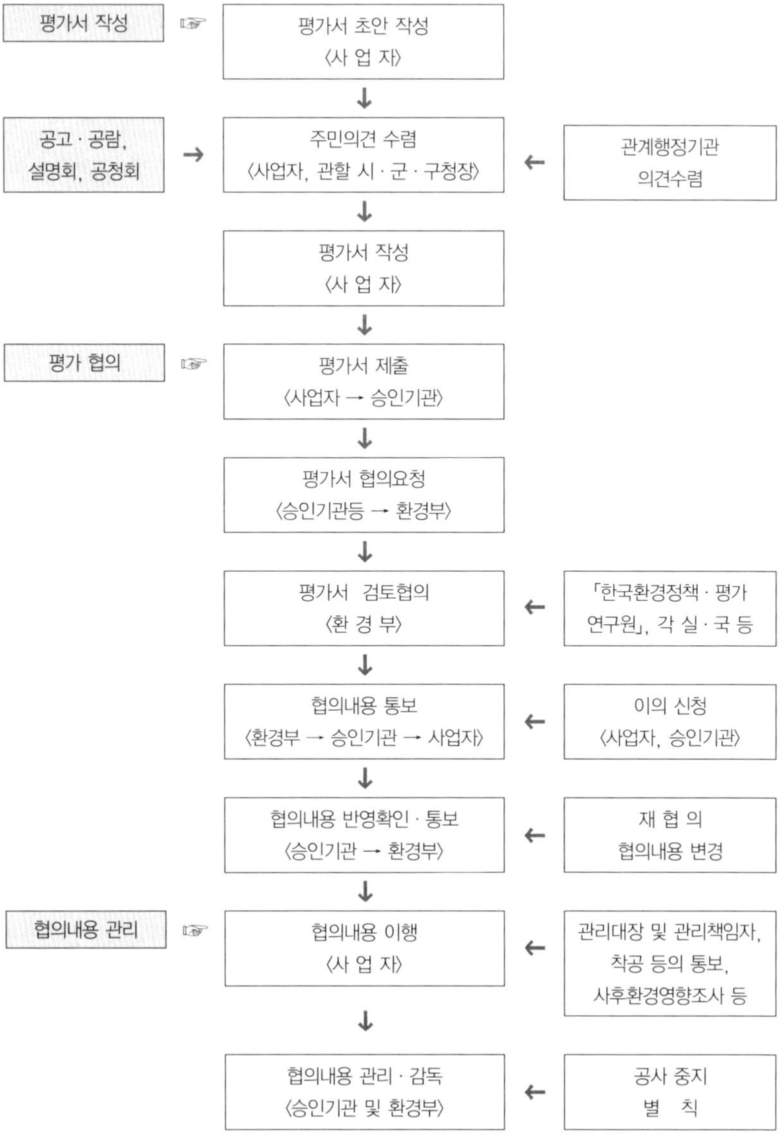

[그림 4.1] 환경영향평가의 과정

탐구학습

1. 요약

- 환경가치는 생태계 자체의 기능과 잠재력으로 본원적 가치의 원천이 되며, 환경보전에 대한 보상지불의사(WTP)와 환경악화에 대한 보상수용의사(WTA)로 나타난다. 이는 사업의 타당성을 결정짓는 절대적인 요인으로 작용할 수 있다.
- 환경가치의 유형은 사용가치와 존재가치(비사용가치)로 구분되고, 사용가치는 다시 직접사용가치와 간접사용가치로 구분된다. 존재가치는 대리소비로 인한 가치와 청지기적 가치로 구분할 수 있다.
- 환경가치의 추정방법은 물리적 연계모형과 행태적 연계모형으로 구분되며, 물리적 연계모형은 환경재와 소비자 후생간 물리적 관계를 파악하여 환경가치가 인간에게 주는 가치를 평가한다. 한편, 행태적 연계모형은 개인의 효용극대화 행위를 분석하여 환경재의 가치를 평가하는 방법으로 가상가치평가법 등 직접분석방법과 여행자비용법, 헤도닉가격법 등 간접분석방법으로 구분할 수 있다.
- 환경영향평가제도는 환경영향평가를 통해 개발이 환경에 미칠 부정적 영향을 사전에 예방하기 위한 것으로, 자연과정(natural process)과 인간활동(human activities) 간의 경제적 · 사회적 · 생태적 지속성의 확보와 조화로운 실현을 위해 환경을 고려한 개발계획의 수립과 의사결정을 지원하는 사회적 절차라 할 수 있다.
- 가상가치평가법(CVM)이란 환경재 등과 같이 시장에서 거래되지 않는 재화의 가치를 측정하는 기법의 하나이다. 즉 비시장재의 수요함수를 추정하는 기법이다.
- 여행비용접근법(TCM)은 관찰된 행동에 근거하여 입장료, 사용료 대신에 가변적인 여행비용을 이용하여 수요곡선을 도출함으로써 가격이 없는 환경재의 가치를 측정하는 기법이다.
- 헤도닉가격법(HPM)은 환경재의 비시장적 특질의 내재가치를 간접적으로 추정하기 위한 방법으로, 각 특성의 한계내포가격을 추정하고, 추정된 가격을 그 특성외의 다른 모든 특성들에 회귀시킴으로써 그 특성에 대한 수요곡선을 추정한다.

2. 토론 및 과제

2.1 심화자료

- Daniel W. Bromley(1995), *The Handbook of Environmental Economics*, Blackwell Publishers Ltd.
- John A. Dixon(1986), *Economic Analysis of the Environmental Impacs of Developmnet Projects*(長谷川弘、1991, *環境はいくらか*).
- John A. Dixon(1990), *Economic Valuation Techniques for the Environment*(長谷川弘、1993, *環境の経績評価テクニック*).
- 환경부(www.me.go.kr)
- 한국환경정책 · 평가연구원(www.kei.re.kr)

2.2 토론주제

- 생태계 자체의 기능과 잠재력을 나타내는 환경재의 본원적 가치추정의 판단기준에 대하여 논하시오.

2.3 과제

- 환경재를 가치유형별로 사례를 들어 설명하고, 적합한 환경가치 추정방법을 선택해 보시오.
- 우리 나라 환경영향평가제도의 문제점과 개선방안에 대해 조사해 보시오.

참고문헌

권오상(1999), ***환경경제학***, 서울 : 법문사.

김홍배(2003), ***정책평가기법***, 서울 : 나남출판.

박희정(1997), ***편익분석을 통한 지방공공시설의 투자결정***, 한국지방행정연구원.

이정전(2000), ***환경경제학***, 서울 : 박영사.

John A. Dixon(1986), *Economic Analysis of the Environmental Impacs of Developmnet Projects*(長谷川弘、1991, ***環境はいくらか***).

__________(1990), *Economic Valuation Techniques for the Environment*(長谷川弘、1993, *環境の経緒評価テクニック*).
大野榮治(2000), *環境経緒評価の実務*、経草書房.
栗山浩一(2000), *図解環境評価と環境会計*、日本評論社.
竹内憲司(1999), *環境評価の政策利用*、経草書房.

| 찾아보기 |

ㄱ

가상가치평가법 451
간접사용가치 449
개념 19
개념적 정의 20
개발권양도제 261
개발이익환수 258
개발촉진지구 186
거버넌스 29
거석문화유적 331
고령사회 79
고체연료 371
공장소음 391
관광상품화 332
광역개발사업계획 105
광역도시계획 130
광역도시관리시스템 143
교토의정서 419
교통소음 391
국가경쟁력 90
국립공원 223
국제업무중심지 60
국지성 29
국토 · 환경 24
국토기본법 103
국토종합계획 102
군립공원 224
규범적 · 처방적 방법 27
그린 GNP 356
그린시티 144
근대의 도시화 127
글로벌사회 57
기술적 방법 27
기술집약형 54
기업도시 141
기후변화협약 375

ㄴ

낙후지역 176
농림어업인 삶의 질 향상 기본계획 163
농업농촌발전기본계획 162
농촌마을종합계획 161
농촌지역 149, 176
뉴 메가트랜드 59
님비 64

ㄷ

대기오염 367, 369
대리소비로 인한 가치 449
대안적 분쟁해소 65
대체수자원 295
도립공원 224
도서지역 181
도시관리계획 132
도시화 122
독도의 관리 318
동북아 물류중심지 313
동산문화재 332

ㄹ

람사 협약 426

ㅁ

멜버른 원칙 360
모형 21
몬트리올 의정서 375, 432
무형문화재 330, 332
문화유산 334
문화재 327

ㅂ

바젤협약 387
배출권거래제도 422
배출허용기준 370
백두대간 211
벤처 캐피털 54
병렬이론 203, 204
복합유산 335
부동산거래신고제 256
비엔나 협약 431

ㅅ

사막화 437
사업장폐기물 385
사용가치 449
사용권 250
사용자 부담원칙 362
사회과학 17
산림의정서 376
산성비 432
삶의 질 28
새만금간척사업
생물다양성 422
생물다양성협약 427
생태계보전지역 218
생활소음 391
선택가치 446
설명 22
성장가능론 33
성장불능론 33
세계경제포럼 91
세계기록유산 335

세계도시 49
세계무역기구 107
세계무형유산 336
세계유산 334
소음 388
수도권정비계획 103
수자원 199, 272
수질오염 377
순수과학 17
순환성 29
스핀 오프 54
습지보호지역 218
신활력지역 178
실증적 방법 27
쓰레기종량제 384

ㅇ

암묵적 지식 53
에덴이론 203
여행자비용법 451
역사문화자원 200, 326
연구개발 85
연안관리법 322
연안통합관리 406
예방원칙 363
예측 22
예측적 방법 27
오염원인자 부담원칙 361
오존층 429
오존층 보호 협약 374
오지지역 188
외부성 29
용도지역 237
원격근무 48
월경성 29
UN기후변화협약 417
유한성 29
응용과학 17
의제(Agenda) 21 357
이론 21
1회용품 384

ㅈ

자립형 지역발전 111
자연공원 223
자연과학 17
자연문화재 331
자연생태축 211
자연유산 335
자연환경보전 211
자연환경자원 198
자원 194
저유황연료유 371
적정성 28
적조발생 404
전략산업 144
절충론 33
절충적 환경주의 32

접경지역 183
정보화사회 46, 48
정의 19
제퍼슨이론 203, 204
조작적 정의 20
존재가치 449
종합과학 17
지구단위계획 133
지구온난화 현상 413
지방소도읍종합육성계획 159
지방자치시대 62
지속가능한 발전 355
지식기반경제 53
지식기반사회 52
지식형 54
지역축제 333
지역혁신시스템 54
지적제도 253
지하수오염 398
직접사용가치 449
진동 388
집적경제 54

ㅊ

처분권 250
천연기념물 331
첨단산업 54
청정연료 371
청지기적 가치 449
초고령사회 79
총경제가치 446
총사용가치 446
최근접결정의 원칙 364
최대-최소 전략 31
침체지역 176

ㅌ

탄소세 421
테크노파크 50
텔레포트 50
토양오염 396
토지개발정책 252
토지거래허가제 254
토지공개념 246
토지이용정책 251
토지자원 198, 235
통일시대 66
특수문제지역 176
특정도서 219

ㅍ

폐광지역 179
폐기물 381
폐기물 자원화 정책 384
폐기물부담금 384
포장폐기물 384

ㅎ

항공기소음 392
해양오염 400
해양자원 200, 304
행정중심복합도시 136
헤도닉가격 453
혁신도시 138
혁신적 기업가 정신 54
혁신클러스터 54
현대의 도시화 128
현상탐구 16
협력적 도시개발 143
형식적 지식 53
형평성 28
환경가능주의 32
환경가치 445
환경결정주의 32
환경영향평가제도 455
환경적으로 지속가능한 발전 109
효율성 28